中国园林建筑施工技术

(第二版)

田永复　编著

中国建筑工业出版社

图书在版编目(CIP)数据

中国园林建筑施工技术／田永复编著．—2版．—北京：中国建筑工业出版社，2003
ISBN 978-7-112-05926-3

Ⅰ.中… Ⅱ.田… Ⅲ.古典园林—园林建筑—中国
Ⅳ.TU-098.42

中国版本图书馆 CIP 数据核字(2003)第 058064 号

中国园林建筑是世界园林建筑中最独特而美妙的园林建筑，它将自然山水与中国古代民族建筑和谐地结合在一起，形成富有诗情画意的美丽景园。

作者根据我国古代遗留下来的文化遗产和我国广大园林工作者多年的实践经验编写这本介绍我国古代园林建筑施工技术知识的书籍，在第二版中作者对大多图文做了更切合要求的修改和完善，为读者提供更切实的参考。全书共分十章，分别阐述了中国古代园林建筑各个部分的结构形式、构件组成、制作安装和施工方法等内容，以供广大建筑工作者和大中专院校园林专业师生学习参考。

* * *

责任编辑：李金龙　张礼庆
责任设计：崔兰萍
责任校对：黄　燕

中国园林建筑施工技术
（第二版）

田永复　编著

*

中国建筑工业出版社出版、发行(北京西郊百万庄)
各地新华书店、建筑书店经销
北京天来印务有限公司印刷

*

开本：787×1092 毫米　1/16　印张：23¾　字数：576 千字
2003 年 9 月第二版　2012 年 2 月第九次印刷
印数：16601—18100 册　定价：**56.00** 元
ISBN 978-7-112-05926-3
(20800)

版权所有　翻印必究
如有印装质量问题，可寄本社退换
(邮政编码 100037)

本社网址：http://www.cabp.com.cn
网上书店：http://www.china-building.com.cn

第二版前言

本书初版受到广大读者的垂青,并得到某些专家的指点和帮助。对于编写该书的目的,意欲为填补目前大专院校园林建筑专业和建筑工程专业课程设置中的空白,让中国古建筑传统文化基本知识,能够得到较全面地普及应用和延续发展,为园林建筑专业的设计、施工和预算等课程,配备系统性专业教材,为初步涉足园林工程建筑的施工人员,起到一个垫石铺路的作用。

虽然本人在这方面的造诣和水平有限,但还是抱着"重在参与、勇于尝试"的态度,集前人之所积,将该专业的基本知识进行系统化、普及化和综合化,以使祖先业绩的发展,能够得到更多人的关怀和参与。

《中国园林建筑施工技术》是一本普及知识读本,是研究试用性教材的初步尝试,是将园林专业前辈人所作的业绩,进行通俗性和综合性的处理,第二版对书中的图例进行了大量修改,并对文字内容进行了补充和更正,使其基本知识能够更具体、更通俗的得到体现。

借此机会,对本书初版中存在的不足和缺陷,向关怀该书的读者和帮助本著的有关专家,表示真诚的歉意和感谢。虽然经过再次审核修改,但毕竟还是初次尝试,错误和不足之处仍会存在,希望广大关爱者,对其进行继续批评指正。

著者
2003年6月

第一版前言

中国园林建筑是世界园林建筑中最独特而美妙的园林建筑,18世纪以来,它深刻地影响着欧洲的造园艺术。斗栱是中国古代建筑中最富有民族特色的一种构件,广泛传播到日本、朝鲜、越南和东南亚等各国,对亚洲地区的建筑发展有着深远的影响,而在世界建筑史中也是独树一帜的杰作。

中国园林的主要特色,是将自然山水林木与中国古代民族建筑,很和谐地结合在一起,形成富有曲折变化、烟波浩淼、虚实幻境、诗情画意的美丽景园。而中国古建筑中的殿堂、楼阁、亭廊、轩榭、石舫、拱桥、假山、叠石等是中国园林中的主要景物,它对点缀园林的景点起着很重要的作用。

中国古代园林建筑是中国古文化的重要遗产之一,由于我国历史悠久,古建文化遗迹遍布中华大地,在大兴旅游事业的今天,仿古建筑也将蓬勃兴起。目前,我国的建筑安装施工企业,虽比比皆是,但在这些企业中,中国古代园林建筑方面的施工技术知识,却需要大力普及和推广。随着我国人民生活水准的不断提高,物质生活也将越来越丰富,旅游景点和城市园林的建筑艺术,也将得到不断的发展和提高。目前介绍这方面知识的书籍却非常少,给从事这方面技术的工作者,带来很多不便。为此,现根据我国古代遗留下来的伟大文化遗产,和我国广大园林工作者多年的实践经验,特编写这本介绍我国古代园林建筑施工技术知识的普及书籍,以提供广大建筑工作者学习参考,也可作为大中专院校园林专业授课教材的参考用书。

全书共分十章,分别阐述中国古代园林建筑各个部分的结构形式、构件组成、制作安装和施工方法等内容。

第一章　中国园林建筑总论:简述中国古代园林建筑的类型和主体尺寸的度量。
第二章　基础与台基工程:着重介绍中国古建筑的基础做法和台基的构造。
第三章　木构架工程:分类阐述园林建筑各个构件的作用、制作和安装。
第四章　墙体砌筑工程:详细说明中国古建筑房屋的墙体材料、构造和施工方法。
第五章　屋顶瓦作工程:按不同建筑屋顶形式,分述其瓦面和屋脊的施工方法。
第六章　木装修工程:叙述门窗、隔扇、天井、栏杆等的各种结构构造。
第七章　地面及甬路工程:讲述中国古代园林建筑所常使用的各种路面和地面的施工。
第八章　油漆彩画工程:介绍中国古建筑彩画和油漆工艺的基本知识。
第九章　石券桥及其他石活:介绍石拱桥及其他石活的施工内容。
第十章　假山掇石工艺:介绍假山石景叠置工艺的基本知识。

本书意欲为从事园林建筑工程的工作者,提供一个比较系统的基础知识,但因著者水平有限,错误在所难免,遇有不当之处,敬请批评指正。

著者
2000年12月

目 录

第一章 中国园林建筑总论 ······ 1
第一节 中国园林建筑的特点 ······ 1
- 一、"动""静"结合的特点 ······ 1
- 二、"虚""实"相兼的特点 ······ 1
- 三、"意""境"交融的特点 ······ 2
- 四、"型""势"匹配的特点 ······ 2

第二节 中国园林建筑的常用类型 ······ 2
- 一、按功能用途分类 ······ 2
- 二、按工艺技术分类 ······ 12

第三节 中国园林建筑技术通则 ······ 13
- 一、建筑尺度的构成 ······ 13
- 二、建筑平面的度量 ······ 16
- 三、建筑剖面尺寸的确定 ······ 18
- 四、推山与收山的计算 ······ 23
- 五、翼角的冲出与起翘 ······ 26

第二章 基础与台基工程 ······ 28
第一节 基础 ······ 28
- 一、基础换土法 ······ 28
- 二、基土加固法 ······ 31

第二节 台基的构造 ······ 31
- 一、普通台基的构造 ······ 32
- 二、须弥座式台基的构造 ······ 34

第三节 台基的定位放线 ······ 35
- 一、古时定位略论 ······ 35
- 二、台基的定位放样 ······ 37

第四节 普通台基的施工 ······ 40
- 一、柱下结构的施工 ······ 40
- 二、柱间结构的施工 ······ 42
- 三、台帮结构的施工 ······ 42

第五节 须弥座台基的施工 ······ 44
- 一、须弥座的层次和比例 ······ 44
- 二、须弥座的施工 ······ 45

第六节 踏跺的施工 ······ 47
- 一、踏跺的尺度 ······ 47
- 二、踏跺构件名称与安装 ······ 48

第三章 木构架工程 ······ 50
第一节 木构架的基本类型 ······ 50
- 一、硬山式建筑木构架 ······ 50
- 二、悬山式建筑木构架 ······ 52
- 三、庑殿式建筑木构架 ······ 54
- 四、歇山式木构架 ······ 55
- 五、攒尖顶木构架 ······ 57
- 六、游廊木构架 ······ 61
  - （一）游廊的基本构件 ······ 61
  - （二）游廊的平面拐弯与垂直连接 ······ 62
  - （三）爬山廊的构架处理 ······ 62
- 七、垂花门木构架 ······ 64
  - （一）单排柱"担梁式"垂花门木构架 ······ 64
  - （二）一殿一卷式垂花门木构架 ······ 65
  - （三）多檩单卷棚式垂花门木构架 ······ 66
- 八、牌楼木构架 ······ 66
  - （一）冲天柱式牌楼木构架 ······ 66
  - （二）屋脊顶式牌楼木构架 ······ 69

第二节 木构架的连接榫卯 ······ 70
- 一、垂直构件的连接榫卯 ······ 70
- 二、水平构件的连接榫卯 ······ 70
  - （一）水平构件与垂直构件连接的常用榫卯 ······ 70
  - （二）水平构件间交叉连接的榫卯 ······ 71
  - （三）水平构件上下叠合连接的榫卯 ······ 72
- 三、水平或倾斜构件端头的搭接榫卯 ······ 72
- 四、板缝拼接的榫卯 ······ 73

第三节 木构件的制作安装 ······ 73
- 一、木构件制作前的准备工作 ······ 73
  - （一）制备丈杆 ······ 73
  - （二）圆形构件材料的粗加工 ······ 74
  - （三）构件放样画线的标注方法 ······ 76
- 二、柱子构件的制作放样 ······ 76
  - （一）檐柱 ······ 76
  - （二）金柱与重檐金柱 ······ 77
  - （三）中（或山）柱 ······ 78
  - （四）上层檐童柱 ······ 79
  - （五）雷公柱 ······ 79
  - （六）擎檐柱 ······ 80
- 三、梁类构件的制作放样 ······ 80
  - （一）正身架梁 ······ 80
  - （二）抱头梁 ······ 82

（三）趴梁 …………………………… 83
　　（四）踩步金 ………………………… 85
　　（五）递角梁 ………………………… 86
　　（六）承重 …………………………… 86
　四、枋类构件的制作放样 ………………… 87
　　（一）檐（额）枋 …………………… 87
　　（二）金（脊）枋 …………………… 87
　　（三）箍头枋 ………………………… 87
　　（四）承椽枋及围脊枋 ……………… 88
　　（五）间枋 …………………………… 89
　　（六）棋枋和关门枋 ………………… 89
　　（七）平板枋和花台枋 ……………… 89
　　（八）穿插枋 ………………………… 89
　　（九）天花枋 ………………………… 90
　五、桁檩构件的制作放样 ………………… 90
　　（一）檐金桁檩 ……………………… 90
　　（二）搭交桁檩 ……………………… 91
　　（三）梢檩 …………………………… 91
　　（四）弧形檩（枋） ………………… 92
　　（五）脊桁檩及其扶脊木 …………… 92
　六、正身屋面木基层及其他构件 ………… 93
　　（一）正身屋面木基层 ……………… 93
　　（二）罗锅椽 ………………………… 95
　　（三）博风板和山花板 ……………… 95
　　（四）雀替和替木 …………………… 96
　七、翼角构件的制作放样 ………………… 97
　　（一）角梁 …………………………… 97
　　（二）扣金做法的角梁放样 ………… 99
　　（三）插金做法的角梁放样 ………… 104
　　（四）压金做法的角梁放样 ………… 104
　　（五）翼角椽的制作放样 …………… 105
　　（六）翼角椽的安装定位 …………… 109
　　（七）翘飞椽的制作放样 …………… 110
　　（八）翘飞椽的安装定位 …………… 112
第四节　斗栱构件的制作和安装 …………… 114
　一、斗栱的作用和类型 …………………… 114
　　（一）斗栱及其作用 ………………… 114
　　（二）斗栱的基本构造 ……………… 115
　　（三）斗栱的分类 …………………… 119
　二、斗栱的度量尺寸 ……………………… 124
　　（一）宋代斗栱的基本模数和尺寸 … 125
　　（二）清代斗栱的基本模数和尺寸 … 126
　三、平身科斗栱的制作安装 ……………… 131
　　（一）平身科单翘单昂五踩斗栱的结构层次 … 131
　　（二）一般平身科斗栱的结构规律 … 134
　　（三）关于昂、耍头和撑头木的头饰和尾饰 …… 136

　四、柱头科斗栱的制作安装 ……………… 138
　　（一）柱头科单翘单昂五踩斗栱
　　　　　的结构制作 ………………… 138
　　（二）一般柱头科斗栱的结构规律 … 139
　五、角科斗栱的制作安装 ………………… 139
　六、溜金斗栱的制作安装 ………………… 143
　　（一）落金造斗栱的做法 …………… 143
　　（二）挑金造斗栱的做法 …………… 144
　七、牌楼斗栱的构造 ……………………… 145

第四章　墙体砌筑工程 ………………… 147
第一节　砌筑工程材料 ……………………… 147
　一、古建筑工程的灰浆 …………………… 147
　　（一）古建筑灰浆的特点 …………… 147
　　（二）古建筑灰浆的原材料 ………… 147
　　（三）古建筑灰浆的种类 …………… 148
　二、古建筑工程的砖料 …………………… 149
　　（一）古建筑砖料的类别 …………… 149
　　（二）古建筑砖料的规格 …………… 150
　三、砖料的砍磨加工 ……………………… 151
　　（一）砍砖的加工内容 ……………… 151
　　（二）砍砖的质量检查 ……………… 153
　　（三）砖雕的基本方法 ……………… 153
第二节　墙体构造与类型 …………………… 156
　一、砖墙体的构造类型 …………………… 156
　　（一）墙体构造与尺寸 ……………… 156
　　（二）砖墙体砌筑类型 ……………… 158
　　（三）墙体砌筑的施工工艺 ………… 159
　二、墙砖的排列和艺术形式 ……………… 160
　　（一）墙砖的排列方式 ……………… 160
　　（二）墙面砖的艺术形式 …………… 161
第三节　各种墙体的施工工艺 ……………… 166
　一、山墙的构造与施工 …………………… 166
　　（一）硬山式山墙的构造及其名称 … 166
　　（二）悬山、歇山和庑殿式山墙
　　　　　的构造及其名称 …………… 170
　　（三）墀头的构造及其名称 ………… 171
　　（四）山墙的琉璃构件安装 ………… 174
　二、廊心墙的构造与施工 ………………… 175
　三、槛墙的构造与施工 …………………… 177
　四、后檐墙的构造与施工 ………………… 177
　　（一）后檐墙的下肩 ………………… 178
　　（二）后檐墙的上身 ………………… 178
　　（三）后檐墙的檐口 ………………… 178
　五、院墙的构造与施工 …………………… 181
　六、其他墙体的构造和施工 ……………… 183
　　（一）扇面墙 ………………………… 183

（二）隔断墙 ……………………… 185
　　（三）金刚墙 ……………………… 185
　　（四）护身墙 ……………………… 185
　　（五）城墙 ………………………… 185
　七、砖券的构造与施工 ……………… 185
　八、影壁的构造与施工 ……………… 186
　　（一）影壁的类型和构造 …………… 187
　　（二）影壁施工的注意事项 ………… 189
　第四节　墙体抹灰 …………………… 189
　一、靠骨灰 …………………………… 189
　二、泥底灰 …………………………… 190
　三、滑秸泥 …………………………… 190
　四、壁画抹灰 ………………………… 190
　五、纸筋灰 …………………………… 190
　六、抹灰做缝 ………………………… 190

第五章　屋顶瓦作工程 …………… 191
　第一节　屋顶的形式与构造 ………… 191
　一、屋顶的形式 ……………………… 191
　二、常见屋顶的构造 ………………… 191
　　（一）硬山式和悬山式屋顶的构造 … 191
　　（二）歇山式屋顶的构造 …………… 192
　　（三）庑殿式屋顶的构造 …………… 194
　　（四）攒尖顶的屋面构造 …………… 194
　三、屋面瓦材与规格 ………………… 195
　　（一）琉璃瓦材的规格 ……………… 195
　　（二）布瓦材规格 …………………… 200
　　（三）宋《营造法式》用瓦之规定 … 200
　第二节　屋顶瓦面的施工工艺 ……… 201
　一、屋顶瓦面的施工层次 …………… 201
　二、苫背的施工工艺 ………………… 202
　　（一）抹护板灰 ……………………… 202
　　（二）锡背或泥背 …………………… 202
　　（三）抹灰背 ………………………… 203
　　（四）扎肩 …………………………… 204
　　（五）晾背 …………………………… 204
　三、宽瓦的施工工艺 ………………… 204
　　（一）屋顶瓦面的瓦件及组合 ……… 204
　　（二）宽瓦的放样 …………………… 207
　　（三）宽瓦的具体操作 ……………… 209
　第三节　琉璃瓦屋脊的施工工艺 …… 212
　一、卷棚式硬、悬山琉璃屋顶的屋脊 … 212
　　（一）卷棚式正脊 …………………… 212
　　（二）卷棚式垂脊 …………………… 212
　二、尖山式硬、悬山琉璃屋顶的屋脊 … 215
　　（一）尖山式正脊 …………………… 215
　　（二）尖山式垂脊 …………………… 217

　三、单檐庑殿式琉璃屋顶的屋脊 …… 217
　　（一）庑殿正脊 ……………………… 217
　　（二）庑殿垂脊 ……………………… 217
　四、单檐歇山式琉璃屋顶的屋脊 …… 218
　　（一）歇山屋顶正脊 ………………… 218
　　（二）歇山屋顶垂脊 ………………… 218
　　（三）歇山屋顶戗脊 ………………… 218
　　（四）歇山屋顶博脊 ………………… 219
　五、攒尖琉璃屋顶的屋脊 …………… 220
　六、重檐建筑琉璃屋顶下层檐的屋脊 … 220
　第四节　大式黑活屋脊的施工工艺 … 221
　一、卷棚式硬、悬山屋顶的屋脊 …… 221
　　（一）卷棚式屋顶正脊 ……………… 221
　　（二）卷棚式屋顶垂脊 ……………… 222
　二、尖山式硬、悬山屋顶的屋脊 …… 223
　　（一）尖山式屋顶正脊 ……………… 223
　　（二）尖山式屋顶垂脊 ……………… 225
　三、庑殿式屋顶的屋脊 ……………… 225
　　（一）庑殿屋顶正脊 ………………… 225
　　（二）庑殿屋顶垂脊 ………………… 225
　四、歇山式屋顶的屋脊 ……………… 226
　　（一）歇山屋顶正脊 ………………… 226
　　（二）歇山屋顶垂脊 ………………… 226
　　（三）歇山屋顶戗脊 ………………… 226
　　（四）歇山屋顶博脊 ………………… 226
　五、攒尖顶屋面的屋脊 ……………… 226
　六、重檐建筑屋顶的屋脊 …………… 226
　第五节　小式黑活屋脊的施工工艺 … 227
　一、小式黑活硬、悬山式屋顶的正脊 … 227
　　（一）筒瓦过陇脊 …………………… 227
　　（二）合瓦过陇脊 …………………… 228
　　（三）鞍子脊 ………………………… 228
　　（四）清水脊 ………………………… 229
　　（五）皮条脊 ………………………… 231
　　（六）扁担脊 ………………………… 231
　二、小式黑活硬、悬山式屋顶的垂脊 … 232
　　（一）铃铛排山脊 …………………… 232
　　（二）披水排山脊 …………………… 232
　　（三）披水梢垄 ……………………… 233
　三、小式黑活歇山式屋顶的屋脊 …… 233
　四、小式攒尖顶的屋脊 ……………… 236
　五、重檐建筑的屋脊 ………………… 236
　第六节　宋《营造法式》屋脊之规定 … 237
　一、屋脊脊身的规格 ………………… 237
　　（一）脊身的基本构造形式 ………… 237
　　（二）脊身的规格大小 ……………… 239

二、屋脊头所用鸱兽的规定 …………… 239
　　（一）正脊屋脊头构件 …………………… 239
　　（二）垂脊所用兽头 ……………………… 240

第六章　木装修工程 …………………… 242
第一节　木门窗工程 …………………… 242
　一、木门窗的槛框 ………………………… 242
　　（一）槛框及其构造 ……………………… 242
　　（二）槛框的制作与安装 ………………… 245
　二、板门扇的制作 ………………………… 246
　　（一）实榻门 ……………………………… 246
　　（二）棋盘门 ……………………………… 248
　　（三）撒带门 ……………………………… 249
　　（四）屏门 ………………………………… 249
　　（五）门光尺与门诀 ……………………… 249
　三、隔扇(含槛窗扇)的制作安装 ………… 255
　　（一）隔扇(含槛窗扇)的构造 …………… 255
　　（二）隔扇的制作安装 …………………… 256
　　（三）帘架 ………………………………… 257
　四、支摘窗与牖窗 ………………………… 258
　　（一）支摘窗 ……………………………… 258
　　（二）牖窗 ………………………………… 258
　五、常用心屉花纹样式 …………………… 259
　　（一）步步锦、灯笼锦、冰裂纹的样式 … 260
　　（二）龟背锦、拐子锦、万字纹、
　　　　盘肠纹的样式 ……………………… 261
　　（三）菱花锦的样式 ……………………… 262
第二节　室内装修工程 ………………… 263
　一、壁纱橱和花罩 ………………………… 263
　　（一）壁纱橱的结构 ……………………… 263
　　（二）花罩类型与结构 …………………… 263
　二、博古架与板壁隔断 …………………… 265
　　（一）博古架 ……………………………… 265
　　（二）板壁隔断 …………………………… 266
　三、天花与藻井 …………………………… 266
　　（一）天花 ………………………………… 266
　　（二）藻井 ………………………………… 269
第三节　木栏杆和楣子 ………………… 269
　一、木栏杆 ………………………………… 269
　　（一）寻杖栏杆 …………………………… 269
　　（二）花栏杆 ……………………………… 269
　　（三）靠背栏杆 …………………………… 270
　二、楣子 …………………………………… 270
　　（一）倒挂楣子 …………………………… 270
　　（二）坐凳楣子 …………………………… 272

第七章　地面及甬路工程 ……………… 273
第一节　地面及甬路的类型 …………… 273
　一、地面的分类 …………………………… 273
　　（一）按地面材料分类 …………………… 273
　　（二）砖墁地面的分类 …………………… 273
　　（三）石墁地面的分类 …………………… 274
　二、甬路的分类 …………………………… 274
　　（一）砖墁甬路 …………………………… 274
　　（二）石墁甬路 …………………………… 274
第二节　墁地的施工工艺 ……………… 275
　一、室内砖墁地的操作工艺 ……………… 275
　　（一）细墁地面的施工 …………………… 275
　　（二）淌白地面的施工 …………………… 276
　　（三）金砖地面的施工 …………………… 276
　　（四）粗墁地面的施工 …………………… 277
　二、室外砖墁地的施工 …………………… 277
　　（一）砖墁甬路的施工 …………………… 277
　　（二）砖散水和海墁的施工 ……………… 277
　三、石墁地的施工 ………………………… 279
　　（一）石墁地面的一般操作 ……………… 279
　　（二）石活地面的排列形式 ……………… 279
第三节　焦渣地面与夯土地面
　　　　的施工工艺 …………………… 280
　一、焦渣地面的施工 ……………………… 280
　　（一）焦渣地面的材料 …………………… 280
　　（二）焦渣地面的施工操作 ……………… 280
　二、夯土地面的施工 ……………………… 281
　　（一）灰土地面的施工 …………………… 281
　　（二）素土地面的施工 …………………… 281
　　（三）滑秸黄土地面的施工 ……………… 281

第八章　油漆彩画工程 ………………… 282
第一节　油漆彩画类型与构图 ………… 282
　一、油漆彩画的分类与构图 ……………… 282
　　（一）清式彩画的分类 …………………… 282
　　（二）油漆彩画的构图与设色 …………… 282
　二、和玺彩画的基本知识 ………………… 284
　　（一）金龙和玺彩画的图案 ……………… 284
　　（二）龙凤和玺彩画的图案 ……………… 285
　　（三）龙草和玺彩画的图案 ……………… 286
　　（四）金琢墨和玺彩画的图案 …………… 286
　三、旋子彩画的基本知识 ………………… 286
　　（一）旋子彩画的构图特点 ……………… 286
　　（二）金琢墨石碾玉彩画 ………………… 288
　　（三）烟琢墨石碾玉彩画 ………………… 288
　　（四）金线大点金彩画 …………………… 289
　　（五）墨线大点金彩画 …………………… 290
　　（六）金线小点金彩画 …………………… 290

(七）墨线小点金彩画 …………… 290
(八）雅伍墨彩画 ………………… 290
(九）雄黄玉彩画 ………………… 290
四、苏式彩画的基本知识 ………… 290
(一）苏式彩画构图的基本类型 … 290
(二）苏式彩画绘图工艺的类别 … 294
五、其他部位的彩画 ……………… 294
(一）斗栱 ………………………… 294
(二）天花 ………………………… 295
(三）椽头 ………………………… 295

第二节 油漆基本技术知识 ………… 296
一、油漆工具 ……………………… 296
(一）材料炮制工具 ……………… 296
(二）清理底层工具 ……………… 297
(三）地仗工具 …………………… 297
(四）饰面工具 …………………… 298
二、油漆材料的炮制 ……………… 298
(一）熬油 ………………………… 298
(二）打满与调灰 ………………… 301
(三）饰面材料的加工 …………… 305
(四）涂料色彩的配兑 …………… 306
三、油漆的基层处理 ……………… 307
(一）砍 …………………………… 307
(二）挠 …………………………… 308
(三）铲 …………………………… 309
(四）撕 …………………………… 309
(五）剔 …………………………… 309
(六）磨 …………………………… 309
(七）嵌缝子 ……………………… 309
(八）下竹钉 ……………………… 310
四、地仗灰的操作工艺 …………… 310
(一）麻(布)灰地仗的操作工艺 … 310
(二）单披灰地仗的操作工艺 …… 311
五、饰面油漆的操作工艺 ………… 312
(一）三道油饰操作工艺 ………… 312
(二）油饰操作注意事项 ………… 312

第三节 彩画基本技术知识 ………… 313
一、彩画的颜料及其调制 ………… 313
(一）颜料的种类 ………………… 313
(二）颜料的入胶调制 …………… 314
(三）配兑胶矾水 ………………… 315
二、起打谱子 ……………………… 315
(一）丈量配纸 …………………… 315
(二）起谱子 ……………………… 315
(三）扎谱子 ……………………… 315
(四）打谱子 ……………………… 315

三、沥粉贴金技术 ………………… 316
(一）沥粉 ………………………… 316
(二）包黄胶 ……………………… 318
(三）打金胶、贴金 ……………… 318

第四节 裱糊工艺简介 ……………… 319
一、裱糊工艺的材料 ……………… 319
(一）纸张 ………………………… 319
(二）锦绫 ………………………… 320
(三）糨糊 ………………………… 321
二、裱糊工艺的操作 ……………… 322
(一）清代官式做法的规定 ……… 322
(二）大式裱作的施工程序 ……… 322
(三）小式裱作的施工程序 ……… 322

第九章 石券桥及其他石活 ……… 324
第一节 一般石料及其加工 ………… 324
一、常用石料的种类及其挑选 …… 324
(一）常用石料的种类 …………… 324
(二）石料的挑选 ………………… 325
二、石料的加工 …………………… 325
(一）石料加工的工具 …………… 325
(二）石料加工的几种处理手法 … 325
(三）石料加工的一般程序 ……… 326
(四）宋《营造法式》石作制度的造作次序 … 327
三、石雕简介 ……………………… 327
(一）石雕的类别 ………………… 327
(二）石雕的一般程序 …………… 328
四、石活安装 ……………………… 329
(一）石活的连接 ………………… 329
(二）石活的安装程序 …………… 329

第二节 石券桥 ……………………… 330
一、官式石券桥的组成名称 ……… 330
二、官式石券桥的尺度比例 ……… 332
(一）石券桥的洞宽比例 ………… 332
(二）石券桥的桥身尺寸 ………… 332
(三）石券桥各个构造分部的尺寸 … 333
三、石券的放样 …………………… 335

第三节 其他石活 …………………… 336
一、门前石 ………………………… 336
二、墙身上的石活 ………………… 338

第十章 假山掇石工艺 …………… 341
第一节 假山掇石的基本知识 ……… 341
一、假山掇石的基本类型与图示 … 341
(一）按观赏特征进行分类 ……… 341
(二）按环境取景造山进行分类 … 342
(三）假山叠石的图示 …………… 343

二、假山掇石的平面布置 …………… 344
　(一) 假山掇石平面形状的布置原则 ……… 344
　(二) 山脚平面布置的几种处理手法 ……… 345
三、假山掇石的立体结构造型 ………… 345
　(一) 假山立体结构造型的基本方法 ……… 345
　(二) 假山内部山洞的结构造型 …………… 347
　(三) 假山山顶的造型 ……………………… 348
　(四) 假山造型的禁则 ……………………… 349
第二节　砌筑假山的材料和工具 ……… 350
　一、假山所用的材料 ………………… 350
　(一) 山石石材 ……………………………… 350
　(二) 胶结材料 ……………………………… 352
　二、砌筑假山所常用的工具 ………… 353
　(一) 起吊工具 ……………………………… 353
　(二) 手用工具 ……………………………… 353
第三节　山石材料的选用 ……………… 353
　一、相形态 …………………………… 353
　二、相皱纹 …………………………… 354

三、相质地 …………………………… 354
四、相色泽 …………………………… 355
第四节　假山叠石的施工 ……………… 355
　一、假山放线与基础施工 …………… 355
　(一) 假山定位放线 ………………………… 355
　(二) 基础的施工 …………………………… 355
　二、假山山脚施工 …………………… 356
　(一) 拉底 …………………………………… 356
　(二) 起脚 …………………………………… 356
　(三) 做脚 …………………………………… 357
　三、假山山体施工 …………………… 358
　(一) 假山石景的山体施工 ………………… 358
　(二) 山石水景的施工 ……………………… 362
　(三) 假山山石固定与连接的铁件 ………… 364
　四、叠石小品工艺 …………………… 365
　(一) 叠石小品的石形类别 ………………… 365
　(二) 叠置小品布置方式 …………………… 366

参考文献 …………………………………… 369

第一章 中国园林建筑总论

第一节 中国园林建筑的特点

中国园林建筑是世界园林建筑中最独特而美妙的园林建筑,从18世纪以来,它深刻地影响着欧洲的造园艺术。中国园林的主要特色,是将自然山水林木与中国古代民族建筑很和谐地结合在一起,形成富于曲折变化、烟波浩淼、虚实幻境、诗情画意的美丽景园。正如明代计成《园冶》所述"高方欲就亭台,低凹可开池沼"、"屋廊蜿蜒,楼阁崔巍"、"花间隐榭,水际安亭",把中国古建筑与自然景观融为一体,达到"虽由人作,宛自天开"地步,这就是中国园林的独到之处。

中国古建筑中的殿堂、楼阁、亭廊、轩榭、石舫、拱桥、假山、叠石等是中国园林建筑的主要景物,它对点缀园林的景点起着很重要的作用,它的合理布置和造型,使园林增添不同的生气和灵感,再加之山水林木、花草配景,就显示出具有不同特点的园林特色。总的来说,中国园林建筑具有:动静结合、虚实相兼、意境交融、型势匹配等特点。

一、"动""静"结合的特点

中国园林建筑一般都是根据整体空间环境,恰当地安插不同的建筑形体,使静止之物披上活跃的生气,增添游人欲动的感受。

如在潺潺流水上的曲拱道桥、荡漾湖水中的石舫水榭、崇山峻岭上的云中飞亭等,都有使人虽置身于物,而心于欲动之感。袁枚在"飞泉亭"观赏瀑布后写下《峡江寺飞泉亭记》,感慨这一景观曰:"瀑旁有室,即飞泉亭也。……以人之逸,待水之劳,取九天银河,置几席间作玩。当时建此亭者,其仙乎?"。如承德避暑山庄的"烟雨楼",坐落在四面环水的青莲岛上,每当细雨迷迷蒙蒙,杨叶翻翻作响,满地荷花迎珠之时,置身清幽静岛楼阁之上,凭栏瞩望心潮翻滚。其他如"水心榭"、"水流云在"亭;苏州拙政园中的"听雨轩"、"小沧浪",以及其他园林中的"静心斋"、"双飞亭"、"烟雨桥"等建筑物,都是取之于依"静"感"动"之意。

二、"虚""实"相兼的特点

透过空透亭廊的虚,观赏叠山林木的实,是中国园林中常用的手法。有人说亭的妙处就在于"虚",虚空纳万境。清人许承祖在《咏曲院风荷》一诗中说:"绿盖红妆锦绣乡,虚亭面面纳湖光"。苏东坡在《涵虚亭》中对游亭感慨为"惟有此亭无一物,坐观万景得全天"。如颐和园中有一组亭,名为"画中游"。它是指透过空透的亭子观赏四周的景物,游人来到亭内就如同走进了画幅之中一样。

在众多园林中也常以某一空间为"虚",围墙院阑为"实";空旷原野为"虚",亭台楼阁为"实";镜面湖水为"虚",岛上建筑为"实"。即以"实"衬"虚",以"虚"含"实",是谓之虚中有实,实中有虚的相兼境界。

三、"意""境"交融的特点

园林建筑是人们游园散心、踌躇情怀、小憩聊天的地方,由境生情,陶冶情操;以情铸境,苟求幻象,这是园林艺术所应发挥的作用。

远在我国春秋战国时期,就有"海上仙山——蓬莱、方丈、瀛洲"之构想,齐威王、燕昭王都曾派人入渤海求此三仙山;秦始皇遣徐福,率三千童男童女入东海仙山求长生不老仙药。从此"海岛仙山"就成为理想的境界,秦始皇欲求无获,则在咸阳引渭水挖长池,在池中堆筑"蓬莱山";汉武帝在长安建章宫时筑有大池,命曰"太液池,池中有蓬莱、方丈、瀛洲、壶梁,像海中神山、龟鱼之属"(《史记·封禅书》);隋炀帝在洛阳筑西苑"凿北海,周环四十里。中有三山,效蓬莱、方丈、瀛洲,上皆台榭、回廊,水深数丈,开沟通五湖四海,沟尽通行龙凤舸"(《唐宋传奇集·隋炀帝海山记》);宋初为南唐后主李煜,在汴京命侯苑开池广一顷,池中垒石,像三神山,号称"小蓬莱"。故此以后,水中筑岛、山水联姻,就成为造园的一大特色。如苏州留园水面的东北角,筑有一小岛取名为"小蓬莱";杭州西湖偏南的一小岛取名为"小瀛洲";北京圆明园中的福海三岛,名曰"蓬莱瑶台"、"瀛海仙山"、"北岛玉宇"等,都是取其意而成境的作法。

又如圆明园中"互妙楼"的得名,据乾隆解释曰"山之妙在拥楼,而楼之妙在纳山,映带气求,此互妙之所以得名也"。苏州狮子林中的"真趣亭"匾额由乾隆钦题,寓意"忘机得真趣,怀古生远思"。其他如承德避暑山庄中的"水心榭"、"峻绣楼"、"云帆月舫"、"水流云在"亭、"濠濮间想"亭、"南山积雪"亭等等,都是"寓情于景,情景交融"的杰作。

四、"型""势"匹配的特点

在中国园林建筑的构图中,比较强调建筑造型与地势体量之间的比例关系,建筑物的稳重轻飏、高低曲直,都要与所处的地势地形相协调,"随形就势,以标胜概"。

就山而言,殿堂楼阁宜建在山体体量庞大的"顶、峦、腰、麓"之上,而轻亭高塔则应建筑在山的"峰、巅、悬、峭"之处。如颐和园万寿山的佛香阁处地,当初修建在这万寿山 20m 高台上的是一座九层的"延寿塔",后因觉得塔细而高,与环境极不协调,再加之塔的自重问题而被拆除,改建为与环境统一的稳重造型建筑,即现在的佛香阁。又如承德避暑山庄湖区小金山顶上的上帝阁,虽山小但为湖区最高景点,故可依山就势建造三层六角形的楼阁,造型纤巧,构图优美。而在文园狮子林内,正殿"横碧轩"带抱厦三间、一侧的"清淑斋"敞厅三间和假山峰巅上的"占峰亭"等,这三座建筑的体量分别为大、中、小,故分别将其位置安排在低、中、高处,形成了体量和形势的统一。

就水而言,楼阁多建在有所依托的岸边和岛屿上,以控制水面景区,登楼可"外收湖山之胜,内攒园林风光"。而在水中、孤岛和湖角之处,则应修建亭榭石舫,这样,远观山水湖色,近看碧波倒影,以形成宽广水面与点缀景物的统一。

因此,在园林建筑施工中,不仅仅是为建房而筑房,而应该在各个技术环节上,都能使其充分体现上述特点,以达到园林建筑的完美无缺。

第二节 中国园林建筑的常用类型

中国园林建筑的类型比较丰富,它可根据功能用途和工艺技术两方面进行分类。

一、按功能用途分类

按功能用途分为:殿堂楼阁、亭廊轩榭、石舫台座、牌楼垂花门、券桥甬路、叠石小品等。

1. 殿堂楼阁

(1) 殿堂

"殿堂"一般与"宫室"相联系,所以有合称为"宫殿",也有"宫"与"殿"混称的,在我国封建王朝时代,它是象征权利和权威的建筑。

"殿堂"本是指一座大厅式建筑,或建筑中的正房,大者为"殿",小者为"堂"。而"宫"是指为统治阶级使用的、等级较高的单体建筑或建筑群;"室"是建筑中殿堂之外的房间。由于朝代与历史阶段的不同,虽都将宫与殿列为高级建筑,但都因时因势地给予不同的称呼。如早在秦灭六国统一以后,为了显示他的豪强壮大,尽遣役力大兴土木,计划修建一组巨大的宫殿建筑群,即后人所称的"阿房宫"。第一步就是先修建一座前殿,但因整个工程相当庞大,至终秦之世,迄未完工,后被项羽放火焚灭,于是后人就把其前殿称为"阿房宫"。又如明清以后遗留下来的大型宫殿"故宫"包括若干建筑,将其前面正中的几所大型建筑,命名为"太和殿"、"中和殿"、"保和殿",此区域称为外朝;而处在后面中路的三座建筑则命为"乾清宫"、"交泰殿"和"坤宁宫",此区域称为内廷。外朝议政,内廷就寝,都为高等级建筑。之所以称"宫"称"殿",各依其地取势而命之。

"殿堂"建筑因其体积比较大,气势雄伟壮观,是风景园林建筑中最引人注目的建筑物。多建于景点主要游览区,可用于接待、宾馆、游乐、展览、餐饮及商业等用房。其造型有:单檐庑殿或重檐庑殿式、单檐歇山或重檐歇山式,只有极少数小规模的建筑为悬山式或硬山式,各形式如图 1-1 所示。

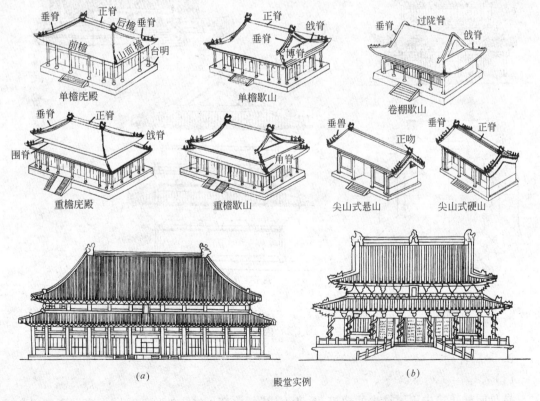

图 1-1 殿堂造型
(a)北京故宫太和殿(重檐庑殿);(b)山西太原晋祠圣母殿(重檐歇山)

(2) 楼阁

"楼阁"是园林建筑中观赏性比较强的多层建筑，它可高耸凌空、轻飏峻峭，也可就山依势、稳重雄浑。因此，被广泛用于各园林的景点建筑。

在中古时代，"楼"与"阁"是有区别的，按历史进程看是先有"阁"而后成"楼"。"阁"一般是指下层为空间，上层为带有平座的楼房；而"楼"则是上下层都为房间的楼房。由于时代变迁，将实用性与观赏性结合，致使楼阁不再有明显区分，可层层带平座，可间层带平座，也可不带平座。楼阁的命名依功能用途、地理地势进行发挥，一般作储藏静修为主者，多命名为"阁"，以观赏娱乐为主者多命名为"楼"。

"楼阁"的造型，多为重檐歇山式、攒尖顶式和十字脊顶式。其平面形状布置常为四、六、八角形及十字形，如图1-2所示。

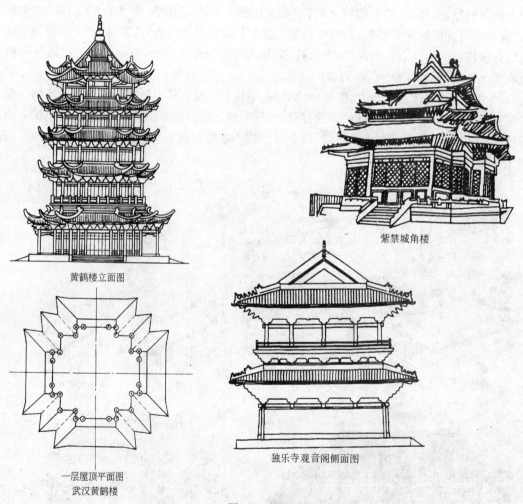

图1-2 楼阁造型

2. 亭廊轩榭

(1) 亭

亭是园林建筑中不可缺少的建筑，无亭不成园，故有人将园林称为亭园。亭子通常以它玲珑美丽、轻巧活泼的特征，或伫立于青岗之上、或泊岸于湖池之畔、或穿插于庭院之中、或倚托于桥廊之端。是游人驻足休息、乘凉避雨、小憩聊天的最佳场所。

亭子建筑在我国具有悠久的历史,实际应用也非常普及,对它的造型积累了丰富的资料,其形式归纳起来有四大类:即多边形(如三、四、五、六、八形)亭、圆形(如蘑菇形、伞形)亭、异形(如扇形、十字形)亭、组合式亭等。如图1-3所示。

图1-3 几种常用亭的类型

（2）廊

廊有称游廊,它是起交通联系、遮阳避雨、连接景点的一种狭长棚式建筑,它具有可长可短、可直可曲、随形而弯、依势而曲的特点。因此,常蟠山围腰、或穿水渡桥、通花渡壑、蜿蜒无尽。游人在其间可行可歇、可观可戏。

廊的造型按其地势分为:直廊、曲廊、回廊、水廊、桥廊、爬山廊、跌落廊等,外形虽多,但其结构构造都一样。

廊的结构按其剖面形式分为:双面空式、单面空式、复式和双层式等。

1）双面空式是指廊的两边均为列柱透空,是最常使用的一种形式。如北京颐和园的长廊,就是这种透空形式,全长728m,南观昆明湖,北看万寿山。

2）单面空式是指廊的一边为列柱,另一边为檐墙的半透半封闭形式。对于檐墙的做法可依需要而定,可将其做成实心墙,也可在墙上设置漏窗或什锦窗。如广州兰圃中的连廊,是南北连接第一兰棚和第二兰棚单面空式长廊,廊的西边为6根列柱,可透过草地观赏鱼池和池中水榭;廊的东面为设有窗洞的檐墙,可透过窗洞欣赏墙后的竹林石景。

3) 复式廊又称里外廊,它在双面空廊屋顶的中间部位,设置一道隔墙,将廊分成里外两部分,在隔墙上可设置漏窗或什锦窗。这种形式适用于需要将两种不同景物进行分开游览的游园。

4) 双层廊又称楼廊,是做成上下两层的游廊。多用于连接具有不同标高建筑或景点的布置,以便于组织游人的分流。如北京北海公园中,琼岛北端的延楼就是这一种形式。

常用的几种游廊如图1-4所示。

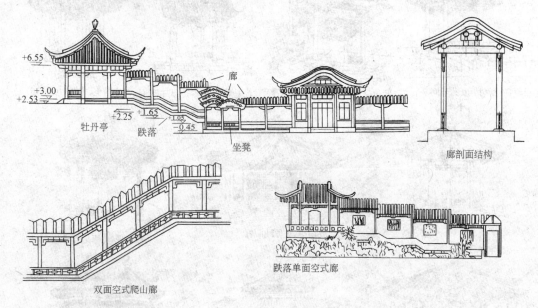

图1-4 廊

(3) 轩榭

轩榭是一种较殿堂楼阁为小的卷棚屋顶式建筑,但"轩"多筑于高处,而"榭"多与水联姻。

"轩"本是车的一种称呼,古代贵族人家远行,都备有一种带棚藩的马车,车前高后低者叫"轩";车前低后高者叫"轾"。明代计成在《园冶》中解述:"轩式类车,取轩轩欲举之意,宜置高敞以助胜为佳"。即是说轩与车类同,意取轩昂高举气势,适宜放置高而宽敞之处,以助胜境为佳。故此以后就将能点缀气势高雅的房屋称为"轩"。

"轩"可做成四周为门窗砖墙的房屋,也可做成只有柱而无壁的透空间,还可做成半壁半透的空间,具体依所处的位置和所依附的建筑物而定。如苏州拙政园的"与谁同坐轩",地处在三面临水,背面靠山的水面转角处,是一个扇形平面。前为四根立柱的凸形透空座廊,后为开凿扇形窗洞的凹面实墙,两侧是留有门洞的山墙,属于一种半壁半透的扇形空间,如图1-5所示。

"榭"在早先是指筑在高台上的木构亭物,以作检阅训武指挥之处。以后将它引用到园林中,把在水上或水边筑台造屋的建筑称为"榭"或"水榭",所以"水榭"一般都与水相连。"水榭"一般都是四面透空的长方形建筑(但也有少数将四周用木门窗装饰成封闭形的)。最典型的要算承德避暑山庄的"水心榭",建在一个有八孔水闸的跨水石梁上,由前后方亭、中置水榭组成,如图1-6所示。

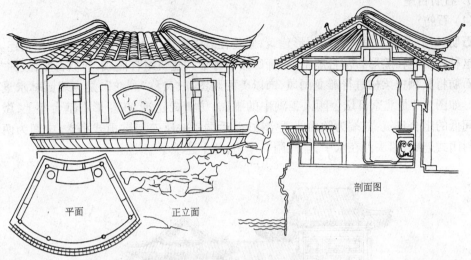

图 1-5 拙政园"与谁同坐"轩

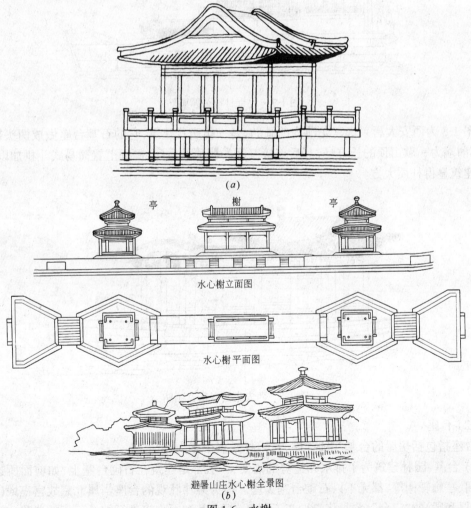

图 1-6 水榭
(a)南京中山陵水榭;(b)避暑山庄水心榭

3．石舫台座

（1）石舫

石舫又叫"画舫"，是一种仿船形建筑，修建在靠近岸边的水中，用石跳板与岸相连。

这种建筑是在船形石基台座上，用轩廊楼亭等形式建筑组合而成，形似石船，故称"石舫"；有的石舫将其额枋梁柱进行雕龙画凤，饰以美丽画图，故又称"画舫"，是点缀园林水景建筑的一种。如图1-7是北京日坛公园人工湖中的画舫，仿清式建筑，在船形石基台座上，做成两端高中间低的组合建筑：前端为歇山式透空敞轩，后端是一座二层歇山式小楼，中间为两间卷棚顶的封闭式连廊，船头浮在水中，船尾附在岸边，整个建筑华丽端庄。

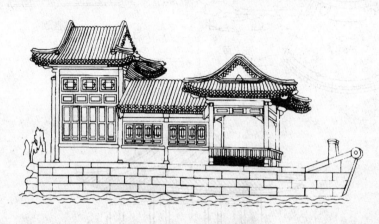

图1-7　北京日坛公园画舫

图1-8为西安大唐兴庆宫龙池内的画舫，是一仿唐式建筑，它的石基台座做成两头翘的船形，其前端为一歇山顶的长方亭，其后连接三间卷棚顶的后厅，额阑上置简易式斗栱加以装饰，整个建筑显得朴质大方。

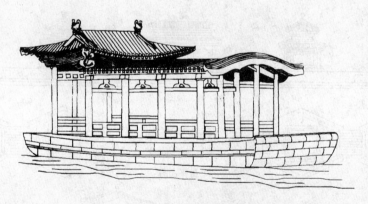

图1-8　西安大唐兴庆宫画舫

（2）台座

台座指包括房屋的台基和须弥座，在园林景点中多为石活。

1）台基：园林建筑为了排水和造势的需要，一般都是建筑在石砌台基上，如前面所述的殿堂楼阁、亭廊轩榭等，都无不以石砌台基为座。最为雄伟壮观的台座当属北京故宫三殿（太和、中和、保和殿）的"三台"，它是将汉白玉石栏杆、石台基和须弥座进行综合运用的典范。又如北京天坛祈年殿,也是由三层汉白玉的石栏杆和石台基围成的圆形台座,如图1-9所示。

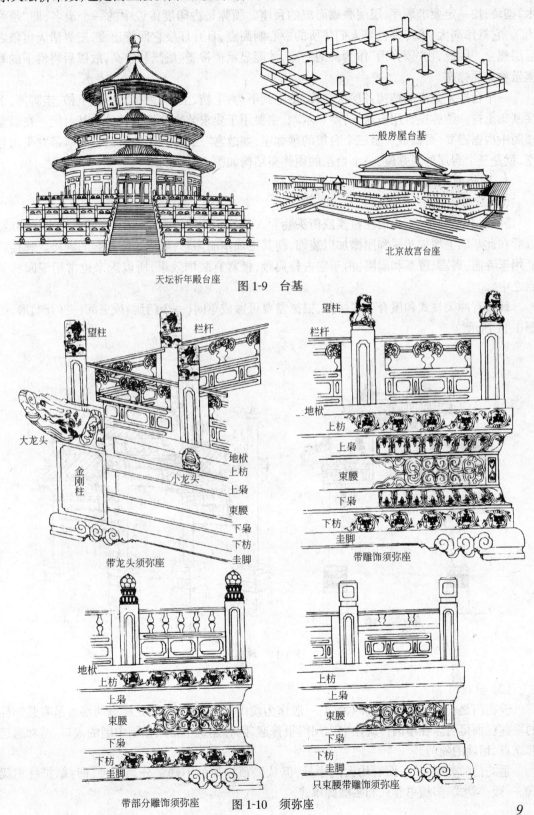

图1-9 台基

图1-10 须弥座

2) 须弥座:"须弥座"是佛教借用名,实际上是将外露面雕刻成各种规定花纹的石(或砖、木)砌块,按一定要求顺序,层层叠砌而成的台座。须弥是古印度传说中的一个山名,即"须弥山"。它雄伟高大,佛传是世界人们住所的中心制高点,日月环绕它回旋出没,三界诸天也依之层层建立。因此,用"须弥山"作为佛的基座,才能显示他神圣、威严和崇高,故以后将佛下的基座敬称为须弥座。

一个台层须弥座的结构各层次名称,由上到下为:上枋、上枭、束腰、下枭、下枋、圭脚等,下接基础土衬。须弥座常用石雕、砖雕和木刻,主要用于要求装饰性强的各种台基台座。在殿堂楼阁中根据需要,可做成一至三个台层的须弥座,如故宫"三台"所用的汉白玉石雕带龙头须弥座,就是三个台层的须弥座,一个台层的须弥座结构如图1-10所示。

4．牌楼垂花门

(1) 牌楼

牌楼,在早叫牌坊,是居住村寨或街头巷弄入口处的一种标志性门架,标明已进入的领地。以后在此基础上增加斗栱和屋檐加以装饰,使其更加华丽多彩,形成装饰性强的牌楼。牌楼广泛用于寺庙、离宫、陵基和园圃,由于它古朴典雅,极富有装饰效果,所以近来也常用于园林景点之中。

牌楼有冲天柱式和屋脊顶式两种,根据需要可做成单间(一个门洞)或三间(三门洞)形,如图1-11所示。

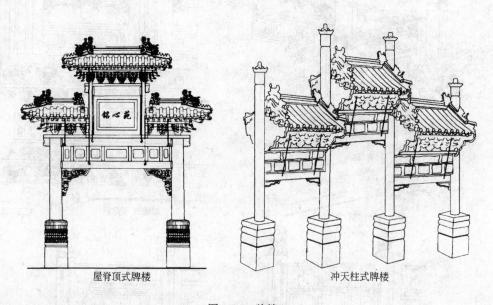

屋脊顶式牌楼　　　　　冲天柱式牌楼

图 1-11　牌楼

(2) 垂花门

垂花门是一种带屋顶棚式的大门,一般作为院内的第二道门,因在屋檐两端常吊有装饰性的垂莲柱而得名。在中国传统住宅中用得很普遍,园林建筑中常用作园中园的入口、游廊通道起讫点、垣墙的隔门。

垂花门的类型,从正面看均大同小异,但从屋顶构架的不同常分为四种,即:单排柱担梁式、一殿一卷式、多檩单卷式和多檩廊罩式。

单排柱担梁式是指屋顶构架梁横担在柱子上的垂花门;一殿一卷式是由两种屋顶结构组成,前檐为殿脊式屋顶,后檐为卷棚式屋顶;多檩单卷式是指屋顶的檩木有四根以上的卷棚式垂花门;多檩廊罩式是指屋顶进深(横跨)做成像游廊进深一样,如图1-12所示。

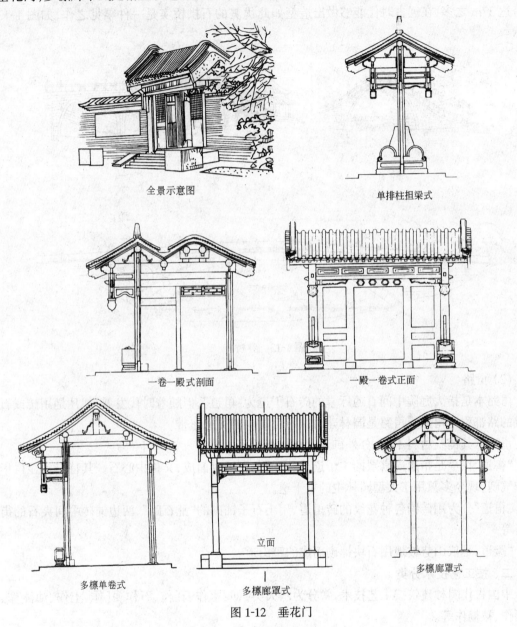

图1-12 垂花门

5. 券桥甬路
(1) 券桥

券桥一般多指石拱桥,是山水园林建筑中的重要配景,它不仅为游人沟通园路,而且是作为分隔水面,点缀风景的艺术品。

园林中的拱桥有单孔和多孔之分,可因地制宜,依景取势。如单孔桥以颐和园中"玉带桥"最为美观,桥体高耸庞大,拱高而薄,由汉白玉和青白石组成,是北京园林拱桥中曲线最美的一座。多孔桥又以颐和园中"十七孔桥"最为壮观,桥长150m,壮如长虹卧伏碧波之上,并在桥栏杆上配以百余个石狮,好是一番景态。

在拱桥史上,历史最为悠久的要算最著名的赵州桥,它建于隋代,距今已有一千三百多年。拱跨达37m之多,在远古时代能够做出造型如此优美的石拱桥实是一件罕见之作,如图1-13所示。

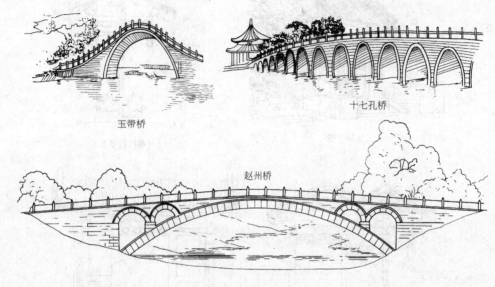

图1-13 券桥

(2) 甬路

甬路本是指大庭院中间直通厅堂的砖石干道为"甬道",但随着时代发展,把凡是用砖或石筑成的路都称为甬路。甬路是园林建筑中不可缺少的交通纽带。

甬路依其铺筑材料不同,分外御道、甬道、蹬道等。

"御道"在早是指通向宫殿的主干道,用大的条石铺砌而成,又称中心石。其特点是显得华贵和气魄,现今多只用于大型园林中的主干道。

"甬道"分为用砖铺各种花纹的砖甬道、用小石子铺砌的"乱石路"、两边铺砖中间夹石的街心石等。

"蹬道"是依山势坡地用石块铺砌而成的蹬山道。

二、按工艺技术分类

中国古代园林建筑按工艺技术,常分为八大类,即:木作、瓦作、石作、扎作、土作、油漆作、彩画作、裱糊作等。

木作包括大木作(木构架)和小木作(木装修);瓦作包括砌砖、抹灰和屋面;石作包括石基、石墙、石路和石券;扎作包括脚手架、铜铁活等;油漆作包括沥粉、贴金和油漆;彩画包括花鸟绘画技术;裱糊包括裱纸和丝绢等工艺。

上述分类是按工艺技术的工种性质划分的,为了今后叙述方便,现将施工顺序和工种性质结合起来分为以下九类,即:

1. 基础与台基工程:包括房屋基础上方、垫层和台基。

2. 木构架工程:包括梁柱构架和斗栱。
3. 砌筑工程:包括墙体砌筑和墙体用灰。
4. 屋面工程:包括面瓦和屋脊。
5. 木装修工程:包括门窗、花罩和藻井。
6. 地面工程:包括甬路和海墁。
7. 油漆彩画工程:包括油漆、彩画和裱糊。
8. 券桥石雕工程:包括石拱券、石栏杆和石雕。
9. 叠石小品工程:包括假山叠石和小品。

这种分类比较详细地叙述了"功能用途分类"中各园林建筑的具体施工技术和方法,能将有关建筑的共性和个性结合起来,体现出园林建筑技术的基本原理和构造,使施工人员能够达到"以一应十"、"以不变应万变"的目的。后面将按此种分类进行分章分节讲述。

第三节 中国园林建筑技术通则

唐宋元明清时代,是中国园林建筑发展史的胜势年代,它为我们遗留了大量的宝贵建筑文件。特别是在建筑文献中,北宋李诫的《营造法式》、明朝计成的《园冶》、清代工部《工程做法则例》、晚清南方姚承祖的《营造法原》等,都为我们学习研究中国古代建筑技术,提供了极有价值的设计和施工依据。

中国园林建筑由于几千年的丰富经验和实践积累,到晚清时代形成了具有较成熟的固定风格和模式,这些固定的风格和模式大多体现在"建筑技术通则"上。我们现在所进行的大量仿古建筑,都是以明清时代的建筑和文献为基础,因地制宜地加以运用和建造的成果。

中国古代建筑的技术通则,是指对中国古代建筑(包括殿堂楼阁、亭廊轩榭等)所应具有的通性法则和共性要求。它对建筑物的布置、均衡、美感和稳定起着很重要的作用。通则的内容包含有:建筑尺度的构成、建筑平面的度量、建筑剖面尺寸的确定、推山与歇山的计算等方面。这些"通则"也是中国园林建筑技术所必须遵守的重要原则。现分述如下:

一、建筑尺度的构成

1. 中国古代尺度与公制的折算

尺度是丈量物体大小的执行标准,在中国古建筑中,官方建筑尺度是采用的"营造尺"。由于中国历史朝代的变迁,中国古代的官方"营造尺"也随朝代而有所不同。

在唐代,根据《唐六典》卷三载:"凡度以积方秬黍中者,一黍之广为分,十分为寸,十寸为尺,一尺二寸为大尺,十尺为丈……内外官司悉用大者"。由此可知唐代有大小二尺,大尺(=1.2小尺)为官方日常所用之营造尺,那么唐一营造尺相当现公制尺多少呢?

据对唐初长安大明宫麟德殿前殿遗址的考察测量如下:

通面阔:5830cm—198尺(合29.44cm/尺)
正面各间:530cm—18尺(合29.44cm/尺)
通进深:1850cm—63尺(合29.37cm/尺)
侧心间:425cm—14.5尺(合29.31cm/尺)
侧梢间:500cm—17尺(合29.41cm/尺)

由此可以推算出唐代的一营造尺≈29.39cm。经对现存唐代后期遗物山西五台"南禅寺

13

大殿"和"佛光寺大殿"的调查核实:一营造尺在29.4cm左右。

继唐之后,辽代时期的建筑也继承了唐之尺制,根据有关考察资料的平面尺度,大约这时的一营造尺约为29.6cm左右,具体资料如表1-1所示。

部分建筑平面尺度考察表　　　　　　　表1-1

建筑名称	柱间数	总 间		心 间		次 间		次 间		次 间		梢 间		营造尺
		cm	尺	cm	尺	cm	尺	cm	尺	cm	尺	cm	尺	cm
奉国寺大殿	正9 侧5	4820 2513	163 85	590 505	20 17	580 503	19.5 17	533	18	501	17	501	17	约29.55
善化寺大殿	正9 侧5	4054 2495	136 84	710 508	24 17	626 508	21 17	554	18.5			492 485	16.5 16.5	29.7强
河北蓟县独乐寺观音阁	正9 侧5	2020 1420	68 48	472 369	16 12.5	432	14.5					342 341	11.5 11.5	约29.6
广济寺三大士大殿	正9 侧5	2543 1828	86.5 62	548 459	18.5 15.5	543	18.5					455	15.5	约29.4
应县木塔	底层	983	33	447	15							268	9	约29.7

至宋代后期对建筑尺度的计量,有了正规的统一标准,即以斗栱中一个栱子的用"材"为衡量整个建筑构件的标准单位。一个"材"为一个等级,"材"以栱子的高宽(厚)尺寸定之。即李诫《营造法式》中所述"凡构屋之制,借以材为祖。材有八等,度屋之大小因而用之。第一等材广九寸厚六寸;第二等材广八寸二分五厘厚五寸五分;第三等材广七寸五分厚五寸;第四等材广七寸二分厚四寸八分;第五等材广六寸六分厚四寸四分;第六等材广六寸厚四寸;第七等材广五寸二分五厘厚三寸五分;第八等材广四寸五分厚三寸。各以其材广分为十五分,以十分为其厚(即"材"的比例为15:10)"。

这个用"材"制度延至清代改称为"斗口",将"材"的高厚规定简化为厚,一个材厚称为一个"斗口",清工部《工程做法则例》把"斗口"规定为十一个等级,即"……斗口有头等材,二等材以至十一等材之分。头等材迎面安翘昂,斗口宽六寸;二等材斗口宽五寸五分;自三等材以至十一等材各递减五分,即得斗口尺寸"。

以上所说的尺、寸、分,是指当时的营造尺,那么这一营造尺又是多少呢?我国著名建筑学家梁思成教授,曾于1935年前进行了艰苦的勘测和考证,现选其当时考察测绘资料如表1-2所示。

曲府孔庙勘测测绘尺寸　　　　　　　表1-2

序号	测绘实物名称		建 造 年 代		测 绘 尺 寸		一营造尺折成厘米	备 注
			朝　代	公　元	营造尺	cm		
1	弘道门	面阔	宋 天禧二年	1018	54	1728	32	
2		进 深			28	904	32.2857	
3	大中门	面阔	明 弘治十七年	1504	64	2044	31.9375	
4		进 深			24	763	31.7917	原文载于1935年《中国营造学社汇刊》第六期
5	大成殿	高	明 弘治十七年	1504	78	2480	31.7949	
6		面 阔			135	4578	33.9111	
7		进 深			84	2489	29.6310	
8	大成殿	高	清 雍正八年	1730	78.6	2480	31.5522	
9		面 阔			142.7	4578	32.0813	

续表

序号	测绘实物名称	建造年代		测绘尺寸		一营造尺折成厘米	备注
		朝 代	公 元	营造尺	cm		
10	进 深			79.5	2489	31.3082	
11	奎文阁 面阔	明 弘治十七年	1504	90	3010	33.4444	
12	进 深			55	1762	32.0364	原文载于1935年《中国营造学社汇刊》第六期
13	诗礼堂 面阔	明 弘治十七年	1504	75	2388	31.84	
14	进 深			42	1302	31	
15	崇圣祠 面阔	明 弘治十七年	1504	72	2389	33.1806	
16	进 深			36	1149	31.9167	

由上表数据，并结合北京故宫博物院中所珍藏的门光尺进行鉴定，一般都将清"一营造尺"定为32cm(宋按31.2cm)，以此作为现今仿古建筑尺度的折算标准。依此，可将清工部《工程做法则例》中的斗口用材尺寸对照如表1-3所示。

斗口尺寸对照表 表1-3

斗口等级	营造尺(寸)	公制(cm)	斗口等级	营造尺(寸)	公制(cm)
一等材	6	19.2	七等材	3	9.6
二等材	5.5	17.5	八等材	2.5	8
三等材	5	16	九等材	2	6.4
四等材	4.5	14.4	十等材	1.5	4.8
五等材	4	12.8	十一等材	1	3.2
六等材	3.5	11.2			

2. 大式建筑与小式建筑

中国古代建筑在确定房屋建筑尺寸时，要根据房屋是属于大式建筑还是小式建筑分别取定。

大式建筑：它是指建筑规模大、构造复杂、做工精细、标准要求高的建筑，绝大多数带有斗栱(但也有少数不带斗栱)，主要指宫殿、庙宇、府邸、衙署、皇家园林等为上层阶层服务的，及其类似的建筑。

小式建筑：主要是指规模小、标准低、结构简单、一般不带斗栱的民居建筑、府衙官邸中厢偏房、一般园林建筑等。

具体可从以下三方面加以区别：

1. 房屋等级规模的区别

大式建筑可用于庑殿、歇山、硬山、悬山和攒尖顶等各种形式的房屋，多带斗栱(少数不带斗栱)，可做成单檐和重檐，一般体量比较大，三至九间，带前(后)廊或围廊；但小式建筑只适用于硬山、悬山和攒尖顶房屋，不带斗栱，只能做单檐，一般体量较小，三至五间，可带前(后)廊，但不带围廊。

2. 木构架大小的区别

大式建筑的木构架可从三檩多达十一檩；而小式建筑最多不超过七檩，一般为三至五檩。

3. 屋顶瓦作的区别

大式建筑屋面瓦作为琉璃瓦或青筒瓦，屋脊为定型窑制构件；而小式建筑最高只能用布瓦,一般采用合瓦或干槎瓦,屋脊所用瓦件完全由现场材料进行加工。

二、建筑平面的度量

1. 平面度量名称

中国园林建筑的房屋,一般是以柱为承重构件,凡四柱所围之面积称为"间",每幢尺寸横长竖短,横长为阔,称为"面阔",数间相连之总横长称为"通面阔";竖短为深,称为"进深",数间相连之总深长称为"通进深"。

在一幢房屋中,正中的一间称为"正间"或"明间"或"心间";在其两旁的称为"次间";在次间之外的称为"梢间",有时当房屋达到七间或九间时,为有所区别,将最外两端的称为"尽间"。在间之外有柱无隔的空间称为"廊",宋称为"副阶",可分为前檐廊、后檐廊和东西侧廊。如图1-14所示。

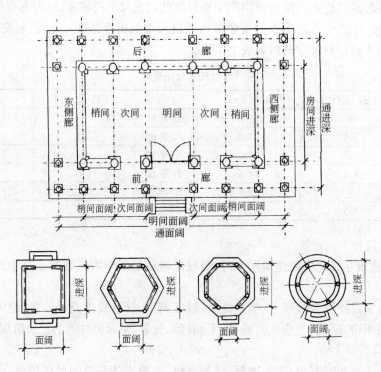

图1-14 面阔与进深

2. 房屋面阔与进深的确定

(1) 面阔尺寸的确定

在中国古代,房屋建筑的面阔,要根据以下三个因素加以综合确定:

1) 根据当时朝代等级制度规定的规模大小而定。如《唐六典》卷二十三中记有"凡官室之制,自天子至于士庶,各有等差。天子之宫殿皆施重栱藻井,王公、诸臣三品以上九架、五品以上七架、并厅厦两头,六品以下五架。其门舍,三品以上五架三间、五品以上三间两厦、六品以下及庶人一间两厦"。架在这里是指房屋檩条的根数,即空间距离。官位越高,房屋规模越大。

又如《明会典》对群王府的规模规定:"群王每位盖府屋共四十六间,前门楼三间五架,中门楼一间五架,前厅房五间七架,厢房十间五架,后厅房五间七架…"等。这些虽没有明确面阔,但涉及到房屋的规模和通面阔。

2) 制约于当时迷信思想的束缚,古时施工放样的测具是曲尺和门光尺,在这种尺面上刻有"官、吉、财、义、病、离、劫、害"等迷信标注,当在考虑面阔时,要满足门口尺寸符合"避凶、利吉"的选择才可确定。

3) 根据斗口等级或檩架规格的大小而定。

因此,在古代建筑文献中,对房屋的面阔,都只作了一个原则性的规定,如《营造法式》规定:"当心不越18尺",即正间最多不超过18尺。又如《工程做法则例》对九檩单檐庑殿做法规定:"凡面阔、进深以斗栱攒数而定,每攒以口数十一份定宽"。"攒"是斗栱的计量单位,每一组斗栱称为"一攒",而攒之宽窄又由斗口数和等级而定。规定续曰:"如斗口二寸五分,以栱中分算,得斗栱每攒宽二尺七寸五分"。即是说,如果选定的斗口规格为(八等材)2.5寸,则每攒宽应 = 11×2.5 = 27.5寸 = 2尺7寸5分。续曰:"如面阔用平身斗栱六攒,加两边柱头栱各半攒,共斗栱七攒,得面阔一丈九尺二寸五分"。即按上述计算,该房屋面阔应为:7攒×27.5 = 192.5寸 = 1丈9尺2寸5分(有关斗栱知识参阅第三章)。

并且续曰:"如次间收分一攒,得面阔一丈六尺五。梢间同,或再收一攒,临期酌定"。这就是说如果是次间,则按6攒计算,则次间面阔为:6×27.5 = 165寸,梢间可依现场情况照此确定。

由上可以看出,房屋面阔之大小,并没有一个固定的模式,但《工程做法则例》对几种常用房屋的具体做法尺寸,都作了明确规定,可参照执行。

在实际工作中对带斗栱建筑,可按以下两种方法确定:

1) 按斗栱攒数来确定面阔。对一般单檐建筑,每攒斗栱可采用11斗口;重檐建筑可采用11或12斗口。至于斗口等级可根据需要情况选定。

2) 依据已知通面阔和开间数,拟定明间攒数求斗口尺寸,或选取斗口尺寸求攒数。

$$\text{斗口尺寸} = \frac{0.091 \times \text{通面阔}}{\text{总间数} \times (\text{攒数} - 1) + 1} \tag{1-1}$$

$$\text{攒数} = \frac{0.091 \times \text{通面阔} - \text{斗口尺寸}}{\text{斗口尺寸} \times \text{总间数}} + 1 \tag{1-2}$$

【例1】 现按上述九檩单檐庑殿的数据为例,拟定明间为7攒,设面阔192.5寸,次间设为两间,其面阔为165×2 = 330寸,则三间通面阔为192.5 + 330 = 522.5寸,现求斗口尺寸?

解:

$$\text{斗口尺寸} = \frac{0.091 \times 522.5}{3 \times (7-1) + 1} = \frac{47.5475}{18+1} = 2.5025 \approx 2.5(\text{寸})$$

【例2】 在例1中,设斗口尺寸为已知2.5寸,求斗栱攒数?

解:

$$\text{攒数} = \frac{0.091 \times 522.5 - 2.5}{2.5 \times 3} + 1 = \frac{45.0475}{7.5} + 1 = 7.0063 \approx 7(\text{攒})$$

上述公式是建立在每攒斗栱为11斗口基础上,如果采用12斗口者,则将0.091换为(1/12 =)0.0833即可。当攒数和斗口尺寸确定后,即可依下式求得各间面阔:

$$\text{明间面阔} = \text{斗口数} \times \text{斗口尺寸} \times \text{攒数} \tag{1-3}$$

$$\text{次(梢)间面阔} = \text{斗口数} \times \text{斗口尺寸} \times (\text{攒数} - 1) \tag{1-4}$$

另外,我国园林工作者经过长期的工作实践,积累出一套经验数据,可按面阔与柱高的比例关系,确定明间面阔。一般(面阔:柱净高)为:

带斗栱建筑　　10:8~10:9　　　　无斗栱建筑 10:7~10:8

  四方亭　　　　　10:8～10:11　　　　　六方亭 10:15～10:20
  八方亭　　　　　10:18～10:25

  有关柱高参阅下节所述。

  (2) 进深尺寸的确定

  房屋的进深，一般按梁架长的步数或檩木根数确定。如前面《唐六典》、《明会典》中所述的"三间五架"的架，即表示进深的规模。

  清《工程做法则例》对几种常用房屋的进深，也都作有明确规定，如对上述九檩庑殿所述"如进深每山分间各用平身斗科三攒，两边柱头科各半攒，共斗科四攒，明间，次间各得面阔一丈一尺。再加前后廊各深五尺五寸，得通进深四丈四尺"。

  根据我国园林工作者的经验，一般小式建筑按一间所作梁架不超过五檩（即四步架）考虑，也可在此基础上加前后廊处理。至于一檩步架为多少，后面再专述。

  大式带斗栱建筑，从山面看，一般二至三间，每间深按平身科斗栱三至四攒计算。

三、建筑剖面尺寸的确定

  建筑房屋的剖面尺寸，包括檐柱高度及收分、屋檐上出与下出、屋坡曲面计算等，现按此进行分述。

  1. 檐柱高度与收分

  (1) 檐柱高的确定

  檐柱柱高在宋代未做详细规定，在《营造法式》中只作出"柱不越间"之守法，即檐柱高以不超过正间面阔为度。

  清工部《工程做法则例》对大式做法规定："凡檐柱以斗口七十份定高。如斗口二寸五分，得檐柱连平板枋、斗科通高一丈七尺五寸。内除平板枋、斗科之高，即得檐柱净高尺寸。如平板枋高五寸，斗科高二尺八寸，得檐柱净高一丈四尺二寸"。即檐柱总高包括斗栱高和斗栱下面的平板枋厚为 70 斗口，若按八等材斗口 2.5 寸计算，则为：$70 \times 2.5 = 17.5$ 寸，减去平板枋和斗栱高 3.3 寸，即为檐柱净高 $= 17.5 - 3.3 = 14.2$ 寸（相当 $14.2 \div 2.5 \times 10 = 56.8$ 口份），因此，我国古建专家都建议按 60 口份取定檐柱净高。若取口份规格按 2.5 寸计算，则檐柱净高 15 尺（折公制 480cm）。

  对小式做法规定："凡檐柱以面阔十分之八定高，十分之七定径寸。如面阔一丈一尺，得柱高八尺八寸，径七寸七分"。因此，小式建筑，可依面阔与檐柱净高之比进行确定。也有按檐柱径的 11 倍定之。如图 1-15 所示。

  (2) 檐柱径的确定

  清工部《工程做法则例》，对带斗栱建筑，檐柱径一般按 6 斗口取定；对无斗栱建筑，按柱高与柱径之比为 11∶1 取定。

  而宋《营造法式》规定"凡用柱之制，若殿间即径两材两栔至三材。若厅堂柱即径两材一栔，余屋即径一材一栔至两材"。其中"材"分为八个等级，"材"的广、厚、栔三者之间的比例为：15∶10∶6。这八个等级及其适用范围如图 1-16 所示。

  (3) 柱子的收分

  中国古代建筑的柱子，一般都呈柱头略小于柱脚的形状，这种头小脚大的比例关系，清代称为"收分"，有的称为"收溜"。宋叫"杀梭柱"。如《营造法式》第五卷述："凡杀梭柱之法，随柱之长分为三份。上一份又分为三份，如栱卷杀，渐收至上径比栌枓底四周各出四分，又量柱头

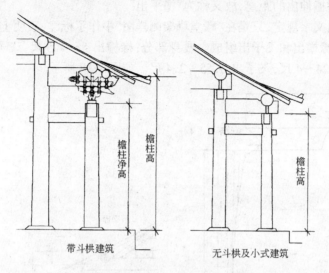

图 1-15 檐柱高

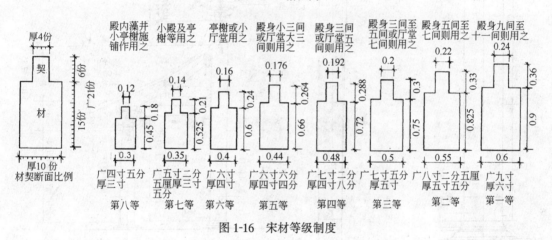

图 1-16 宋材等级制度

四分紧杀如覆盆样,令柱颈与栌枓底相副,其柱身下一分杀令径围与中一分同"。由此可知宋是在柱的上三分之一处开始收分,如图 1-17 所示。

清式柱是从柱脚开始往上收,小式建筑按柱高的 1/100 收分;大式建筑按柱高的 7/1000 收分。

(4) 柱子的侧脚

柱子的侧脚又叫掰升,它是指最外一圈柱子的柱脚,向外移动一定距离,使柱头微向里倾斜,以增加建筑的整体稳定性。

宋《营造法式》规定:"凡立柱并令柱首微收向内,柱脚微出向外,谓之侧脚。每屋正面随柱之长,每一尺即侧脚一分。若侧面每长一尺即侧脚八厘,至角柱,其柱首相向各依本法"。因此,宋代规定正面柱侧脚为 1/100,山面(含角)柱侧脚为 8/1000。

清代则为"溜多少,升多少"。即收溜多少,就掰升多少。不分正侧面,统一按一个尺寸处理。

2. 屋檐上檐出与下檐出

(1) 上檐出

19

上檐出是指屋檐伸出的距离,故又称为"檐平出"。

宋代没有作出文字规定,只是在"殿堂草架侧样图"中作了标注,表明上檐出是从撩檐枋的中线向外计算,由椽檐出和飞子出组成。殿身部分:椽檐出5~4.5尺,飞子出3~2.75尺;副阶部分:椽檐出4.24~4尺,飞子出3.55~2.4尺。如图1-18所示。

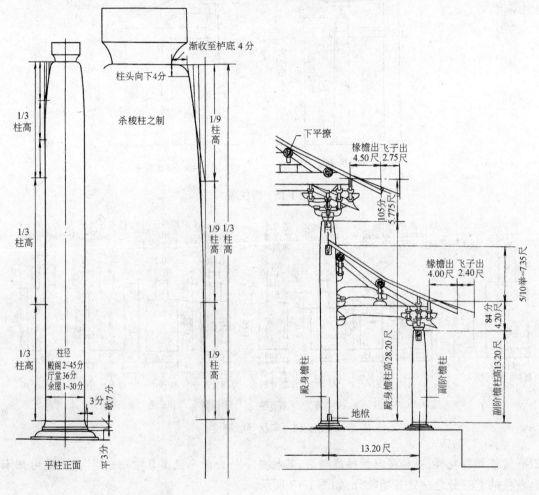

图1-17 杀梭柱　　　　　　图1-18 宋上檐出

清《工程做法则例》规定,无斗栱建筑以檐檩中至飞檐椽或檐缘外皮的水平距离为上檐出,按檐柱高的0.3倍或3.3檐柱径计算。其中檐椽出占2/3,飞椽出占1/3,如图1-19所示。带斗栱建筑以正心桁中至飞檐椽头外皮的水平距离为上檐出,按檐椽出14斗口、飞檐出7斗口、斗栱外挑出踩数(三踩斗栱挑出3斗口、五踩斗栱挑出6斗口、七踩斗栱挑出9斗口)合计而定。

但上檐出的尺寸必须遵循"檐不过步"的原则,即上出尺寸不得大于檐(廊)步架尺寸,以免产生檐口倾覆。如图1-19所示。

(2) 下檐出

下檐出是指台基部分,由檐柱中线向外延伸至台明边的尺寸。宋代没有做出具体规定,只要求不超过上檐出即可。

清代要求:对小式建筑,按上檐出的0.8倍或檐柱径的2.4倍;对带斗栱建筑按上檐出的

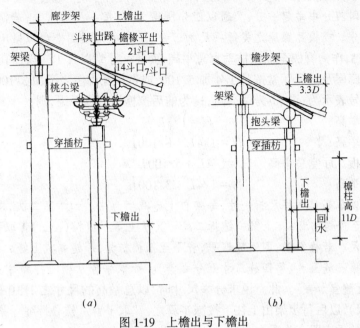

图 1-19 上檐出与下檐出
(a) 带斗栱建筑；(b) 无斗栱小式建筑

0.75倍。上下出之差称为"回水"，是屋檐雨水下落于台明之外的保护距离。如图1-19所示。

3．屋顶的步架与举架

(1) 步架

步架是指屋顶中，两根相邻檩(桁)中至中的水平距离，宋称"椽平"，清叫"步架"，即檩子的间距。

步架依檩的位置不同，有不同的名称。靠檐(廊)的一步称为"檐(廊)步架"，靠脊檩的一步称为"脊步架"，在檐步架与脊步架之间的各步称为"金步架"。在双檩卷棚建筑中，最上面两脊檩之间的一步称为顶步架。

步架尺寸，宋《营造法式》只规定"用椽之制，椽每架平不过六尺"。

清以檩径为基础，小式建筑的廊步架与脊步架一般为4~5檩径左右，其中廊步架可稍大于4檩径，而脊步架可稍小于4檩径。大式建筑除顶步架为2~3檩径外，其余为4~5檩径，也可按檐柱而定，大式按0.4倍檐柱高定廊步，金脊步各按0.8倍廊步。小式按5倍檐柱径定廊步，金脊步按0.8倍廊步。设计时只依此作为参考，而实际确定时，应根据进深、梁架和用材等的长短灵活处置，一般先选定廊檐步架和脊步架尺寸，其余步架可按进深尺寸，扣减廊脊步架后均分之。

(2) 举架

由上可知，两檩之间的水平距离称为步架，而两檩之间的垂直距离称为举高，"举架"就是指举高与步架之比值，这是清代称呼，宋称为"举折"，《营造法原》称为"提栈"。它是确定屋面凹陷曲线的一种方法。宋代的举折与清代举架，在计算方法上是有区别的：举折是由上往下逐步取折，而举架是由下往上逐渐加举。

1) 宋举折计算方法：宋《营造法式》对举折之制分为"举屋之法"和"折屋之法"两步计算，先按举屋之法求出总举高，再依折屋之法求定各分举高。

宋《营造法式》规定："举屋之法，如殿阁楼台先量前后橑檐枋心，相去远近分三分(若余屋柱头作或不出跳者,则用前后檐柱心),从撩檐枋背至脊槫背举起一分(如屋深三丈即举起一丈);如筒瓦厅堂即四分中举起一分,又通以四分所得丈尺,每一尺加八分;若筒瓦廊屋及板瓦厅堂每一尺加五分。或板瓦廊屋之类每一尺加三分"。即意为殿阁楼台以量出的房屋前后撩檐枋之距离的 1/3,作为脊槫至撩檐枋垂直总举高;而筒瓦厅堂以其 1/4 再加其 8/100(尺寸分以百位计);筒瓦廊屋及板瓦厅堂按其 1/4 加 5/100,或者板瓦廊屋之类加 3/100。

将上述用符号表示为:设 H 为总举高,L 为前后撩檐枋心水平距,则:

殿阁楼台总举高　　　　　　　$H=1/3L$

筒瓦厅堂总举高　　　　　　　$H=1/4L+8/100L$

筒瓦廊屋及板瓦厅堂总举高　　$H=1/4L+5/100L$

板瓦廊屋总举高　　　　　　　$H=1/4L+3/100L$

"折屋之法,以举高尺丈每尺折一寸,每架自上递减半为法。如举高二丈,即先从脊槫(tuan)背上取平,下至撩檐枋背,其上第一缝折二尺。又从上第一缝槫(tuan)背取平,下至撩檐枋背于第二缝折一尺。若椽数多,即逐缝取平,皆下至撩檐枋背,每缝并减上缝之半(如第一缝二尺、第二缝一尺、第三缝五寸、第四缝二寸五分之类)。如取平皆从槫心抨绳令紧为则;如架道不匀,即约度远近随宜加减"。此意说求分举尺寸时,以总举高的尺寸之 1/10 折取(如举高二丈,第一缝折二尺),以后每步架由上往下按减半算之。"取平皆从枋心抨绳令紧为则",即计算尺寸以枋中心线的垂直距离为准。

现用符号表达:设 H 为总举高,由上往下的分举高 h_1、h_2、h_3、h_4、$\cdots h_n$,则:

$h_1=1/10H$

$h_2=1/10H\div 2=1/20H$,可表示为 $H/(10\times 2^1)$

$h_3=1/20H\div 2=1/40H$,可表示为 $H/(10\times 2^2)$

$h_4=1/40H\div 2=1/80H$,可表示为 $H/(10\times 2^3)$

上述如图 1-20 所示。可将上述用下式表示为:

$$h_n=H/(10\times 2^{n-1})$$

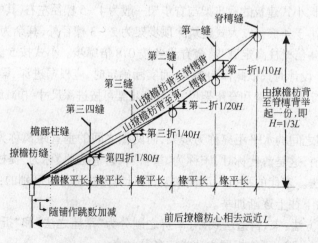

图 1-20　宋举折之制

2) 清举架计算方法:清式举架的计算就比较简单,它已将几种房屋举架(系数)值,都已明确给出,只要屋架确定后即可套用。清式做法的檐步架都定为五举,即称为:

"五举拿头"。它的举值为:

五檩小式:檐步五举,脊步七举;

七檩小式:檐步五举,金步七举,脊步九举;或檐步五举,金步六五举,脊步八举;

九檩大式:檐步五举,下金步六五举,上金步七五举,脊步九举;

十一檩大式:檐步五举,下金步六举,中金步六五举,上金步七五举,脊步九举。依上所述只要将确定的步架分别乘以 0.5、0.6、0.65、0.7、0.75、0.9 等,即可求得举高。各举架如图1-21所示。

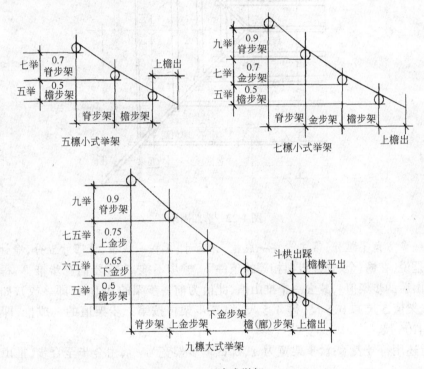

图 1-21 清式举架

四、推山与收山的计算

1. 推山

推山是指将庑殿两端山墙上的屋脊,向外推出一个距离,使屋顶正脊加长,垂脊弯曲,以增加屋面美感的一种做法,清代称"庑殿推山法",宋代称"造四阿殿"。

宋《营造法式》述:"凡造四阿殿阁,若四椽六椽五间及八椽七间,或十椽九间以上呈上角梁相续直至脊槫,各以逐架斜长加之。如八椽五间至十椽七间,并两头增出脊槫各三尺,随所加脊槫尽处别施角梁一重"。即指四、六椽五间、八椽七间、十椽九间以上的,都可依斜延长与脊槫相交,但八椽五间至十椽七间,应由脊檩两端各向外推出三尺,随所增加的距离,另加角梁一副,如图1-22所示。

清式做法,梁思成教授在《清式营造则例》后所附的《营造算例》内述曰:在步架 x 相等的条件下,"除檐步方角不推外,自金步至脊步,按进深步架,每步递减一成。如七檩每山三步,各

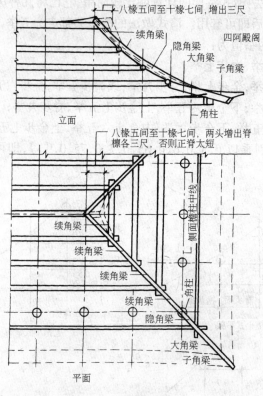

图 1-22 造四阿殿

五尺;除第一步方角不推外,第二步按一成推,计五寸;再按一成推,计四寸五分,净计四尺零五分"。其意是说,在檐、金、脊各步架相等的条件下,檐步不推,自金步向脊步推算,每步按前一步值(即推山后的步架值),减去一个推山值,此值为前一步架的 0.1 倍(即一成),如第二步架值为第一步架值 5 尺减 0.5 尺,得 4.5 尺;第三步架再按第二步架值的一成推,即 4.5 尺减 0.45 尺得 4.05 尺。

若将上述用符号表示:设步架宽为 x,那么檐步架宽为 x_0,由金步至脊步,推山后的步架值分别为 $x_1, x_2, x_3 \cdots x_n$,则:

$$x_0 = x$$
$$x_1 = x - 0.1x = 0.9x = (0.9)^1 x$$
$$x_2 = x_1 - 0.1x_1 = 0.9x - 0.1(0.9x) = (0.9)^2 x$$
$$x_3 = x_2 - 0.1x_2 = 0.81x - 0.1(0.81x) = (0.9)^3 x$$
$$\cdots\cdots$$
$$x_n = (0.9)^n x$$

推山结果如图 1-23 所示。

当各步架尺寸不等时,梁思成教授通过自己的总结,在《营造算例》内举例曰:"如九檩,每山四步,每一步六尺,第二步五尺,第三步四尺,第四步三尺;除第一步方角不推外,第二步按一成推,计五寸,净四尺五寸,连第三步第四步亦各随推五寸;再第三步,除随第二步推五寸,余三尺五寸外,再按一成推,计三寸五分,净计步架三尺一寸五分;第四步,又随推三寸五分,余二尺

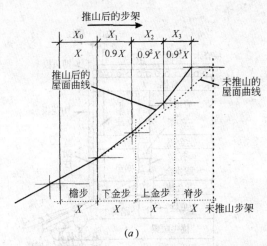 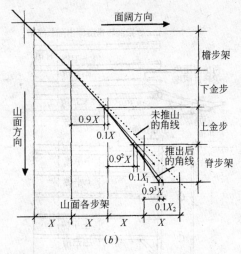

图 1-23 清式等步架推山
(a)立面推山曲线；(b)平面推山曲线

一寸五分,再按一成推,计二寸一分五厘,净计步架一尺九寸三分五厘"。将此意作解:设九檩四步的不等步架分别为:

$$x'_1=6 \text{尺}、x'_2=5 \text{尺}、x'_3=4 \text{尺}、x'_4=3 \text{尺}$$

又设推山后的步架分别为 $x_1、x_2、x_3、x_4$,则按算例:

"第一步方角不推",即为 $x_1 = x'_1$

"第二步按一成推,计五寸,净四尺五寸",即:$x_2 = x'_2 - 0.1 x'_2 = 5 - 0.1 \times 5 = 4.5$ 尺

"连第三步第四步亦各随推五寸",即:$x''_3 = x'_3 - 0.1 x'_2 = 4 - 0.5 = 3.5$ 尺

$$x''_4 = x'_4 - 0.1 x'_2 = 3 - 0.5 = 2.5 \text{尺}$$

"第三步,除随第二步推五寸外,再按一成推,计三寸五分,净计步架三尺一寸五分",即:
$x_3 = x''_3 - 0.1 x''_3 = 3.5 - 0.35 = 3.15$ 尺

"第四步又随推三寸五分,余二尺一寸五分,再按一成推,计二寸一分五厘,净计步架一尺九寸三分五厘",即 $x_4 = x''_4 - 0.1 x''_3 - 0.1(x''_4 - 0.1 x''_3) = 2.5 - 0.35 - 0.215 = 1.935$ 尺

把上述计算整理后可列算式为:

$$x_1 = x'_1$$
$$x_2 = x'_2 - 0.1 x'_2 = 0.9 x'_2$$
$$x_3 = x'_3 - 0.1 x'_3 = x'_3 - 0.1 x'_2 - 0.1(x'_3 - 0.1 x'_2) = 0.9 x'_3 - 0.09 x'_2$$
$$x_4 = x''_4 - 0.1 x''_3 - 0.1(x''_4 - 0.1 x''_3) = 0.9 x'_4 - 0.09 x'_3 - 0.081 x'_2$$

2. 收山的方法

收山是指将歇山建筑山面的山花板位置,在山面檐步架中,由檐檩(正心桁)向内收进一个距离的一种处理方法,清称为"歇山收山法",宋称歇山为"厦两头造"。

宋《营造法式》只作了从梢间里轴线,向外伸出的距离为"出际长随(梁)架"规定。

清式规定:山花板的外皮应由山面正心桁(大式建筑)或檐檩(小式建筑)中心线向里收进一桁(檩)径的距离而定之。山花板是封堵歇山山面的厚板,一般用企口缝板拼装,山花板内皮贴附在草架柱和横穿上。如图 1-24 所示。

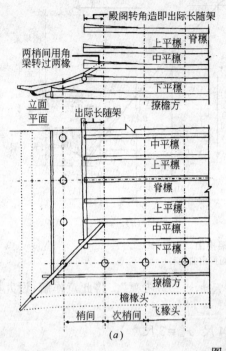
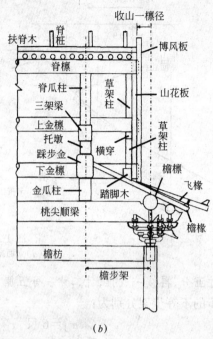

图 1-24 收山法则
(a)宋式收山；(b)清式收山

五、翼角的冲出与起翘

翼角是指屋面的转角部位。在中国古代园林建筑中，最具特色的部位是飞檐翘角，飞翘的翼角，广泛应用于庑殿、歇山、攒尖顶等屋面的建筑中，它极大地丰富了建筑物的优美造型。组成翼角的骨架是角梁（包括老角梁和仔角梁），角梁的挑出和上翘是美化屋顶曲线的关键。

在翼角部位，从水平投影平面看，翼角角梁的挑出与屋檐正身飞椽的挑出，要多出一个距离（也就是比"上檐出"多出一个距离），此多出的水平距离，清式称为"冲出"，宋式称为"生出"。再从立面投影看，角梁最外端的上皮，要比屋檐正身飞椽的上皮高出一个垂直距离，此高出的垂直距离，清称为"起翘"，宋称为"生起"。如图 1-25 所示。

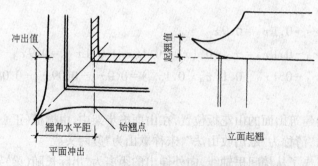

图 1-25 翼角冲出与起翘

角梁的冲出与起翘，各朝代及至各地区，都应用比较灵活。宋《营造法式》对"生出"规定："其檐自次角柱补间铺作心橑头皆生出向外，渐至角梁，若一间生四寸，三间生五寸，五间生七寸,五间以上约度随宜加减"。即翼角檐自次角柱那一间的椽头开始生出,逐渐生至角梁,随开间多少而有所增加。而对"生起"却曰:"若近角飞子随势上曲,令背与小连檐平"。只要求随势而升,使飞子上背与小连檐平即可。

清对翼角的冲出与起翘,要求按"冲三翘四"的原则掌握。"冲三翘四"是指冲出尺度按三椽径,起翘尺度按四椽径。那么冲出与起翘之比为:3:4=1:1.33。而实际上冲翘比在1:1.22~1:3的都有。

房屋的翼角只要确定了冲出值与起翘值后,就可采用绘制弧线的方法,绘制出翼角飞翘的弧线。弧线的绘制可用现代作图技术,采用网格坐标法、半径等弧法、圆弧曲线法等,它们所作误差都不太大。具体放样详见第三章第三节七(六)翼角椽的安装定位所述(图3-91)。

第二章 基础与台基工程

第一节 基 础

中国园林建筑的柱墙体是落脚在台基上,而台基又是建立在地下基础上。我国古代建筑的基础,有两种处理方法,即基础换土法和基土加固法。

一、基础换土法

基础换土法:它是指将台基以下一定范围内的软弱土层挖去,换填无侵蚀性、低压缩性的散体材料,经分层夯实后成为基础垫层的一种处理方法。换填材料有两种,一种夹层土料,另一种是灰土料。

1. 夹层土料的施工工艺

这种换填料多见于宋、元时期,宋《营造法式》规定:"凡开基址须相视地脉虚实,其深不过一丈,浅止于五尺或四尺,并用碎砖瓦石扎等,每土三分内添碎砖瓦等一分"。即深度要求根据地质虚实情况,最深不超过一丈(约合3.12m),最浅四、五尺(约合1.25m或1.56m)。对具体做法则曰:"筑基之制,每方一尺用土两担,隔层用碎砖瓦及石扎等亦两担,每次布土厚五寸,先打六杵,次打四杵,次打二杵,以上各打平土头,然后碎用杵碾蹙,令平,再攒杵扇扑,重细碾蹙,每布土厚五寸,筑实厚三寸,每布碎砖瓦石扎等厚三寸,筑实厚一寸五分。"即采用土层与碎砖瓦层间隔铺筑夯实,夯实后的土层厚三寸(约合9.4cm),与碎砖瓦层厚一寸五分(约合4.7cm)之比为2:1。

如山西芮城永乐宫是元代建筑,在1960年迁建时曾对宫内龙虎、三清、纯阳、重阳四殿的柱基进行了勘测,均由一层黄土一层碎砖瓦组成,很与《营造法式》规定接近,如表2-1所示。

永乐宫三殿基础尺寸勘测表　　　表2-1

建 筑 物	黄 土 层		碎 砖 瓦 层	
	实 测 厚	法 式 规 定	实 测 厚	法 式 规 定
龙 虎 殿	9cm	三　寸	3cm	一寸五分
三 阳 殿	10cm	三　寸	7cm	一寸五分
纯 阳 殿	9cm	三　寸	5cm	一寸五分
重 阳 殿	8cm	三　寸	5cm	一寸五分

另根据北京故宫维护人员的多年工作实绩,在维修工作中获得了,太和、中和、保和三殿所坐落的三台基础的宝贵资料,它是由:黏土层——碎砖层——黏土层——卵石层——黏土层——碎砖层等组成如图2-1所示,其中卵石层与碎砖层是隔层使用的,从整个基础的构造结构看,其做法也接近于《营造法式》规定。

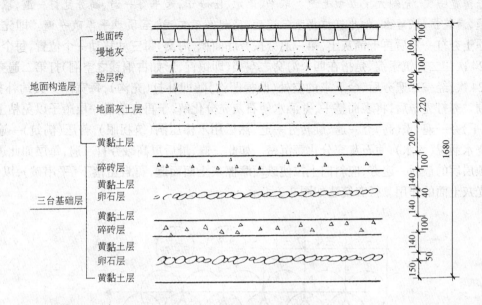

图 2-1 故宫三台基础实测资料

2．灰土料的施工工艺

这种换填料是明、清时代常用的做法。灰土是用泼灰(生石灰经水洒后的消解灰粉)和黄土(黏性土)按一定比例拌和的混合物。配合比多为3:7、2:8、4:6等几种，普通房屋多用3:7，比较重要的建筑多用4:6。由于这种基础用得较多，对它的做法也比较详细。

(1) 基础地槽的开挖：槽深，清《工程做法则例》规定："凡创槽以步数定深。如夯筑灰土一步，得深五寸(合16cm)，外加埋头尺寸，如埋头六寸，应创深一尺一寸"。即挖深以铺筑灰土的层数(步)加地下埋头尺寸之和而定。步数，一般小式建筑的灰土约1～2步；大式建筑多为2～3步；重要建筑可达10步之多，依具体情况"临期酌定"。每步厚"凡夯筑灰土，每步虚土七寸(合22.4cm)，筑实五寸(合16cm)。素土每步虚土一尺，筑实七寸。应用步数，临期酌定。"埋头(指埋入土中的角柱石)深，依屋架的檩数定高低，如4～5檩，埋头深6寸；6～7檩，埋头深8寸；若9檩，埋头深1尺。

槽宽，《工程做法则例》曰："凡压槽如墙厚一尺以内者，里外各出五寸；一尺五寸以内者，里外各出八寸；二尺以内者，里外各出一尺；其余里外各出一尺二寸。如通面阔三丈，即长三丈外加两山墙外出尺，如山墙外出一尺，再加压槽各宽一尺，得通长三丈四尺。"压槽是指基槽宽与墙宽之差，按此述，槽宽约为墙宽的2倍。

(2) 灰土的夯筑：清对灰土的夯筑比较讲究，它按木夯直径大小，分为小夯灰土做法和大夯灰土做法。前者多用于重要的宫殿基础，后者用于一般大式建筑和各种小式建筑。小夯灰土又根据要求不同，分为二十四把小夯、二十把小夯和十六把小夯。"把"是指打夯的次数，二十四把是指每个行夯位次应打24下，夯实度要求高的，每位次打的次数多，因此分为16、20、24次等三种。小夯的底径为三寸(合9.6cm)。

《工程做法则例》规定："凡夯筑二十四把小夯灰土，先用大硪排底一遍，将灰土拌匀下槽。头夯充开海窝三寸，每窝筑打二十四夯头，二夯筑银锭，每银锭亦筑二十四夯头，其余皆充沟。每槽宽一丈，充刹大梗五十七道。取平、落水、压碴子，起平夯一遍，高夯乱打一遍，取平旋夯一遍，满筑拐眼、落水，如此筑打拐眼三遍后，又起高破二遍，至顶步平串破一遍。"即先用大石破原土夯打一遍后再下铺灰土，第一遍夯按夯底面积(海窝)每三寸移动一个位置，每个位置冲打24次；"二夯筑银锭"是指在四个海窝之空挡(即银锭，形如古铜钱之空洞)打第二遍夯，每挡打24次；经一二遍夯后，余下来的空处(凸梗凹沟)随即补打(充沟)，每宽一丈大约补打57道沟梗。夯打完毕后，将表面整平，并洒水使石灰充分化解，于再夯前撒一层碴子以免粘土，再轻(起平)夯一遍、重(高)夯一遍、旋转夯一遍，然后用木棒压洞(筑拐眼)，普压(满筑)一遍，于洞内浇水泅湿(落水)，使石灰充分化解沉密。如此三遍，最后甩高破夯打二遍，每层如此进行。到了顶层后的最后一遍夯，应斜向上拉使破面摩擦灰土面而起，再自由落下(平串破)，以便起到蹭光灰土面的作用。行夯筑法如图2-2所示。

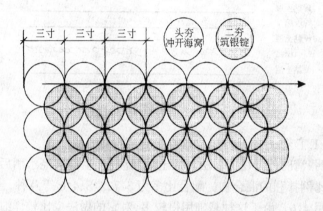

图2-2 二十四把小夯

由上可知，对每层灰土夯筑的要求是比较高的，而另两种小夯的做法是："凡夯筑二十把小夯灰土，筑法俱与二十四把夯同。每筑海窝、银锭、沟梗俱二十夯头"。

"凡夯十六把小夯灰土，筑法俱与二十四把夯同。每筑海窝、银锭、沟梗俱十六夯头。"即做法相同，只夯头次数渐减少。

大夯的直径较小夯大，为6寸(19.2cm)，每个夯位打的次数也要少些，《工程做法则例》规定："凡夯筑大夯灰土，先用大破排底一遍，将灰土拌匀下槽。每槽夯五把，头夯充开海窝六寸，每窝筑打八夯头。二夯筑银锭，亦筑打八夯头，其余皆随充沟。每槽宽一丈，充刹大梗小梗二十一道。第二遍筑打六夯头，海窝、银锭、充沟同前。第三遍取平、落水、撒碴子，雁别翅筑打四夯头后，起高破二遍，顶步平串破一遍"。因此，大夯灰土，夯打次数少，夯窝密度也要稀些。"每槽夯五把"是指基槽内的灰土共要夯打5次(即头夯充开海窝、二夯筑银锭、三夯取平、四夯雁别翅、五夯起高破)。雁别翅是一种轻便小夯。

基础开挖的方式，除槽基形式外，还有一种满堂基础形式，清称为"一块玉儿"。"一块玉儿"的压槽尺寸一般为四～五尺(合128～160cm)，这种基础形式能扩大地基的承载能力和提高基础的防潮性能，它多只用于一些重要的宫殿和地下建筑。

3. 筑地基中的几种补充工艺

为了增加地基的强度和防潮性能，有时需要掺入一些增强性材料夹在黏土层或灰土层中，以改进基础稳固性能。

(1) 灌米浆汁：也有称江米汁、糯米浆等。它是将熟糯米汁，掺合适量水化白矾搅拌均匀后，泼洒在打好的灰土上，以增加地基强度。江米汁重量配合比为：江米：白矾＝12：1。可铺在灰土层或碎砖层上。

泼洒时应先用清水湿润面层，再泼浆米汁，最后再泼少量清水以催江米汁下行。

(2) 油杂杂：它是用生石灰经水化后的石灰浆，加入白胶泥（好黏土），搅拌成稠浆状，过滤去渣后掺入细粒径碎砖和生桐油，经混合拌匀后倒入基槽内，待稍干后用大硪打实夯平。配合用料体积比为：生石灰：黏土：生桐油＝1：3：0.05。

这种材料不仅能增加强度，并能有很好的防潮性能，多用于比较重要的宫殿地基夹层之中。

二、基土加固法

这实际上是一种桩基法，即在软土层上加打短木桩，将土层挤压密实，再于其上铺砌大石板或排木筏（宋称"柴梢"）以作桩承台，房屋台基就搁置在桩承台上。

桩基古称"柏木桩"，也有叫"地丁"，多用于松软土、水泊基及券桥基等。桩长根据建筑的重要程度和土质情况而定，短者四尺，长者一丈五尺。桩径三寸～七寸。布桩有紧密布置，也有等距布置。如在北京故宫，1991年修筑消防管道时，发觉箭亭西雨水沟下基础的木桩，长有1.92m和1.5m两种，直径大多是8cm或9cm，桩间距纵横25cm。桩顶上用石块填砌后灌注白灰浆，再上铺砌石板，如图2-3所示。

而在慈宁宫东侧遗留的建筑基础，经挖掘发现有2m多厚的碎砖夹黏土层，碎砖层平均厚3、4cm，黏土层厚平均14～15cm，其下就是采用上纵下横的两层木筏桩承台，筏木直径25cm，排列紧密整齐。桩承台下的木桩直径20～23cm，纵横间距为45cm×35cm，如图2-4所示。

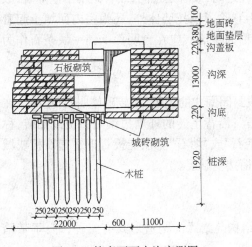
图2-3 箭亭西雨水沟实测图

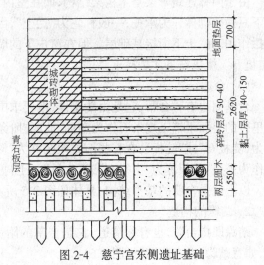
图2-4 慈宁宫东侧遗址基础

第二节 台基的构造

台基是指园林建筑的承台基座，它承担着整个建筑物的重量。台基的大小，宋《营造法式》规定："立基之制其高与材五倍，如东西广者又加五分至十分，若殿堂中庭修广者，量其位置，随宜加高,所加虽高不过与材六倍"。这就是说,台基高根据所取"材"的等级而定,若取用一等材(广九寸厚六寸),则台基高为 $0.9 \times 5 = 4.5$ 尺;若取用八等材(广四寸五分厚三寸),则台基高为:$0.45 \times 5 = 2.25$ 尺。如果台基是东西宽的形式,其高再加材宽的五分～十分(即材广的 $5/15 \sim 10/15$);若是殿堂的中庭需要修宽者,此部分的高度可根据需要加高,但整个台基高不得超过取材的六倍。

而清代台基,对带斗拱大式建筑,其高等于斗拱耍头下皮至地面高的四分之一;一般房屋为檐柱高的五分之一。

台基的宽度均按"下檐出"所要求的尺寸进行确定。

台基的外露部分,依其房屋等级不同,常分为两大类,即:一般建筑的普通式台基和高级尊贵建筑的须弥座式台基。

一、普通台基的构造

在施工时为了说明一般台基的构造,多将台基分成地上和地下两部分:露出在地面以上的部分叫"台明",埋入地面以下的部分称为"埋头"。现分述如下:

1. 台明的构造

台明的结构包括三大部分:即柱下结构、柱间结构和台边结构,如图2-5所示。

(1) 柱下结构

在木柱以下常设置一特制石块作为柱子的承托,一般称它为"柱顶石";柱顶石下多用砖砌体作为底座,通常称它为"磉墩"或"鼓蹬";有的地方还在磉墩下铺筑三角石(碎块石)并加以夯实,此举叫"领夯石",在领夯石上再铺砌粗料石,按铺的层数多少,分为一领一叠、一领二叠、一领三叠。在磉墩或领夯石下就是上节所述的基础层。

(2) 柱间结构

由于园林建筑骨架是木构架结构,而在室内各柱之间,或者是连间,或者是不承重隔墙,故其下只做砖砌体作为承托,一般称它为"拦土",因为它除了承托墙体外,还为室内回填土起着围拦作用。拦土下衔接基础层。但在窗户下的墙(称为槛墙),应在台明面上铺一块条石作为"槛垫石",槛垫石下才是拦土。

(3) 台边结构

台基周边有称台帮,它是由砖砌体,按要求围成封闭圈式的包边,此砖砌体叫"背里砖";在背里砖的上面平铺正规条石作为盖面,此叫"阶条石";沿背里砖的外周边镶贴石板或贴砖,称此为"陡板石"或"陡板",在有些南方地区称为"侧塘石"或"塘石"。在陡板石下平铺石板或城砖作为平垫,此板称为"土衬石"或"土衬"。土衬下衔接基础层。

以上就是台明的基本结构,具体如图2-5所示。

2. 踏跺的构造

踏跺即指台阶,也有称踏道,它是台基的附属结构。踏跺的构造形式有三种,即:垂带踏跺、如意踏跺、左右阶踏跺(图2-6)。

(1) 垂带踏跺

它是指在踏跺两边砌筑顺踏步斜坡的拦墙,墙的顶面用条石铺成条带状的斜平面,此平面称为"垂带",宋称"副子"。而垂带下面构成三角形的墙面,称为"象眼",这部分若由一整块三角石做成,则称为"菱角石"。象眼下面也常铺砌土衬,但此土衬应与踏跺最下一级踏步石(有称此为燕窝石或砚窝石)齐平,故专称为"平头土衬"。

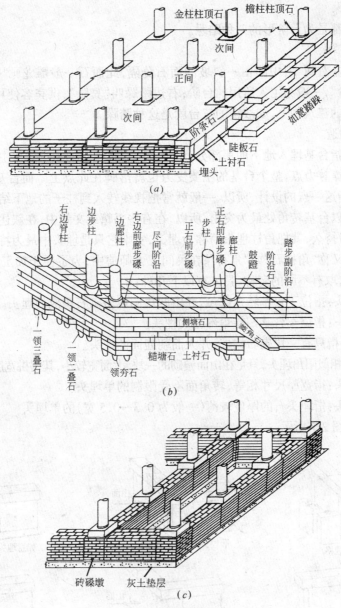

图 2-5 台明构造
(a)一般台明构造；(b)江南地区台明构造；(c)拦土与磉墩的构造

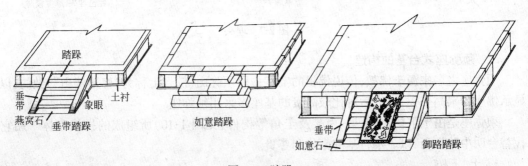

图 2-6 踏跺

(2) 如意踏跺

它是指三面都是为台阶形的一种踏跺。

(3) 左右阶踏跺

这种踏跺分左右两个，中间由一斜坡的面石分隔，此面石一般雕龙画凤，称它为"御路"。左边踏跺叫"阼阶"，一般为主人所用的台阶；右边踏跺叫"宾阶"，供宾客使用的台阶。这种踏跺只用于极尊贵的建筑物上，如故宫的三台就是这种踏跺。

3. 埋头的构造

"埋头"本是指台基埋入地下的那部分，由于中国园林建筑的承重骨架主要是木梁柱，木柱是整个骨架的支撑着力点，整个台基的主要受力也就落脚在此点上。而台基地下部分的构造设计，主要就是指这一点的设计，所以，一般就常把视线转入到柱子的地下结构称为"埋头"，而柱子下的埋头又以台基转角处最为突出，所以，在有些书籍或文献中，在叙述埋头时，就只介绍角柱的埋头，旷日持久，就把角柱埋头简称为埋头，实则它只是埋头中最为特别的一个埋头。

角柱下埋头又称"角柱石"或"角石"，在民间工人师傅中，为了便于加工安排，常按其位置或埋入方式不同，取有不同的名称，具体有以下几种：

(1) 阳角埋头：指位于台基转角部位，并由两块同规格砌石拼成的埋头。

(2) 阴角埋头：指位于台基凹转角部位的埋头。

(3) 单埋头：指只有一块砌石构成，并大面朝迎面的埋头。

(4) 厢埋头：相似阳角埋头，只是在山面镶砌的一块，大面宽较小，其镶拼宽度等于迎面宽度。

(5) 如意埋头：指宽厚尺寸相等，转角面不受限制的单埋头。

(6) 琵琶埋头：指埋头石的厚度较薄（一般为0.3～0.5宽）的单埋头。

以上埋头如图2-7所示。

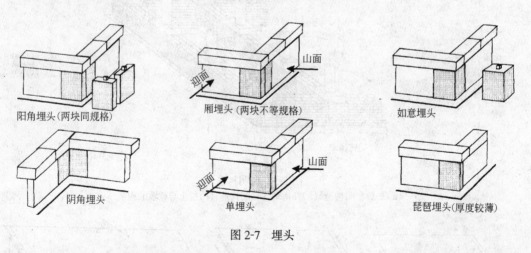

图2-7 埋头

二、须弥座式台基的构造

须弥座之名来源于佛教，传说佛祖的宝座是用须弥山（佛经上称为"修迷楼山"）做的，以此显示佛座的崇高伟大，故以后对比较高贵的基座多采用须弥座。

须弥座是由上下枋、上下枭、束腰及圭角等构件（见图1-10）所组成的拼接砌体。用它来代替台明中陡板石，以显示台基的豪华和尊贵。

1. 上、下枋

此构件的外露面形如木枋一样,其轮廓线为矩形。它们的位置,一般来说是以须弥座中间为准上下对称。上枋是须弥座的最顶面构件,它与台明顶部的阶条石或栏杆栏板下的地栿相连;下枋是须弥座的收角构件,位于须弥座底座(圭角)之上。上下枋可依须弥座高度要求不同,作成单层或者双层以达到增厚目的。

2. 上、下枭

枭形容一种勇猛突出的形象,其外露面如乙断面,它是承上接下的一种过渡性构件,也是上下对称放置。上枭的断面是上凸下收的弧形,下枭的断面是上收下凸弧形,凸面与枋连接,收面与束腰连接。

3. 束腰

它是须弥座的中间部位构件,它的厚度一般都较枋枭要厚,以显示出妖娆多姿的形态。

4. 圭角

它是须弥座的底座,又称"圭脚",在台基中是搁置在土衬上面的构件。

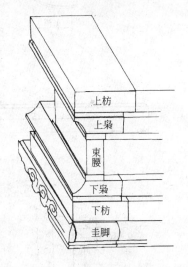

图 2-8 须弥座各部构件

须弥座的外露面有作成素光面的,也有雕刻成各种花纹的。在各构件连接处,可相互直接连接,也可在其间再增加一薄层作装饰线条(有称方涩条或皮条线),视建筑等级或装饰要求而定,如图 2-8 所示。

第三节 台基的定位放线

一、古时定位略论

1. 古时测量仪具

我们介绍这一内容的目的,是要大家了解我国劳动人民的聪明和智慧,在没有现代测量放样仪器的情况之下,是如何做到用简单的办法来定向定位的。

定向定平所用工具,在北宋《营造法式》上介绍有以下几种:

(1) 定向工具:古时是日观太阳最短射影,夜看北极星以定南北。其工具有:

1) 景表板:这是用一块直径约一尺多的木圆板,在板中心钉立一根高约四寸的木条(此条称为表)。置平后,利用木条观看太阳射来的影子(景)而来确定方向。

2) 望筒:用长不到二尺,方约三寸的小木方,中间穿通约五分径的小孔,将木方架在一活轴架上,晚上通过小孔观看北极星,白天令太阳光线通过小孔,以定南北。

3) 水池景表:用长一丈三尺的木制水池,在水池端垂立八尺高的木表。以水池的水求得板的平,用表的高求得日景的方向。

(2) 定平工具:观测水平的工具有以下两种:

1) 水平:它是用长二尺四寸的木方,上开水槽注水,在水槽两端各置同样大小的木块(水浮子)。由水浮子表面看测房屋四角立杆以定高度,此高度即为所确定之定平。

2) 真尺:用一丈八尺长的方木条,于正中垂直钉立一根短木,在垂直木的顶部下悬一垂线。如果垂线与垂木心重合,则水平条木必是水平,如图 2-9 所示。

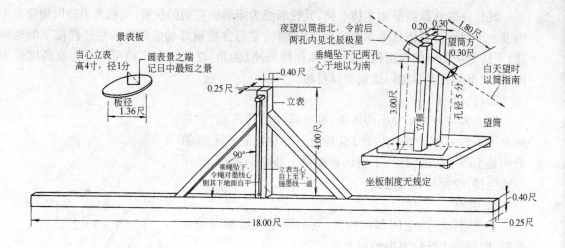

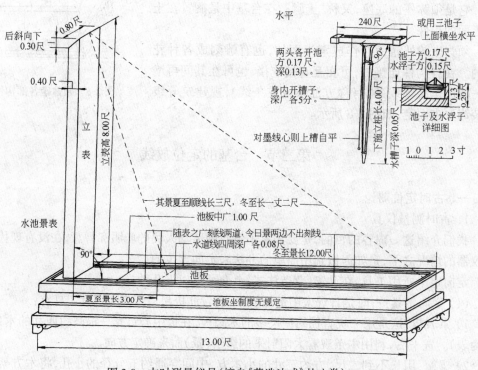

图 2-9 古时测量仪具(摘自《营造法式》廿八卷)

2. 平水、找中与撥升

(1) 平水

平水即是确定标高。在施工前,先在建筑群(庭院式的)或单个建筑物(独立式的)的中轴线位置上,各居一端砌两个砖墩并抹平面灰,此砖墩称为"中墩子"。在中墩子的正立面弹一水平墨线和垂直墨线,其中垂直墨线就是整个建筑物的中轴线,水平墨线就是需要确定的平水。单个建筑物的平水一般以土衬上表面为准。

建筑群的平水,应先在建筑群东南方向地面处选择一个排水点,此称为定"沟眼",沟眼的最低处应高于院外自然地坪,沟眼的标高就是整个建筑群的平水。以此为基础,由东南方向向西北方向逐级升高,院内地坪比院外地坪升高一级,在同一院中,正房又比南房和东西配房升高一级,一级小式建筑为四寸,大式建筑为五寸。南房和东西配房的土衬,应高出院内地坪一至二寸。如果是二进院布置的,二院地坪比一院地坪升高一级。

这样,各建筑的平水确定后,即可按设计要求确定台明的标高。

(2) 找中

找中即是确定建筑的轴线位置。在古建施工中,都遵循"万法不离中"的原则。如刨槽放线、砌基础墙等都要先找中,这是施工放样的依准线。

在定位放线时,找中的内容有:整个建筑群的中轴线、各种面阔和进深的中线、各种墙体(即柱)的中线等。

(3) 掰升

掰升即前章所介绍过的"柱子的侧脚","升"在这里是指倾斜之意,以建筑轴线为准,向靠近轴线倾斜为"正升",向远离轴线方向倾斜为"倒升"。因此墙柱外皮向里倾斜为"正升",向外倾斜为"倒升";而墙柱里皮向外倾斜为正身,向里倾斜为倒升。一般墙柱都为正升,掰升的距离按前所述应为:檐柱的 1/100、或 8/1000 等,或者以此为参照尺寸灵活掌握。

正升的方法是柱首中线不动,柱脚向外挪动,因此,柱顶石的中线就是挪动后的位置线。这应在刨槽、码磉之前加以算出。

二、台基的定位放样

台基的定位放样工作,古时称为"摺地盘"。在摺地盘前,平水、找中等工作应已完成,各种尺寸(包括面阔、进深、下出、掰升、压槽及墙柱体等)也应已知。

1. 房屋矩形台基的放线

具体步骤如下:

(1) 在建筑物找中的位置,先根据其通面阔、通进深和下檐出,得出台基的长宽尺寸,依此尺寸确定建筑物平面的大致位置,然后依通面阔和通进深,量出四根轴线的轮廓线(此可用矩形两对角线相等的原理进行校核),在得出的四角交点之处,以较压槽尺寸稍大的位置,下钉龙门桩龙门板(也可砌筑抹灰砖墩)。

(2) 根据建筑群的"中"或本身的"中",量出通面阔和通进深的精确尺寸,将此尺寸过渡到龙门板上,用小钉标出。再以各间的面阔尺寸,下钉各间的龙门板,并用小钉标出各间的轴线。如图 2-10 所示。

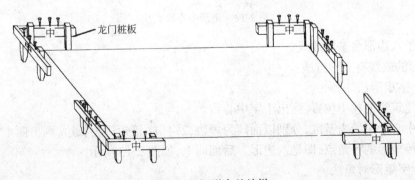

图 2-10 矩形台基放样

(3) 在各龙门板上,以轴线为依据,分别量出压槽、下檐出、外包金(墙外皮)、柱中、里包金(墙里皮)等尺寸的标记。其中注意,柱中尺寸要考虑掰升。

(4) 将压槽线过渡到地面上,并用白灰打出白线。

(5) 待刨槽工作完成后,应在龙门板上标出能过渡到龙门板上所设定的"相对平水",以供测定台基标高的参考依据。

2. 亭子六边形台基的放线

六边形的放线有两种方法：

(1) 矩形四角取点法

1) 在建筑物的找中位置先以面阔为短边,以1.732(即三角形60°角的正切值tg60°=1.732)倍短边为长边,画出矩形(亦可用"勾3股4弦5"三边形绘制)。

2) 以矩形的四角分别为圆心,面阔尺寸为半径,划出与长边中心线的交点。

3) 连接四角与交点的连线,即得出六边形,如图2-11所示。

4) 按前述下钉龙门桩和过渡标记点。

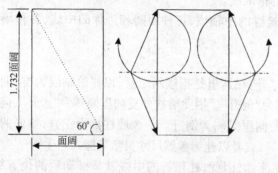

图2-11 矩形四角取点法

(2) 矩形中心取点法

1) 仍可按上法做出矩形,并画出矩形的中心线和对角线。

2) 以中心点为圆心,面阔为半径,在各中心线和对角线上划弧取点。

3) 连接所取各点即为六边形,后面同前,如图2-12所示。

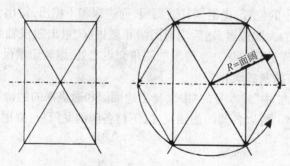

图2-12 矩形中心取点法

3. 亭子八边形台基的放线

八边形的放线有三种方法：

(1) 十字矩形法

1) 在建筑物的找中位置,画出十字中心线。

2) 以中心十字线为基准,分别以面阔为短边,2.4142倍短边为长边,画出两个十字矩形。

3) 连接矩形的各角点,即是八边形。后面同上,如图2-13所示。

(2) 十字矩形对角法

1) 同上法按以1份为短边,2.4142为长边,划出十字矩形图。

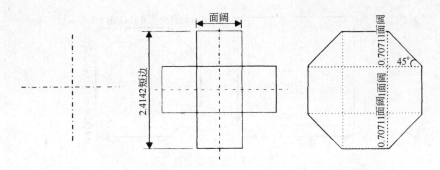

图 2-13 十字矩形法
注：2.4142 = 0.70711×2 + 1
0.70711 = 斜边×sin45°

2）划出每个矩形的对角线，以中心点为圆心，0.541面阔（即三角形中斜边 = 0.5面阔/sin67.5°）为半径，划圆与对角相交。

3）连接各交点即为八边形。后面同上，如图2-14所示。

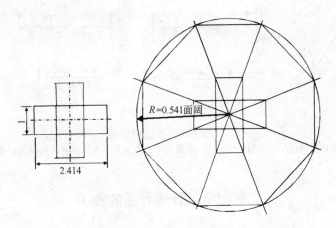

图 2-14 十字矩形对角法

(3) 十字取点法
1）在建筑物的找中位置，确定建筑物的中心点。
2）通过中心点弹出中心十字线。
3）以中心十字线为基础，以进深长为边，作一正方形。
4）在各边的垂直线上，以 0.4142（即 tg22.5°之值）进深长平分两边取点。
5）连接所取各点，即为八边形。后面同前。如图2-15所示。

4．亭子五边形台基的放线

五边形放线有两句口诀："一六当中坐，二八两边分"；"九五顶五九，八五两边分"其中"九五顶五九"和"一六当中坐"均是近似值，如图2-16(a)所示，五边形十字垂线上半长为0.588面阔（即 AF = sin36°面阔），下半长为 0.2629 + 0.06882 = 0.951 面阔，（其中 FO = tg18°×EF = 0.2629，OG = tg54°×DG = 0.6882），"九五"即取至于 0.952，"顶五九"即取至于 0.588；而"一六"是取 0.951 和 0.588 的近似值 1 和 0.6。

"八五两边分"的八是指 BF、EF（EF = sin54°×面阔 = 0.80902），五是指面阔的一半，即

39

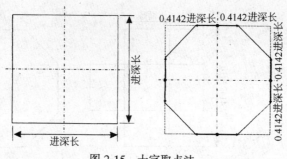

图 2-15 十字取点法

0.5。"二八两边分"也指 BF 和 EF。

具体画法如图 2-16(b)、(c)、(d)所示。

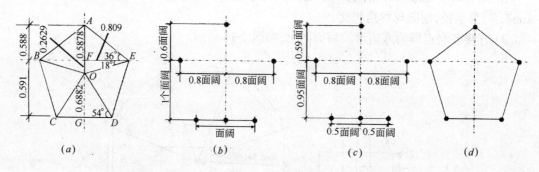

图 2-16 五边形作法

(a)边值计算;(b)一六当中坐 二八两边分;(c)九五顶五九 八五两边分;(d)连接各点

第四节 普通台基的施工

一、柱下结构的施工

柱下结构是整个房屋支撑构架的主要受力点,它由上往下包括:柱顶石、礓墩和领夯石。在施工前必须先根据龙门板上的柱中标记,用白灰将纵横柱中线过渡到地基上,以便确定柱子的初步位置,然后以台明高定出平水,由下往上逐步施工。现分述如下:

1. 领夯石的施工

领夯石这种结构,一般用在不做灰土地基层的南方地区,因该地区大多地质土层较硬,所以多不做灰土地基,当在刨槽完成后,即在柱下的位置铺筑碎石一层、或二~三层,分别用木夯夯实。每层厚三~四寸,面积大于礓墩底面即可,主要作礓墩垫层之用。

2. 礓墩的施工

礓墩是柱顶石的底座,为砖砌体,其宽窄以能包住柱顶石底面为度,其高应根据需要,视现场情况而定或按设计要求。砖砌方法按《砌筑工程》部分的糙砌砖墙进行掌握。

3. 柱顶石的施工

柱顶石是柱下的承重构件,《营造法式》称为"柱础",《营造法原》叫"铔蹬或礓石",清以来称为"柱顶石"。它根据不同的需要有不同的做法。

(1) 柱顶石的形式：柱顶石的断面一般都较木柱柱脚断面为大，为美观起见，常将柱顶石的顶面与柱脚的接触处，凿成一个由大到小的过渡变截面，此称为"挖鼓脖"。挖鼓脖的这一段多称为"鼓颈"、"鼓径"、"鼓镜"。而依柱顶石顶面的形式，常用的有以下四种：

1) 圆鼓镜：有的将柱顶石顶面挖鼓脖而成圆鼓形，一般都把这种柱顶石简称为"鼓镜"，在北方地区用得较多。而在南方则单独用一块石墩打凿成圆鼓形，这称为"铂磴"。它们都是用于圆柱下的柱顶石。鼓形面有素面的和带雕刻的两类。

2) 方鼓镜：即将鼓颈面挖成正截锥体形，它多用于方柱下的柱顶石。

3) 平柱顶：即不做鼓颈面，平顶。多用于简陋的小式建筑上。

4) 异形顶：将顶面作成需要的形式，如用于有侧廊的山面柱下的高低半圆柱形、用于长廊转角柱下的非90°转角形、用于游亭柱下的多边形等。

5) 联办柱顶：将两个相邻的柱顶用一块料石制成的叫"联办柱顶石"。多用于两个相邻变形或变势建筑的柱子下。

以上形式都必须根据设计要求，预先进行选料、打凿、磨光等加工而成，各种形式如图2-17所示。

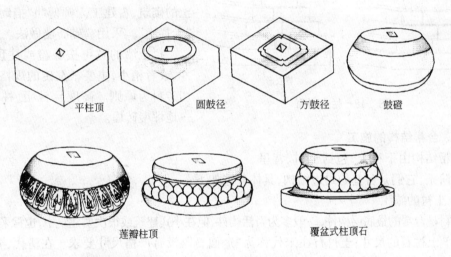

图2-17 柱顶石

(2) 柱顶石的尺寸：宋《营造法式》规定："造柱础之制，其方倍柱之径，方一尺四寸以下者，每方一尺厚八寸。方三尺以上者，厚减方之半。方四尺以上者，以厚三尺为率。若造覆盆，每方一尺覆盆高一寸。每覆盆高一寸，盆唇厚一分。如仰覆莲华其高加覆盆一倍"。这就是说，柱础方径尺寸应为柱径的2倍，柱础高度：当方1.4尺以下的，按每方1尺高8寸计算；方3尺以上的，按方尺的一半计算；方4尺以上的，均应以不超过3尺为限。如果要做成盆状圆弧形，其高按方尺的1/10计算，而弧厚按高的1/10计算。如果做成像莲花形的，其高还应按覆盆高增加一倍。

《营造法原》则将鼓磴的高定为柱径的7/10。

而清《工程做法则例》规定：柱顶石"柱顶见方按柱径加倍，厚同柱径。鼓镜高按柱顶厚十分之二"。因此，清式柱顶石的断面尺寸同宋规定一样，而高度则同柱径。鼓镜部分高按柱顶石高的2/10。

(3)柱顶石的安装:一般将柱顶石的顶面称为"鼓镜顶",鼓镜下的棱角面称为"柱顶盘"。在安装时,鼓镜顶高于室内地坪面,柱顶盘与室内地坪平。安装步骤如下:

1)平水挂线:柱顶石的高低应以台基的平水为准进行安装,因此,柱顶盘上的棱,就是平水的定标点。柱顶石的找中应进行认真复核,特别是对檐柱、金柱和山柱,它们的中应是在考虑了掰升后的中。这些均应根据龙门板上的相应标志,进行纵横拴线拉通。

2)柱顶石就位:当拴好十字线后,即可铺坐底灰,安装柱顶石。依十字线校正柱顶石的方位,依平水垫高或降低柱顶石的标高,此举通过垫高或减薄底面进行处理,此举称为"背山"。

3)稳固石体:当方位和标高调整好后,即可在柱顶石底面,用比较坚固的片石或铁片塞紧四周,此称为"打山石"或"打铁山",并用灰浆塞满四周空隙。

二、柱间结构的施工

拦土是分隔室内柱间地坪下的结构,其作用有二:一是加固柱顶石之间的稳固性,防止轴线上的位移;二是分割围拦室内的回填土,进行小面积夯填,以避免室内地坪的不均匀沉陷。

拦土墙为砖砌体,其断面形式可做成矩形、马蹄形、蓑衣形,如图2-18所示。拦土的砌筑,古建工人师傅叫"掐砌拦土"或"卡拦土"。采用糙砌砖墙做法。

拦土墙的宽可按磉蹬或柱顶石的尺寸,或者稍小,主要根据砖的规格,以不砍切砖料为原则。高度=台明(柱顶石)高—地坪墁砖厚。

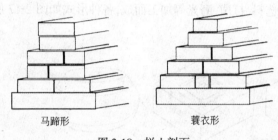

图2-18 拦土剖面

三、台帮结构的施工

台帮结构由下往上,包括土衬、背里、陡板和阶条,它们是台基的封边结构,具体分述如下:

1.土衬的施工

土衬是台帮的最底层构件,一般多为石活构件,但在小式建筑或很次要建筑中,也常采用城砖。

(1)土衬石的尺寸:土衬石在宋代称为"地面石",没有严格尺寸要求。在清代,要求其上表面高出地面1~2寸,外侧边宽出陡板石2~3寸,这宽出的部分叫做"金边"。

整块土衬石的宽度应根据陡板石的厚度确定,即土衬石的宽度=陡板石厚+2金边。而长度和厚度无硬性规定,但其厚度要考虑嵌入陡板石的落槽深度。因一般陡板石与土衬的连接可用落槽榫连接(在土衬上开槽,槽宽稍大于陡板厚,槽深为土衬本身厚的1/10),也可用铁榫和榫窝连接,如图2-19(a)所示。

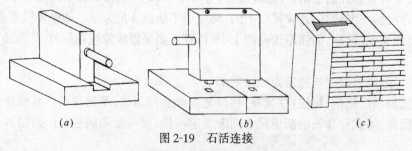

图2-19 石活连接
(a)凸凹仔口;(b)公母榫卯;(c)拉扯销连接

(2) 土衬石的安装:安装前应将龙门板上的下檐出过渡到基础平面上,以"下出"+"金边"的尺寸进行拉线,此为土衬的外缘线。再在线的两端,按台明所确定的高度定出土衬的标高。然后铺砌砂浆,按线安放土衬石,做好土衬石与土衬石之间的整平连接工作。

2. 角柱石的施工

角柱石有的简称埋头,它是台基四个角的定角构件。一般为石活构件。

(1) 角柱石的尺寸

宋《营造法式》规定:"造角柱之制,其长视阶高,每长一尺则方四寸,柱虽加长,至方一尺六寸止,其柱首接角石处合缝令与角石通平,若殿宇阶基用砖作叠涩坐者,其角柱以长五尺为率,每长一尺则方三寸五分,其上下叠涩并随砖坐逐层出入制度造内板往上造剔地起突,云皆随两面转角"。这就是说,宋代角柱石的高,依台明之高而定,断面大小按每高一尺为 4 寸×4 寸计算,但不管增加多高,最大不超过 1.6 尺见方。角柱石与顶上的角面石两面要平。若殿宇台基用砖作叠涩坐(须弥座之类),其高以五尺为限,按每高一尺为 3.5 寸×3.5 寸计算断面。

而清代角柱石的高=台明高－阶条石厚+埋入深;其断面尺寸按本章第二节所述埋头类别处理。

(2) 角柱石的安装

由于角柱石是台基的四角构件,应按纵横轴的下檐出尺寸拉线,控制两面角线垂直。其底面坐浆,用碎片石垫稳,若底下垫有土衬石者,可做土衬落槽连接,也可做铁榫和榫窝连接。顶面与侧面做铁榫或榫窝,与阶条及陡板连接,榫头长为 2.5 寸。

3. 陡板石的施工

陡板石是台基地面以上第二层,围护台侧的护面石,多用石活构件,但在石料缺乏的地区,也可用条砖砌筑。

(1) 陡板石的尺寸

陡板石长按现场料石配备,厚按本身高的 1/3,高=台明高－阶条石厚+土衬落槽。若用条砖砌筑者,其厚按条砖尺寸。

(2) 陡板石的安装

陡板石有上下、左右和背后等五个连接面,陡板石与土衬若是落槽连接者,如图 2-19(a)所示,应在选配好陡板石后,先在土衬槽口内醮刷一道灰浆,再将陡板石下槽,一定要轻抬轻放,不要绊动土衬石。而上面与阶条,左右与角柱石或陡板石,都采用铁榫和榫窝连接,如图 2-19(b)所示。其背后是背里砖,应采用"拉扯"销连接,如图 2-19(c)所示。

陡板石的外观面,上与阶条石平,左右与角柱石或相邻陡板齐平,不得有错动。

4. 背里砖的施工

背里砖是台帮四个边的拦土墙,它紧贴在陡板石之后,承托在阶条石之下,属砖砌体中糙砌砖墙,具体见第四章的墙体砌法。

5. 阶条石的施工

阶条石是台帮的面石,有称"阶沿石"、"压栏石"、"压面石"等。它在几个特殊位置上有不同的名称:如位于明间正中部位的阶条称"坐中落心石";位于台帮转角部位的阶条称"好头石";位于山墙面的阶条统称"两山条石";其余都简称"阶条石",或分前檐阶条、后檐阶条等,也有将嵌在好头石与坐中落心石之间的阶条称为"落心石"。

由于阶条石经常要受风吹雨打,或其他意外的撞击,故一般多为石活构件。

(1) 阶条石的尺寸

阶条石的尺寸,宋规定"长三尺广二尺厚六寸",但其长应根据通面阔和通进深的尺寸灵活配制。而清要求其长度:除"坐中落心石"按明间面阔尺寸配制外,其余均可按料石长灵活配制,但前檐阶条最好按"三间五安、五间七安、七间九安"进行配制,所谓三间五安是指建筑物若为三间房者,应安放五块阶条石,如此类推;而宽度一般为:一尺~下檐出尺寸,在山墙和后檐墙下的阶条宽应不小于墙厚;厚度:大式建筑为5寸或本身宽的1/4,小式建筑为4寸。

(2) 阶条石的施工

阶条石底面应凿有榫窝,用铁榫与角柱石和陡板石连接,但在盖铺阶条石前,应在角柱石、陡板石、背里砖等之间和上面进行灌浆,为防止浆汁从缝中溢出,可预先用大麻刀灰或油灰勾缝,此称为"锁口"。

阶条石位置安放的先后顺序为:好头石→坐中落心石→两山条石→落心石。

当阶条石与柱顶石碰头过长时,应将阶条石多余的部分划好线,细心割切去掉,此举称为"掏卡子",要求掏卡子的缝隙尽量紧密。

6. 石活中常用的灰浆

在台基石活中,缝口所用的传统灰浆如表2-2所示,而现代施工用的水泥砂浆,可用于座浆和大缝口的灌浆,一般石活的接缝最好还是采用传统灰浆。因为水泥砂浆颗粒粗、流动性差、吸水性大,且价格也较传统灰浆要高,所以,在施工中尽量按表2-2采用传统灰浆。

石作工程中的常用灰浆表　　　　　　　　表 2-2

灰浆名称	制 作 方 法	使 用 范 围
大麻刀灰	用泼灰、长麻刀加水后,搅拌均匀。泼灰:麻刀=50:1.2~0.3	用于石活的砌筑和勾缝
麻刀油灰	按比例,油灰:麻刀=50:1~0.7反复锤砸均匀而成	用于受潮石活的勾缝
石 灰 膏	用生石膏粉加水调匀后,加适量桐油搅拌均匀,待发胀即可	用于石活灌浆前的锁口
油 灰	用等量泼灰、面粉、桐油,加少量白矾搅拌均匀	用于受潮石活的砌筑、勾缝
桃 花 浆	将白灰与黄黏土按体积比1:2.3或1:1.5进行混合搅拌均匀	用于不受潮石活的灌浆
生石灰浆	生石灰块加水泡解,过滤去渣而成	用于一般石活的灌浆
盐 卤 浆	用盐卤:水:铁粉=1:5:2搅拌均匀而成	用于固定石活中的铁件
白 矾 浆	用白矾加水调匀而成	用于固定石活中的铁件
江 米 浆	将生石灰浆:糯米汁:白矾=33:0.1:0.11混合搅拌而成	用于重要石活的灌浆
杂 杂 浆	用白灰浆或桃花浆:碎砖或碎石:生桐油=1:0.5:0.05拌合而成	用于石活下的垫基

第五节　须弥座台基的施工

一、须弥座的层次和比例

台基上的须弥座大多为石活,但也有用砖作的,如宋《营造法式》对砖作须弥座的做法规定为:"共高一十三砖以二砖相并,以此为率,自下一层与地平,上施单混肚砖一层,次上牙脚砖一层,次上罨牙砖一层,次上合莲砖一层,次上束腰砖一层,次上仰莲砖一层,次上壶门柱子砖三层,次上罨涩砖一层,次上方涩平砖两层"。根据此段文字所述,则其须弥座如图2-20(a)所示。

清《工程做法则例》规定:"按台基明高五十一分,得每份若干。内圭角十分;下枋八分;下枭六分,带皮条线一分,共高七分;束腰八分,带皮条线上下二分,共高十分;上枭六分,带皮条线一分,共高七分;上枋九分"(若束腰和圭角加高,应另增加份数)。按该文所述,各层所占份额如图 2-20(b)所示。

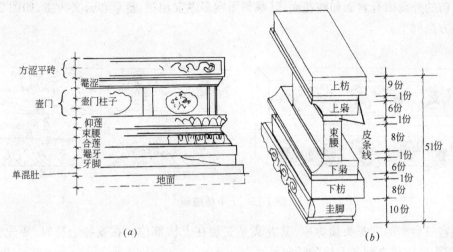

图 2-20 须弥座层次比例
(a)宋砖须弥座;(b)清官式须弥座

二、须弥座的施工

须弥座台基多用在较高级的建筑上,因此,它的台基高度都比普通台基要高。须弥座的平水一般定在上枋顶面,至于台基边线应根据规模大小,按设计要求而定。

1. 土衬的施工

须弥座土衬的施工与普通台基相同,只是厚度应较普通台基土衬稍厚。

2. 圭角的施工

$$圭角厚 = \frac{台明高}{51} \times 圭角份额$$

圭角是须弥座的底座,它的外露面一般都雕刻有花纹,其花纹形式如图 2-21 所示。

圭角与土衬的连接,可采用"磕绊"连接,也可用灰浆平接。在延长线上,圭角与圭角的连接采用"扒锔"或"银锭"连接,如图 2-22 所示。

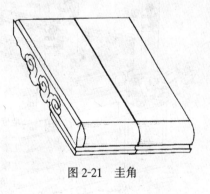

图 2-21 圭角

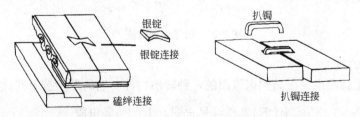

图 2-22 连接方式

3. 上、下枋的施工

上下枋是一矩形断面,有似梁枋作用。它的厚度为:

$$上(下)枋厚 = \frac{台明高}{51} \times 上(下)枋份额$$

上下枋的外露面有素面和雕花面,其雕刻图案多以宝相花、蕃草和云文为主,如图2-23所示。连接方法同上。

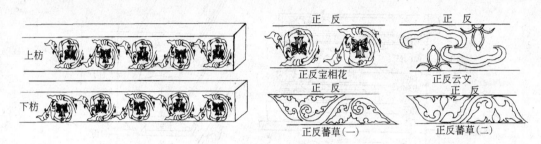

图2-23 上下枋雕刻

如故宫三台类的带龙头须弥座,其龙头是安装在上枋部位。在安装上枋时,要先安装龙头,再依龙头的定位来配备上枋的长向尺寸。

龙头古称"螭首"或"喷水兽",在四角部位的为大龙头,其他部位均为小龙头。它不仅仅是装饰物,更重要的是作为台明向外排除地面积水的排水管路,从龙口中喷出,因此,在龙头上凿有沟眼。其龙头的尺寸要求如图2-24所示。

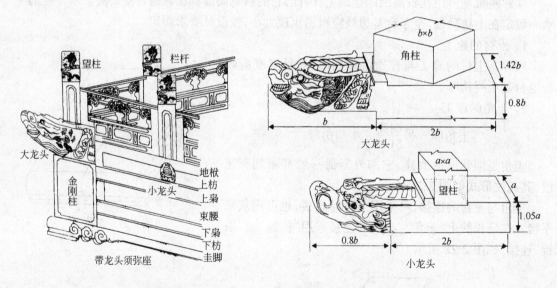

图2-24 带龙头须弥座

4. 上、下枭的施工

上、下枭是须弥座由突出面到束腰面的一种转形构件。它的厚度按下式计算:

$$上(下)枭厚 = \frac{台明高}{51} \times 上(下)枭份额$$

上下枭的外露面也可作成素面或雕花面,其雕刻图案多为"八达马"(即梵文的译音,相似莲花形),如图2-25所示。连接方法同上。

5. 束腰的施工

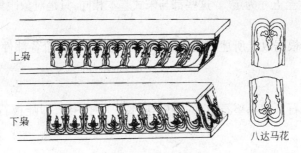

图 2-25　上、下枭

束腰是须弥座的坐中构件，它使须弥座的中腰紧缩直立，突出显眼，故一般都比较重视。它的厚度为：

$$束腰厚 = \frac{台明高}{51} \times 束腰份额$$

束腰高度(厚)在唐宋时期，都做得比较高，最高可相当于两层束腰。凡对比较高的束腰，为显示其气氛，一般均在转角处使用角柱石，此角柱石称为"金刚柱"。金刚柱与束腰带应采用铁榫与榫窝连接。

无论是唐宋还是明清，也不论是否高低，束腰的外露面都雕刻有花纹，其图案常为各种式样的"椀花结带"；而金刚柱的雕刻，有较豪华的玛瑙雕刻和其他如意花形。如图 2-26 所示。

以上须弥座各构件所用灰浆见表 2-2 所示。

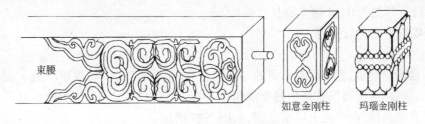

图 2-26　束腰及金刚柱

第六节　踏跺的施工

一、踏跺的尺度

宋《营造法式》规定："造踏道之制，长随间之广，每阶高一尺作二踏，每踏厚五寸广一尺。两边副子各广一尺八寸，两头象眼，如阶高四尺五寸至五尺者三层(第一层与副子平厚五寸，第二层厚四寸半，第三层厚四寸)，高六尺至八尺者五层或六层(第一层六寸，第一层各递减一寸)"。这里所述"长随间之广"是指台阶的宽同开间宽。每层踏步厚5寸、宽1尺；两边的垂带宽1.8尺，而三角墙面的象眼采用由外圈至内圈，层层凹入为3层或6层。

清《营造算例》上规定踏跺为："面阔如合间安，按柱中面阔，加垂带宽一份即是。如合门安，按门口宽一份，框宽二份，垂带宽二份即是"。其中"面阔如合间安"是指如果台阶按照开间安装的话，其宽度应按文中所述确定。至于踏步的尺寸，《工程做法则例》明确规定："其宽自八寸五分至一尺为定,厚以四寸至五寸为定"。这些都与宋式基本相同,只是对象眼做法,不需层层凹入即平砌即可。

我国园林工作者根据以上所述,通过长期的工作实践,对台阶各部件的尺寸取得一些常用经验数据如下:

1. 平头土衬

平头土衬是象眼石下的基垫石,它的宽应与台基土衬一致,即陡板石厚加 2 金边宽;厚同台基土衬厚。

2. 踏跺基石

踏跺基石即指踏步石,大式基石宽为 1~1.5 尺,小式为 1~1.1 尺;基石厚大式为 5 寸,小式为 4 寸。

3. 燕窝石

燕窝石是指最下一层的踏步石,它的宽、厚同踏跺基石,但在垂带前应留出金边;长以踏跺两边象眼距离为准,再加土衬金边。

4. 如意石

如意石是燕窝石前铺地石,长同燕窝石长;宽为 1.5~2 倍基石宽;厚约为 0.3~0.4 倍本身宽。

5. 垂带

垂带是指踏跺两边象眼上的拦面石,长应根据踏跺台阶层数的斜长而定;宽一般以阶条石宽为依据,小式窄阶条可略加宽,大式宽阶条可略减小;厚同阶条石厚。

6. 御路石

御路石是指左右踏跺基石之间的分界石,长按阶条石外边至燕窝石外边的斜长;宽为 0.45 倍本身长;厚约为 0.14 倍本身长。

二、踏跺构件名称与安装

1. 上、中、下基石

基石即台阶的踏步,紧靠阶条石下的一层踏步叫"上基石",又称"摧阶";最下面一层踏步叫"下基石",又称"燕窝石";其余的踏步都叫中基石,又叫"踏跺心子"。上中下基石之间可采用磕绊也可直接连接,由下往上层层垒砌,如图 2-27 所示。

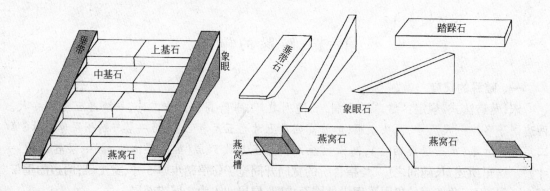

图 2-27 踏跺构件

燕窝石与垂带的连接处,应凿有连接口即"燕窝",如图 2-27 所示。

2. 如意石

48

这一般用于宫殿等大式建筑上,即在燕窝石前再铺设的一块条石,其面与地面平。

3．平头土衬

主要用作象眼石下的衬垫,其露明高与金边尺寸同台基土衬一样。在平头土衬与垂带的连接处,也应凿有"垂带窝"。

4．象眼石

它是台阶两边的拦土墙,成三角形。有砖砌象眼,有石作象眼石。象眼石与平头土衬用磕绊连接(如图 2-27)。

当象眼安装好后,在每层基石放平垫稳的同时,应灌满灰浆并做好背里。

5．垂带

它是台阶两边象眼石上的铺面石。在垂带下端与燕窝交接处,应凿成斜面,用灰浆与其连接,如图 2-27 所示。

第三章 木构架工程

第一节 木构架的基本类型

在第一章中我们分别介绍了中国园林建筑的不同类别,对殿堂楼阁、亭廊轩榭、石舫牌楼等各种建筑,都有它不同的特点和韵味,但他们都是由五种基本形式的木构架所组成。这五种木构架是:硬山式建筑木构架、悬山式建筑木构架、庑殿式建筑木构架、歇山式建筑木构架、攒尖顶建筑木构架等,现分述如下。

一、硬山式建筑木构架

硬山式建筑是指双坡屋顶的两端山墙与屋面封闭相交,将木构架全部封砌在山墙以内的一种建筑。它的特点是山墙面没有伸出的屋檐,山尖显露突出。

硬山式建筑根据屋檩的多少,常分为五檩～九檩等几种构造,但园林建筑多在七檩以下,其中五檩建筑最简单,七檩建筑最为豪华,其骨架剖面图如图3-1所示。

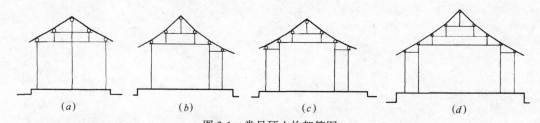

图3-1 常见硬山构架简图
(a)五檩无廊硬山;(b)檩前(或后)廊硬山;(c)七檩前后廊硬山;(d)九檩前后廊硬山

现以七檩建筑为例,说明其构架组成的各部分名称。房屋的木构架由柱、梁、檩、构架连接件和屋面基层等五部分组成,这五部分的构件各有不同的名称,如图3-2所示。

1. 柱子构件

柱子是直立支承受力构件,在硬山式建筑中,依其位置和功用不同分为:檐柱、金柱、瓜柱及山柱等。

(1)檐柱:即房屋前后檐最外排的柱子,前面的叫前檐柱,后面的叫后檐柱。

(2)金柱:即房屋前后檐内排的柱子,宋称"内柱",清叫"金柱"。

(3)瓜柱:它是指立于下面大梁上用来支承上面梁架的短柱,有的称为"童柱"。在屋脊部位支承脊檩的叫"脊瓜柱或脊童柱",其他部位叫"瓜柱或金童柱"。但脊瓜柱因其独立较高,其上没有梁架连接,直接支承脊檩,这样其稳定性就差,因此常在柱脚处,辅以稳定的木块称为"角背"。而其他瓜柱因梁架的垂直距离不同而有高低,但当瓜柱高度小于本身横向尺寸时,通常将这种矮瓜柱称为"托墩",《营造法式》称为"侏儒柱"。

(4)山柱:它是整个房屋构架最尽端,紧贴山墙一排梁架中立于山尖位置的柱子,它是硬山

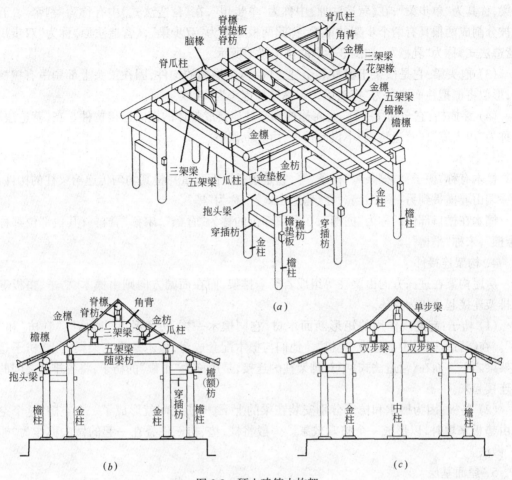

图 3-2 硬山建筑木构架
(a)硬山建筑木构架装配图；(b)七檩硬山构架剖面图；(c)七檩硬山的排山梁架

建筑中承接脊檩末端的主要支承构件，由地面直通脊檩，是上述柱中最长的柱子，如图 3-2(c)所示。

2．横梁构件

梁是组成屋架的横向承托构件，在硬山式建筑中有架梁、抱头梁、随梁和穿插枋等。

(1)架梁：它是横架于前后金柱之间承托瓜柱和檩木的构件，宋称"椽栿"，清叫"架梁"。它由所支承在它上面的檩木根数而命名，在屋架最上面的一根横梁，共支承有三根檩木，叫"三架梁"；再往下面一根横梁，在它以上有五根檩木，叫"五架梁"，如此类推，如图 3-2(b)所示。

但宋代对屋架最上面的一根梁，不是用来直接支承金檩，而主要是用来承托脊柱(有叫蜀柱)脊檩，故一般将它特称为"平梁"。再紧往下的一根梁，按去掉脊檩之外的檩数进行命名，如五架梁去掉脊檩后只有四根檩，则称为"四椽栿"，七架梁称为"六椽栿"等。

(2)随梁：随梁其实不是梁，它并不承接上面的荷重，它只是将前后金柱连接起来，形成一个稳定排架的横向连接构件。但在山墙部位的排架中，不设随梁，而是将三架梁、五架梁等，由中柱一分为二，将三架梁、五架梁等分割成两根单梁，它们直接与中柱进行连接，形成"排山梁

51

架"。这些被分割的梁架,都按步架数进行命名,如三架梁被分割后,成为两根只有一个步架的单梁,称其为"单步梁";在《营造法原》中称为"单步川",在《营造法式》中有称为"劄牵"。五架梁被分割成两根具有两个步架的单梁,称此两根单梁为"双步梁",《营造法原》称为"双步川",《营造法式》称为"乳栿"。如图3-2中的排山梁架所示。

(3) 抱头梁:它是横架于檐柱和金柱之间,承接檐檩的构件,因在梁头上部剔凿有檩椀槽口,形似将檩抱住而取名为"抱头梁",宋称这种抱头为"乳栿"。

(4) 穿插枋:它与随梁一样,是将檐柱和金柱连接成整体的横向连接构件。在《营造法原》中称为"川夹底",《营造法式》不设此构件,由乳栿代替。

3. 檩木

檩木有称"檩子"、"檩条"、"桁条"等,它是承托屋面荷重并将其均匀传递给梁柱的构件,它从一端山墙横贯到另一端山墙。在《营造法式》中称为"槫"。

檩木在檐口部位的称为"檐檩",在脊顶部位的称为"脊檩",宋称"脊槫";其他部位都称为"金檩",宋称"平槫"。

4. 构架连接件

房屋构架在进深方向由梁柱等组成若干个排架,而在面阔方向则由檩木、枋子、垫板等将各排架连接起来成为整体。

(1) 枋子:起连接作用的矩形断面木材,它同檩木一样,分别称为"檐枋"、"脊枋"和"金枋"。在《营造法原》中都称为"连机"。他们与檩木配套成对,檩木是设在架梁之上,枋子是设在架梁之下。而在《营造法式》中对排架柱的连接,是用称为"由额"的枋子,将各排架之间的柱子连接起来。

(2) 垫板:因为檩木和枋子分别安装在梁的上下,檩枋之间就形成了一个空隙,这个空隙就由垫板来填补,以形成一个整观效果。一般将檩、垫、枋三件叠在一起的做法称作为"檩三件"做法。

5. 屋面基层

屋面基层是承接屋面瓦作的木基础层,它由椽子、望板、飞椽、连檐、瓦口等构件所组成。

(1) 椽子:它是屋面基层的最底层构件,垂直安放在檩木之上。在小式建筑中多为方形断面,在大式建筑和园林建筑中,常用圆形断面。由于屋面每步架的举度不同,从脊檩到檐檩需分成几段安装,在脊步架的椽子称为"脑椽",在檐步架的椽子称为"檐椽",在脊步和檐步之间的椽子都称为"花架椽"。

(2) 望板:钉铺在椽子上面的木板层,作为屋面泥灰背、苫背的挡搁板。

(3) 飞椽:它是安装在檐口部位望板之上的椽子,与檐椽相对布置,较檐椽挑出更远。它是作为抬高檐口,减缓屋坡陡势的构件。

(4) 连檐:它是固定檐椽头和飞椽头的连接横木。连接檐椽的称为"小连檐",一般为扁方形断面。连接飞椽的称为"大连檐",多为直三角形断面。参看图3-69(a)所示。

(5) 瓦口:安装在大连檐之上,用来承托檐口瓦件的构件。它根据所采用的板瓦或筒瓦不同而做成不同的弧形面。

二、悬山式建筑木构架

悬山式建筑是在硬山式建筑的基础上,加以适当改进而成。改进的部位主要有以下三个:

(1) 两端山墙的山尖部位,不是与屋面封闭相交,而是屋盖悬挑出山墙以外,即为"悬山"式。

(2) 屋顶的屋脊部位，除两坡正交(即为尖角)成屋脊形式外，还有卷棚(即圆弧顶)过陇脊形式。

(3) 屋檩数除硬山建筑的五～七檩外，还可做成四檩、六檩的卷棚形式，并且一般不做成带廊形式。其常用剖面形式的构架简图如图3-3所示。

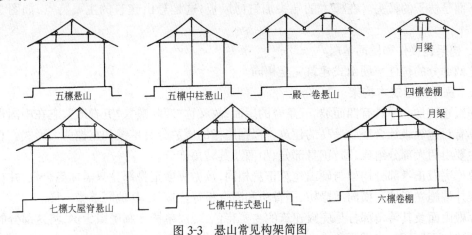

图3-3 悬山常见构架简图

1. 悬山柱子构件

因为悬山式建筑一般不做成带廊形式，故构架中只有檐柱和中柱。中柱是将山柱移动一下位置而成。其他与硬山建筑所述相同。

2. 悬山横梁构件

由于没有了金柱，所以也就没有了抱头梁和穿插枋。但当采用卷棚式屋顶时，应取消三架梁和脊瓜柱，改用月梁直接承托两根脊檩，如图3-3中卷棚形式所示。其他与硬山建筑所述相同。

3. 悬山檩木

悬山式建筑的所有檩木，都是从山尖墙向外悬挑出去一个距离，悬挑距离的大小，宋代没有严格规定，一般约为五六椽至七八椽。清《工程做法则例》规定可采用下述两种方法确定：

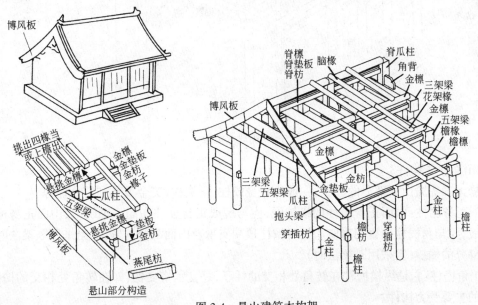

图3-4 悬山建筑木构架

(1) 由山柱中心向外挑出四椽四当,如图 3-4 所示。

(2) 由山柱中心向外挑出的距离等于上檐出。

另外,在悬挑檩木的下面应设置安放"燕尾枋",此燕尾枋实则是室内檩下垫板的延续。燕尾枋下面是枋子的箍头。在檩木的端头加钉博风板,这是悬山建筑的主要特点,如图 3-4 所示。

4. 构架连接件和屋面基层

这两部分的构件与硬山式建筑完全相同。

三、庑殿式建筑木构架

庑殿建筑是一个具有四面坡、五条脊的屋面,故又称"四阿殿"、"五脊殿",它在中国古建筑中是享有封建等级社会型制最高的建筑。根据屋檐的层数分有单檐和重檐两大形式。它的木构架主要由两大部分组成,即:正身部分、山面及其转角部分。

单檐庑殿正身部分构架与硬山建筑正身相同,重檐庑殿正身部分只需加高金柱,并在重檐檐步架外端施立童柱和横向承椽枋、围脊枋和围脊板等连接件,其他同单檐一样。

庑殿山面及其转角部分是庑殿建筑的主要特色,现以单檐无廊庑殿为例,将这部分的组成构件分述如下(见图 3-5 所示):

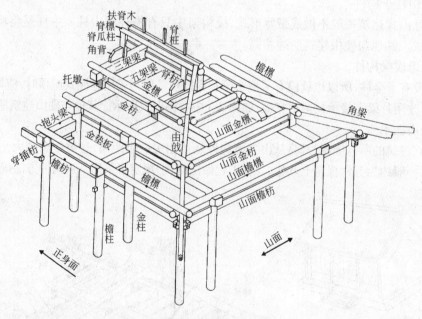

图 3-5　庑殿木构架

1. 山面柱子构件

单檐无廊庑殿山面部分的柱子,一般有正身檐柱、角檐柱、交金瓜柱和雷公柱等。

(1) 正身檐柱:山面正身檐柱的横轴线,应与庑殿正身金柱在同一轴线上,山面正身檐柱的纵轴线,要与角檐柱位置相对应。正身檐柱顶端支承着山面部分的顺梁(当采用顺梁法时),或山面部分的檐檩(当采用趴梁法时)。

(2) 角檐柱:它是纵横檐柱在转角处相交的柱子,是支承搭交檩(即在转角处相交的檐檩)和角梁的主要受力构件。

(3) 交金瓜柱：它是指在交角部位各搭交檩下面的瓜柱，依所需高低不同分别采用交金瓜柱或交金托墩。用它来支承其上的搭交檐檩、搭交下金檩和搭交上金檩等。

(4) 雷公柱：在屋顶正脊部位，对庑殿正身来说，是采用脊瓜柱支承脊檩的，而在山面部位，屋脊要按照"推山法则"的要求，使脊檩推出悬挑一个距离，这时应在脊檩端部下面设置一根支柱，以支承脊檩及其上面的荷重，这所设之柱即为"雷公柱"。

2. 山面横梁构件

单檐无廊庑殿山面部分的横梁构件有：顺梁、趴梁、太平梁、角梁等。

(1) 顺梁：是指顺面阔方向的横梁。当山面设置有正身檐柱作支承时，可采用顺梁来承托山面部分的搭交檐檩和下搭交檩上的交金瓜柱。顺梁的外端由山面檐柱承托，顺梁的里端榫接在庑殿正身部分的金柱之上。

如果山面在此位置上，不采用檐柱作为顺梁的支承，就采用"趴梁法"，即在顺梁位置用趴梁来代替（参看图 3-6c 所示），趴梁的外端趴伏在山面搭交檐檩上，里端同顺梁一样。

(2) 趴梁：设置趴梁的位置有上下两处，一是当构架采用"趴梁法"时，如上所述用趴梁来代替顺梁，此为下趴梁；二是不管构架是采用"顺梁法"还是"趴梁法"，都应在山面下金檩与正身架梁（一般为五架梁）之间的上面趴伏一梁，以承托山面的搭交上金檩和交金托墩，此为上趴梁。

(3) 太平梁：为承托雷公柱所设之梁，即为太平梁，它搭伏在前后上金檩上。

(4) 角梁：它是指在屋面两山转角部位的梁，它按翼角的冲出与起翘进行设置。由于屋面翼角是曲面形，因此，角梁按步架分段设置，由檐口至屋脊分为：角梁（由上下老仔角梁组成）、由戗、脊由戗等。

3. 檩木

庑殿山面檩木的道数，按庑殿正身檩木的道数进行设置，并与其对应相交，称为"搭交檩"。由下而上分为：搭交檐檩、搭交下金檩、搭交上金檩等。所有搭交檩之下设交金瓜柱或交金托墩作为支承。

4. 构架连接件

庑殿山面的连接件仍是"檩三件"，分别将山面檐柱和角檐柱进行连接，交金瓜柱之间进行连接，上趴梁之间进行连接（如果是斗栱建筑，还应在檐垫板之上、斗栱之下，加设额枋连接件）。

5. 屋面基层

庑殿的屋面基层与硬、悬山的屋面基层相同。

四、歇山式木构架

歇山式建筑的正身部分，同庑殿的正身是完全相同的，所不同的是山面部分。歇山的山面可以看成是悬山山面和庑殿山面相结合的一种改良，如图 3-6 所示，如果以歇山的下金檩为分界线，则在下金檩以上的山面构架同悬山屋顶相似，在下金檩以下的山面构架同庑殿山面部分基本相似，所不同的是歇山建筑较庑殿多了三个构件，即：踩步金、踏脚木、草架柱及其横穿。

1. 踩步金

它是一个梁檩功能互兼的特殊构件，两端与下金檩搭交，座踩在立于顺梁的交金墩上或带趴头的梁金枋上。它的正身承托着上面的架梁和檩木荷重，其断面与架梁相同；在正身的外侧面，剔凿有椽窝以搭置山面檐椽，起着檩木的作用，并在两端做成檩木形式与下金檩搭扣相交。

2. 草架柱及横穿

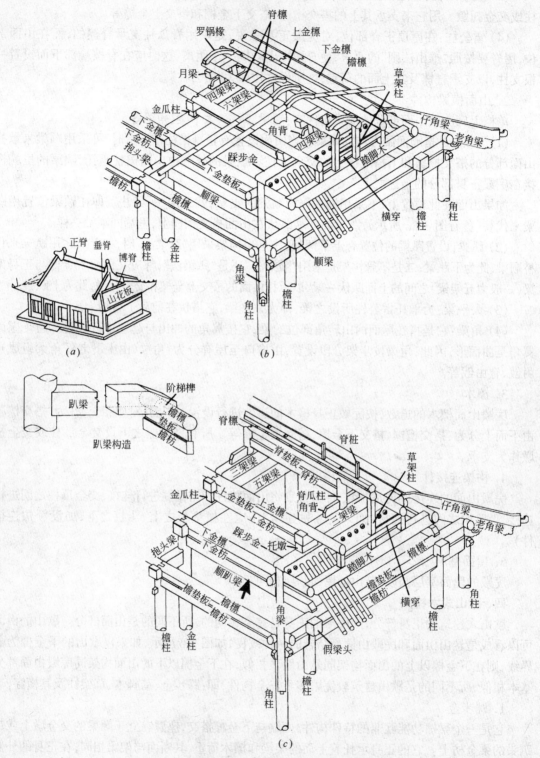

图 3-6 歇山建筑木构架
(a)趴梁构造；(b)卷棚歇山木构架(顺梁法)；(c)尖顶歇山木构架(趴梁法)

歇山屋顶的正脊同悬山做法一样，因此，从踩步金以上的所有檩木，都要按"收山法则"悬挑出去一个距离，这些檩木悬挑端部的下面，需要有一个相应支柱，这种支承檩木的柱子就是草架柱。草架柱之间的稳定就由横穿木加以稳固。

3. 踏脚木

它是承接草架柱的一根横木，做成直角梯形断面，压定并固接在山面檐椽上，两端与下金檩交接。

由草架柱、横穿和踏脚木等所形成的整个山尖面，常用拼接板封盖起来，此板叫做"山花板"，护盖着整个歇山的山面。

歇山建筑的木构架如图3-6所示。

五、攒尖顶木构架

攒尖顶木构架大量用于亭子建筑，其他建筑如北京天坛祈年殿、皇穹宇等也采用这种形式。它分多角形和圆形两大类，每一类又有单檐和重檐两种形式，在重檐亭中又有单围柱和双围柱之分。除此之外还可将两种组合起来形成组合亭。亭子的形式虽然很多，但基本结构均大同小异，现以单檐亭和圆形亭的木构架为例，分述如下：

（一）单檐亭木构架

1. 柱子围圈构件

单檐亭的柱子应根据面阔和进深的大小，可设为4根、6根、8根、12根等檐柱，柱脚立于角柱石上，柱头做成十字槽口，安装檐枋（又称箍头枋，如图3-7、图3-8所示），形成第一道封闭圈梁以组成柱子围圈结构。

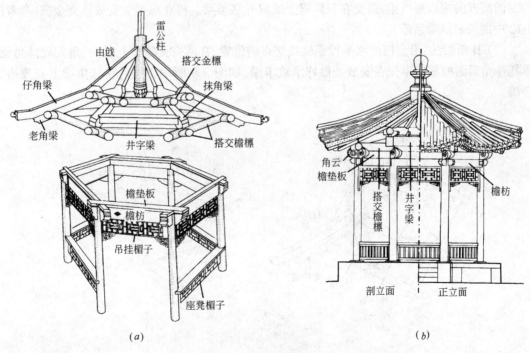

图3-7 攒尖顶木构架

（a）单檐亭木构架图；（b）单檐亭立面图

2. 檐檩围圈构件

檐檩围圈结构是第二道封闭圈梁。在柱头的搭交檐枋上,先安放一组托檩构件"角云"(有称花梁头,如图3-8中所示),然后将檐檩作成搭交形式卡放在角云上。在檐枋和檐檩的空挡安放檐垫板。

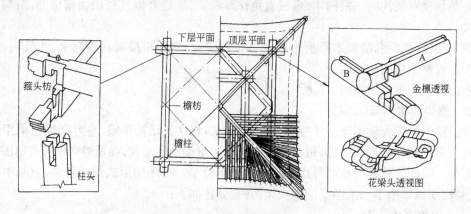

图3-8 檐柱檐檩构件

3. 横梁构件

在檐檩之上设置横梁以承托金檩,形成构架的第三个封闭圈。此圈横梁的设置方法有两种:一种是采用"趴梁法",另一种是采用"抹角梁法"。

(1) 趴梁法:沿金檩的水平投影轴线位置,首先在进深方向施以长趴梁,趴搭在檐檩上,然后在面阔方向施以短趴梁,搭交在长趴梁上形成井字形梁。再在趴梁上安放搭交金檩(参考图3-12中的长短趴梁所示)。

(2) 抹角梁法:沿金檩的水平投影轴线交点的位置,在两搭交檐檩上以45°角安放抹角梁。承托抹角梁的檐檩应事先在安放处做好承放卡槽,如图3-9所示。然后在抹角梁上安放搭交金檩。

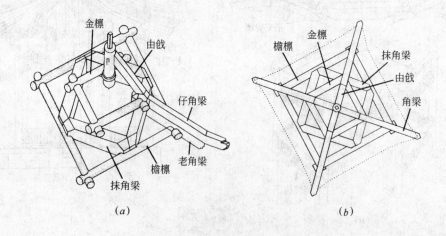

图3-9 单檐亭的抹角梁
(a)抹角梁构架图;(b)抹角梁构架俯视图

金檩与趴梁(或抹角梁)之间的空挡由金枋填补,故有将金枋称为"金垫枋"。

4. 攒尖构件

攒尖构件是形成斜坡尖顶的构件,它包括角梁、由戗、雷公柱等。

(1) 角梁:由老角梁和仔角梁组成,老角梁的前段搁置在檐檩上,后端作成椀口与仔角梁一起扣在金檩上,如图3-10所示。

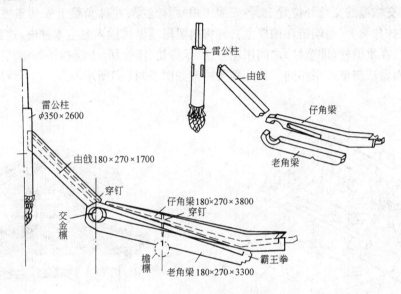

图3-10 角梁、由戗、雷公柱

(2) 由戗:因为攒尖顶是一个坡屋面,从檐步架到脊步架的坡度是变化的,故角梁只能设在檐步架内,然后在仔角梁的尾端再接由戗,由戗的尾端与雷公柱榫接。

在小式亭子建筑中,因为由戗是支撑雷公柱的重要构件,所以《营造法式》在亭榭斗尖举折之制中称为"簇梁"。

(3) 雷公柱:即支承攒尖顶顶尖的木柱,支承雷公柱的方法有两种:一是由戗支撑法,即由各角梁后面延伸的由戗支承,使雷公柱悬空垂立,如图3-10所示,一般小型亭子都采用这种方法。另一种是在雷公柱下面设置太平梁作为支承,太平梁安放在金檩上,如图3-12所示,这种方法多用于屋面荷重较大的亭子建筑。

5. 屋面基层

亭子建筑的屋面基层与庑殿、歇山屋面相同,只是面积小而集中。正身部位钉装正身檐椽和飞椽,转角部位钉装翼角椽和翘飞椽,望板上施以瓦作。

(二) 重檐角亭木构架

重檐角亭的木构架,有一圈柱子和里外两圈柱子的两种不同做法。

一圈柱子的做法,是在单檐亭的基础上,将柱子升高一个距离作为金柱,再在外圈另增加一圈檐柱形成一个带廊亭即可。檐柱与金柱部分的结构同硬山所述。

现着重介绍一圈柱子的重檐角亭。这种亭子的木构架,主要是解决上层檐的柱子如何支立的问题,当上层檐柱支立好后,柱以上的结构同上面所述单檐亭一样。

解决重檐柱支立的方法有两种:即井字梁承柱法和抹角梁承柱法。

1. 井字梁承柱法

这种方法是在正身檐柱的柱头上安装井字随梁,它与檐枋一起组成第一道稳定加固圈的作用,然后在井字随梁上安放承重井字梁或抹角梁,在该梁上于施放重檐柱的位置安放墩斗,在墩斗上直立童柱。再用承椽枋、围脊枋和上檐枋等连接构件将所有童柱连接成整体,形成上、中、下的第二道封闭圈,童柱构造见图3-11(a)。最后在童柱上安装角云,其后按单檐亭做法进行。

2. 抹角梁承柱法

它是在搭交檐檩的交角处位置上,各安放1根短抹角梁,在抹角梁上安装童柱,或将角梁的尾端搭置在抹角梁上(前端搭在檐檩上),并将角梁尾端做榫插入悬空木柱内,这悬空木柱即为上层重檐柱,在重檐柱(即童柱)之间用花台枋、承椽枋、围脊枋、上层檐枋等将其连接成为整体封闭圈,后面做法与单檐亭相同。其抹角梁构架如图3-11(a)所示。

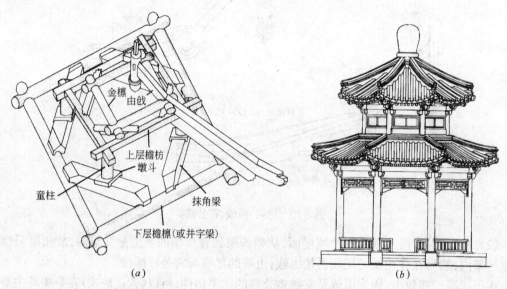

图3-11 重檐角亭构架
(a)重檐构架;(b)重檐角亭正面图

(三) 圆形亭木构架

圆形亭也有单檐和重檐两种,重檐圆形亭一般为两圈柱子,相当于带廊结构的圆形亭,里圈柱(即重檐柱)的木构架只是在单檐圆形亭木构架的基础上,将柱加高即可,外圈柱同一般檐柱构造一样。故这里,着重介绍单檐圆形亭的木构架,如图3-12所示。

1. 柱子围圈构件

单檐圆形亭的檐柱,一般小亭为六根一圈,大亭为八根一圈。支立方法与角亭相同,只是檐枋的水平投影为圆弧形,用燕尾榫与柱连接,构成圆形封闭圈。

2. 檐檩围圈构件

在檐柱上安装花梁头,在花梁头上安装圆弧形檐檩,圆弧形檐檩分段制作,相互之间用燕尾榫连接,形成第二道封闭圈。各花梁头之间以垫板填补空隙。

3. 横梁构件

在进深方向,于檐柱位置的檐檩上施放长趴梁,再在长趴梁上垂直安装短趴梁。然后按金檩的位置,在趴梁上摆放檩椀木块,再将圆弧形金檩安放在檩椀块里,金檩应分段制作,每一(或二)段的长度,应按檩椀块之间的圆弧距离确定,要使金檩的接头落实在檩椀块内。然后,

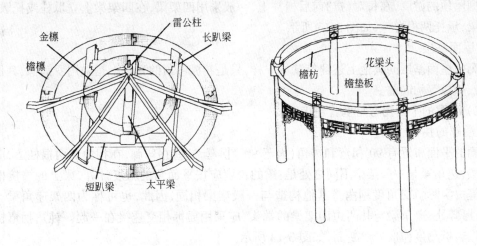

图 3-12 单檐圆形亭木构架

在金檩圈中心线上设置一根太平梁,作为雷公柱的支承构件。

4．尖顶构件

在太平梁的中心(即整个亭子的中心)位置上竖立雷公柱,雷公柱由斜撑在金檩上的由戗支撑稳固。由戗的下端卡顶住金檩,上端与雷公柱榫接。

其他做法与单檐亭相同。

六、游廊木构架

游廊建筑是园林工程中较常用的一种建筑,在平地上的游廊有称"长廊",沿山坡而上的又称"爬山廊"。它的基本构架如图 3-3 中四檩卷棚(也有少数做成五檩悬山)所示,若干个基本构架连接起来即为长廊的构架。

(一) 游廊的基本构件

1．廊的柱子

游廊的柱子只有前后(或左右)檐柱,并且柱子的断面作成梅花角的形式,故一般称为"梅花柱",每隔三、四排柱,需将一对柱子的柱脚伸入到柱顶石内,以加强游廊的稳定性。柱脚与柱顶石做成"套顶榫"。在前(后)檐的檐柱之间,柱顶上部仍用檐枋连接起来,枋下吊挂楣子,柱下端用栏杆或坐凳连接成长廊。

2．廊的梁檩

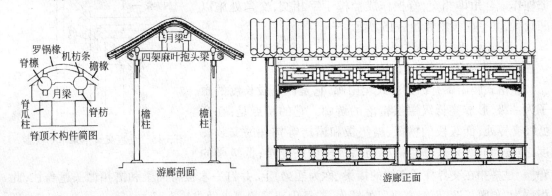

图 3-13 游廊木构架

卷棚屋顶的游廊,在每对(排)前后檐柱上,一般采用四架梁,在四架梁上立瓜柱或托墩,再施以月梁,承托两根脊檩,如图3-13所示。

3. 屋面基层

游廊的屋面基层同其他上述建筑基本一样,只是卷棚屋顶的脊檩上是采用罗锅椽,其他檐椽、飞椽、望板等均同前。

(二)游廊的平面拐弯与垂直连接

1. 游廊的拐弯

游廊的平面布置有90°拐弯和钝角(大于90°)拐弯,这些拐弯廊,在拐角的两根柱上,应安装递角梁,递角梁与一般架梁不同之处是:梁的长度应按平面角的斜度计算,梁上的檩椀槽和垫板槽等按实际斜交角度剔凿。其他构造与一般架梁相同,因此,也可称为四架递角梁。在90°的内拐弯处,递角梁与其两边四架梁的端头,应采用插榫相交连接在一起。钝角拐弯柱的断面要随转折角度作成异形断面,如图3-14所示。

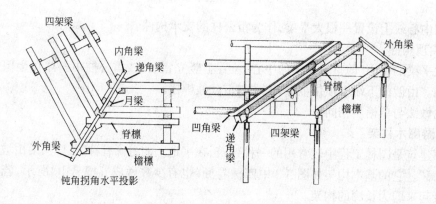

图3-14 游廊钝角拐弯

另在屋面转角处的金檩上,外凸角和内凹角要施以角梁,以解决拐弯处屋面基层的衔接,其平面投影如图3-14所示。

2. 游廊平面的垂直连接

有些游廊设计成纵横交叉的布置,这时廊的平面就形成丁字或十字形交叉。这种交叉的构架,主要是将相互垂直的檐檩作成合角榫相交,脊檩作成插榫丁字相交,交角处施以凹角梁,其平面投影如图3-15所示。

(三)爬山廊的构架处理

1. 跌落式爬山廊的构架处理

跌落式爬山廊有称错落式爬山廊,它是以一段长度的廊子为一级,形成高低级层层错落的游廊。它的特点是:在高低级交界处,低级段的檐檩、檐垫板和檐枋等构件的安装高度,是按高低级差尺寸用插榫与高级段檐柱连接;低级段的

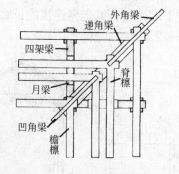

图3-15 垂直交叉构架水平投影

脊檩,是搭扣在交界柱子新增的横梁(称为插梁)上,并钉一木板将插梁和搭扣檩头遮盖住,此板称为"象眼板"。而对高级段的檩木,按悬山建筑的要求做成悬挑形式。

交界柱的柱脚最好采用套顶榫与柱顶石连接。跌落式爬山廊的纵剖面如图3-16所示。

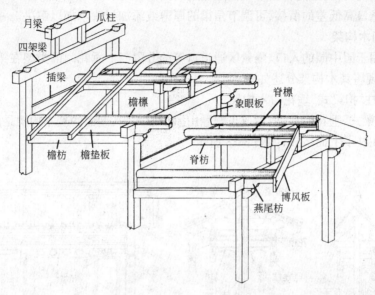

图3-16 跌落式爬山廊木构架

2．斜坡式爬山廊的构架处理

斜坡式爬山廊的木构架，与一般平地廊木构架基本相同，其主要区别是廊的横向构件(如梁、枋等)的断面，由矩形改为菱形，如图3-17；檩三件与柱的连接口也按斜坡率进行制作。

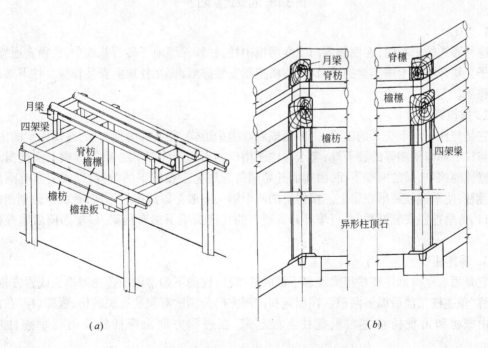

图3-17 斜坡式爬山廊木构架
(a)斜坡爬山廊梁架构架；(b)爬山廊立面折角处的梁、柱、柱顶石

每根爬山廊的柱脚,要作成套顶榫与柱顶石连接,以保证廊子的稳定。

转弯变形处的构件,应随转折形式做成相应的断面,如图3-17(b)所示。

屋面转角檐口高低差的衔接,可调节角梁的厚薄或添加衬头木加以解决。

七、垂花门木构架

垂花门常用于园中园的入口、隔景区通道口等的分隔门。垂花门的类型在第一章第二节-4中已作介绍,现将其木构架分述如下。

(一) 单排柱"担梁式"垂花门木构架

单排柱"担梁式"垂花门,一般做成正脊悬山屋顶形式,其剖面的基本构架是由一根横梁像扁担一样横搁在柱子上而组成,如图3-18所示。

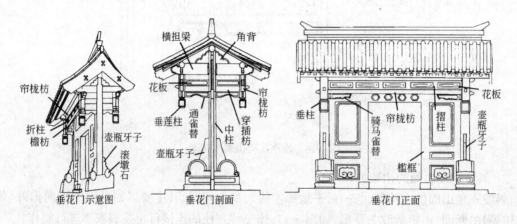

图3-18 担梁式垂花门

1. 中柱

这种形式的垂花门,在面阔方向支立两根中柱,柱脚深埋地下砖石基础中,柱顶直通脊檩,在柱子上端开凿套卡横担梁的榫口槽,待横担梁安装好后,再在柱顶上安装脊檩。柱下端由抱鼓石稳固。

2. 横担梁

它是与柱子十字交叉的横梁,一般做成麻叶抱头形式,故又称为抱头梁,在横担梁的中部,剔凿与柱子榫口槽相等的腰子榫,套卡在柱子槽口内形成十字结构。梁的两端上面挖凿承接前后檐檩的椀口,梁的两端下面,由端面开始剔凿燕尾槽至檐檩下的位置,以安装具有燕尾榫的垂莲柱,使垂莲柱悬吊在梁上。横担梁的两个端头一般都做成抱头形式,抱头下面剔凿的燕尾槽口,待垂莲柱安装好后,再行填补好。还有的在抱头梁下加有随梁,以加强前后垂莲柱的连接。

3. 垂莲柱

它是用燕尾榫悬挂在横担梁端部下面的悬吊柱,柱的下端常做成莲花瓣垂头或素方垂头,故通称"垂莲柱",前后檐各两根。在面宽和进深方向分别凿有安装有关的枋、板榫口。在面宽方向由檐枋和帘栊枋将左右垂莲柱连接起来,在进深方向由穿插枋将前后垂莲柱连接起来。

4. 檩木

单排柱"担梁式"垂花门的檩木只有三根,即脊檩、前檐檩和后檐檩。檩的两端伸出横担梁外悬挑,悬挑端的构造与悬山建筑的山面相同。为增强脊檩与中柱的结合,在脊檩下设有支撑性"角背"。

5. 枋与垫板

在两个柱梁十字结构之间(即面阔方向),在脊檩下由脊垫板和脊枋连接两根中柱,在檐檩下由檐枋、花板、折柱、帘栊枋等组成的"罩面框架"连接前(后)两根垂莲柱。

在进深方向,每根横担梁的下面,由随梁枋、花板、穿插枋等分别将前后垂莲柱与中柱连接成整体,以加强垂莲柱的稳定性,如图3-18立面所示。

除此之外,为增添装饰效果,在帘栊枋与穿插枋交角的下面,安装"雀替",做成转角形式的雀替称为"骑马雀替"。在两柱之间,帘栊枋以下安装槛框和门扇。

6. 屋面基层

单排柱"担梁式"垂花门的屋面基层,与硬山或正脊悬山屋面基层相同。

(二)一殿一卷式垂花门木构架

一殿一卷式垂花门的木构架,是单排柱担梁式垂花门与四架梁卷棚式悬山结构的一种组合结构,前面是单排柱担梁式垂花门结构、后面是四架卷棚式悬山结构(见图3-13游廊基本构架)。前屋顶的后檐檩和后屋顶的前檐檩合并为一公用檩,其上形成天沟屋顶,如图3-19剖面所示。

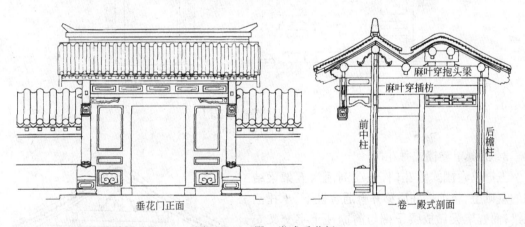

图3-19 一殿一卷式垂花门

现将其中有所变化的构件分述如下:

1. 一殿一卷式垂花门的柱子

原单排柱担梁式垂花门的中柱,现在就成为一殿一卷式垂花门的前檐柱,其柱上结构基本不变;而原双排柱卷棚式垂花门的后檐柱,就是一殿一卷式垂花门后檐柱,除在后檐柱之间安装屏门外,后檐柱上的其他构件也基本不变。

2. 垂花门的横梁

一殿一卷式垂花门的横梁,是由四架梁与横担梁合并而成,取名为"麻叶抱头梁",并在公用檩处剔凿檩椀即可。

在抱头梁下设垫板(将单排柱担梁式垂花门的穿插枋下移),在垫板下安装穿插枋,与原单排柱担梁式垂花门下移的穿插枋合并。

3. 屋面基层

一般一卷式垂花门的前后屋顶,各与原屋顶的基本结构相同,只是将前屋顶的后檐,与后屋顶的前檐交接在公用檩上,在交接处做成屋顶天沟,以利排水。

（三）多檩单卷棚式垂花门木构架

这是指采用四檩、五檩或六檩做成卷棚结构的垂花门。

1．四檩卷棚垂花门木构架

四檩卷棚垂花门的木构架,是在剖面为四架梁卷棚构架的基础上,延长四架梁的两端并作成麻叶抱头而成为"麻叶抱头梁",然后,将前后檐檩也移至抱头椀槽内。在两端抱头下面悬吊垂莲柱,并在麻叶抱头梁下安装随梁（也可不要）和穿插枋,将垂莲柱与檐柱连接成整体即可。在面阔方向的檐柱之间、垂莲柱之间的构造与前述垂花门结构相同,如图3-20所示。这是一种双排柱的卷棚式垂花门。

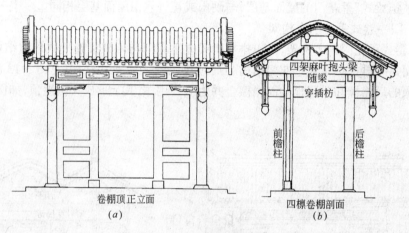

图3-20 四檩卷棚垂花门
（a）正立面；(b)剖面

2．五檩单卷棚式垂花门

五檩单卷棚式垂花门,是在剖面为五架梁结构的基础上,将前檐柱后移并直通金檩下,承托三架梁；而五架梁做成腰子榫与前檐柱十字交叉安装,并延长至前檐檩作成麻叶抱头,在抱头下方吊挂垂莲柱。垂莲柱用穿插枋与前檐柱连接,其他构造与前述垂花门相同,如图3-21所示。

八、牌楼木构架

在园林工程中牌楼常用作公园、景区的入口标志,一般形式有冲天柱式和屋脊顶式两种,现分述如下：

（一）冲天柱式牌楼木构架

冲天柱式牌楼较常用的有：四柱三间三楼和二柱一间一楼等两种,如图3-22所示。它们的主要构件由下而上有：夹杆石、落地柱、雀替、小额

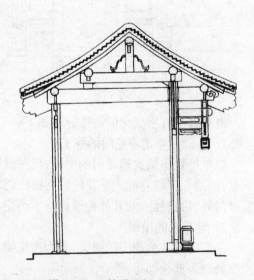

图3-21 五檩单卷棚式垂花门

枋、摺柱花板、大额枋、平板枋(二柱一间式可不用)、斗拱、檐楼、大挺钩等。现分述如下：

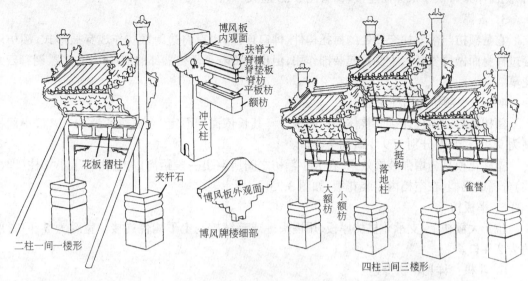

图 3-22 冲天柱式牌楼

1. 夹杆石

它是稳定并维护包裹着落地柱柱脚的石活件。地平面以上露明部分的夹杆石高度，一般为柱径的 3.6 倍；夹杆石埋地深度约为露明高的 4/5 或相等，落脚在地基的柱顶石上。如图 3-23(a) 所示。夹杆石断面为方形，内芯通凿柱洞，方宽为柱径的 2 倍。

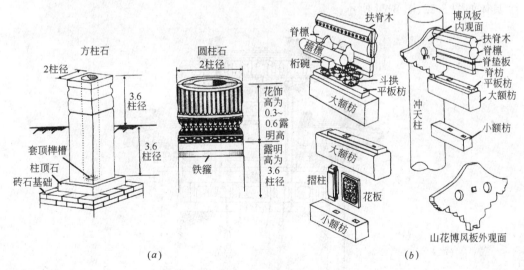

图 3-23 牌楼构架细部
(a)夹杆石柱基；(b)牌楼木构架分件

2. 落地柱

它是指牌楼的立柱，在最外边的称为边柱，其他称为中柱。柱径一般为 10 斗口(斗口尺寸常取用 1.5 寸左右)，柱高根据设计或需要而定，其顶端可按需要进行各种雕刻，其下端穿过夹杆石,做成套顶榫落脚在柱顶石上。位于角科斗栱下的柱,其上端应做成通天斗支承着正心桁,侧面作卯口供斗栱穿插连接(参看图3-25通天斗)。

3. 雀替

它是额枋与落地柱交接处的衬托构件,榫口连接(也有将边跨额枋作成穿插形式,额枋尾穿过柱身而做成雀替),主要是起装饰作用,但也肩负着小额枋端部的加强作用,多雕刻有云龙花草。

4. 大、小额枋与摺柱花板

额枋是将迎面柱连接成整体的横向构件。其长依面阔而定,大额枋高为11斗口,小额枋高为9斗口,其厚分别为9斗口和7斗口。

摺柱花板是为增强装饰效果,在大小额枋之间所空出一段距离以内,由若干小立柱(即摺柱)分隔成几档,在空档内安装花板,如图3-23(b)所示。

5. 平板枋

位于大额枋上,支承斗栱的厚板,用馒头榫或暗销榫与上下构件连接。宽约为5斗口,厚约为2斗口。

6. 斗栱　详见斗栱专述

7. 檐楼

它是指斗栱以上的屋顶结构,包括承托檐檩的角背、檐檩(桁)、脊檩(桁)、檩(桁)垫木和枋木、扶脊木,以及屋面基层,可参照一般房屋构造。

8. 大挺钩

有称为"霸王杆",是支撑檐楼的圆钢铁件,其上端支顶着檐桁,下端支承在大(小)额枋上,每边在大小额枋上各支承2根,以增强檐楼的稳定性。

具体如图3-22、图3-24所示。

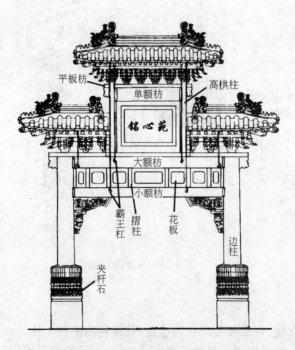

图3-24　屋脊式二柱一间三楼式

(二) 屋脊顶式牌楼木构架

这种牌楼的柱子不冲出屋顶,有完整的屋顶形式。较常用的有二柱一间三楼、四柱三间三楼和四柱三间七楼等类型。它们的基本结构与冲天柱式牌楼大致相同,现就不同点分述如下:

1. 二柱一间和四柱三间三楼形式的牌楼

(1) 落地柱的上端只通到平板枋下,其他做法与前相同。

(2) 牌楼屋顶,明间的两端和次间的外端按庑殿形式做法,其他与前相同。

(3) 做庑殿顶的端部,不再设有山花博风板。

二柱一间三楼形式牌楼如图 3-24 所示。

2. 四柱三间七楼形式的牌楼

(1) 落地柱的上端均为等高。

(2) 明间在柱头上增加"龙门枋",并延伸至两边次间的 1/4 处。

(3) 明间在龙门枋上、次间在大额枋上各树立一对"高栱柱",在一对高栱柱之间用单额枋连接成整体,以解决正楼与夹楼的高矮设置。高栱柱上端为"通天斗",下端作成"长榫"穿过龙门枋或大额枋,变成折柱插入小额枋内,如图 3-25 所示。

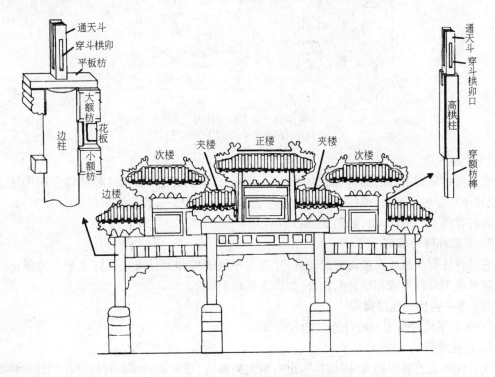

图 3-25　屋脊顶式四柱三间七楼牌楼

(4) 正楼屋顶和边楼外端为庑殿式,夹楼屋顶和边楼里端与冲天柱式屋顶相同。

第二节 木构架的连接榫卯

一、垂直构件的连接榫卯

垂直构件主要为柱子,它的连接包括柱脚和柱顶的连接,一般有以下三种榫卯连接方式。

1. 管脚榫卯

这是指柱脚根部的榫卯连接,一般建筑的落地柱都采用这种连接方法。它是将柱头端部或柱脚根部做成馒头榫,插入支承体(如柱顶石等)上剔凿相应的卯口(海眼)内,榫长为柱径的0.2~0.3倍,如图3-26(a)所示。

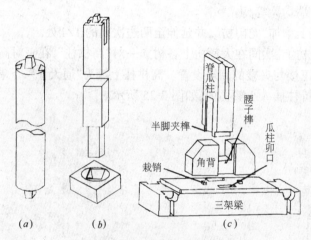

图3-26 垂直构件榫卯
(a)管脚榫;(b)套顶榫;(c)夹脚榫腰子榫

2. 套顶榫卯

它是指将柱脚根部的插榫加粗加长,套入到支承体的穿透眼内,这种榫卯多用于柱子较高,或柱子承受风荷较大,或柱子空间支撑较弱的结构。榫长一般为露明柱长的1/3~1/5,榫径约为柱径的0.5~0.8倍,如图3-26(b)所示。

3. 夹脚榫腰子榫卯

它是将柱脚剔凿成夹槽而形成双榫,穿夹着半腰子榫卯而插入支撑体上的一种做法。这种榫卯常用于瓜柱角背相结合的构件,如图3-26(c)所示。

二、水平构件的连接榫卯

(一) 水平构件与垂直构件连接的常用榫卯

1. 燕尾榫卯

这种榫卯在石活中称为"银锭榫",也有叫大头榫,它是先宽后窄具有拉结作用的一种榫卯型。多用于需要拉结并可进行上起下落安装的构件连接,如梁、枋与间柱之间的连接等。榫卯长一般为柱径的0.25~0.3倍,如图3-27(a)所示,分带袖肩和不带袖肩两种构造。

2. 穿透榫卯

它是指穿过柱子而榫头留在柱外的一种榫卯,一般将榫头做成蚂蚱头(有称三岔头)或方形或雕刻成麻叶花状,如图3-27(b)所示。常用于穿插枋与柱子的连接。

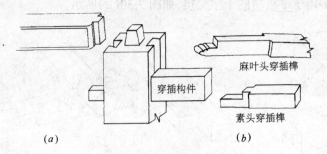

图 3-27　燕尾榫及穿插榫
(a)燕尾榫；(b)穿插榫

3．箍头榫卯

箍头即箍住柱头的之意，它是将梁、柱端部做成相互插入的腰榫和卡口，并使梁头对柱有卡住作用的一种榫卯。箍头的形式常做成霸王拳（即刻成如拳头的凸指花纹）形或三岔头形，如图 3-28 所示。箍头榫有单开口和双开口两种构造，一般用于建筑端部的梁柱连接。

4．半透榫卯

半透榫中的卯口是做成通透的，而榫头是做成半长，多用于两边与梁连接的中柱上。榫高均分为二，半高榫长半高榫短，长的部分按柱径 2/3，短的部分按柱径的 1/3，称为"大进小出"榫。两个半透榫穿插在柱的卯口内进行对接，如图 3-29 所示。

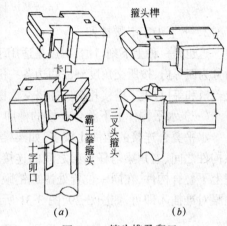

图 3-28　箍头榫及卯口
(a)双开口箍头；(b)单开口箍头

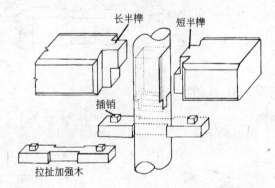
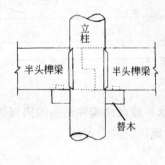

图 3-29　半透榫

这种榫卯没有拉结作用，随着时间的延长，容易产生松脱现象，故一般在连接梁的下面装上穿透的雀替或替木，再在雀替或替木与梁之间用插销连接，起加强固结作用。

(二) 水平构件间交叉连接的榫卯

1．上下十字刻口榫卯

它是适用于方形构件十字搭接的榫卯，即是将构件剔凿成半厚刻口槽（即盖口槽、等口槽），形成构件厚度不变的相互搭交榫卯。上面构件的槽口在下，称为"盖口"；下面构件的槽口

71

在上,称为"等口",多用于平板枋的十字交接,如图3-30(a)所示。

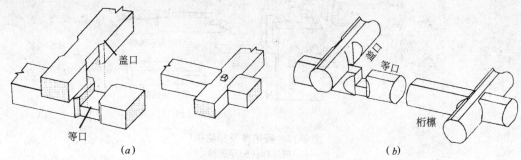

图 3-30 十字交叉榫
(a)平板枋十字刻口;(b)檩木十字卡腰榫

2. 上下十字卡腰榫卯

这也是一种上下刻口槽,不过是适用于圆形构件搭接的一种榫卯。它是将圆形构件的宽向面分为四等份,按所交角度刻去两边各一份形成腰口;将其高厚面分为二等份,剔凿开口一份,形成盖口和等口,上下搭接相交。如搭交檐檩和搭交金檩都是采用这种方式,如图3-30(b)所示。

(三)水平构件上下叠合连接的榫卯

水平叠合连接的构件比较多,如架梁与随梁、额枋与平板枋、角背与架梁、梁枋与雀替、斗栱构件之间、老角梁与仔角梁之间的连接等,这些连接都是采用插销(有称栽销)连接法,它是把上下叠合构件,在同一位置处凿成销眼,将销木栽插在下面构件的销眼中,然后将上面构件销眼对准插入即可,如图3-29、图3-31所示。

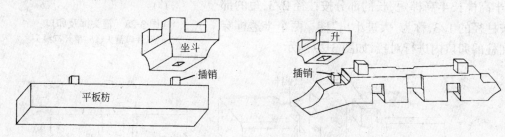

图 3-31 插销榫

三、水平或倾斜构件端头的搭接榫卯

1. 桁椀(或檩椀)卯口

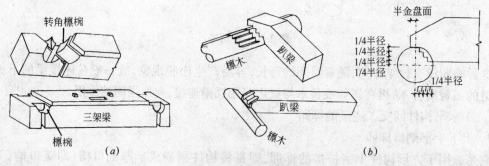

图 3-32 桁椀与阶梯榫
(a)桁(檩)椀;(b)阶梯榫

桁椀(或檩椀)卯口是指安放桁檩而剔凿成半圆形的椀口,椀径按桁檩直径的1/3～1/2。这种椀口常用于脊瓜柱的顶端、承托桁檩的横梁、亭子上的花梁头等。如图3-32(a)所示。

2．阶梯榫卯

这是趴梁、抹角梁等端头常用的榫卯,一般将阶梯做成三层,如图3-32(b)所示。

3．压掌榫卯

这种榫形视两层阶梯榫,只是榫卯的连接是一种对接形式,要求相互间密实可靠。主要用于由戗与角梁、由戗与由戗之间的连接,如图3-33所示。

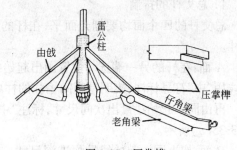

图3-33 压掌榫

四、板缝拼接的榫卯

板与板之间拼缝的连接,常用的榫卯形式有:银锭扣、裁口缝、龙凤榫等,在门板中多用穿带、抄手带等连接方式,如图3-34所示。

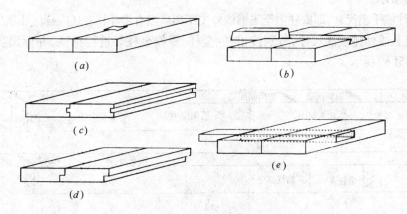

图3-34 板缝拼接
(a)银锭扣;(b)龙凤榫;(c)裁口缝;(d)抄手带;(e)穿带榫

第三节 木构件的制作安装

一、木构件制作前的准备工作

(一) 制备丈杆

古木建筑构件的各部尺寸,都有统一的权衡尺度,如果使用普通尺具一次一次的去量取,会受到不同因素的影响而产生不同的误差,通过我国广大古建工作者的长期实践,采用"丈杆法"进行施工放样,既保证了实际操作的准确性,又可避免发生不必要的差错。

"丈杆法"是指将控制各种木构件的主要尺寸,分别事先标注在特制的木杆条上,当施工放样时,按照丈杆上标注的尺寸进行放样、检查和验收。

古建施工中所用的丈杆有"总丈杆"和"分丈杆"两种:"总丈杆"是标注建筑物的柱高、面阔、进深等总尺寸的丈杆;"分丈杆"是标注各构件本身及其相关部位尺寸的丈杆。丈杆的材质,要求用轻质柔软、不易变形的红白松或杉木进行刨制。总丈杆断面尺寸为4cm×6cm,长度依柱高或开间中较大的尺寸进行考虑,如果有重檐柱或尺寸很长者,丈杆长按其一半考虑;分丈杆断面尺寸为3cm×4cm,长度按不同构件类型分别确定。

1. 总丈杆的排制

总丈杆的四个面均要刨光面平,在杆的一端分别标注 A、B、C、D 四面,每一面标注一类尺寸。

A 面:在杆的另一端选一位置画出起始线,由起始线将明间面阔尺寸量上画线,并将这两端线用"中"符号标注,表明是明间檐柱的柱中位置,旁边写上"明间面阔"字样。

再由同一起始线量出次间尺寸,标注"中"符号,写上"次间面阔";如有梢间依此类推。如图 3-35(a)所示。

B 面:按上同一起始线量画进深尺寸。进深尺寸是指前后檐柱中至中的尺寸(不包括侧脚尺寸),如果进深尺寸过大画不下,可按进深一半尺寸标注。首先标出通进深尺寸,用符号"⋈"标注,再继而分别量出七架梁、五架梁、三架梁、抱头梁等的中线(用"中"符号标注,表明各桁檩的中线),和梁头位置线,用"∥"符号标注(表明需要截锯的位置),并分别写出其名称,如图 3-35(a)所示。

C 面:标注檐平出尺寸,即檐柱中至飞檐椽外皮距离。当有带斗栱者还应标注斗栱出踩尺寸。

D 面:依上述标注柱高尺寸,分别按檐柱、金柱、重檐金柱等进行标注,并标出各柱榫头位置。如图 3-35(b)所示。

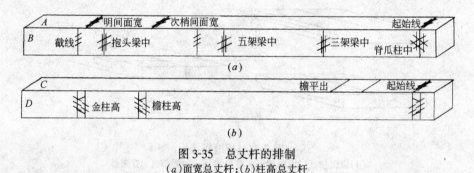

图 3-35 总丈杆的排制
(a)面宽总丈杆;(b)柱高总丈杆

2. 分丈杆的排制

分丈杆按每类构件分别排制,如檐柱、金柱、重檐柱、架梁、抱头梁等各排一根,在丈杆上写明名称和数量。

分丈杆的尺寸最好用方尺从总丈杆上过线过来,不要重新画线,以免产生误差或错误。在分丈杆上除大尺寸外,还应将该构件的细部尺寸,如本身榫长、相关构件的卯口等的位置和尺寸画上。如图 3-36 所示。

3. 画线所用符号

在画线时,统一用事先确定好的符号进行标注,常用符号可参考图 3-37 所示。

(二) 圆形构件材料的粗加工

一般的原木材料,都难符合圆形构件(如柱、檩等)基本要求,因此需要事先进行取直、砍圆、刨光等粗加工,常采用的方法为"放八卦线"法,具体操作步骤如下:

1. 画十字中线

先将符合柱或檩用料的原木,两端平放于离地面一尺左右的垫物上,在原木两端部选好中

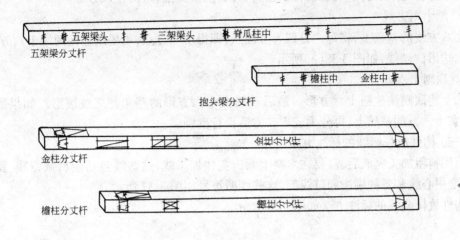

图 3-36 分丈杆的排制

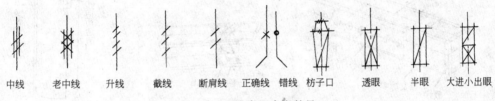

图 3-37 画线常用参考符号

心,再以一边为准,用方尺画出相互垂直的十字中线,用墨斗线过渡到另一端面中心,画出十字中心线,如图 3-38(a)所示。

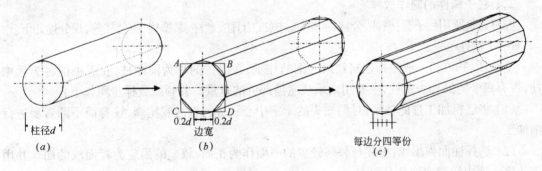

图 3-38 放八卦线
(a)在圆木端头按直径画线;(b)分八方;(c)分十六方

2. 画八方线

在两端十字线上,从中心点量取 $0.5d$(d 为柱或檩的直径)得 A、B、C、D 四点(其中注意,柱子一般两端直径不同,应按收分要求分别量取),再过 A、B、C、D 点作十字线的平行线得出四方。又在十字中心线的左右,以 $0.2d$ 尺寸在四方线上量出八方点,用墨线连接各点得出八方形,如图 3-38(b)所示。

3. 砍刨八方

将两端八方点,用墨线连接起来,即得出原木应砍去的外围线,再用锛斧,一面一面砍平、刨光,砍刨完一面要复弹一次线,再砍刨另一面,依次类推,得出正八方形。

4. 画十六方线

在八方线的基础上,将每一方四等分画点,即得十六方点,用墨线连接两端十六方点,即得出十六边形砍刨线,如图3-38(c)所示。

5. 砍刨十六方

按上述砍制法砍刨十六方形。最后砍刨去十六方形的菱角使之成圆形。如果圆径较大时,可在十六方的基础上,再分为三十二方后再行砍圆。

(三) 构件放样画线的标注方法

当用料粗加工完成后,就要在木料上画出实样加工线,这些线包括余料截锯线、留榫断肩线、标准中心线和各种剔凿卯口线等,这些线型符号如图3-37所示。

构件放样画线的标注方法如图3-39所示。

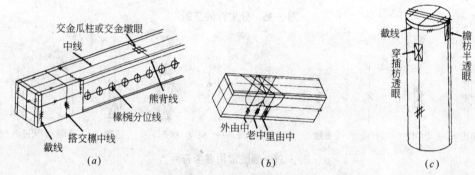

图3-39 构件放样画线的标注
(a)踩步梁的画线;(b)递角梁的画线;(c)柱的画线

二、柱子构件的制作放样

园林建筑所用柱子有:檐柱、金柱、重檐柱、中(或山)柱、童柱、擎檐柱、雷公柱等,现分述如下。

(一) 檐柱

檐柱图(3-40a)一般是指建筑物最外围的柱子,在前檐的称为前檐柱,在后檐的称为后檐柱,带有廊子的又称为廊柱,主要用来承载屋檐部分的重量。其画线放样步骤如下:

(1) 将已粗加工过的柱料,对两端头的十字中心线进行校准或重画,柱身面不圆者要进行细加工。

(2) 选择柱面弹墨线:将柱身弊病较少的一面作为正面,较差的定为背面或侧面。并用墨斗将十字中线弹在圆柱身面上。

(3) 用柱丈杆在一个侧面的中线上,画出柱头与柱脚的截线位置、柱顶榫与柱脚榫的断肩线位置、额枋的卯口位置等,用点或短细线标注。如图3-40(b)所示。

(4) 根据柱头、柱脚位置线和侧脚尺寸弹出侧脚(即升)线,正身檐柱弹两侧面,角檐柱要弹四个面。侧脚线与中线各标注符号以示区别。

(5) 在侧脚线的面上,用方尺与侧脚线垂直,画出柱顶柱脚的截线和断肩线。然后依此画出柱身围圈线,如图3-40(b)所示。

(6) 根据额枋位置画出卯口的口眼线:小式檐柱面阔的两侧有檐枋口和檐垫板口,进深方向有穿插枋口;大式檐柱面阔的两侧有大小额枋口和额垫板口,进深方向有穿插枋口;带斗栱大式柱的柱头不留榫,直接与平板枋接触。

以上线位画完后,在柱下端写上柱位编号,然后交于加工人员进行加工(图 3-40b)。

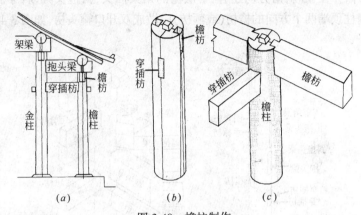

图 3-40 檐柱制作
(a)檐柱的构造;(b)檐柱的画线;(c)檐柱的组装构件

(二) 金柱与重檐金柱

1. 金柱

金柱是指建筑物内围一圈的柱子,也有称为步柱,它与檐柱成双配对,大型建筑物的金柱有两排,离檐柱近的称为外金柱,远的称为里金柱。宋均称为内柱。它的放样画线步骤与檐柱基本相同,只是没有侧脚线,所以,所有画线都应与中线垂直。

金柱面阔方向的构件完全与檐柱相同。进深方向外侧面的构件有穿插枋、抱头梁;内侧面有随梁枋,顶端承托架梁(参看图 3-40a)。

2. 重檐金柱

分正身重檐金柱和转角重檐金柱两种。重檐金柱是指在金柱位置上贯穿上下屋檐的柱子,其下端为金柱,上端为上层檐的檐柱。

(1) 正身重檐金柱面阔方向的构件由下而上有:棋枋、承椽枋、围脊枋、上檐枋(或额枋);进深方向的构件由下而上有:穿插枋、抱头枋、随梁、柱顶承托架梁,如图 3-41(a)所示。放样画线同

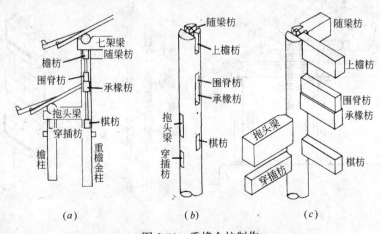

图 3-41 重檐金柱制作
(a)重檐金柱的构造;(b)柱子画线;(c)重檐金柱装配构件

前所述,如图3-41(b)所示。锯解制作见图3-41(c)。

(2) 转角重檐金柱的构件比较多,除在它的正面和山面,都有正身重檐金柱的面阔方向构件和进深方向构件外,并在45°斜角方向还有:下层檐的角梁插头、斜抱头梁、斜穿插枋等构件。同时还应注意,重檐柱顶端两个方向的檐枋(或额枋)应做成双开口箍头枋,如图3-42所示。

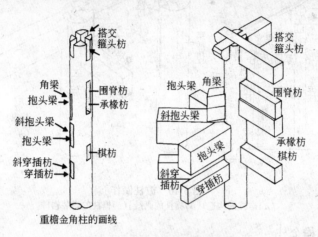

图3-42 重檐金角柱的构造

(三) 中(或山)柱

中柱或山柱是处在建筑物中线位置上,支承脊檩的柱子,处在最外围山线上的叫山柱,处在内圈中心线上的叫中柱。

中(山)柱根据建筑物的步梁檩数多少不同,而与其相交的构件多少也不尽相同。如图3-43所示为七檩三步梁的中柱放样图,它将建筑物从进深方向的中间一分为二,因此,在中柱的两边就有:三步梁及其替木、双步梁及其替木、单步梁及其替木。而在面阔方向有:关门枋、脊枋,顶端支承脊檩。另在柱的下部根据室内装饰情况,还有槛框上的上中下槛及其抱框等构件,如图3-43所示。

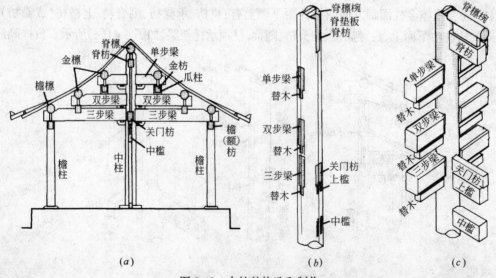

图3-43 中柱的构造和制作
(a)中柱的构件;(b)中柱的画线;(c)中柱的装配构件

山柱构件与中柱基本相同,只是在面阔方向的构件,只有在内侧面而外侧面没有。

(四) 上层檐童柱

清式童柱与宋式童柱的称呼是有区别的,清式童柱是指重檐结构上层不落地的矮檐柱,而宋式童柱是指支承梁架结构的矮柱(即瓜柱)。在瓜柱中除脊瓜柱制作稍复杂外,其他位置的瓜柱都比较简单,对于脊瓜柱的制作放在架梁结构中一起介绍。

重檐结构上层檐童柱的制作放样,与落地檐柱基本相同,在面阔方向的构件有:额枋、围脊枋、承椽枋,另在柱脚根部增加一管脚枋。在进深方向的构件有:穿插枋和管脚枋。由于上层檐童柱不落地,它的柱脚用管脚榫与方形"墩斗"连接,再将墩斗卡在下层桃尖梁或抱头梁上,如图3-44所示。

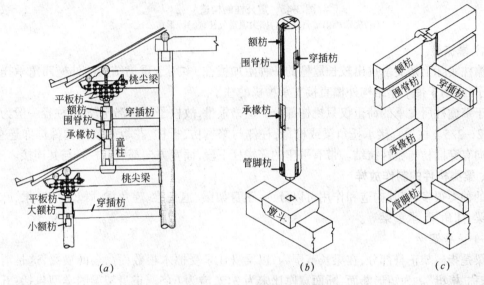

图 3-44 童柱的构造及制作
(a)童柱的构造;(b)童柱的画线;(c)童柱的装配构件

(五) 雷公柱

雷公柱的使用部位有二处:一是作为庑殿推山推出部分支承脊檩的脊柱;二是作为攒尖顶支承顶尖的支顶柱。

1. 庑殿推山雷公柱

它的作用与脊瓜柱基本相同,只是位置是处在推山的山面,它的柱脚做双榫插入到太平梁上,并在两侧辅以角背加强其稳定性。柱头挖成檩椀承托脊檩。柱子内侧与脊瓜柱相对应,凿出脊垫板和脊枋的卯口,如图3-45(a)所示。

2. 攒尖顶雷公柱

这种柱有两种做法:一是悬空支撑法,二是落脚于太平梁支撑法。

(1) 悬空支撑法,它是靠若干根斜撑的由戗,用榫卯与其连接来支顶着柱身而悬空。柱底作成垂莲柱头,柱顶为宝顶的桩子,如图3-45(c)、图3-10所示。

(2) 落脚于太平梁支撑法,主要用于大型攒尖顶建筑或圆形攒尖顶建筑,由于他们的顶都比较重,仅凭由戗支撑难以负重,故要增加太平梁作为落脚承托结构,柱脚做管脚榫卯口即可,如图3-45(b)、图3-12所示。

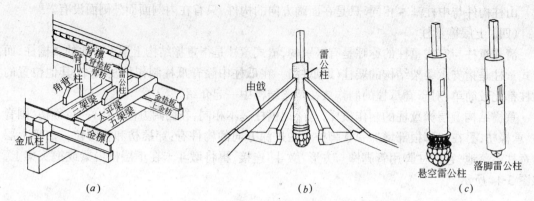

图 3-45　雷公柱的构造
(a)庑殿推山雷公柱；(b)攒尖顶雷公柱；(c)圆形雷公柱

（六）擎檐柱

擎檐柱实际上是支承挑出较长屋檐的一种附加檐柱，多用于重檐结构的外檐四角承托角梁的柱子，或用于带平座结构外檐直接支承檐椽的柱子。

由于擎檐柱所支的荷重仅只挑檐部分的屋檐重量，故柱子断面都比较小，柱径一般为檐柱的1/2～2/5。柱顶直接承托角梁或檐椽，柱侧与擎檐枋、折柱、花板等装饰构件榫卯连接，进深方向有穿插枋与檐柱拉结。带有平座的擎檐柱下段，面宽方向都装有栏杆与其连接。

三、梁类构件的制作放样

梁的种类很多，按其构造和作用可以分为：正身架梁、抱头梁、递角梁、踩步金、趴梁、麻叶抱头架梁、抹角梁、承重梁等。

（一）正身架梁

架梁是指屋架正身部分，在梁长范围内，以梁身让承受檩木根数而命名的横梁，这是清代称呼，宋称"椽栿"。为矩形断面，断面宽厚比宋为3:2，清为6:5。正身架梁的类型包括：五～七架梁、三架梁、四架梁、月梁等几种不同类型。

1. 五～七架梁

这类梁的基本构造是相同的，现以五架梁为例，介绍其放样制作步骤如下：

(1) 在已经过粗加工的木料上，在其两个端面画上垂直平分中线，以中线为准用方尺画出平水线（即垫板高度线，为0.8檩径）和抬头线（即梁头高度线，为0.5檩径），如图3-46(a)所示。

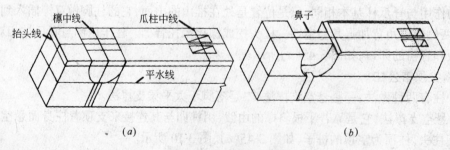

图 3-46　五架梁的制作
(a)梁的画线；(b)梁的制作

(2) 将两端头的"三线"分别用墨斗弹在梁身的各面上。一般工人师傅将正身面的抬头线称为"熊背线",它是区别梁头梁身高度的分界线。

(3) 用"架梁分丈杆"量出梁身长截线、梁头长(一般按一檩径)度、檩径中线、各步架(瓜柱位置)中线等。

(4) 画出各相交构件的榫卯线,包括檩木椀口线、瓜柱榫眼卯口线、角背插销眼、梁底面与下柱头连接的海眼线等。其中檩木椀口线在梁头的两侧面,应以梁头宽分为四等份,中间二份为梁头鼻子,两侧各一份为檩椀厚。垫板槽口线的深与垫板厚相等(图3-46a)。

(5) 各线画好后,在梁身空处写上梁的名称位置或编号,然后交于加工人员进行加工,如图3-46(b)所示。

2. 三架梁和四架梁

三架梁是正脊屋顶木构架中,放置于五架梁瓜柱之上的,属屋架最上面的一个正身梁架,在其梁长中心部位,安装有支承脊檩的脊瓜柱。宋称此梁为"平梁"。

三架梁用料比五架梁小,一般梁厚为五架梁的0.8,梁高为五架梁的0.83,依照此尺寸画出平水线和抬头线,具体做法同五架梁一样。如图3-47三架梁所示。

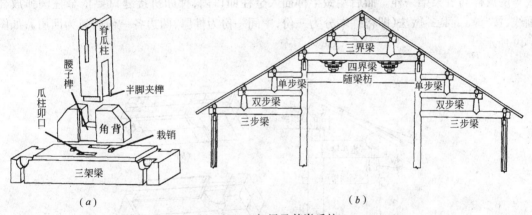

图 3-47 三架梁及其脊瓜柱
(a)三架梁的构造;(b)苏州木渎灵岩寺顶层木架

三架梁的脊瓜柱是梁上的重要构配件,脊瓜柱厚稍薄于三架梁厚,即为三架梁厚的0.8,脊瓜柱宽为一檩径。在瓜柱顶端挖成椀口直接支承脊檩(梁鼻子宽为脊瓜柱厚的1/4),脊檩下有脊垫板和脊枋的榫槽卯口,瓜柱脚做双榫插入三架梁卯口内,并辅以角背进行稳定,其装配图如图3-47(a)所示。如果三架梁的梁面为弧形面时,为使脊瓜柱与三架梁的榫卯缝口密实,应将脊瓜柱垂直立于三架梁上,用圆规或岔子板在柱上画出榫长截口线,如图3-47(a)所示。

脊角背长度一般为一步架,高为瓜柱高的1/3~1/2,厚为自身高或瓜柱高的1/3。在与瓜柱相交处,做半卡口榫卡在瓜柱双榫内,详见图3-47(a)所示。

另在南方的一些房屋中,在前后金柱之间采用正身架梁,以抬高室内净空,而在檐柱与金柱之间则采用架梁的切断形式,称为"步梁"(《营造法原》称为"川"、《营造法式》称为"乳栿"),它们以檩木之间步架数而命名,如一个步架为"单步梁",两个步架为"双步梁"等如图3-47(b)为苏州木渎灵岩寺屋架中各步梁所示。

3. 四架梁

四架梁是专门用于双脊檩卷棚屋顶的正身梁架,它与三架梁不同之处是立有两根脊瓜柱,在脊瓜柱上支承一根脊梁(一般称此梁为"月梁",《营造法原》称为"轩梁"、"荷色梁"),其梁之断面按四架梁的高和厚各收2寸而定。而角背则做成连通角背(称为连二角背)。具体做法与三架梁、五架梁相同,如图3-48所示。

(二) 抱头梁

抱头梁是指区别于正身架梁之外,以梁的端头抱着桁檩的形式而命名的一种横梁,这种梁的类型有:抱头梁(即梁头为一般素方头)、桃尖梁、麻叶抱头梁等。

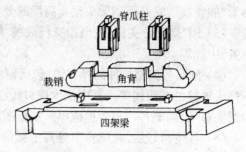

图3-48 四架梁及其附属构件

1. 抱头梁

抱头梁是素方抱头梁的简称,它的端头形式与正身架梁一样,只是它位于檐柱与金柱之间,一端搁置在檐柱上承托檩木,另一端作榫插入金柱内,起承担檐步架和挑檐屋面荷载的作用。

抱头梁梁高约为檐柱径的1.5倍,梁厚为檐柱径的1.1倍。其前端的中线、平水线、抬头线等的放样与五架梁一样。而后端做半榫插入金柱卯口内,榫卯拼接缝口要依金柱圆弧放样画线,按"撞一回二"做法(即将榫端分为三份,中间一份为榫厚,两边各一份画弧为回肩),如图3-49所示。

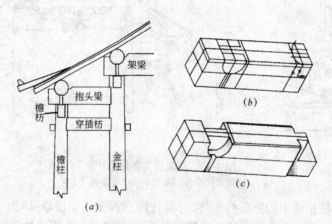

图3-49 抱头梁的制作
(a)抱头梁的位置;(b)梁的画线;(c)梁的制作

2. 桃尖梁

桃尖梁的端头为桃尖形,它是抱头梁的改进形式,一般是为配合斗栱建筑而做的装饰性梁头,有桃尖顺梁、桃尖双步梁、桃尖三步梁等。桃尖梁的位置见图3-50(a)。

桃尖梁的梁身高依斗栱层数(或出踩数)而定,由梁底向上,每层栱子加2斗口,例如五踩斗栱上用的桃尖梁为一层栱子、一层外拽枋,则应为2×2=4斗口。然后加挑檐桁半径1.5斗口,计为5.5斗口。再加正心桁半径(正心桁直径4~4.5斗口),即为梁高。而桃尖梁头实际高为5.5斗口,如图3-50(c)侧面图所示。梁身厚为6斗口,梁头厚为4斗口,梁身与梁头以正心桁下的正心枋为界。桃尖各部位尺寸如图3-50(c)所示。

桃尖梁的尾端同抱头梁一样作半插榫插入金柱内。

桃尖梁放样步骤同前,用桃尖梁分丈杆在中线上,先点出挑檐桁中、正心桁中及梁头线等

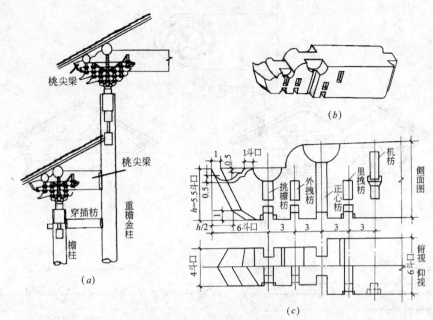

图 3-50　桃尖梁的制作
(a)桃尖梁的位置；(b)桃尖梁的制作；(c)桃尖放样尺寸

位置,并按两侧"扒腮线"将两腮扒去,再按图示尺寸画出各件样线。

如为桃尖梁顺梁时,在由山面正心桁向内一步架处凿瓜柱眼,以安装交金瓜柱。

桃尖梁与斗栱叠交处要凿销子眼。制作完毕的桃尖梁见图 3-50(b)。

3．麻叶抱头梁

麻叶抱头梁是将梁端头雕刻成麻叶花饰的一种抱头梁,多用于垂花门木构架中的主要梁架,其做法有一端为麻叶头,另一端为榫卯头的(如图 3-18 所示);也有两端都为麻叶头的(如图 3-20 所示),还有一端为麻叶,一端为素方头的(如图 3-19 所示)。

麻叶抱头梁与其他构件的榫卯连接,应根据不同的使用位置进行放样。具体放样画线前面均已述及,可参照进行。图 3-51 为一端麻叶、一端素头的麻叶抱头梁,外端是麻叶抱头的前檐檩椀,向里一步架为前檐柱的卡腰榫,再向里一步架为天沟檩木,往后为月梁下的两根脊瓜柱榫卯眼,直至尾端为后檐檩椀。

麻叶的雕刻花饰是采用"三弯九转"法,"三弯"是指由中心向外为三个圈线,"九转"为除始终点之外十个弧线的九个转弯点,其弧线的弧度依势就势,如图 3-51 麻叶头所示。

(三) 趴梁

趴梁是指趴在其他构件上的梁,有顺趴梁和井字趴梁,而抹角梁和太平梁也是趴梁的另一种形式。

1．顺趴梁

顺趴梁是庑殿和歇山建筑所常使用的。一种顺面阔方向的辅助梁,因一端趴在山面檐檩或正心桁上而得名(图 3-52a、b)。顺趴梁另一端作榫交于正身架梁的瓜柱或托墩上(如图 3-52d、e),或直接搭置在架梁上(如图 3-52f)。(顺趴梁的实际应用请参看图 3-5 中的趴梁和图 3-6(c)中金枋带趴梁)。

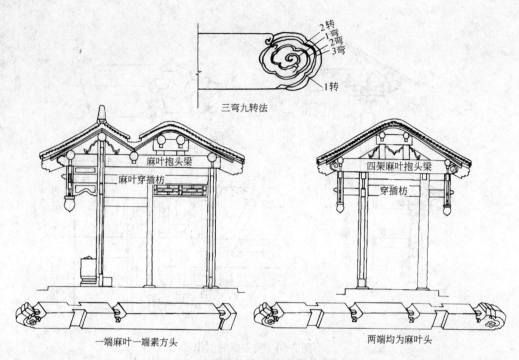

图 3-51 麻叶抱头梁

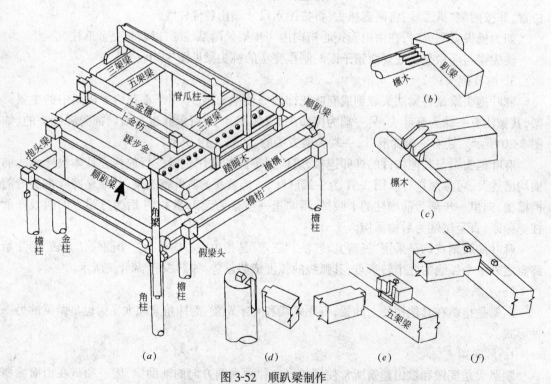

图 3-52 顺趴梁制作
(a)歇山上的顺趴梁;(b)趴梁头的制作;(c)趴梁与椽子有矛盾的做法;
(d)后尾与柱榫接;(e)后尾与托墩榫接;(f)后尾搁在梁背上

顺趴梁的趴端做阶梯榫与桁檩相交,阶梯榫的做法:在桁檩断面的四分之一截面区内,将桁檩半径在垂直和水平方向各分四等份,凿成阶梯三等份,如图3-52(b)。

趴端头上半应按椽子斜率抹成斜面,而在趴梁中线两侧的椽子安装时仍有可能与趴头有矛盾,这时可在斜头面上剔凿椽槽,如图3-52(c)趴头端所示。

另在梁背安置交金瓜柱或交金托墩的位置处挖凿卯眼,以栽置瓜柱或托墩榫卯。

2．井字趴梁

井字趴梁是由长短趴梁组成的井字形梁,故又称长短趴梁,它是亭子木构架中所常使用的构件(图3-53a)。

井字趴梁的长趴梁搭置在檐檩上,短趴梁搭置在长趴梁上形成井字形,长趴梁高为1.2~1.5檐柱径,厚为1~1.2檐柱径;短趴梁的高厚按长趴梁的0.8倍计算。

长趴梁的放线如图3-53(b)所示,短趴梁与长趴梁的交接可用阶梯榫,也可用大头榫,如图3-53(c)所示。

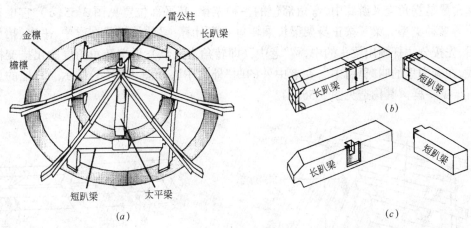

图3-53 井字趴梁
(a)用于圆亭上的井字趴梁;(b)井字趴梁的画线;(c)井字趴梁的制作

3．抹角梁

抹角梁是跨置在拐角处的梁,多用于亭子建筑的木构架中,因该梁一般是趴搭在交金檐檩上,故其梁头榫卯做法同长趴梁相同(实际应用参看图3-9所示)。

4．太平梁

太平梁是庑殿推山和攒尖顶等木构架中,专用于支承雷公柱,以保证其安稳的横梁,它的两端也是趴搭在檩木上,其榫卯做法同趴梁一样,所不同者,只是在栽立雷公柱处挖凿榫卯眼,如图3-45所示。

(四) 踩步金

踩步金是歇山建筑的特有构件,它的正身似梁,两端似檩,故将它放在梁类一起叙述。而宋代称为"闶头栿",相似于"踩步檩"。如图3-52(a)所示。

在踩步金的梁背上承托着正身架梁(一般为五架梁或三架梁),两端作成檩木头与金檩搭交成为搭交金檩。踩步金的长度按相应正身架梁长度,梁身断面尺寸同相应架梁断面,梁头规格同金檩规格。

踩步金梁身外侧面,应根据山面檩椽位置及椽子举架画出椽椀中线和分位线,然后画椭圆形椽窝(椭圆宽按椽径,椭圆高按1.12椽径)。踩步金端头以梁底为准,按檩径画四方线,再过渡到梁身端线(从搭交金檩中线向里 0.8 檩径),即可得出扒腮尺寸。再在四方檩径线的基础上,按放八卦线方法得出檩径圆。详见图 3-54(a)所示。

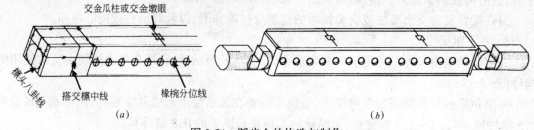

图 3-54 踩步金的构造与制作
(a)踩步金的画线;(b)踩步金的制作

(五) 递角梁

递角梁是拐角交叉游廊中,弯角部位的一种架梁,其平面位置见图 3-55(a),它也有三～七架梁等多种类型。梁长按正身架梁长乘转角斜率计算,梁的放样是在梁中、平水、抬头等线画好后,先按分丈杆画出梁头的中,称"老中"(即转角交叉点),再按转角角度画出搭交檩的两个中线,在老中里的叫"里由中",在老中外的叫"外由中",如图 3-55(b)所示。其他的放样画线同五架梁一样。其构造见图 3-55(c)。

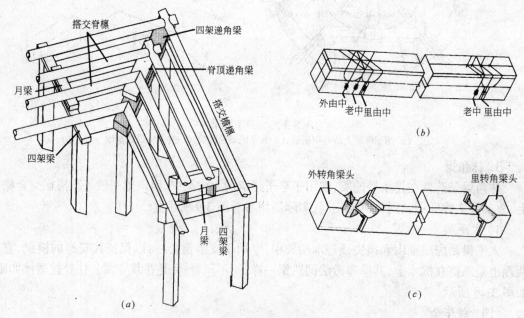

图 3-55 递角梁的制作
(a)递角梁的位置;(b)递角梁的画线;(c)递角梁的形式

(六) 承重

承重是承重梁的简称,一般用于楼阁建筑中承托楞木地板的主梁。承重梁交于前后檐的通柱上,梁身高通常按通柱径加 2 寸,厚等于通柱径。

与承重梁有关的构件有:在面阔方向有间枋和楞木,用阶梯榫与其相交,若做挑出平台时,承重梁要穿过通柱向外挑出,穿挑部分做成扒腮长榫,待安装好后再将腮帮复原钉上。外挑梁头有沿边木与其榫接,在沿边木上钉挂檐板,如图3-56所示。

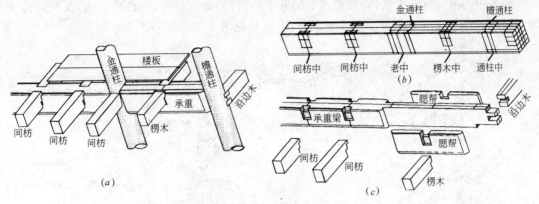

图 3-56 承重梁的制作
(a)承重梁的位置;(b)承重梁的画线;(c)承重梁的构造

四、枋类构件的制作放样

枋木是联系柱与柱、梁与梁,以加强其稳定的横木构件,常用的有:檐(额)枋、金(脊)枋、箍头枋、承椽(围脊)枋、间枋、棋枋(关门枋)、平板枋、花台枋、穿插枋等。

(一) 檐(额)枋

檐(额)枋是在面阔方向连接檐柱的横向构件,当用于带斗栱大式建筑时,一般称为"额枋",用于无斗栱建筑时,多称为"檐枋"。为配合斗栱建筑的装饰效果,额枋常分为上下两层(中间隔以额垫板),命名为大、小额枋。

檐(额)枋以燕尾榫与柱交接,榫肩线应按柱子半径画弧使肩线成弧形(工人师傅称为"退活")。燕尾榫的长、宽,均为柱径的1/4,作成头大尾小、上大底小大头榫,其大小收分均按1/10收溜。具体如图3-57所示。

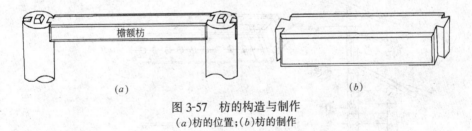

图 3-57 枋的构造与制作
(a)枋的位置;(b)枋的制作

(二) 金(脊)枋

金枋是在面阔方向连接金柱或金瓜柱(或托墩)的横向构件,而脊枋是连接脊瓜柱的横木构件。宋称为"襻间枋"。

金(脊)枋的做法与檐(额)枋相同,只是肩膀线应根据柱子断面进行画线。

(三) 箍头枋

箍头枋是用于转角处的檐(额)枋,有一端为箍头,另一端为榫头的;也有两端都为箍头的。根据连接方式有单面箍头枋和搭交(双重)箍头枋。一端、单面箍头枋多用于悬山建筑的梢间;一端、搭交箍头枋常用于庑殿、歇山建筑的转角;而两端、搭交箍头枋多用于角亭建筑。

箍头枋的榫卯如图3-28所示。榫厚按柱径的1/4~3/10,箍头的高厚均按枋身8/10(两边各扒腮 1/10)。

箍头枋的箍头有霸王拳(即相似捏拳的五个凸指)形和三岔头(即凸出三边,又叫蚂蚱头)形,其画法如图 3-58(a)所示。箍头枋的连接、制作见图 3-58(a)、(b)、(c)。

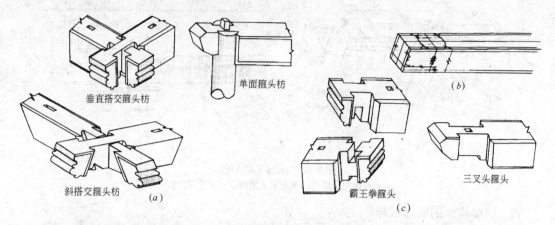

图 3-58 箍头枋的构造与制作
(a)箍头枋的连接方式;(b)箍头枋的画线;(c)箍头枋的制作

(四) 承椽枋及围脊枋

承椽枋是重檐建筑上下层分隔处,用来承接下层屋檐椽尾的枋木。承椽枋两端仍用燕尾榫与重檐金柱或上层檐童柱连接。

承椽枋的放样画线也与檐额枋相同,只是在外侧面要画出椽窝线,椽窝的上皮线从承椽枋上皮向下 1~1.2 椽径定之,椽窝眼宽为椽径,窝眼高为 1.12 椽径做成椭圆形,椽窝深为半椽径,如图 3-59 所示。

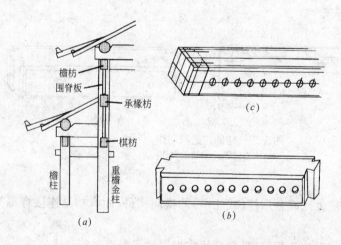

图 3-59 承椽枋的构造与制作
(a)承椽枋的位置;(b)枋的画线;(c)枋的制作

围脊枋是在承椽枋之上,遮挡围脊瓦件的护木。一般大式斗栱重檐建筑,在承椽枋之上安有围脊板,在围脊板上为围脊枋,如图 3-44 所示。无斗栱重檐建筑有时省去围脊枋只用围脊板,如图3-59(a)所示,也有不用围脊板只用围脊枋的,如图3-41(a)所示。围脊枋不做椽窝,其他做法与承椽枋相同。

(五) 间枋

间枋是楼阁建筑中与承重配套,在面阔方向连接柱子的枋木。它一方面是作为连接柱子的稳定构件,另一方面也作为承接楼地板的楞木作用,如图3-56(a)所示。

间枋高同檐柱径,厚为檐柱径的4/5。两端做半榫与柱子连接。

(六) 棋枋和关门枋

棋枋和关门枋都是室内装修工作中,为安装门框做固定根基而提供的枋木。棋枋是安装在金柱间,与檐枋标高相等或稍高之处作大门门框的根基横木,如图3-41(a)所示。而关门枋是安装在中柱间,用作室内分隔门框的根基横木,如图3-43(a)所示。都可做半榫与柱子连接。

(七) 平板枋和花台枋

平板枋和花台枋都是承托斗栱底座的枋木。《营造法式》称"普拍枋",《营造法原》称"斗盘枋"。

平板枋是置于檐额枋之上,承托檐口斗栱的平板枋木,因它高(一般为2斗口)小于宽(一般为3斗口),相似于板而得名。

平板枋的上面按斗栱攒当尺寸画线做销子眼,以安装插销与坐斗连接;平板枋的底面也用暗销与额枋连接,但间距每间二至三个即可,如图3-31(b)所示。在转角处做成上下十字刻口榫卯成为搭交连接,如图3-30(a)所示,但山面一根做成盖口,檐面一根做成等口,如图3-60(a)、(b)所示。

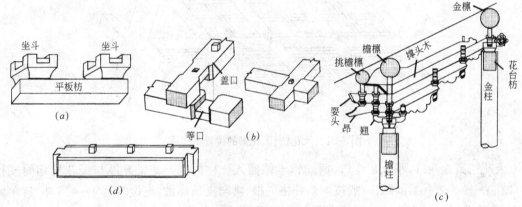

图3-60 平板枋和花台枋
(a)平板枋与斗栱的关系;(b)搭交平板枋;(c)花台枋的位置;(d)花台枋的制作

花台枋是配合一种特殊斗栱即落金造溜金斗栱而设立的一种枋木。花台枋位于金柱或下金瓜柱之间,用来承托溜金斗栱秤杆后尾的花台斗栱。在花台斗栱之上为下金桁,如图3-60(c)所示。花台枋的做法与檐额枋相同,只是在上面须按斗栱攒当尺寸凿销子眼。

(八) 穿插枋

穿插枋在有檐廊建筑中是连接檐柱和金柱,在垂花门建筑中是连接前后檐柱,以加强木构架进深方向稳定性的枋木。根据使用要求不同分为素头穿插枋和麻叶穿插枋。

1. 素头穿插枋

素头穿插枋是指枋的两端头不做雕刻花饰,一般简称为穿插枋,如图3-61所示。它多用于连接有檐柱和金柱的建筑中，与抱头梁或桃尖梁配套使用，以加强梁的安全稳定性，所以常布置在抱头梁或桃尖梁之下，如图3-50(a)所示。

2. 麻叶穿插枋

麻叶穿插枋是指枋的一端或两端作成麻叶雕刻花饰，常用于垂花门建筑中，如图3-19、图3-20、图3-21所示。

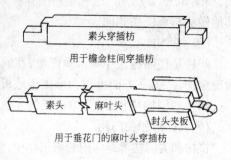

图3-61 穿插枋

以上两种穿插枋的高厚：小式建筑穿插枋的高同檐柱径，厚为0.8柱径；大式建筑穿插枋的高按4斗口，厚按3.2斗口取定。穿插枋两端做透榫穿过柱径，榫厚按1/4檐柱径，素方头半榫直接穿过柱径，麻叶半榫要做成扒腮式，待穿过柱径后再将腮帮复原，如图3-61所示。

（九）天花枋

天花枋是与天花梁配套使用，作为支承井口天花（即相似于现代格栅顶棚吊顶）次梁的枋木，宋称为"平綦方"。天花梁是进深方向的构件，天花枋是面阔方向的构件，它们交叉连接在金柱之间的上端，承接井口天花的荷重。井口天花由帽儿梁（相似于龙骨，搁置在天花梁上）、支条（相似于格栅）、贴梁（相似于边格栅，贴附在梁枋侧面）等组成，如图3-62所示，一般用来作为大式建筑的装饰顶棚。

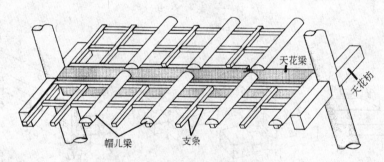

图3-62 天花枋、天花梁的位置与构造

天花枋高6斗口，厚4.8斗口，两端作半榫插入金柱内。天花梁高厚与天花枋相同或稍大，做法一样。帽儿梁间距，一般按两个井格一根，常与支条连做，连做时高4～4.5斗口（单做时2～2.5斗口），厚4斗口。支条高厚2斗口，作成十字井格。

五、桁檩构件的制作放样

桁与檩是同一种构件，一般在大式斗栱建筑中多称为"桁"，在小式建筑中常称为"檩"，宋称为"槫"，它是承接屋面基层荷载并传递给梁柱的木构件。

桁檩依其位置不同署以不同名称，如：檐金桁檩、搭交桁檩、梢檩、弧形檩、脊檩等。

（一）檐金桁檩

1. 檐桁檩

檐桁檩分正心桁檩和挑檐桁檩。处在檐柱中轴线上的叫"正心桁檩"，处在斗栱建筑桃尖梁头上的叫"挑檐桁檩"。

正心桁檩径：斗栱建筑为4～4.5斗口，无斗栱建筑为1～0.9檐柱径；挑檐桁檩径为3斗口。

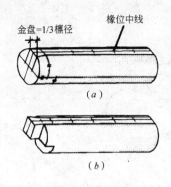

图 3-63 桁檩制作
(a)脊桁檩画线；(b)脊桁檩的制作

檐桁檩的接头采用燕尾榫卯，一端为燕尾榫头，另一端为燕尾卯口。

一般在桁檩的上背面和下底面应做成"金盘"平面，以能够平稳叠放其他构件(如垫板、檩枋、扶脊木、拽枋等)，在桁檩背上的叫"上金盘"，在桁檩底面的叫"下金盘"。金盘宽为1/3桁檩径，以檩径中线各一半画线。如果桁檩上或下无其他构件相叠，则可不做金盘面，如是金檩，只需作下金盘。若是脊檩，则必须同时做出上下金盘。

桁檩的画线与制作如图3-63所示，在画好金盘线后，应将椽子的中线位置点上。

2. 金桁檩

金桁檩是指除檐桁檩和脊桁檩之外的桁檩，根据其位置分为上金桁檩、中金桁檩、下金桁檩。排在脊桁檩之下的一根叫"上金桁檩"，排在檐桁檩之上的一根叫"下金桁檩"，其他在上下金桁檩之间的都叫"中金桁檩"。

金桁檩的直径和做法与檐桁檩相同，只是位置不同而已。

(二) 搭交桁檩

搭交桁檩是指处在转角处由两个方向的桁檩相互搭交而成的桁檩，根据所搭交的角度不同分为正搭交桁檩和斜搭交桁檩。

1. 正搭交桁檩

正搭交桁檩是指成90°直角搭交的桁檩，一般出现在庑殿、歇山和正四角亭等建筑的转角处，由两个方向的桁檩作上下十字卡腰榫相交。

搭交桁檩的搭交余头，一般为由桁檩中线向外1.5桁檩径左右。

十字卡腰榫卯的放线，以桁檩中线为准，在桁檩直径方向分四等份，在卡口宽方向量出桁檩直径四等份即为卡腰榫卯的裁凿线，如图3-64所示。卡腰榫卯深各为一半。按规定要"山面压檐面"，即山面做成盖口，檐面做成等口。

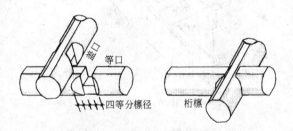

图 3-64 正搭交桁檩的制作

2. 斜搭交桁檩

斜搭交桁檩是指按120°或135°等钝角搭交的桁檩，一般出现在多角亭或转弯游廊等建筑的转角处。

斜搭交桁檩的放线和做法同正搭交桁檩一样，只是在画搭交余头截线和桁檩背上檩中线时，应按斜交的角度进行画线，四等份也按斜线平行画制，如图3-65所示。

(三) 梢檩

梢檩是指悬山建筑两端的梢间，悬挑出山面的檩木(包括檐檩、金檩和脊檩)，悬挑长度按四缘档，如图3-4所示。在梢檩与排山梁架搭置的地方，应以排山梁中线为准剔凿鼻子，而梢檩也应剔凿相应的鼻子卯口，鼻子及其卯口的宽深均按1/5檩径。梢檩之下为燕尾枋，枋厚按垫板厚；枋高，后根按垫板高，长要与箍头长相适应，作燕尾榫插入排山梁架，前尾高按1/2垫

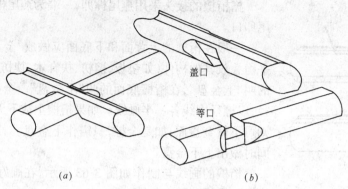

图 3-65 斜搭交桁檩制作
(a)斜交组合；(b)桁檩形式

板高,如图 3-66 所示。

（四）弧形檩(枋)

弧形檩(枋)是指在呈圆形或扇形建筑中所用的檩(枋)木,它的做法与檐金檩(枋)相同,只是应按圆弧半径做出样板进行放样画线,所作样板包括弧形檐檩、弧形金檩、弧形檐枋、弧形金枋、弧形檐垫板、弧形金垫板等,如图 3-67 所示。

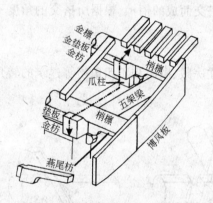

图 3-66 梢檩的构造

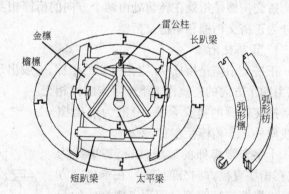

图 3-67 弧形檩(枋)的制作

（五）脊桁檩及其扶脊木

脊桁檩的做法与檐桁檩相同,只是要同时做上、下金盘。在上金盘面上,要根据瓦作中脊筒子的安排凿出脊桩眼窝,在下金盘面上要剔凿脊垫板槽口,如图 3-68 所示。

扶脊木是栽置脊桩,固定脊筒子根桩的基础木,它直接叠置在脊桁檩木上,由脊桩穿透扶脊木与檩檩连接。扶脊木的长、径尺寸与檩檩相同,但一般做成六边形,其中上边宽按 1 椽径,底边宽同金盘宽；两侧尺寸应分别由上边线以 45°角、下金盘线以 60°角画线,即可得出两侧边宽,如图 3-68 所示。

扶脊木的两下侧面,应根据椽椀中线排列的尺寸画出椀窝线(图 3-68)。扶脊木两端的接头制作同檐桁檩,如图

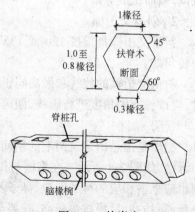

图 3-68 扶脊木

3-68所示。

六、正身屋面木基层及其他构件

（一）正身屋面木基层

正身屋面木基层是指除转角部位之外的屋面木基层，它包括正身椽子、小连檐、望板、飞椽、大连檐、瓦口木、闸挡板等，如图3-69所示。

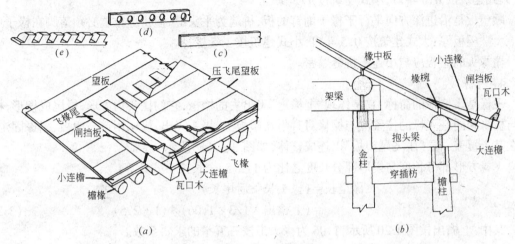

图3-69 屋面木基层
(a)屋面基层构造；(b)椽椀、椽中板的位置；(c)椽中板；(d)椽椀；(e)里口木

1. 正身椽子

正身椽子是指除翼角椽子之外的椽子，大式建筑多用圆形断面，椽径按1.5斗口；小式建筑常为方形断面，椽径按1/3檐柱径。正身椽子沿坡屋面的位置不同有不同的名称：在檐步架内的称为"檐椽"，在脊步架内的称为"脑椽"，其他都称为"花架椽"，均可按步架尺寸分段制作。

正身椽子的长度：脑椽、花架椽可按其步架求斜定之（即椽长＝步架×加斜系数）；檐椽按檐步架加上檐出求斜[即椽长＝(步架＋上檐出)×加斜系数]。

上檐出尺寸按图1-20所示，求斜系数如表3-1所示。

加 斜 系 数　　　　　　　　　　　　表3-1

五 举	六 举	六五举	七 举	七五举	八 举	八五举	九 举	九五举
1.12	1.17	1.19	1.22	1.25	1.28	1.31	1.35	1.38

椽子与椽子之间的空档称为"椽当"，椽当的大小一般按1椽径或1.5椽径确定，因此，每间屋顶的椽子根数为：

$$每间椽子根数 = \frac{面阔}{k \times 椽径}(取偶数) \tag{3-1}$$

其中：k为椽子布置系数，当椽当采用1椽径时，$k=2$；当椽当采用1.5椽径时，$k=2.5$。

2. 小连檐

小连檐是用来连接、固定檐椽椽头位置的木条，断面呈扁方形，用钉钉在檐椽上，小连檐外皮距椽头外皮0.2~0.25椽径。小连檐宽：大式建筑为1斗口，小式建筑为1檐径；厚：大式建筑为1.5望板厚，小式建筑为1.25~1.5望板厚。小连檐与望板的接头面，应注意其缝口要相互一致。

3. 望板

望板是铺在椽子上的木板,它起承担屋面瓦作并装饰屋底面的作用。望板铺法有横铺(简称横望板)和顺铺(简称顺望板)两种。

横望板是沿面阔方向垂直于椽子铺钉的板,拼缝接头面作成斜面,称为"柳叶缝"。横望板厚:大式建筑按 0.3 斗口,小式建筑按 1/3 椽径。

顺望板是沿进深方向平行于椽子铺钉的板,拼缝为平头缝,但拼缝位置必须落脚在椽子中线上。顺望板厚:大式建筑按 0.5 斗口,小式建筑按 1/5 椽径。

檐椽头的望板应与小连檐拼缝紧密。

4. 飞椽

飞椽是飞檐椽的简称,它是体现"上檐出"飞出去的檐椽,它的椽头为方形,椽尾成楔形,椽径与檐椽相同。飞椽的位置应与檐椽对直附在望板上,椽头飞出,椽尾用钉与望板、檐椽固定,并在其上覆盖一层"压飞尾望板"以连成整体,如图 3-69(a)所示。

飞椽方形部分长度与楔形部分长度之比为 1:2.5,全长按下式计算:

$$飞椽全长 = (椽头长 + 后尾长)$$
$$= (上檐出 \times 1/3 \times 1.06) \times (1 + 2.5) \qquad (3-2)$$

其中:上檐出按图 1-20 所示,1.06 为椽头出按三五举的求斜系数。

5. 大连檐

大连檐是用来连接、固定飞椽椽头的木条,其断面呈直角梯形,大连檐高:大式建筑为 1.5 斗口,小式建筑为 1 椽径;平均宽:大式建筑为 1.8 斗口,小式建筑为 1.1~1.2 椽径。

6. 瓦口木

瓦口木是钉附在大连檐上用来承托檐口底瓦和盖瓦的一种波浪形木条。其波浪形做法有两种:一种是为筒瓦屋面的瓦口,它的波浪只要求波谷按底瓦弧面进行制作即可;另一种是为板瓦屋面的瓦口,它要求按板瓦弧面制作出波谷、波峰。瓦口高可按 1/2 椽径,厚按高的 1/2 进行控制。

瓦口的谷峰档位,应根据瓦作工程所确定的用瓦规格和分档号垄结果进行制定。安装时,瓦口木应钉在大连檐外棱退进 3 分之处,瓦口木底面应刨成与大连檐相吻合的接触面。

7. 闸挡板

闸挡板是用来封堵飞椽之间空当的方形插板,每当用一块板,与小连檐配套使用。当采用里口木时,就不用小连檐和闸挡板。

8. 椽椀、里口木、椽中板

椽椀、里口木、椽中板是屋面基层中根据设计需要与否,另外附加的几种构件。

(1) 椽椀

椽椀是封堵圆形檐椽之间空当的挡板,它是用高 1.5 椽径,厚同望板,按椽子排列间距挖凿成若干椀口的板条,如图 3-69(d)所示,它垂直钉在檐椽上,檐椽穿插在椀洞中。

(2) 里口木

里口木是将小连檐和闸挡板连成一体的一种构件,它可代替小连檐和闸挡板的作用,如图 3-69(e)所示。由于它加工麻烦、浪费材料,除有特殊要求的建筑物外,一般不大采用。

(3) 椽中板

椽中板是安装在金檩上,与椽椀作用相同的一种木板,它夹在檐椽和花架椽之间,起装饰作用。

整个屋面基层的构造如图3-69所示。

(二) 罗锅椽

罗锅椽是用于卷棚屋顶的一种弧形椽子,它安装在双脊檩背上的脊枋条上。它的断面尺寸同方形断面椽子一样。

罗锅椽的放样,应按图纸画出实样,如图3-70所示。

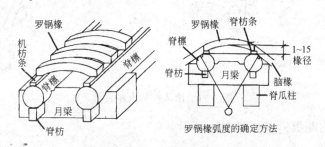

图3-70 罗锅椽的制作

画法1:按实样画出双脊檩及脊枋条线(脊枋条宽0.3椽径,厚为1/3宽),得出罗锅椽两边的底点。再以脊枋条线为准,从两脊檩中线向上量1~1.5椽径即得罗锅顶弧底中点,用弧线连接这三点即为罗锅椽下皮线,在此线上量其厚度即为上皮线。

画法2:在双脊檩实样线的基础上,按举架画出前后脑椽与脊檩的交点,以这二交点分别作脑椽下皮线的垂直线相交于O点,以O为圆心,交点为半径画弧,即可得出罗锅椽下皮线,再量其厚度即可。

(三) 博风板和山花板

博风板又称博缝板,是悬山或歇山建筑山面的封山装饰板。一般按步架分段制作,板宽大式按8斗口、小式按6~7椽径;厚大式约为1.2斗口、小式为0.8~1椽径。分段长度可按椽子长度加榫,其计算式为:

$$博风板分段长 = 步架 \times 加斜系数 + 板宽 \times 举架系数 + 榫长 \tag{3-3}$$

其中:加斜系数见表3-1;

举架系数:五举为0.5,六五举为0.65,七举为0.7等。

榫长为0.5板厚,做公母榫拼缝。

博风板头一般做成霸王拳,霸王拳的画法有两种。

画法一:以0.5板宽在板头画一直角三角形,将斜边七等分,将博风板上皮线也量一等份得点,与第一等份点连接得一小斜线,这是霸王拳的上角截线。然后以每等份中为圆心,半份为半径画弧,中间一大弧以两等份合并画之,如图3-71所示。

画法二:在直角三角形斜边七等分的基础上,将中间大弧的中点向外增出一份得点,将此点与上角截线点、三角形底角点连成斜线,在二斜线上按上法画弧即可,如图3-71。

山花板是歇山山尖部位的封面板,它紧贴在单架柱、横穿和踏脚木的外侧面。厚为1斗口或0.8椽径,高按踏脚木底至望板的三角形面积配置,遇有檩头伸出的,按檩径作檩椀。板缝

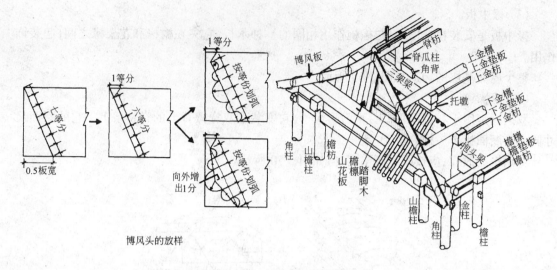

图 3-71 博风板和山花板

采取凸凹缝拼缝。山花板位置如图 3-71 所示。

(四) 雀替和替木

雀替和替木都是安装在柱与梁枋交接处的辅助构件,它们一方面是作为梁枋头的承托木,以加强梁枋榫头的抗剪强度;另一方面也是横直交叉角处的装饰物。

1. 雀替

雀替有称角替,多用于大式建筑上,大都雕刻有各种蕃草花纹,有似雀鸟的鸟翼而得名。在面阔方向多安装在额枋与柱的接头处,在进深方向常安装在双步梁或其他梁与柱的接头处(图 3-72a)。

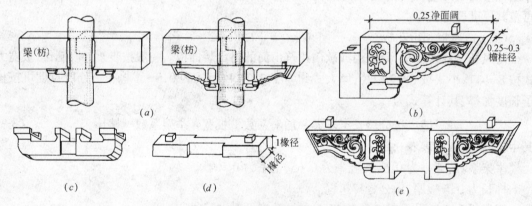

图 3-72 雀替与替木
(a)雀替与替木的位置;(b)单翅形雀替;(c)拱形替木;(d)普通替木;(e)二连雀替

雀替有两种做法:一种是像展开的双翼一样,作成二连雀替,中间作卡腰榫,插入柱内的额枋之下,额枋与雀替用插销榫连接,如图 3-72(b)所示。

另一种是作成单翅形,做半插榫插入柱内,雀替上面也做插销榫,如图 3-72(c)所示。在角柱附近,由于角柱与檐柱间距缩小,两个雀替有可能相连,形成一个呈骑马状的雀替,称"骑马雀替"。

雀替长一般按净面阔的 1/4,厚约为檐柱径的 3/10,高可同额枋高。

2. 替木

替木可以认为是代替二连雀替的简易形雀替，实际上它是由栱件中的令栱或厢栱演变而来，它一般用于小式建筑上的中(山)柱与(单)双步梁的连接处。

替木的中部也是卡腰榫，两端为插销榫。替木长按 3 柱径，高、厚按 1 椽径。如图 3-72 (d)所示。

七、翼角构件的制作放样

翼角构件是园林建筑转角处的构件，由于翼角檐的起翘和冲出，使得这部分的构件具有不同的特殊性。

翼角构件包括：角梁、翼角椽、翘飞椽、大小连檐、衬头木等，如图 3-73 所示。

（一）角梁

角梁是庑殿、歇山、多角攒尖顶等屋面转角处的坡面斜梁，由上下两根梁叠合而成，下面的称为"老角梁"，上面的叫"仔角梁"。角梁的形状如图 3-73 所示。宋称为"大、小角梁"。《营造法原》称为"老、嫩戗"。

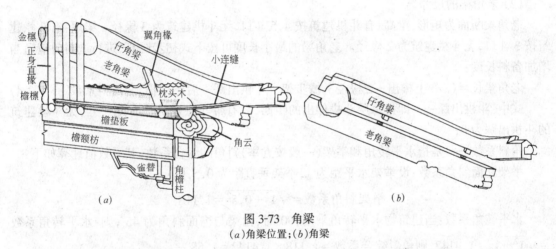

图 3-73 角梁
(a)角梁位置；(b)角梁

屋面转角有 90°(角梁位于 45°，如庑殿、歇山、四角亭等)、120°(角梁位于 60°，如六角亭、转角游廊的凸角等)、135°(角梁位于 67.5°，如八角亭、转角游廊凸角等)几种。

1. 老角梁

老角梁是屋面转角处的主要承重构件，它支承仔角梁以上的屋面荷载并传递给角柱，是形成屋面翘飞的构造基础。

(1) 老角梁的支承点

老角梁下面是搁置在前后两道支点上，前道支点为：在无斗栱建筑上是转角处的搭交檐桁的搭交点上，在有斗栱建筑上是转角处的搭交挑檐桁和紧后的搭交正心桁的两个搭交点上。

后道支点要根据不同的建筑设计有三种支承法：

1) 对一般的大多数建筑，老角梁后尾做成桁椀扣，扣置在转角处的搭交金桁上，如图 3-10、图 3-74(a)所示，称为"扣金做法"。

2) 在重檐建筑或多层檐建筑上，老角梁的后尾做成半插榫，插入转角金柱上，如图 3-74(b)所示，称为"插金做法"。

3) 在游廊转角处和南方某些具有民族特色的建筑上，是直接压在金檩上，如图 3-74(c)所示,称为"压金做法"。

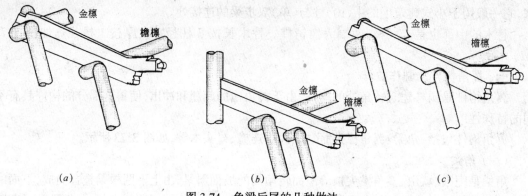

图 3-74 角梁后尾的几种做法
(a)扣金做法;(b)插金做法;(c)压金做法

(2) 老角梁的尺寸

老角梁断面为矩形,梁高:有斗栱建筑按 4.5 斗口,无斗栱建筑为 3 椽径。梁厚:有斗栱建筑按 3 斗口,无斗栱建筑为 2 椽径。老角梁的最小长度可按下式初步匡算,进行选料时应适当增加备料长度:

老角梁长 = (2/3 上檐出 + 2 椽径 + 檐步架 + 斗栱出踩 + 后尾榫长)×角斜系数　　(3-4)

式中:斗栱出踩——即指每层斗栱伸出的距离,只有带斗栱建筑才有此尺寸,无斗栱建筑的斗栱出踩为 0;

角斜系数——是指水平转角和举架(一般按五举)斜角的综合系数,其系数值计算如下:

举架立面斜角系数:设举架水平距为 1,举架垂直距为 0.5,则:

$$举架斜角系数 = \sqrt{1^2 + 0.5^2} = 1.118$$

水平转角系数:当建筑物水平转角采用:90°时,角梁与檐面斜角为 45°,则:水平转角系数 $= \sqrt{1^2 + 1^2} = 1.4142$,则角斜综合系数 $= 1.118 \times 1.4142 = 1.58$

当建筑物水平转角采用:120°时,角梁与檐面斜角为 60°,则:

水平转角系数 $= \sqrt{1^2 + 0.57735^2} = 1.1547$,则角斜综合系数 $= 1.118 \times 1.1547 = 1.29$

当建筑物水平转角采用:135°时,角梁与檐面斜角为 67.5°,则:

水平转角系数 $= \sqrt{1^2 + 0.4142^2} = 1.0824$,则角斜综合系数 $= 1.118 \times 1.0824 = 1.21$

后尾长——按不同的交接方式确定,扣金法按 1.5 桁径;插金法按插榫长;压金法按半檩径。在实际放样时,老角梁应根据伸出和起翘尺寸,采用作图法画出实样进行确定。

2. 仔角梁

仔角梁是叠合在老角梁上面,增加转角部位冲出和起翘尺度的构件。它的作用是使屋顶造型更加优美生动。

由于仔角梁是叠合在老角梁之上,所以它的尾部随同老角梁一样处理,只是梁头要较老角梁伸出一个距离并上翘一个距离,伸出距离为:1/3 上檐出 + 1 椽径;上翘距离是从正身飞椽的椽头上皮高出 4 椽径的高差,如图 3-74(c)所示。

扣金和插金法仔角梁的断面尺寸与老角梁相同,而长度可按下式匡算进行选料:

$$\text{仔角梁长} = \text{老角梁长} + \text{老、仔梁头水平差距离}$$
$$= \text{老角梁长} + (1/3\text{上檐出} + 1\text{椽径}) \times \text{角斜综合系数} \quad (3\text{-}5)$$

按上式计算的长度只能供选料时的参考值,实际尺寸应根据伸出和起翘点,采用作图法画出实样进行确定。角梁的平立面尺寸关系见图3-75。

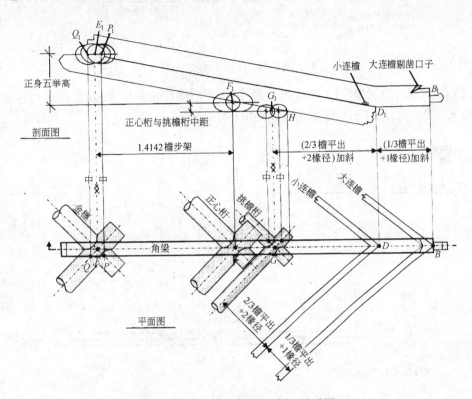

图 3-75　大式建筑角梁平、剖面关系图

(二) 扣金做法的角梁放样

角梁的放样,一般是按设计尺寸,在一块平正光滑的木板上面出放实样,具体步骤如下:

1. 先画出角梁上的几个关节点

这几个关节点为:搭交下金桁檩的中点 E、搭交正心桁檩的中点 F、搭交挑檐桁檩的中点 G、老角梁头的端点 D、仔角梁头的端点 B。

先在放样用的平板下方画一条直线 a,在 a 线的一端取一点 E 作为搭交下金桁檩的中点,然后按以下尺寸分别在 a 线上画出各点:

$E \sim F = \text{檐步架}(\text{下金桁檩至正心桁檩的水平距离}) \times 1.4142(\text{此为 45° 角斜率})$

$F \sim G = \text{斗栱出踩尺寸} \times 1.4142$

$G \sim D = (2/3 \text{上檐出} + 2 \text{椽径}) \times 1.4142$

$D \sim B = (1/3 \text{上檐出} + 1 \text{椽径}) \times 1.4142$

如图 3-76 所示。

2. 画出桁檩的位置线

(1) 在上图上,过 E、F、G 点,按 45°角画出各搭交檩的交叉中轴线,并依各檩径尺寸(挑檐桁 3 斗口,正心桁、金桁 4.5 斗口)画出各桁檩的直径线。

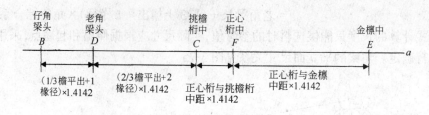

图 3-76　角梁上的关节点

（2）依 a 线按角梁厚度（3 斗口或 2 椽径）画平行线得出角梁平面线，这样与搭交桁檩直径线得交点 M、N；K、L；P、Q 等各点，如图 3-77 所示。

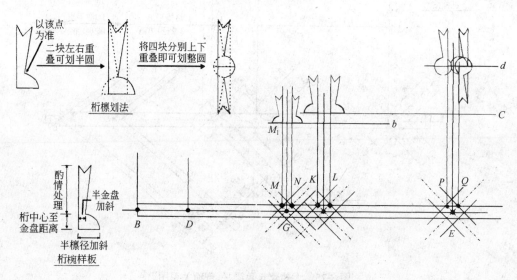

图 3-77　搭交桁檩的位置

在图 3-77 中，E、F、G 点称为各相应桁檩的"老中"（即搭交桁檩中线的交角点），M、K、P 称为各相应桁檩的"外由中"（即由老中外面引出的桁檩中），N、L、Q 称为各相应桁檩的"里由中"（即由老中里面引出的桁檩中）。

（3）分别过上述各中点作 a 线的垂直线，并在 a 线上方适当处画一平行线 b 与 $M \sim N$ 的垂直线相交得 M_1、G_1、N_1 点。再从 b 线量取正心桁与挑檐桁中线的高差，作平行线 c 与垂直线相交得 K_1、F_1、L_1 点。再从 c 线量取五举的举高（即檐步架 $\times 0.5$），作平行线 d 与垂直线相交得 P_1、E_1、Q_1 点。这些点即是各桁檩直径在角梁侧面的中心点。

（4）以事先准备好的"斜桁椀样板"之边分别对齐 b、c、d 线，以"样板"转角对准各直径中心点画出桁椀弧线，如图 3-77 上部所示，即为各搭交桁檩在角梁侧面的椀口线。

3. 画出角梁的侧面线

（1）在 b 线左端与椀口弧线有一交点 H，此点为挑檐桁径与大角梁侧面的交点。另以 E_1 点为圆心，以角梁高 4.5 斗口（或 3 椽径）为半径向下画圆弧，过 H 点与该圆弧线的切点画一直线 e，此直线即为老角梁的下皮线。

再从 E_1 点作 e 线的平行线，即为老角梁的上皮线，也是仔角梁的下皮线，再以 4.5 斗口

(或3椽径)的距离作此线的平行线,即得仔角梁的上皮线。

(2) 过 D 点作垂直线与老角梁上皮线相交得 D_1 点,在 D_1 点向下作上皮线的垂直线,即得老角梁的端头线。

(3) 过 D_1 点作 a 或 b、c 的平行线,与 B 点的垂直线相交得仔角梁的端头线 D'。在端头线量 4.5 斗口作水平线与斜线相交,即可得出仔角梁的冲出,如图 3-78 所示。

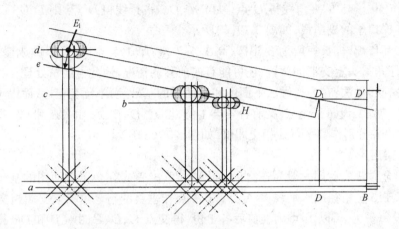

图 3-78 画角梁侧面线

4. 角梁头的放样

(1) 老角梁的头饰做法

老角梁无论是大式还是小式,它的头饰形状一般均作成霸王拳。作法如下:

如图 3-79(a)所示,设老角梁侧面端头为 AD,从 A 点下量 1 椽径或 1.5 斗口为 B 点,从 D 点量取 $1/2 BD$ 得 C 点,将 BC 斜线 6 等分分别画弧(也可按图 3-71 中博风板头画法),或者使 $DC = BD$,在 BC 线 6 等份的中间向外增出 1 份得 E 点,连接 BE、EC,在其上画弧。

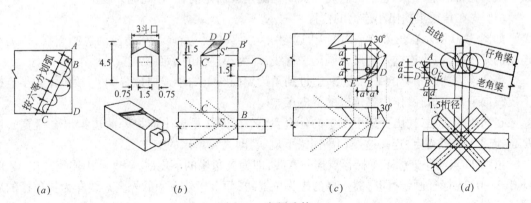

(a) (b) (c) (d)

图 3-79 角梁头饰

(a)老角梁霸王拳;(b)仔角梁头做法;(c)角梁三叉头做法;(d)老仔角梁后尾做法

(2) 仔角梁的头饰做法

仔角梁的头饰做法分大、小式。大式做法安套兽榫,小式做法为三岔头。

大式做法:在仔角梁平面图中(图 3-79b),设 A 为仔角梁端头的中线交点,过 B 点向两侧作 40°斜线,作为大连檐外口分位线,在此线基础上,以大连檐宽度尺寸分别画出平行线,得 S、

C 二点。

按平面图画出仔角梁的侧面图,将梁头高 4.5 斗口(或 3 椽径)三等份,其中大连檐口子占一份 I(1.5 斗口)作横线,再将此份 1/2 作水平线得 A'(为大连檐下皮外口两棱的交汇点)和 S 的垂直投影 S' 点(为大连檐下皮里口两棱的交汇点),过 C 点作垂直投影点 C'(为大连檐下皮里口与仔角梁侧面的交点)。

再从 C' 作 40°~45°的夹角线得 D 点,从 S' 作 DC' 平行线得 D' 点,则 $D'DSC'$,是在仔角梁上所开大连檐口子的剔凿线,如图 3-79(b)所示。

最后画出套兽榫,榫长一般为 3 斗口、高 1.5 斗口、厚 1.5 斗口,头部做成馒头状。除此外,大连檐在仔角梁头上交汇的位置,还可能有向前移的情况,遇此可酌情处理。

小式(三岔头)做法:在大式做法平面图和侧面图的基础上,不画套兽榫,而以 I 点为准,向下三等分(图 3-79c),设每份为 a,又前后各点 1 份,得 C、D、B、E,由 CB 和 DE 得交点 O,连接 IC、CO、OE 并分别作其平行线相交即可,如图 3-79(c)所示。

(3) 老角梁后尾做法

老角梁扣金做法的后尾一般为三岔头,如图 3-79(c)首先在角梁侧面图的基础上,从金桁老中的中点以 1.5 金桁径画水平线得 A 点,以 A 点作垂直线与老角梁下皮线相交得 B 点,将 AB 三等分,设每份为 a,以 B 点为准前后各 1 份,得交点 C、D、E,由 CB 和 DE 得交点 O,连接 AC、CO、OE 即得三岔头,如图 3-79(d)所示。

(4) 仔角梁后尾的做法

仔角梁扣金做法的后尾有两种情况:一种情况是当仔角梁后尾连有由戗时,仔角梁后尾做等掌半刻榫,榫刻线对齐老中和里由中,如图 3-79(d)所示;另一种情况是仔角梁后尾无由戗时,则只需按里由中线截成齐头即可。

5. 依角梁侧面图画出第一根翼角椽、翘飞椽位置线

因为在翼角部分的檐椽和飞椽,是从正身部分逐渐延伸上翘至角梁的位置,而紧靠角梁的第一根翼角椽和翘飞椽,它们的翘度和长度是随角梁而定的,故在此应先画出。

(1) 先在角梁上找出小连檐的位置

如图 3-80 所示在角梁的平面图上,过老角梁梁头中点 D,以 40°角向两边画斜线,作为小连檐的外皮线,以小连檐宽度尺寸画出平行线,即为小连檐的平面位置。

将小连檐与老角梁的平面交点,引过到角梁侧面图上的小连檐位置 W、J 处,并从小连檐下皮线向下量 1 椽径,作为翼角椽的下皮点。

在角梁的后尾,找出金桁里由中的外金盘线 R(即从里由中向里外两边量出金盘宽),由 R 向上量 1 椽径得点,连接这点和小连檐下皮线,即为翼角椽的上皮线。

再将 R 点与小连檐下 1 椽径点连一直线,即为翼角椽的下皮线,随即从小连檐外皮 W 向外 0.2~0.25 椽径画线,即得翼角椽的椽头位置线;而金桁外由中的外金盘线即为翼角椽的后尾线。如图 3-80 所示。

(2) 再在角梁上找出翘飞椽的位置

由角梁侧面图上的大连檐口子下皮线向下量 1 椽径得点 S,连接 S 与小连檐上皮端点 W,即得翘飞椽头部的下皮线 SW。

再由小连檐上皮线端点垂直向上量 1 椽径得 T 点,从 T 点画 WS 的平行线,即得翘飞椽上皮线。再将平面图上大连檐与角梁的交点,引过到侧面图上画垂线,即得翘飞椽端头线。

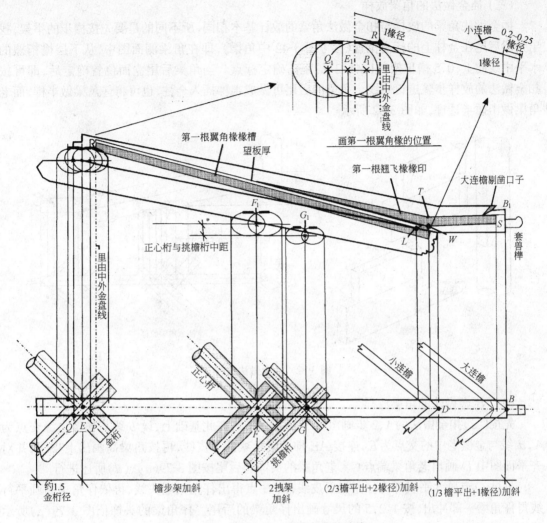

图 3-80 角梁上第一根翼角椽的放线

另在翼角椽上皮线量出望板厚画线,即为望板位置,以 SW 长为准,按飞椽的头尾比例 1:2.5 量出翘飞椽后尾与望板线的交点,连接此点与 T 的连线,即可得出第一根翘飞椽的位置。

至此。对扣金做法的角梁放样画线工作全部完成,然后将以上老、仔角梁部分的轮廓线描绘下来,制成样板以做下料画线使用。样板如图 3-81 所示。

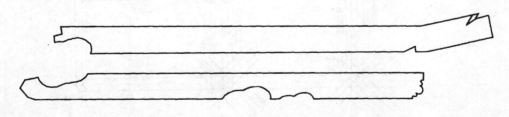

图 3-81 角梁样板

(三) 插金做法的角梁放样

插金做法角梁的放样与扣金做法角梁的放样基本相同，所不同的是要先按檐步的举架，找出角梁后尾在金柱上的标高位置（参考图3-42中角梁），即在角梁侧面图中，从下层檐桁檩的水平中线向上"0.5檐步架×1.4142"的距离确定标点。当角梁后尾立面位置确定后，即可按扣金做法的放样步骤进行画线。角梁的后尾可做成半榫插入金柱，也可将仔角梁做半榫，而老角梁做半插半透榫，如图3-82所示。

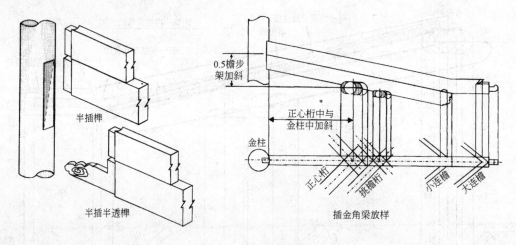

图3-82 插金做法放样

(四) 压金做法的角梁放样

先按（二）扣金做法的1、2步画出图3-76、图3-77，在此基础上，设 b 线与檐檩边缘交点为 A，d 线与金檩老中的交点为 E，连接 AE 即为老角梁的下皮线，再按角梁高画出上皮线，并对齐平面图中 D 画出老角梁端点 C。老角梁的头饰和后尾按图3-79(a)、(d)所述进行。

另过 C 点画水平线即为仔角梁下皮线，由 B 点得出仔角梁端头线，再依仔角梁高画平行线得仔角梁头部冲出，按1∶2.5的尺寸画出仔角梁的后尾。仔角梁的头饰依图3-79(c)所示画出。压金做法如图3-83所示。

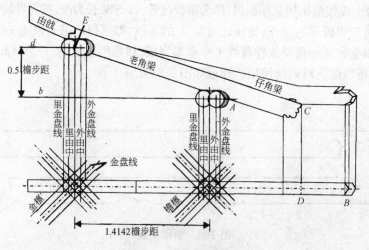

图3-83 压金做法放样

(五) 翼角椽的制作放样

1. 翼角椽的位置和根数

(1) 翼角椽的位置

在庑殿和歇山建筑中,翼角椽是檐面和山面,从正身椽至角梁45°范围内的椽子;在多角亭建筑中,翼角椽是翘角两边至正身檐椽范围内的椽子,在这段范围内的椽子,从正身椽的坡面位置,逐渐向前冲出并向上翘起,慢慢冲翘到接近角梁位置(老角梁端头较正身椽端头要冲出2椽径,仔角梁端头较正身飞椽端头要翘起4椽径),因此,翼角椽尾端相互之间的位置,就要沿角梁侧面(即平面投影的斜角线),从角梁尾端向前移动一个距离,如图3-84所示。这个移动的距离差,古人为我们提供了一个口诀,即"方八、八四、六方五"。所谓"方八",是指方角(即90°转角)建筑,移动距离差按0.8椽径;"八四"是指八方亭建筑,移动距离差按0.4椽径;"六方五"是指六方亭建筑,移动距离差按0.5椽径。

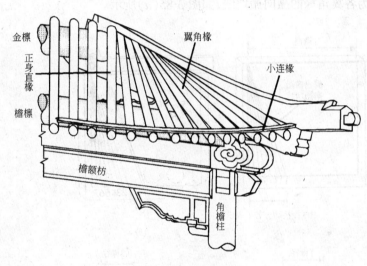

图3-84 翼角椽的位置

(2) 翼角椽的根数

在转角范围内每边的翼角椽根数,可按下式计算:

$$\frac{带斗口建筑}{翼角椽根数} = \frac{檐廊步架+斗口出踩+上檐出}{椽径+椽当} (取单正数值) \quad (3-6)$$

$$\frac{无斗口建筑}{翼角椽根数} = \frac{檐廊步架+上檐出}{椽径+椽当} (取单正数值) \quad (3-7)$$

按上式计算的值,四舍五入取整,若为双数者应加1使之成为单数。椽当一般按1~1.5椽径取定。

【例1】 设有一带斗栱建筑,檐步架为5.5尺,斗栱出踩为1.5尺,上檐出5.25尺,椽径为3.75寸,椽当取1椽径,求需翼角椽多少根?

解:依上式为:

$$翼角椽根数 = \frac{5.5+1.5+5.25}{0.375+0.375} = 12.25/0.75 = 16.333 = 16$$

因此,此建筑的翼角椽为16+1=17根。

【例2】 设某一无斗栱建筑的檐步架为3.75尺,上檐出为2.8尺,方椽断面为3寸×3寸,椽当按1椽径,求其翼角椽根数?

解:依上式为:

$$翼角椽根数 = \frac{3.75 + 2.8}{0.3 + 0.3} = 6.55/0.6 = 10.917 = 11$$

因此,该建筑的翼角椽为11根。

2. 方形翼角椽的制作放样

(1) 制备放样辅助工具

放样前应事先制作几个特制工具,即:椽头撇向搬增板,活尺,椽头和椽尾卡具等。

1) 椽头撇向搬增板:它是用来画制每根翼角椽端头菱形断面的工具。取一块光滑平整的三夹板或薄木板,将一边取直刨平作为标准边,用方尺或三角板,按正身椽断面尺寸画一方框,在方框底边取1/3长,按翼角椽根数将它均分若干等份,并标注1、2、3、……,把各等份点与顶点连线,此线即为各翼角椽的撇向搬增线,如图3-85(a)所示。

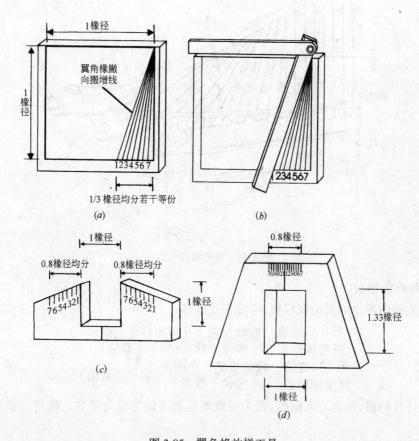

图 3-85 翼角椽放样工具
(a)翼角椽头撇向搬增板;(b)翼角椽的活尺使用;(c)方形翼角椽头卡具;(d)方形翼角椽尾卡具

2) 活尺:它是配合画撇向搬增线用的工具。取两根直尺,在一端用活动螺栓连接起来,使用时当取到某一角度即可拧紧固定,以便移到他处画出该角度线,如图3-85(b)。

3) 椽头、椽尾卡具:它们是用来弹画椽子由头部到尾部椽身变化线的工具。

椽头卡具:找一块长约5椽径,宽约2椽径,厚1.5cm的木板,底边取直刨平,上边做成削肩状,然后垂直底边画一中线,以此中线按 1 椽径尺寸锯成方口,如图 3-85(c)所示。在槽口两边各取 0.8 椽径,按椽子数均等分之,并标注 1、2、3、……即可。

椽尾卡具:另取一板,大小与上相同或稍大,先在平直底边画一垂直中线,以此为准在板中剔凿:宽×高=1×1.333 椽径的方洞,在洞口上边以中线为准,两边各取 0.4 椽径,按椽子数均等分之,并由中向两边标注 1、2、3、……,如图 3-85(d)所示。

(2) 翼角椽的粗加工

参考椽径选择翼角椽所用的板料,将两面刨光至椽径厚,根据"椽头撇向搬增板"用活尺分别将每根椽子撇向搬增线,过渡到板料的端面(最好同规格的椽子同一块板料),按端面线弹出上下面直线,如图 3-86(a)所示,然后按线将其锯解出来,即成为菱形断面的单根椽子材料,如图 3-86(b)所示。最后分别按角梁左右将其标注号位,如左 1、左 2、……,右 1、右 2、……。

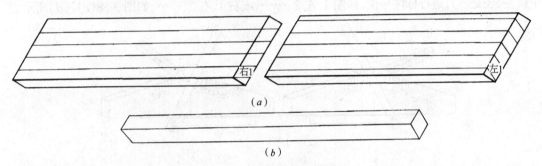

图 3-86 方形翼角椽粗加工放样
(a)按搬增板在木板上放线;(b)按线锯解成单根待用

(3) 翼角椽的尾部制作

选一工作台或长凳,将头、尾卡具按 8/10 左右椽长的距离,垂直固定在台面上。先取"左1"(靠角梁左边的一根)椽料,将其尾端插入"椽尾卡具"方洞内,以刚好搭住为度。前端放入"椽头卡具"槽口中,椽子头尾的中必须对准卡具的中,如图 3-87(a)所示。用两人拉住墨斗对准头、尾卡具左边的"0"刻度弹出左线,再对准卡具右边的"1"刻度弹出右线。然后翻转身底面朝上,重复上述弹线。完毕后再取"左2"椽料,插入洞槽内,先对准左边"1"刻度弹出左线,再对准右边"2"刻度弹出右线。弹"左3"料时,左边对准"2"刻度,右边对准"3"刻度,如图 3-87(b)所示。依次类推,角梁左边的椽料弹线完毕后,再弹角梁右边的椽料,弹线方法与左料相

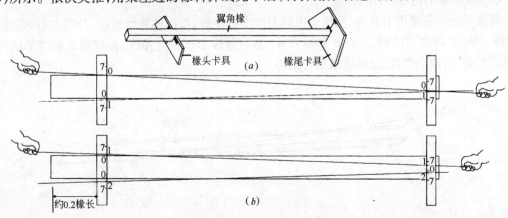

图 3-87 方形翼角椽的弹线放样

同,只是要与其对称使用右刻度。当弹线完毕,即可按线进行砍刨,以不伤线为原则。

3. 圆形翼角椽的制作放样

圆形翼角椽的制作放样,基本与方形翼角椽相同,按前述:

(1) 制备好工具。

做法同前,只是要将卡具的洞口由方形改为圆形即可。

(2) 翼角椽的粗加工。

为了确定圆形翼角椽的撇向,必须先砍刨出椽子的金盘面,金盘面的宽度为椽径的3/10。砍刨完后,在椽子端面过中心点画出金盘的垂线,将椽子搭置在卡具上,使垂线与卡具垂线重合,用活尺从"椽头撇向搬增板"上,将撇度过渡到椽子的端面上,按图3-88(a)、(b)所示方法,过椽头中心点画出撇线。然后转动椽子,使撇线与卡具中对齐,这时可按金盘所处的位置(即处在卡具中线左,还是右),进行标注号位,如左1、左2、……,或右1、右2、……,如图3-88(c)、(d)所示。

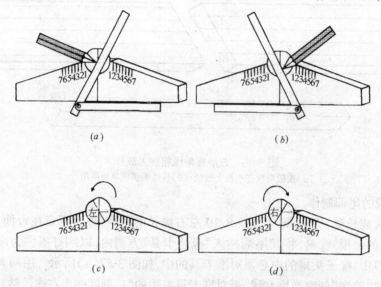

图 3-88 圆形翼角椽的初加工
(a)画左侧椽头搬增线;(b)画右侧椽头搬增线;(c)左侧翼角位置;(d)右侧翼角位置

(3) 翼角椽的尾部制作

将椽子头尾各置于卡具内,使椽子中线对准卡具中线,按前述弹线方法,分别左右,先弹第1根椽子的"0"刻度、"1"刻度,如图3-89所示,然后翻转180°重复弹线;再弹第2根椽子的"1"刻度、"2"刻度;依次类推,最后依线进行砍刨。

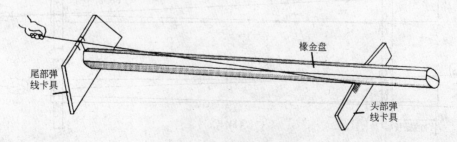

图 3-89 圆形翼角椽弹线放样

（六）翼角椽的安装定位

1. 翼角椽尾端的定位

在图 3-80 中,于角梁的侧面,我们已将第 1 根翼角椽的位置线画出,此位置线称为"翼角椽槽"如图 3-81 所示。在椽槽线的上方,从椽槽尾端开始,以"方八、八四、六方五"(即四方建筑按 0.8 椽径,八方建筑按 0.4 椽径,六方建筑按 0.5 椽径)等不同距离差的尺寸为一格,按翼角椽的根数由后向前进行画格线,有多少根就画多少格,并在分格内标注翼角椽的编号:1、2、……,如同图 3-90 椽槽上方格号所示,即为各翼角椽的椽尾位置。

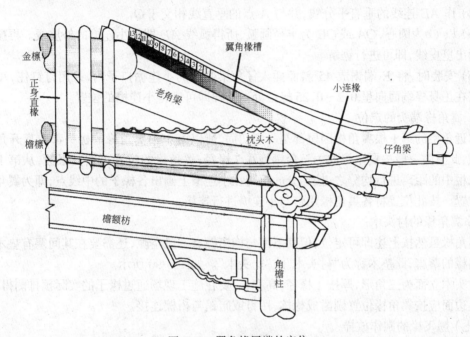

图 3-90 翼角椽尾端的定位

2. 小连檐的放样与定位

小连檐木的断面近似扁矩形(与顺望板配合),或扁直角梯形(与横望板配合),如图 3-80 中小连檐口子所示。

小连檐在正身部位是一根直条木,但在翼角部位是一个弯弧形的木条。先了解一下绘制小连檐曲线的基本原理,如图 3-91 所示:

设 $ADHG$ 和 $ADFC$ 是两个相互垂直的平面,而 $ADEB$ 是与水平面成 $\alpha°$ 夹角的平面(该夹角为 $tg\alpha$ = 起翘值/冲出值),在该平面上设 $AB = ED$ 的水平投影 AC = DF = 小连檐的冲出值,$EF = BC$ = 小连檐的起翘值,A 为始翘点,AD 为小连檐外端面固定在正身椽上的延长线,E 点为仔角梁侧面小连檐口子的外端点,那么圆弧 $\overset{\frown}{AE}$ 即为小连檐的起翘曲线。

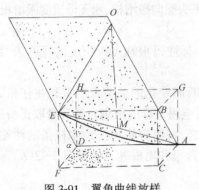

图 3-91 翼角曲线放样

小连檐曲线的具体放样如下:

(1) 备一块四边垂直的平板,板厚按小连檐厚,在一边缘上取一点作为起翘点 A。

(2) 在 A 点的水平延长线上取 AD = 小连檐翘角的水平距(参考图 3-80 中平面图,老角梁平面端点 D 与小连檐交点的水平距离为:0.5 老角梁宽/tg40° = 0.6 老角梁宽),则:小连檐翘角的水平距 = (2/3 上檐出 + 2 椽径 − 0.6 老角梁宽)×1.4142。

(3) 自 D 作 AD 的垂直线 DE,并取 $DE = \sqrt{(起翘值)^2 + (冲出值)^2}$

式中:

冲出值 = 小连檐翘角的水平距;起翘值按"冲三翘四"的比例进行计算。

(4) 作 AE 连线的垂直平分线,并与 A 点的垂直线相交于 O。

(5) 以 O 为圆心,OA 或 OE 为半径画弧,所得弧线 AE 即为小连檐的外皮线。再按小连檐宽画出里皮线,即可进行锯解。

(6) 安装时,将 E 端锯成 45°斜面插入仔角梁侧面的小连檐口子内,并用钉钉住,A 端用钉固定在正身椽端面向里 0.2~0.25 椽径处。这样即可定得小连檐的位置。

3. 翼角椽端头的定位

靠近角梁的第 1 根翼角椽因尾部是一削切面,所以第 1 根翼角椽的椽头都要离开角梁一个空隙,此空隙一般按翼角椽的中至角梁侧 0.7 椽径;翼角椽的位置可按其根数,从第 1 根中至最末根中的距离进行均分之,按均分的距离在小连檐上画出各椽子的中线点,即为翼角椽端头的位置。按此位置将各翼角椽用钉与小连檐进行连接。

4. 翼角椽的衬头木

翼角椽虽然按上述即可定位,但其下面与檐桁檩有一段空隙,还需要在其间塞有垫木以落实翼角椽的落脚,此垫木称为"衬头木"或"枕头木"。如图 3-90 所示。

衬头木立面为三角形,厚按 1 椽径,高和长,要在施工现场通过椽子的实际预排测得,衬头木的上边面应按翼角椽位置剔凿成椽椀,用钉或暗销与桁檩连接。

(七) 翘飞椽的制作放样

1. 制备翘飞椽的辅助放样工具

翘飞椽的辅助放样工具有:翘飞椽长度杆和翘度杆、翘飞头撒向搬增板、翘飞母扭度搬增板。

(1) 翘飞椽长度杆

由于各翘飞椽所处角度有所不同,其长度也随之变化,标注每根翘飞椽长度的杆称为"翘飞椽长度杆"。

翘飞椽头部和尾部的交界线称为"翘飞母",它是翘飞断面变化的关节点。首先在仔角梁侧面翘飞位置线上,量取第 1 根翘飞椽头部长度(翘飞端头至翘飞母的距离),然后量取正身翘飞椽头部长度,将二者之差按这部分的翘飞椽根数均等分之,将等分格标注到木杆条的两端,并写上序号,如图 3-92(a)所示,中间为第 1 根翘飞尾长。首根和尾根翘飞椽见图 3-92(b)。

(2) 翘飞椽翘度杆

以第 1 根翘飞椽的首尾为连线,量出该线至翘飞母的距离,此为第 1 根翘飞椽的"翘度",再按翘飞椽根数等分之,标注在木杆上并写上序号,如图 3-92(c)所示。

(3) 翘飞头撒向搬增板

它是标画翘飞椽椽头撒度线的木板,与翼角椽椽头撒向搬增板相似,取一薄板,以飞椽椽头尺寸画一方框,如图 3-93(a)中 ABCD 所示,将 BC 边之半按翘飞椽根数均等分之,并注明序号,然后将 A 点与各点连线,即为各翘飞椽的撒度线。

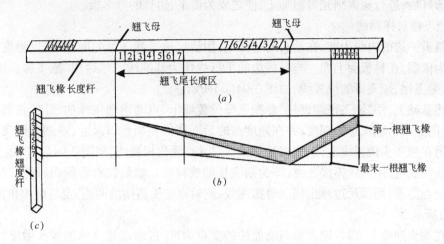

图 3-92 翘飞椽长度杆和翘度杆
(a)翘飞椽长度杆;(b)首根和尾根翘飞椽;(c)翘飞椽翘度杆

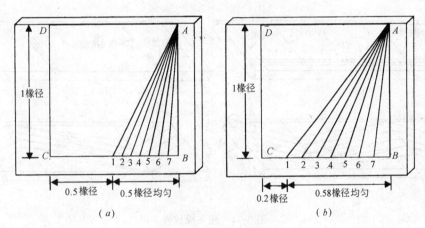

图 3-93 撇向、扭度搬增板
(a)翘飞头撇向搬增板;(b)翘飞母扭度搬增板

(4) 翘飞母扭度搬增板

翘飞椽头尾交界线的斜度称为"翘飞母撇度",上下交界点在侧面的连线称为"翘飞母扭度"。翘飞母的扭度线可另备一板,也可用椽头撇向板的反面,按上法画同样方框,在 BC 量取 0.8 椽径均等分之,并标写序号,将 A 点与各点连线,即为翘飞母的扭度线,如图 3-93(b)所示。翘飞母的撇度线可利用"翼角椽椽头撇向搬增板",可不另行备制。

2. 翘飞椽的制作放样

(1) 荒料板的尺寸

在一般房屋的四个翼角中,都各有一根相同规格的翘飞椽,所以,在选择荒料板宽度时,应考虑能容纳几根规格相同的翘飞椽。

$$\left.\begin{array}{l}荒料板宽 = 翘飞椽翘度 + (椽径 + 锯口线) \times 根数 + 0.5 椽径 \\ 荒料板长 = 翘飞椽椽头长 \times 2 + 椽尾长 + 2 椽径(作后备截锯线) \\ 荒料板厚 = 翘飞椽椽径 \end{array}\right\} \quad (3-8)$$

荒料选好后,进行截锯刨光等粗加工,使之成为面平、边直的方木板。

(2) 翘飞椽放样画线

先以料板一边的边线为准,在端头的迎面上,用活尺过画翘飞母的撇度线,以撇度线与端面棱交点为依据,在料板面上弹一与料板边的平行线作为基准线。然后用"翘飞椽长度杆"画出翘飞头、翘飞尾、翘飞母的位置线,如图3-94(a)所示。

在上述基础上,用"翘飞椽翘度杆"在翘飞母位置线上,点画出翘飞椽的翘度,在翘飞尾位置线上,反向点画出翘飞椽的翘度;并在翘度点的后面按椽径加锯口尺寸,点画出翘飞椽根数的点画。另在翘飞头位置线上,也按椽径加锯口尺寸点画出根数线,如图3-94(b)所示。

点画线完成后,用墨线连接各点,即为翘飞椽的放样线。然后在料板侧面,以头、尾、母各线与边棱交点为准,用活尺过画出翘飞母扭度线,同时在端头迎面的两边,也过画出扭度线,如图3-94(c)所示。

然后在端头迎面上,以各翘飞椽与端面棱的交点为准,过画出翘飞椽的椽头撇度线,并标注翘飞椽位置号,右1、右2、……;左1、左2、……。最后将料板翻底朝上,以上述过画点为依据画出背面上的各线,如图3-94(d)所示。

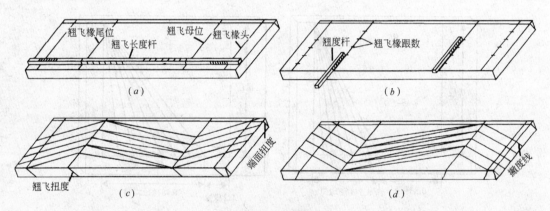

图3-94 翘飞椽放样
(a)画位置线;(b)画翘度;(c)连接各点;(d)翻面画线

在以上放线中,要特别注意,弹放哪一根翘飞椽时,就用哪一根的撇度线和扭度线。放样完毕,应用手工锯条进行锯解,最后进行刨光。不同翘飞椽的撇度和扭度变化如图3-95所示。

(八) 翘飞椽的安装定位

翘飞椽的安装是在翼角椽、小连檐安装完成,并铺上望板以后的基础上进行的。

1. 大连檐的放样定位

大连檐的放样与小连檐一样,取一与大连檐等厚的木板,按图3-91方法进行放样画线,只是在图3-91中,AD应为大连檐的水平距离。

$$大连檐水平距 = (上檐出 + 3椽径 - 0.6老角梁宽) \times 1.4142 \qquad (3-9)$$

其他放样做法与小连檐相同。

大连檐的安装:先将大连檐的起翘端,固定在仔角梁的大连檐口子内,另一端钉在正身飞椽端头向后1/5椽径处,其他待翘飞椽就位后即可与其固定,如图3-96所示。

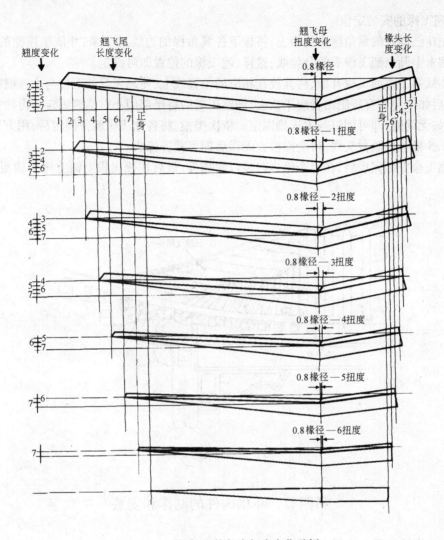

图 3-95　七根翘飞椽长度扭度变化示例

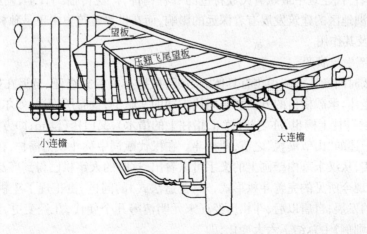

图 3-96　大连檐安装定位

2. 翘飞椽的安装定位

首先在已铺好的翼角椽头望板上,将板下各翼角椽的边线过上来,并依小连檐的椽位线,在大连檐木上画出翘飞椽头的分位线,这样,翘飞椽的位置即可确定。

安装从第1根翘飞椽开始,将其放在相应的位置线上,使翘飞母的下棱与小连檐的外皮对齐,对齐后如果尾部有所肥出者应于砍去,调整正确后将尾部用小钉临时固定,,再检查头部是否就位,如无问题,即可用钉与大连檐固定。依次类推,将各翘飞椽就位固定后,用方尺距大连檐向外1/5椽径处画截头线,待全面检查无误后即可截齐椽头。

当翘飞椽安装完成后,在每个椽当内装订闸挡板,最后在翘飞椽上铺上椽头望板,如图3-97所示。

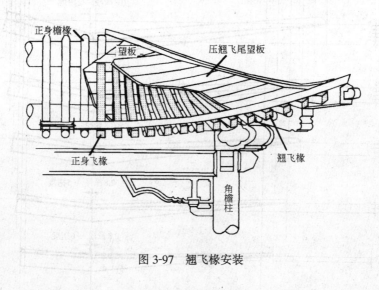

图 3-97 翘飞椽安装

第四节 斗栱构件的制作和安装

一、斗栱的作用和类型

斗栱是中国古代建筑中最赋有民族特色的一种构件,广泛传播到日本、朝鲜、越南和东南亚等各国,对亚洲地区的建筑发展有着深远的影响,而在世界建筑史中也是独树一帜的杰作。

(一)斗栱及其作用

1. 斗栱的产生与演变

斗栱是什么时间产生的?很难有具体的考证,根据有关专家查证,至迟在周朝初期,就已有在柱上安置坐斗,承载横枋的方法。在周代末期的文献上,就有所记述,如尔雅上记载"开谓之㭼(读ji,即栱)"[柱上櫍也,亦名枅(读ji,指柱上的横木),又曰楷(读ta,即方梁)],即指现今之栱。论语上记述的"山节藻棁"之节,即指斗。在汉代赋词中称斗栱为櫨栌,在汉崖墓及石阙中也有画像纪实,从汉末墓内壁画上的叉手可以看出,这时的人字栱已得到广泛应用。直至唐代,已发展成为现今所见的完善斗栱形式,宋《营造法式》的问世,更正规了斗栱的形制及其标准。随着时代的发展,自唐以后,斗栱历经辽宋元明清等几个朝代,几经变更,对此,梁思成先生在《清式营造则例》中总结了六大变化,即:

(1)由大到小 (如斗栱高与柱高之比,曾有人统计,唐宋为1:2~1:4,而明清为1:5~1:9)。

(2) 由简到繁 （如唐辽以前，斗栱只向外出踩，但到宋以后，里外都出踩，使得结构由简单到繁杂）。

(3) 由雄壮而纤巧 （唐辽时期的斗栱一般都比较硕大雄浑，明清时代的斗栱无论在用材制度和用材等级上都要小于唐宋，因此都显得比较紧密纤小）。

(4) 由结构的而装饰的 （唐辽时期的斗栱，主要从结构需要出发，满足深远出檐的需要。而明清时期的斗栱，虽然也满足结构要求，但屋檐伸出较小，主要是突出了装饰效果和斗栱的造型）。

(5) 由真结构而成假刻的部分，如昂部 （昂最初是作为屋顶上的一种斜梁构件，故称为斜昂或大昂，由于它的作用并不大，以后逐渐演变，由大变小成为一种装饰性构件，到明代很多斗栱中做成假昂头）。

(6) 分布由疏朗而繁密等变化 （因唐辽时期的斗栱体量比较大，相应的间距也大，故显得疏朗，而明清时期的斗栱都很纤小，故攒当也相应减小，而使排列较密）。

现以带下昂的斗栱为例，各个时期的斗栱简况如图3-98所示。

2. 斗栱的作用

斗栱在古建筑房屋中的作用可以归纳为以下四点：

(1) 增加屋檐宽度、延长滴水距离

处在房屋檐口的斗栱，由于层层栱件向外挑出，使檐口水平宽度也随着增加，如图1-19所示，有斗栱的上檐出＝檐平出＋飞椽出＋斗栱出踩，而无斗栱的上檐出＝檐平出＋飞椽出，所以，有斗栱建筑的上檐出要大。上檐出大，对基础、墙体的遮风挡雨面积也大，因而，对保护基础台明免受侵蚀的作用也有所加强。

(2) 承接部分荷载、均布传递路径

一般房屋的屋面是通过桁檩，将荷载传递给屋架梁，再由屋架梁集中传递给柱，进而下到基础。而有斗栱建筑，则可通过斗栱承接屋檐部分荷载，将这部分荷载分散传递给额枋，再由额枋和屋架共同传递给柱，使荷载的传递路线增多，具有减轻屋架梁负荷的作用。

(3) 丰富檐口造型、增添装饰效果

斗栱是由几种不同形式的栱件组合而成，它的立体造型非常优美，在檐口下面装上这些优美的组合物，不仅增添了檐口的生动活泼感，而且极大丰富了檐口的立体造型，使整个建筑物锦上添花，显得富丽堂皇、气势磅礴。

(4) 增强抗震能力、提高安稳程度

一般房屋建筑的梁柱之间节点，是承受横向剪力的薄弱点，因此，除刚性节点之外，其抗震能力都比较差。而斗栱正好解决这一节点的弱点，因为它由若干个纵横栱件相互严密咬和而成，能承受来自纵向和横向的剪力，并能自身分解这些作用力的破坏性，因而可大大提高整栋房屋的抗震能力。最为明显的例子是，在1976年唐山大地震中，靠近唐山的蓟县是受影响较大的地区，在该境内的独乐寺大院内，一些低小无斗栱的建筑大部分都被震坏，而具有20多米高带有斗栱的观音阁和山门却安然无恙。

(二) 斗栱的基本构造

斗栱是由若干个带有弧形的栱件，相互垂直垒叠组拼而成的物体的总称，宋《营造法式》称为"铺作"，清《工程做法则例》称为"斗栱"，南方名著《营造法原》称为"牌科"。它由斗、栱、翘、昂、升等五种基本构件所组成，如图3-99所示。

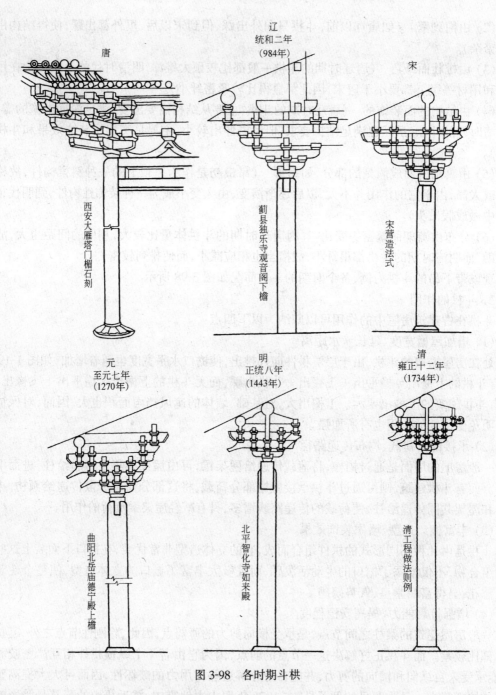

图 3-98 各时期斗栱

1. 斗

形似旧时量米容器中的方形斗,是组成斗栱,承托第一层栱件及其以上各层的最底层基座,在铺作中称"栌斗",在牌科中称"坐斗",清以后通称"大斗"。外形方正,斗面开凿有十字槽口,供承托第一层栱件和翘木之用。斗底面用馒头榫卯与柱或额枋连接,如图 3-100 所示。

2. 栱

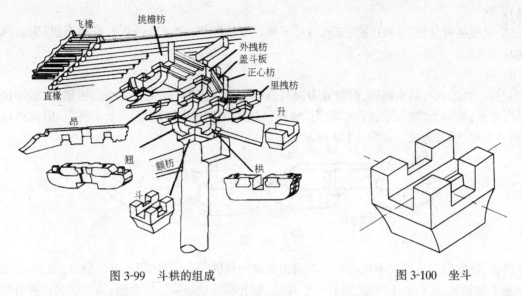

图 3-99　斗栱的组成　　　　　图 3-100　坐斗

它是指平行建筑物正面放置的一种弓形曲木,形似倒立的双孔栱形,中间栱脚开凿卯口,以供与翘木十字搭交;而两个边栱脚是安装升的位置,用以承托其上的栱件,如图 3-101 所示。

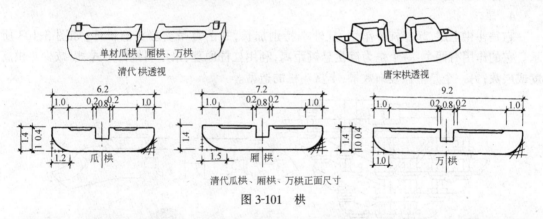

图 3-101　栱

清代栱依其位置的不同可分为两大类:一类是指在檐柱横轴线位置上的栱,统称为"正心栱",由于它较其他栱尺寸稍大,故又称为"足材栱"。而宋铺作将正对柱身位置(不分纵横轴)的栱都称为"扶壁栱"。(扶壁栱另分为泥道栱、令栱和慢栱)。

另一类是指在其他位置上的栱,统称为"拽栱"。处在正心栱之外的称为"外拽栱",处在正心栱之里的称为"里拽栱"。它们的尺寸都小于正心栱,为与足材栱相区别,统称它们为"单材栱"。

清代栱为分别其长短规格,将它们分为:瓜栱、厢栱、万栱。长度最短的称为"瓜栱",长度最长的称为"万栱",两者之间的称为"厢栱"。而宋铺作中对应分为:瓜子栱(但第一道正心栱特称为"泥道栱")、令栱、慢栱。

如果将清代规格与位置联系起来就可有以下称呼:

(1) 正心栱可分为:正心瓜栱(宋称"泥道栱")、正心万栱(宋称"慢栱"),一般不设正心厢栱。

(2) 外拽栱可分为:外拽瓜栱(宋通称瓜子栱)、外拽厢栱(宋通称令栱)、外拽万栱(宋通称

117

(3)里拽栱可分为：里拽瓜栱(宋通称瓜子栱)、里拽厢栱(宋通称令栱)、里拽万栱(宋通称慢栱)。

3. 翘

它是一种形状与栱木相同，但放置方向与其垂直十字搭交，以交点为心向檐轴前、后伸出的弓形曲木，清称为"翘"；宋铺作中称为"华栱"；牌科中称为"丁字栱"、"十字栱"。因此可以说，横者为栱，纵者为翘。如图3-102所示。

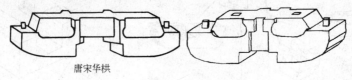

图 3-102　翘

所以，翘实际上是纵向卡在横栱上向两边悬挑的栱件，第一层翘两边挑出最少，第二、三层……越来越长(二层以上不叫翘，清有一个规定，如五踩斗栱。第一层为翘，第二层为昂嘴后带菊花头，第三层为耍头后带六分头，第四层为撑木后带麻叶头)。每层翘的两端将通过"升"各支承一件栱木，逐层外伸扩大，这每一外伸叫"出踩"；宋铺作称为"出跳"；牌科称为"出参"。

4. 昂

它是斗栱上层，起着杠杆作用，且外端特别加长，并凿有昂嘴端头的栱件，如图3-103所示。它的作用有两个：一个是为满足悬挑距离，利用杠杆原理，采用斜挑杆形式，以减少斗栱高度或层数；另一个是增强装饰效果，丰富斗栱的造型。

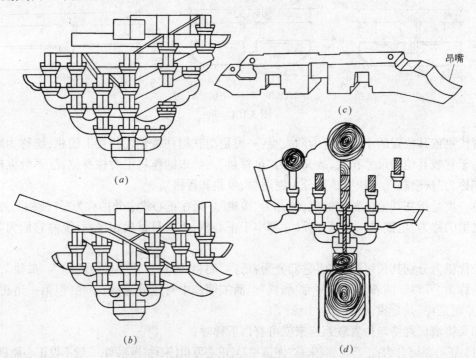

图 3-103　昂
(a)宋《营造法式》中含有上昂的斗栱组合；(b)宋《营造法式》中的下昂图样；(c)昂透视图；(d)清式柱头斗栱假昂

昂本来有上昂与下昂之分,上昂是指由檐内斜挑向上,与檐内其他构件或下金檩枋等连接,以加强斗栱及其檐步架的稳定;下昂是指由檐外向下斜出,作为承托檐檩枋的秤杆,并兼有加强斗栱装饰效果的作用。但从结构上看,昂的支挑作用并不安全,随着时代的进步,斗栱尺寸的减小,昂的支挑作用就逐渐消失,于是上昂逐渐被淘汰,下昂的作用也被缩小,直至清代除个别溜金斗栱外,只保留了昂的形态,而作用完全丧失,即成为所谓的假昂。如图3-103所示。

5. 升

升是一种比坐斗小的斗,因旧时量米容器中,大的叫斗,小的叫升,十升为一斗,故清借用此名,称之为"升";宋铺作中仍称呼为"斗"。它是坐在栱、翘、昂之两端,作为承接上一层栱件的基坐,如图3-104所示。

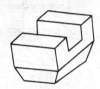

图 3-104 升

升随其所处位置不同,有不同的名称:

在正心栱两端之上的升,清称为"槽升子",宋将坐在栱心上的称为"齐心斗",坐在栱两边的称为"散斗"。

在翘昂两端之上的升,清称为"十八斗",宋将华栱两端上的称为"交互斗"。

在里外拽栱两端之上的升,清称为"三才升",宋统称作"散斗"。

(三) 斗栱的分类

斗栱的种类很多,为了便于识别,我国古建工作者把它们进行归纳,可以有以下几种分法:

1. 按斗栱所处的檐口位置进行分类。

总的分为两大类:即外檐斗栱和内檐斗栱。

(1) 外檐斗栱类:它是指处在建筑物外檐部位的斗栱,包括以下几种:

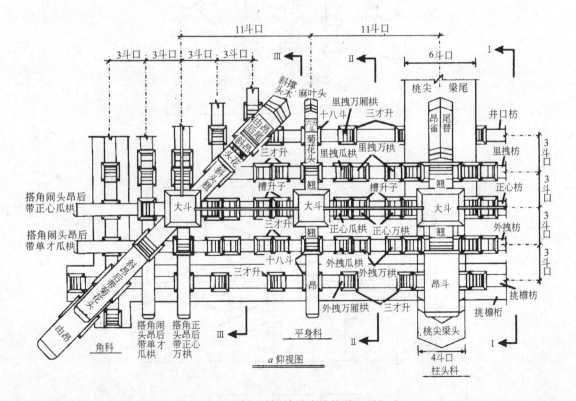

图 3-105 清制单翘单昂斗栱的平立面(一)

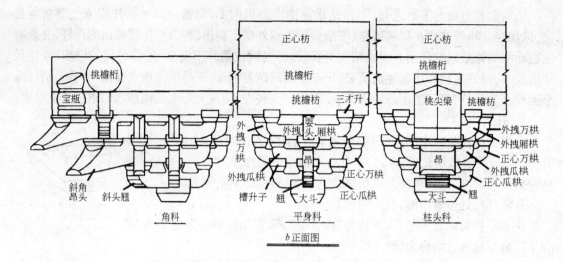

图 3-105　清制单翘单昂斗栱的平立面(二)

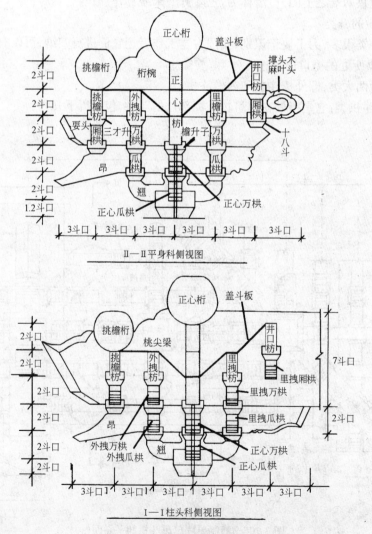

图 3-106　柱头科、平身科侧面图

1) 平身科斗栱：它是指坐立在两檐柱之间，外檐额枋上面平板枋（宋称普柏方）之上的这一类斗栱。宋称为"补间铺作"，清称为"平身科"。它的特点是迎面左右对称，侧面昂嘴朝外，尾部朝里，如图3-105所示。

2) 柱头科斗栱：它是指坐立在外檐柱顶面上的这一类斗栱。宋称为"柱头铺作"，清称为"柱头科"。它的特点是与桃尖梁相配合，左右对称，昂嘴承托在桃尖梁底面，如图3-106所示。

3) 角科斗栱：它是指坐立在转角角柱顶面上的这一类斗栱。宋称为"转角铺作"，清称为"角科"。它的特点是昂成45°布置，承托着檐檩和正心桁，如图3-107所示。

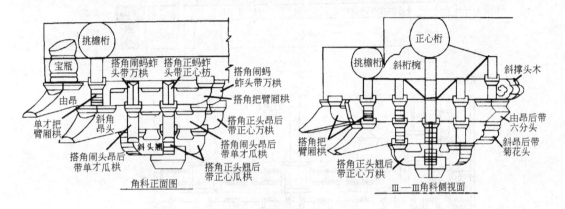

图3-107　角科正侧面图

4) 溜金斗栱：它是指从坐立在檐柱部位（包括平身科、柱头科和角科）斗栱，通过加长撑头木的尾端成为斜杆，顺着举架斜度溜到金柱部位的这一类斗栱。宋没有这类斗栱，明清时期可能是受唐宋时期的上昂铺作之启发，而形成这样一种特殊斗栱。它将檐柱和金柱上的构件连接起来，使之形成整体而增加稳定性，如图3-108所示。

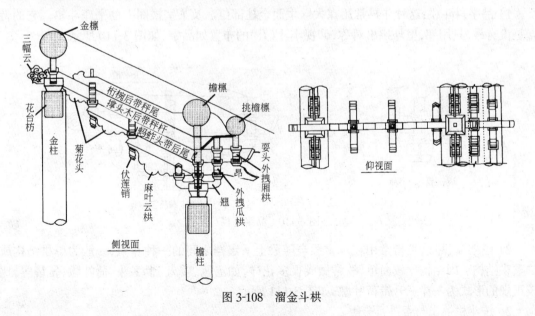

图3-108　溜金斗栱

5) 平座斗栱：它是指楼阁中檐廊走道（平座）下的斗栱，它与上述斗栱的区别是，昂没有外伸的昂嘴,昂翘只向外层层挑出,里端不挑出,其他与平身、柱头、角科相同,如图3-109所示。

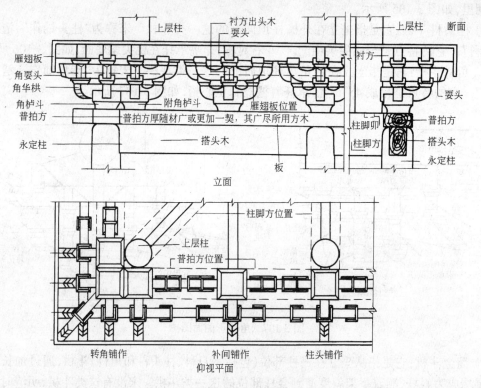

图3-109 宋式平座

(2) 内檐斗栱类:它是指处在建筑物内檐及室内有关部位的斗栱,包括以下几种:

1) 品字科斗栱:这种斗栱常用在大殿里面金柱部位。及某些楼阁上的平座斗栱。它的特点是没有昂,只用翘,里外挑出对称,仰视小斗(升)的布置如品字,如图3-110所示。

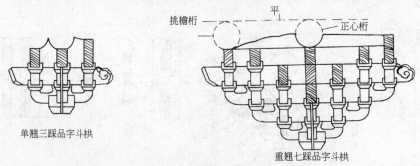

图3-110 品字斗栱

2) 隔架斗栱:这是指常用在承重梁与随梁上下定档之间的一种斗栱,一般为单栱结构或二重栱结构。因结构比较简单,故常做成很多花样,如宝瓶、矮人、十字斗、荷叶墩、雀替等,比较正规的形式为一斗三升带荷叶墩,如图3-111所示。

2. 按斗栱挑出与否进行分类。

总的分为:不出踩斗栱和出踩斗栱。

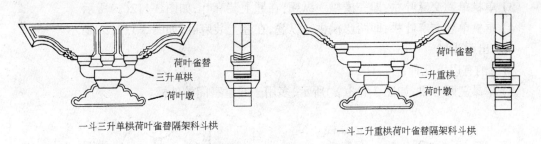

图 3-111　隔架斗栱

斗栱向外挑出,清称为"出踩",宋称为"出挑"。

清式斗栱的第一层,除中脚正对坐斗外,在进深方向两边各挑出一个栱脚形成三个支点,称此为三踩,以后在三踩基础上,第二层两边再各挑出一踩,称为五踩,第三层在五踩基础上又各挑出一踩形成七踩,如此类推,最多可达十七踩。

而在宋代铺作中,对应清代层层出踩的称呼,是从栌斗向上算起,每一层栱件至撩檐枋,各为一个铺作,最少为四铺作(相当五踩),最多为八铺作(相当十一踩)。最简单的一层栱不叫一铺作,而称为单栱(即清代的一斗三升),有出跳的二层栱也不叫二铺作,它加上栌斗和撩檐枋共有四层,故称为四铺作。

(1) 不出踩斗栱

它一般都是比较简单的斗栱,如除上述的隔架科斗栱外,还有以下几种:

1) 一斗三升栱:这是最简单的一种斗栱,即一个坐斗三个升,如图 3-112(a)所示。

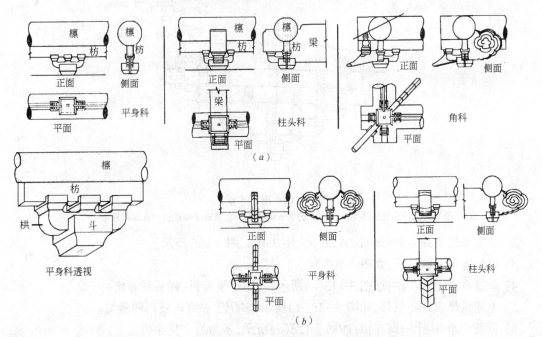

图 3-112　不出踩斗栱
(a)—一斗三升平身、柱头、角科斗栱;(b)—一斗二升麻叶平身、柱头科斗栱

2) 一斗二升交麻叶栱:它是在一个栱的中间插一麻叶板而成,如图 3-112(b)所示。

3）单栱单翘交麻叶栱：即一横栱一纵翘，在翘上装麻叶，如图 3-112(c)所示。

4）重栱单翘交麻叶栱：即两层横栱一纵翘，在翘上装麻叶，如图 3-112(d)所示。

(2) 出踩斗栱

常见的有以下几种：

1）单昂三踩斗栱：如图 3-113(a)所示，多用于殿堂亭阁的外檐。

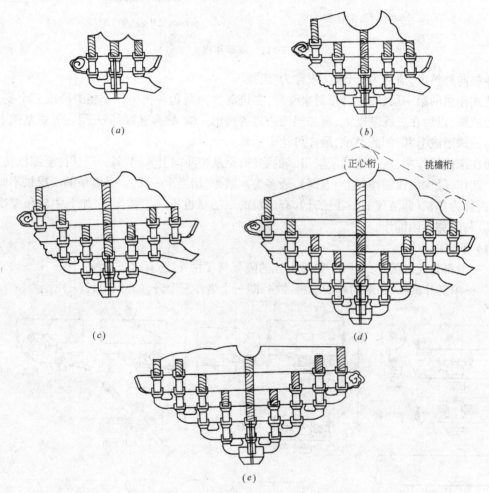

图 3-113 出踩斗栱

(a)单昂斗栱；(b)单翘单昂斗栱；(c)单翘重昂斗栱；(d)重翘重昂斗栱；(e)九踩四翘品字斗栱

2）单翘单昂五踩斗栱：如图 3-113(b)、图 3-105、图 3-106 所示。

3）单翘重昂五踩斗栱：如图 3-107 所示。

4）单翘重昂七踩斗栱：如图 3-113(c)所示，常用于平身科、柱头科和角科上。

5）重翘重昂九踩斗栱等，如图 3-113(d)所示，多用于等级比较高的建筑。

6）重翘无昂九、十一踩斗栱：如图 3-113(e)所示，多为品字科斗栱。

二、斗栱的度量尺寸

斗栱的度量，在我国古代，因各朝代体制的变迁而有所区别，但从历史遗留文献查证，对斗栱尺寸的度量，从唐宋到明清，都已经形成了一种模数制。在宋以前以宋为代表的"材等"制，和宋以后以清为代表的"斗口"制,都是度量斗栱尺寸的基本模数制度。

(一) 宋代斗栱的基本模数和尺寸

1. 宋代斗栱的模数制

宋代斗栱的尺寸是以"材"的大小为计算基础,"材"分八等,每一等有一套规定尺寸,即"广、厚、栔",如图1-16所示。八个"材等"有八套尺寸,对不同的建筑等级使用不同的材等,我们暂且把它称为材等模数制。

《营造法式》规定:"材广分为15分,10分为厚,6分为栔",因此,它们相互之间的比值为:3:2:1.2。如图1-16所示,"第一等"材广为9寸,按其"广:厚:梁"的比值计算则厚应为:$9 \times 2 \div 3 = 6$,即厚为6寸;又如"第五等"材广6寸6分,则厚应为:$6.6 \times 2 \div 3 = 4.4$,即4寸4分,因此,知其材广者,即可确定材厚也。确定斗栱的尺寸,首先就要确定材的等级,八等材就是确定斗栱尺寸的基本模数制。在图1-16中,已经明确了每个材等所适用的房屋规模大小,斗栱和檐柱均可按此选用。

2. 宋代斗栱的尺寸

宋代斗栱以栱的高度为标准,将斗栱分为单材栱和足材栱两大类。

单材栱是指栱高为一材广的栱件。当材等确定后,栱的高度就是那等材的材广尺寸。如选用是第五等材,则斗栱高就为6寸6分,栱厚为4寸4分。

足材栱是指栱高为一材广加一栔的栱件。如选用第五等材,一栔 = $6.6 \times 1.2 \div 3 = 2.64$,即一栔为二寸六分四,因此,栱的高度应为 $6.6 + 2.64 = 9.24$ 寸,栱厚仍为4.4寸。

《营造法式》述"造栱之制有五,一曰华栱,足材栱也,两卷头者其长七十二分,每头以四瓣卷杀,每瓣长四分。…二曰泥道栱,其长六十二分,每头以四瓣卷杀,每瓣长三分半。…三曰瓜子栱,其长六十二分,每头以四瓣卷杀,每瓣长四分。四曰令栱,其长七十二分,每头以五瓣卷杀,每瓣长四分。五曰慢栱,其长九十二分,每头以四瓣卷杀,每瓣长三分"。所以,这五种栱除华栱为足材栱外,其他都为单材栱。如图3-114所示。它们的高厚按所选"材等"确定,长度按上述规定进行计算,计算式为:

$$栱件长度 = 材广 \div 15 \times 规定长 \qquad (3-10)$$

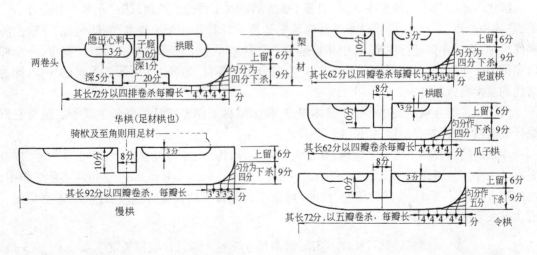

图3-114 宋造栱之制

《营造法式》述:"造斗之制有四,一曰栌斗,施之于柱头,其长与广皆三十二分。若施于角柱之上者,方为三十六分,高二十分。开口广十分,深八分。二曰交互斗,施之于华栱出跳之上,其长十八分,广十六分。三曰齐心斗,出之于栱心之上,其长与广皆十六分。四曰散斗,出之于栱两头,其长十六分,广十四分。凡交互斗、齐心斗、散斗,皆高十分…开口皆广十分,深四分"。具体如图3-115所示。

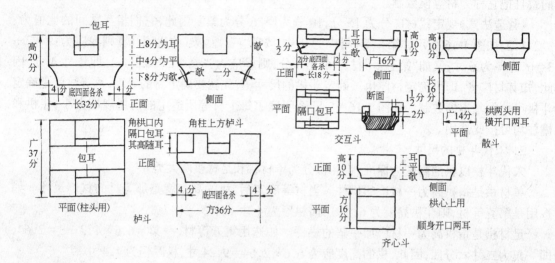

图 3-115 宋造斗之制

一组斗栱称为一攒(宋称为朵),每攒斗栱之间的空挡称为攒当,唐宋时期,对攒当尺寸没有明确规定,《营造法式》只规定:"凡于阑额上坐栌斗安铺作者,谓之补间铺作,当心间须用补间铺作两朵,次间及梢间各用一朵,其铺作分布令远近皆匀"。即对额枋上的斗栱,明间按2攒,次间及梢间各按一攒进行均匀布置即可。

(二) 清代斗栱的基本模数和尺寸

清代斗栱的基本模数是斗口制,如表1-3所示,清《工程做法则例》述:"凡算斗科上升、斗、栱、翘等件长短,高厚尺寸,俱以平身科迎面安翘昂斗口宽尺寸为法核算"。即是说,斗栱上各栱件尺寸,均以斗口进行度量,其中斗口是指平身科坐斗上十字卯口中迎面口的宽度,一个卯口宽称为一斗口,按材的等级有不同的口宽,共分十一等材,如表1-3所示各等材的斗口,即为清代的基本模数制。

清代对各类斗栱的尺寸都作了具体规定,我国园林工作专家马炳坚和王璞子二位将它们统计成表格,以便查找使用,如表3-2所示。

斗栱的攒当,清《工程做法则例》规定为十一斗口,即"凡斗科分当尺寸,每斗口一寸,应当宽一尺一寸。从两斗底中线算,如斗口二寸五分,每当应宽二尺七寸五分"。但在实际工作中,会出现大于或小于11斗口的情况,此时,可适当调整横栱的长度,使斗栱之间的疏密均匀一致。其长度按下式计算:

$$横栱调整后长度 = 实际攒当尺寸 \div 11 \times 原设计横栱长度 \qquad (3-11)$$

式中 原横栱设计长度——瓜栱按6.2斗口,万栱按9.2斗口,厢栱按7.2斗口。

清式斗栱各构件尺寸表(摘自《工程做法注释》) 表3-2

斗栱类别	构件名称	长(斗口)					宽(斗口)	高(斗口)	进深厚(斗口)	备注
		单昂	重昂	单翘单昂	单翘重昂	重翘重昂				
平身科斗栱	大斗	3,斗底长2.2					3	2		
	单翘	7.1(7)					1	2		
	重翘	13.1(13)					1	2		
	正心瓜栱	6.2						2	1.24	
	正心万栱	9.2						2	1.24	
	头昂	9.85	9.85	15.3	15.85	21.85	1	前3后2		
	二昂		15.3		21.3	27.3	1	前3后2		
	蚂蚱头	12.54	15.6	15.6	21.6	27.6	1	2		
	撑头木	6	15.4	15.4	21.54	27.54	1	2		
	单才瓜栱	6.2						1.4	1	
	单才万栱	9.2						1.4	1	
	厢栱	7.2						1.4	1	
	桁碗	6	12	12	18	24	1	按拽架加举		
	十八斗	1.8 斗底长1.4						1	1.48	
	三才升	1.3 升底长0.9						1	1.48	
	槽升子	1.3 升底长0.9						1	1.72	
柱头科斗栱	大斗						4	2	3	
	单翘	7.1(7)					2	2		
	重翘	13.1(13)					2.5,*	2		*桃尖梁头4
	头昂	同平身科					单翘单昂3,*	前3后2		*,单翘重昂2.67,重翘重昂3
	二昂	同平身科					重昂,3*	前3后2		*,单翘重昂3.33 重翘重昂3.5
	筒子十八斗	按上一层构件宽度+0.8						1	1.48	
	正心瓜栱	6.2						2	1.24	
	正心万栱	9.2						2	1.24	
	单才瓜栱	6.2						1.4	1	
	单才万栱	9.2						1.4	1	
	厢栱	7.2						1.4	1	
	三才升	1.3 升底长0.9						1	1.48	
	槽升子	1.3 升底长0.9						1	1.72	
角科斗栱	大斗	3 斗底长2.2					3	2		
	斜头翘	1.4平身科头翘长					1.5	2		
	搭交正头翘带正心瓜栱	翘3.55 栱3.1					1 1.24	2 2		
	斜二翘	1.4平身科二翘长					*	2		*1.5+1/5(老角梁宽-1.5)

127

续表

斗栱类别	构件名称	长(斗口)				宽(斗口)	高(斗口)	进深厚(斗口)	备注
		单昂	重昂	单翘单昂	单翘重昂	重翘重昂			
角科斗栱	搭交正二翘带正心万栱	翘6.55					1	2	
		栱4.6					1.24	2	
	搭交正二翘带正心万栱	翘6.55					1	2	
		栱4.6					1	1.4	
	斜斗昂	1.4平身科正昂长					*	前3后2	*按斜二翘法计
	搭交正头昂后带正心瓜栱或正心万栱或正心枋	单昂6.3,重昂6.3,单翘单昂9.3,单翘重昂9.3,重翘重昂12.3 3.1 4.6 按出廊面阔					昂1 栱和枋1.24	前3后2	
	搭交正头昂后带单才瓜栱或万栱	单昂6.3,重昂6.3,单翘单昂9.3,单翘重昂9.3,重翘重昂12.3 3.1 4.6 按出廊面阔					昂1 栱1	前3后2	
角科斗栱	斜二昂后带菊花头	1.4平身科二昂长					*	前3后2	*按斜二翘法计
	搭交正二昂后带正心万栱或正心枋	重昂9.3,单翘重昂12.3,重翘重昂15.3 4.6 按出廊面阔					昂1 栱和枋1.24	前3后2	
	搭交正二昂后带单才瓜栱或单才万栱	与上同 3.1 4.6					昂1 栱1	前3后2	
	由昂上带斜撑头木	单昂21.74,重昂30.3,单翘重昂28.86,重翘重昂47.42					*	前5后4	*按斜二翘法计
	斜桁碗	单昂6×1.4,重昂、单翘单昂12×11.4,单翘重昂18×1.4,重翘重昂24×1.4					*	按拽架加举	
	搭交正蚂蚱头后带正心万栱或正心枋	单昂6,重昂9,单翘单昂9单翘重昂12,重翘重昂15 4.6 按出廊面阔					蚂蚱头1,栱和枋1.24	2	

续表

斗栱类别	构件名称	长(斗口)					宽(斗口)	高(斗口)	进深厚(斗口)	备注
		单昂	重昂	单翘单昂	单翘重昂	重翘重昂				
角科斗栱	搭交正蚂蚱头后带单才万栱或拽枋	单昂6,重昂9,单翘单昂9,单翘重昂12,重翘重昂15 4.6 按出廊面阔					1	2		
	搭交正撑头木后带正心枋	单昂3,重昂6,单翘单昂6,单翘重昂9,重翘重昂12 按出廊面阔					前1后1.24	2		
	搭交正撑头木后带拽枋	单昂3,重昂6,单翘单昂6,单翘重昂9,重翘重昂12 按出廊面阔					1	2		
	里连头合角单才瓜栱	重昂、单翘单昂用二件各5.4,单翘重昂、重翘重昂用四件,二件各5.4,二件各2.2						1.4	1	
	里连头合角单才万栱	重昂、单翘单昂用二件各3.8,单翘重昂、重翘重昂用四件,二件各3.8,二件各0.9						1.4	1	
	里连头合角厢栱	单昂1.2,重昂、单翘单昂1.5,单翘重昂1.8,重翘重昂2.1						1.4	1	
	搭交把臂厢栱	单昂11.4,重昂、单翘单昂14.4,单翘单昂17.4,重翘重昂20.4						1.4	1	
	正心枋	按开间而定					1.24	2		
	拽枋、挑檐、井口、机枋等								2	
溜金斗栱	麻叶云栱	7.6						2	1	
	三幅云栱	8.0						3	1	
	伏莲销	头长.6							见方1	
	菊花头								1	
	正头栱、单才栱、十八斗、三才升等	诸同平身科斗栱								

续表

斗栱类别	构件名称	长(斗口)				宽(斗口)	高(斗口)	进深厚(斗口)	备注
		单昂	重昂	单翘单昂	单翘重昂	重翘重昂			
一斗二升交麻叶、一斗三升斗栱	麻叶云	12				1	5.33		
	正心瓜栱	6.2				2		1.24	
	柱头座斗					5	2	3	
	翘头系抱头梁与柁头连做	8和6(由正心枋至梁头外皮)				4	同梁高		
	斜昂后带麻叶云子	16.8				1.5	6.3		
	搭交翘带正心瓜栱	6.7				2		1.24	
	槽升子、三才升	均同平身科							
三滴水品字斗栱(平座斗栱)	大斗					3	2	3	
	头翘	7.1(7)				1	2		
	二翘	13.1(13)				1	2		
	撑头木后带麻叶云	15				1	2		
	正心瓜栱	6.2				2		1.24	
	正心万栱	9.2				2		1.24	
	单才瓜栱	6.2				1.4		1	
	单才万栱	9.2				1.4		1	
	厢栱	7.2				1.4		1	
	十八斗					1.8	1	1.48	
	材升子					1.3	1	1.72	
	三才升	1.3				1	1.48		
	大斗					4	2	3	
	角科大斗					3	2	3	
	斜头翘					1.5	2		
	搭交正头翘后带正心瓜栱	翘3.55,栱3.1				1 1.24	2		

续表

斗栱类别	构件名称	长(斗口)					宽(斗口)	高(斗口)	进深厚(斗口)	备注
		单昂	重昂	单翘单昂	单翘重昂	重翘重昂				
三滴水品字斗栱（平座斗栱）	搭交正二翘后带正心万栱			翘6.55,栱4.6			1.24	2	1	
	搭交正二翘后带单才瓜栱			5.4				1.4	1	
	里连头合角厢栱							1.4	1	
内里棋盘板上安装品字科斗栱	大斗						3	2	1.5	
	头翘			3.55			1	2		
	二翘			6.55			1	2		
	撑头木带麻叶云			9.55			1	2		
	正心瓜栱			6.2				2	0.62	
	正心万栱			9.2				2	0.62	
	麻叶云			8.2				2	1	
	槽升子						1.3	1	0.86	
	其他			均同平身科						
隔架斗栱	隔架科荷叶			9				2	2	
	栱			6.2				2	2	
	雀替			20				4	2	
	贴大斗耳			3				2	0.88	
	贴槽升子			1.3			1	0.24		

三、平身科斗栱的制作安装

平身科斗栱是指安装在两柱间额枋之上的斗栱,清称为"平身科",宋称为"补间铺作"。它可根据需要做成单昂三踩、单翘单昂五踩、单翘重昂五踩、单翘重昂七踩、重翘重昂七踩、单翘重昂九踩、重翘重昂九踩以及品字科等斗栱。其构造种类虽繁,但它们的构件组合都有一定的规律,现以单翘单昂五踩斗栱为例,叙述如下。

(一) 平身科单翘单昂五踩斗栱的结构层次

1. 首层构件

首层构件即是斗栱的底层大斗,又称坐斗,方形,其结构尺寸按上节所述。立面分为三部分,如图3-116所示,宋称为"耳、平、欹",分别为8、4、8分。清称为"耳、腰、底",分别为0.8、

0.4、0.8斗口。

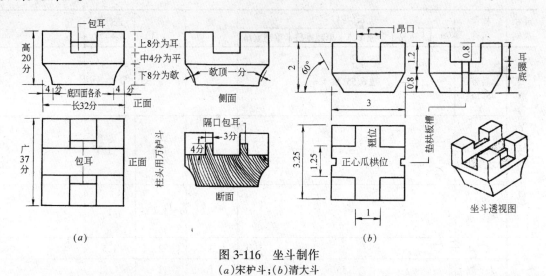

图 3-116 坐斗制作
(a)宋栌斗；(b)清大斗

坐斗中间是十字卯口，正面槽口：宋宽10分，深8分，带包耳；清宽1斗口，深0.8斗口，有带包耳，也有不带包耳，用于安装正心瓜栱或泥道栱。侧面槽口：宋与正面同；清增加安装垫栱板的槽口(0.25×0.25)斗口，即宽1.25斗口，用于安装翘或华栱。

2. 第二层构件

在坐斗正面槽口内，即面宽方向，安装横向构件正心瓜栱(或泥道栱)；并在垂直方向侧口槽内，安装纵向构件翘(或华栱)，纵横两者十字卡交。横向构件为等口，即槽口在上，纵向构件为盖口，即槽口在下，如图3-117所示。

正心瓜栱长6.2斗口(泥道栱长62分)，高2斗口(宋高一材即15分)，厚1.25斗口(宋按材等厚)，两端各置槽升子(宋散斗)一个，槽升子长1.4斗口(宋14分)，宽1.65斗口(宋16分)，高1斗口(宋10分)，清代多将槽升子与瓜栱连在一起制作，并在两端头剔凿垫栱板槽口。

翘长7.1或7斗口(华栱长72分)，高2斗口(华栱为足材栱，高15+6=21分)，厚1斗口(宋为材等厚)。翘的两端各置十八斗(宋交互斗)一个，长1.8斗口(交互斗18分)，这是取名十八斗的来源，宽1.4斗口(宋16分，两边留包耳)，高1斗口(宋10分)，具体如图3-117所示。

3. 第三层构件

在迎面面宽方向，于正心栱槽升子之上置正心万栱(或慢栱)，正心万栱两端各置槽升子(或散斗)一个，清式一般将栱与槽升子连做，在侧面别贴升耳。在翘两端的十八斗之上，各置单材瓜栱一件。

在面宽垂直方向扣交昂，昂的中心与正心万栱扣交，昂的两侧搭交在翘上十八斗(交互斗)之上。昂长以扣交十八斗中向里3斗口(宋为30分)为尾端，清多作成菊花头(宋做成燕尾榫与素方连接)；向外3斗口(宋为30分)为昂头，是置十八斗的地方，再向外3斗口为昂嘴(宋称昂尖按23分)，如图3-118所示。

4. 第四层构件

在面宽方向，于正心万栱(慢栱)之上安装正心枋(宋称柱头方或素方)，在单材瓜栱槽升子上安装单材万栱，单材万栱两端各置三才升(散斗)一件。并在昂头十八斗(交互斗)之上，安装厢栱(宋令

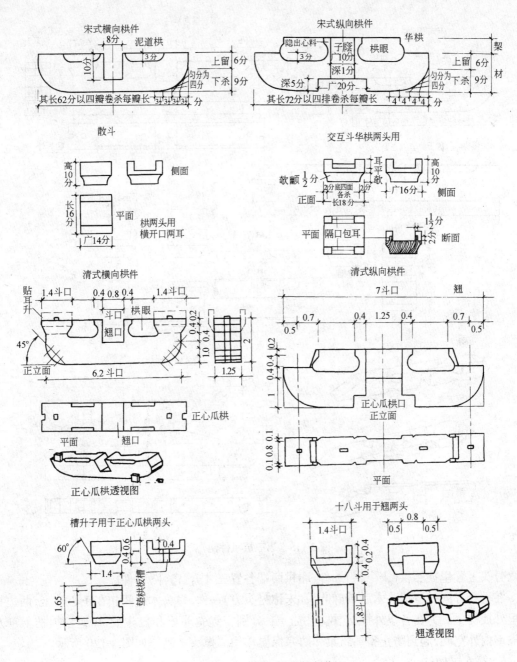

图 3-117 第二层栱件制作

栱)一件,厢栱长 7.2 斗口(宋 72 分),高 1.4 斗口(宋一材 15 分),厚 1 斗口(宋按材等厚)。

在垂直方向,扣压蚂蚱头后带六分头(宋称耍头)一件,清式耍头为一整体构件,宋式耍头分成里外两节,如图 3-119 所示。

5. 第五层构件

在面宽方向,于正心枋之上再叠置一层正心枋(宋不增加此层),而在里外拽万栱之上,各置里外拽枋(宋称素方)一件;在外拽厢栱(宋令栱)之上置挑檐枋(宋称撩檐方)一件;在耍头后

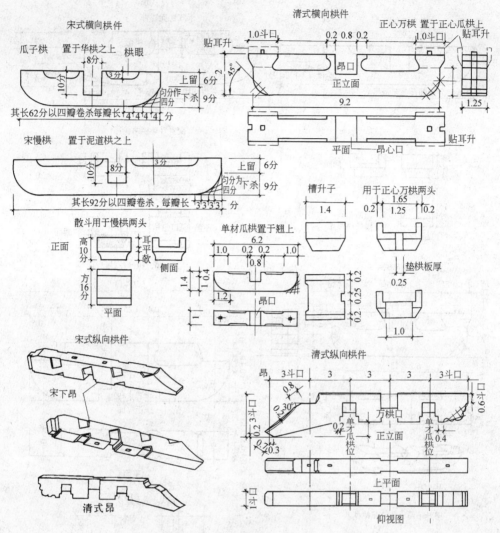

图 3-118 第三层栱件制作

尾六分头上置里拽厢栱(宋令栱)一件,厢栱两端各置三才升(散斗)一件。

在垂直方向扣压撑头木后带麻叶头(宋称衬头方)一件,撑头木中间扣在正心枋上,两边扣在里外拽枋上。另在各里外拽枋、挑檐枋上端,分别安置斜斗板和盖斗板,以遮挡拽枋上部及分隔室内外空间,起到防止雀鸟筑巢和防寒保温作用。撑头木制作如图 3-120 所示。

6. 第六层构件

在面宽方向,于叠置正心枋上续叠正心枋至正心桁底皮(宋不增加叠枋,正心桁直接在衬头方上);在里拽厢栱上安置井口枋(宋称罗汉方),井口枋高 3 斗口,厚 1 斗口,作为安装室内井口天花之用。

在垂直进深方向,安装桁椀(宋不做此构件)。单翘单昂五踩斗栱如图 3-121 所示。

(二) 一般平身科斗栱的结构规律

由上述单翘单昂五踩斗栱的构造可以看出,宋、清构造基本相同,以清式为例,我们可将一攒平身科斗栱分为三部分进行分析,即面宽方向、进深方向、中心部分。

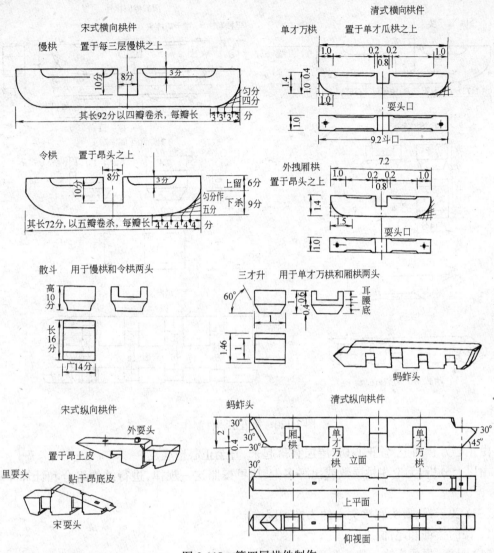

图 3-119 第四层栱件制作

1. 面宽方向部分

面宽方向的构件是由正心开始,以栱件向里外,层层出踩,每向里外挑出一踩,增加瓜栱各一件,万栱各一件(再往上增,依出踩数续加万栱各一件),直至最里最外侧,各为厢栱一件。

斗的安置:在正心栱件的两端,置槽升子,在里外拽栱的两端置三才升。

2. 进深方向部分

进深方向的构件,由下而上分别为:翘、昂、耍头、撑头木。当斗栱层数增加时,可分别增加昂的数量,或同时增加翘与昂的数量,即称为头翘、二翘……、头昂、二昂……,增加的翘昂长度,以出踩拽架数计算,每一出踩为一拽架,每拽架为3斗口,因此,每增加一层昂或翘,其长度就增加6斗口。

斗的安置:无论翘昂,在它们的两端都是置十八斗。

3. 中心部分

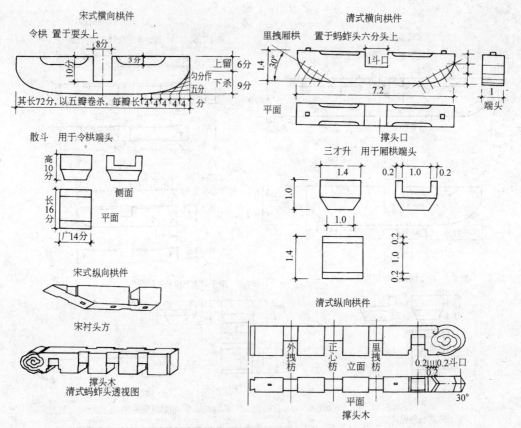

图 3-120　第五层栱件制作

由正心万栱向上,置正心枋,层层叠落起来,直至正心桁底皮。

由以上分析,无论斗栱层数或出踩多少,均可按照这一规律,进行结构组合和计算斗栱尺寸。

(三) 关于昂、耍头和撑头木的头饰和尾饰

1. 昂的头饰和尾饰

(1) 昂头:昂的头饰一般为尖嘴,宋与清略有区别。

宋《营造法式》曰:"造昂之制:自上一材,垂尖向下,从斗底心下取直,其长二十三分,其昂身上撤屋内,自斗外斜杀向下,留二分。昂面中㓼二分,令其势圆和。"

如图 3-122 所示,自上一材向下底作垂尖,从斗底中心水平距离 23 分即为尖嘴。昂身向上伸入屋内;从斗底向下斜,以斜线中量取 2 分挖成弧面。

"亦有于昂面上随㓼加一分讹杀至两棱者,谓之琴面昂。亦有自斗外斜杀至尖者,其昂面平直,谓之批竹昂"。如图 3-123 所示。

清《工程做法则例》曰:"凡昂,每斗口一寸,具从昂嘴中线以外再加昂嘴长三分",昂嘴划法如图 3-118 所示。

(2) 昂尾:宋式昂尾一般没有具体要求,根据后尾情况进行处理。清式昂尾一般为菊花头,个别为翘头。即《工程则例》曰:"凡头昂后带翘头,每斗一寸,从十八斗底中线一外加长五分四厘。惟单翘单昂者后带菊花头,不加十八斗底"。"凡二昂后带菊花头,每斗口一寸,其菊花头应长三寸"。

136

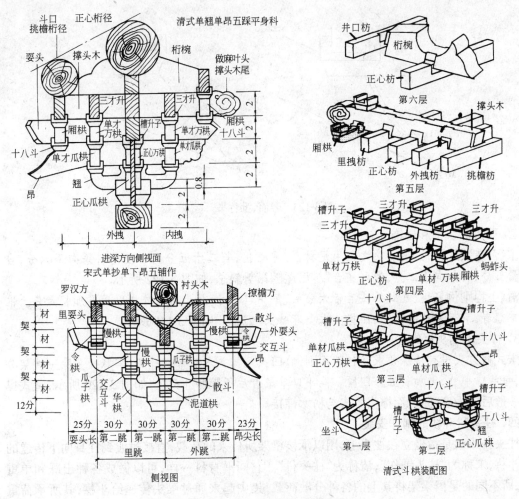

图 3-121 五踩斗栱装配图

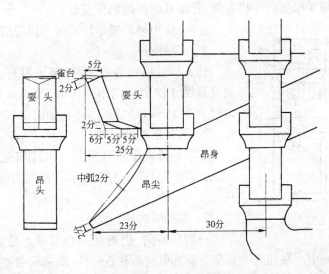

图 3-122 宋造昂之制

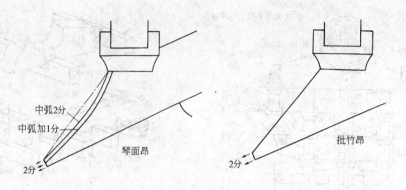

图 3-123 琴面、批竹昂

2．耍头的头饰和尾饰

宋《营造法式》曰："造耍头之制用足材，自斗心出，长二十五分。自上棱斜杀向下六分，自头上量五分，斜杀向下二分，谓之雀台"。后尾随昂势斜杀，如图 3-122 所示。

清《工程则例》曰："凡蚂蚱头后带六分头，每斗口一寸，从十八斗外皮以后再加长六分。惟斗口单翘者，后带麻叶头，其长照撑头木上麻叶头之法"。如图 3-119 所示。

3．撑头木的头尾饰

宋式衬方头没有特殊要求，清《工程则例》曰："凡撑头木后带麻叶头，其麻叶头除一拽架分位外，每斗口一寸，再加长五分四厘。惟斗口单昂者后不带麻叶头"。如图 3-120 所示，清式撑头木一般后尾为麻叶头，而撑头木多与枋木榫接。

四、柱头科斗栱的制作安装

柱头科斗栱是指坐立在柱头上，用以承接梁架所传来的荷载，直接过渡到柱身向下传递的一种斗栱，宋称为"柱头铺作"，清称为"柱头科"。它同平身科一样，可以做成各种出踩和单重翘昂，所不同的是因梁架将其上的各种分散荷载，集中起来通过梁头传递给斗栱，其所承荷重较平身科为重，故其部分栱件断面尺寸也较大。

现仍以清式单翘单昂五踩斗栱为例，介绍其组件的制作安装。

（一）柱头科单翘单昂五踩斗栱的结构制作

1．首层构件

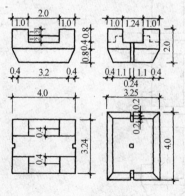

图 3-124 大斗

柱头科首层构件的大斗，与平身科大斗的做法一样，只是其尺寸较大，大斗长 4 斗口、宽 3 斗口（清加垫栱板槽口后为 3.25 斗口）、高 2 斗口，如图 3-124 所示。

2．第二层构件

本层构件同平身科完全一样，即正心瓜栱和翘十字扣交，结构尺寸见图 3-125 所示。翘两端各置筒子十八斗一只。

3．第三层构件

在面宽方向，仍是在正心瓜栱上叠置正心万栱一件，万栱两端置槽升子一个。在翘头十八斗上安置单材瓜栱各一件，瓜栱两端各置三才升一件，但柱头科翘两端所用的单材栱，由于要同昂相交，因此，瓜栱刻口宽度要按昂宽而定（即为昂宽减

138

去两侧包掩0.1斗口×2斗口)。

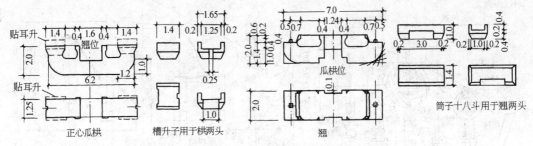

图 3-125　第二层栱件制作

在进深方向,扣昂一件,昂长较平身科长一拽架(平身科长5拽架,柱头科长6拽架),昂尾做成雀替形。昂头上置十八斗一件。具体见图3-126所示。

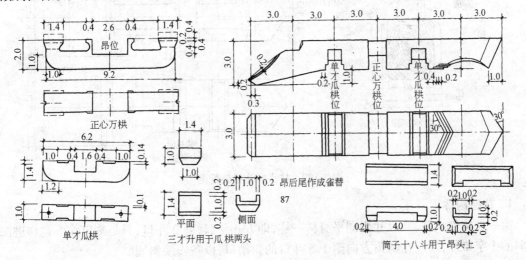

图 3-126　第三层栱件制作

4．第四层构件

在面宽方向,于正心万栱之上安装正心枋。在里外拽单材瓜栱之上,叠置单材万栱,栱两端各置三才升一件。因单材万栱要与桃尖梁相交,故万栱刻口宽度要由桃尖梁对应部位宽度减去包掩2份而定。在昂头十八斗上置外拽厢栱一件,厢栱两端各置三才升一只。

在进深方向,安装桃尖梁,在梁的两侧均刻半榫或槽口,与拽枋、正心枋、井口枋、挑檐枋等交接,而与其相交的栱,做成假栱头进行交接。

其装配如图3-127所示。

(二) 一般柱头科斗栱的结构规律

由上所述可知,柱头科斗栱在桃尖梁以下,与平身科斗栱的结构完全相同,故斗栱层数增加的规律,也同平身科完全相同,在实际工作中可参照平身科结构规律执行。

五、角科斗栱的制作安装

角科斗栱是指转角部位柱头上,承接转角部位荷载并传递给角柱的一种斗栱,宋称为"转角铺作",清称为"角科"。由于转角斗栱具有正面、山面和斜角面等三个方向特征,故其结构远较前两种斗科复杂。现仍以清式单翘单昂五踩斗栱为例进行叙述。

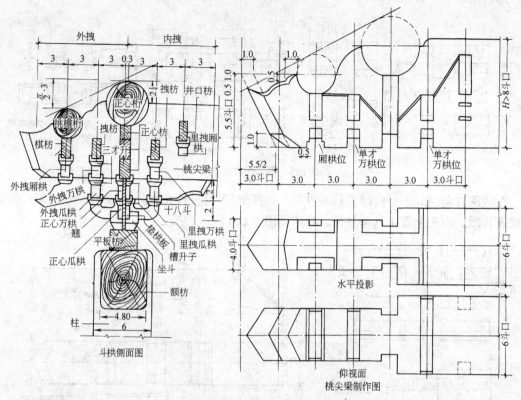

图 3-127 柱头科斗栱装配图

1. 首层构件

第一层构件大斗,其尺寸仍同平身科一样,即方 3 斗口,高 2 斗口,只是刻口除面宽和进深方向的十字口外,还应在斜角方向刻 1.5 斗口的斜槽口,以备安装斜翘。

另外,面宽与山面正交的栱件,其前端(朝外方向)具有进深翘昂的形态,而后端具有面宽栱件的形态,故刻口也分为前后两段,卡交正心瓜栱的口宽为 1.25 斗口(包括 0.25 垫栱板槽),卡交翘头的口宽为 1 斗口。

2. 第二层构件

在大斗十字槽内,安置十字搭交的"前为翘头、后为正心瓜栱"(为叙述方便以后用:"翘——正心瓜栱"形式表示)的栱件各一件,在翘头上各置十八斗一件。

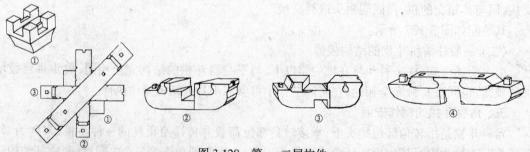

图 3-128 第一、二层构件
①—坐斗;②—正面翘后带正心瓜栱;③—山面翘后带正心瓜栱;④—45°方向斜翘头

在45°方向扣压斜翘一件,斜翘两端各置十八斗一件,如图3-128所示。

3．第三层构件

在"昂——正心瓜栱"之上,叠置十字搭交的"昂——正心万栱"一套,昂头上置十八斗各一只,万栱上置槽升子各一只。在外侧一拽架的斜昂头十八斗处,平行于"昂——正心万栱",安装十字搭交的"闹昂——单才瓜栱"一套(闹昂是指相对正昂而言);在里侧一拽架的斜昂头十八斗处,安装里连头合角(即连成直角)单才瓜栱一套,此瓜栱一般与相邻平身科瓜栱连做在一起,以增强相互间的联系。闹昂顶上各置十八斗各一只,单才瓜栱上各置三才升一只。

在45°方向扣压斜头昂一件,昂头上置十八斗一只。如图3-129所示。

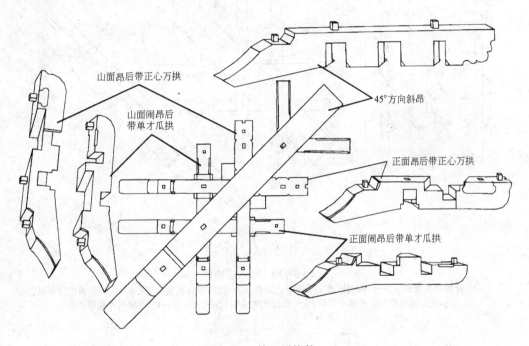

图3-129　第三层构件

4．第四层构件

在"昂——正心万栱"和"闹昂——单才瓜栱"的外拽十八斗上,叠放搭交的把臂厢栱一套;在"昂——单才瓜栱"的三才升之上,叠置搭交,"闹蚂蚱头——单才万栱"一套;在正交位置的"昂——正心万栱"之上安置搭交"蚂蚱头——正心枋"一套。在里连头合角单才瓜栱之上,安置里连头合角单才万栱一套。以上各栱头之上分别安装三才升各一只。

在45°方向安置由昂一件,昂头上连作十八斗,两侧贴耳升。由昂是角科斗栱最上一层的斜昂,可单丁制作,如图3-130所示。也可与其上的斜撑头木连做在一起,如图3-131中所示。

第四层的平面布置如图3-130所示。

5．第五层构件

在搭交把臂厢栱之上,安装搭交挑檐枋一套。在搭交"闹蚂蚱头——单才万栱"之上,安置搭交"闹撑头木——外拽枋"一套。在正心部位"蚂蚱头——正心枋"之上,安装搭交"撑头木——正心枋"一套,也可以将撑头木与由昂连做在一起。在里连头合角单才瓜栱之上,安置里拽枋两件,另在里拽厢栱位置处,安装里连头合角厢栱两件,如图3-131所示。

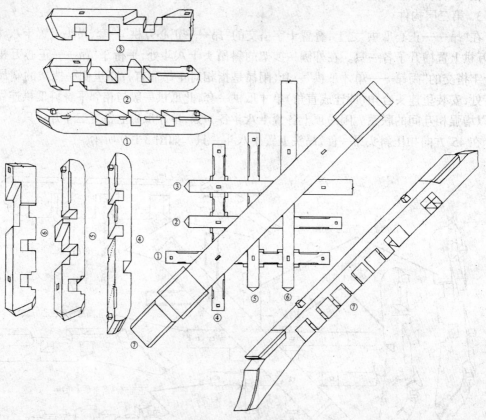

图 3-130　第四层构件

①—正面把臂厢栱；②—正面闹蚂蚱头后带单才万栱；③—正面蚂蚱头后带正心枋；④—山面把臂厢栱；
⑤—山面闹蚂蚱头后带单才万栱；⑥—山面蚂蚱头后带正心枋；⑦—45°方向由昂后带六分头

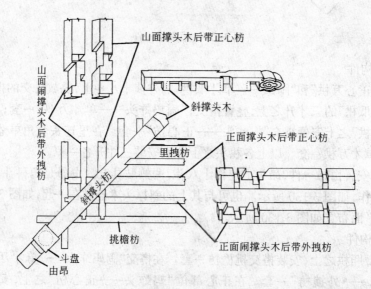

图 3-131　第五层构件

6. 第六层构件

在45°方向正心部位,安置斜桁椀,并将正心枋做榫交于斜桁椀内,在桁椀尾部将井口枋做合角榫交于斜桁椀尾部。如图3-132所示。

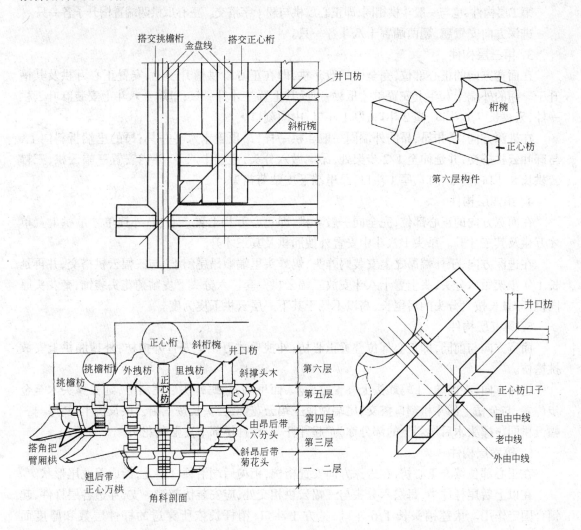

图3-132 六层构件及角科剖面

以上是单翘单昂角科斗栱基本构造,如果出踩或层数增加时,可增加闹翘昂及闹蚂蚱头构件,基本规律与平身科一样,只是构件做法稍有区别而已。

六、溜金斗栱的制作安装

溜金斗栱是指斗栱进深方向的部分栱件像斜杆一样,从檐步位置斜上延伸到金步位置的一种特殊斗栱。宋没有这种斗栱,但相似于宋代的双下昂后带挑杆斗栱。

溜金斗栱由于后尾结构做法不同,分为落金造和挑金造两种做法。落金造做法多用于宫殿性建筑,而挑金造做法常用于多角形亭子之上。现仍以单翘单昂五踩平身科斗栱为例,阐述其结构制作安装。

(一)落金造斗栱的做法

143

1. 首层构件
第一层坐斗与相应平身科、柱头科、角科等一般斗栱一样。

2. 第二层构件
第二层构件,也与一般斗栱相同,即正心瓜栱与翘十字搭交。正心瓜栱两端置槽升子各一只。进深方向安置翘,翘两端置十八斗各一只。

3. 第三层构件
在面宽方向的正心部位,完全同一般斗栱,即在正心瓜栱槽升子上,安置正心万栱及其槽升子。翘的外端十八斗上安置单才瓜栱一件,其上置三才升一只;里端十八斗上安装麻叶云栱一件,云栱长7.6斗口、高2斗口、厚1斗口,中间刻口。

在进深方向,搭扣昂,昂的外端同一般斗栱一样,昂顶置十八斗一只;昂的里端折斜向上,与麻叶云栱搭交,并延伸至1/2步架处,昂尾做六分头,上置十八斗,斗内安置三幅云栱,三幅云栱长8斗口、高3斗口、厚1斗口;昂里端下皮贴菊花头。

4. 第四层构件
在面宽方向的正心部位,完全同一般斗栱,即正心万栱上置正心枋;外拽单才瓜栱上置单才万栱及其三才升。昂头十八斗中安置外拽厢栱及其三才升。

在进深方向,于外端昂之上安装蚂蚱头,蚂蚱头里端顺昂尾斜上,与三幅云栱搭交,并再延长1/4步架做六分头,头上置十八斗安放三幅云栱一套。六分头下皮贴菊花头装饰,菊花头厚同挑杆厚,长按六分头的后尾长,高以不低于其下一层云栱下皮为度。

5. 第五层构件
面宽方向与前同,即正心部位叠置正心枋;外拽单才万栱上安置外拽枋;外拽厢栱上安放挑檐枋。

进深方向,在前端,于蚂蚱头上叠置撑头木,而里端,顺蚂蚱头后尾斜上,延长撑头木至金步位置,与金枋上的斗栱刻口搭交,尾端做成三幅云花饰,云头长按三幅云栱长折半,高厚与三幅云栱同。撑头木后尾斜上的部分称为"起秤杆"。秤杆尾部下皮贴菊花头。

6. 第六层构件
在正心部位续叠正心枋,在进深方向安置桁椀,桁椀后端沿秤杆斜上,做成夔龙尾形状。

在以上后尾杆件中,每层六分头与三幅云栱相交处,应安装伏莲销一支,穿透各层杆件,起锁合固定作用。伏莲销头长1.6斗口,见方1斗口;销杆长依所穿透的杆件层数和厚度而定。

桁椀之上安装挑檐桁和正心桁,具体如图3-133所示。

(二) 挑金造斗栱的做法
挑金造做法与落金造做法的主要区别,在于后尾起秤杆不是落在金枋的斗栱上,而是悬挑于金桁檩之下,承托着金桁檩。

挑金造做法斗栱的结构,是在落金造做法的基础加以适当改进而成。改进的栱件主要是两个方面:

1. 从耍头(蚂蚱头)开始改进。耍头的后尾延长到金步(而落金造不到达)形成起秤杆,尾端作成六分头,上置十八斗,斗上承托正心瓜栱,栱上置正心枋、金檩。

2. 在耍头秤杆之上是撑头木起秤杆,撑杆尾做榫(不是做刻口)与正心栱相交。其他栱件做法完全与落金造相同。具体如图3-134所示。

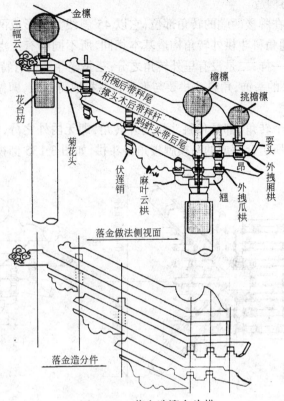

图 3-133 落金造溜金斗栱

溜金斗栱柱头科的构造,基本上与一般柱头科斗栱相同,只是在正心枋以里,不安装横栱,应与平身科相对应安装麻叶云栱或三幅云栱。

溜金斗栱角科的构造,在正心部位以外与一般角科斗栱相同,而正心部位以内同上述做法一样,每层构件的高度应与平身科交圈,起秤杆后尾做榫与金柱相交。其他,凡内侧的斜昂翘上用的麻叶云栱、三幅云栱等,都要与相邻平身科构件连做成"里连头合角麻叶云、三幅云"。

七、牌楼斗栱的构造

牌楼斗栱是一种特殊的品字斗栱,它不仅左右两侧对称,而且前后两边也对称,它在牌楼中主要是起装饰作用。

牌楼斗栱有平身科和角科两种。

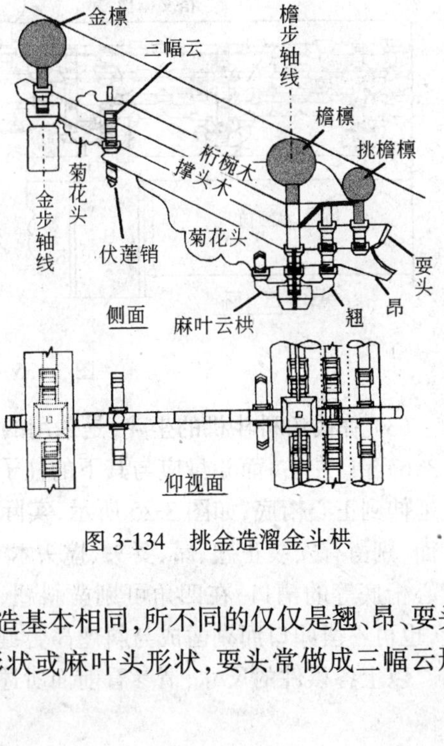

1. 牌楼平身科斗栱的构造

牌楼平身科斗栱的构造,与一般平身科斗栱的构造基本相同,所不同的仅仅是翘、昂、耍头等栱件的两端是完全对称的,并且昂嘴多作成如意形状或麻叶头形状,耍头常做成三幅云形状,其他完全与普通平身科斗栱的栱件构造相同。

图 3-134 挑金造溜金斗栱

2. 牌楼角科斗栱的构造

牌楼角科斗栱是处在牌楼两端的转角部位,它以45°斜线为轴形成两边对称的转角,这种对称转角的构造,与普通角科斗栱外转角构造基本相同,所不同的有三点:一是昂嘴耍头的头饰要同上述牌楼平身科一样;二是没有里外转角之分;三是坐斗结构有特殊做法。

(1) 关于昂嘴、耍头的头饰,角科斗栱要与平身科斗栱取得一致,即做成如意、三幅云等形状。

(2) 牌楼端头的两个转角,都是角科斗栱的外转角,即无内外之分,实际上是由两攒普通角科斗栱的外转角部分所组合而成的一攒牌楼角科斗栱,如图3-135仰视平面所示。

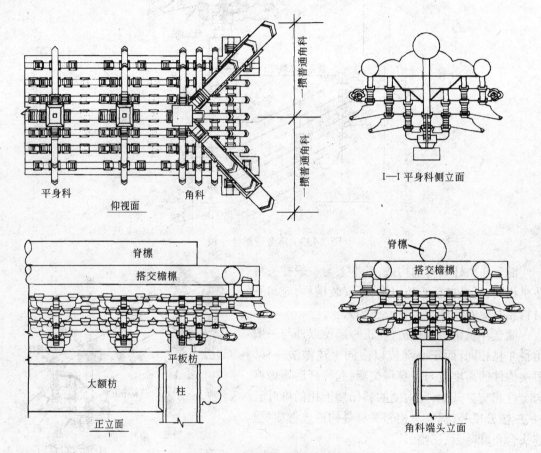

图 3-135 七踩单翘重昂牌楼斗栱

(3) 牌楼角科斗栱的坐斗,是采用的"通天斗",又称为"灯笼榫",其断面尺寸一般为(3.6×3.6)斗口左右,而斗身应与其下的柱子(牌楼边柱或高栱柱)连在一起,由一根木料做成,向上延伸到正心桁底,如图3-25所示,实际上成为带有各种卯口的一截短柱。在"通天斗"的迎背面,剔凿有安装正翘、昂、耍头、撑头木等的槽口;在两侧面剔凿有安装正心栱、正心枋,直至正心桁底等的槽口;在四角可剔凿斜翘、斜昂、由昂等后尾留插榫用的卯口;若斜翘昂不留榫者,也可不凿卯口而剔凿成与斜翘昂合缝的平面,以后用铁件连接。

以上各栱件的尺寸,请参看前面所述普通斗栱的有关内容。

第四章 墙体砌筑工程

第一节 砌筑工程材料

一、古建筑工程的灰浆

（一）古建筑灰浆的特点

在唐宋以前，从一般房屋到五六十米的砖塔，砖砌体都是使用黄泥为胶结材料，直到宋末明初以后，由于砖工业的发展，才开始使用石灰，从而，逐渐在砖砌体中大量的使用灰浆。

现代建筑材料中的水泥砂浆、混合砂浆等，虽然具有强度高、干燥快、施工方便等优点，但对于砌筑园林建筑工程中的墙体而言，远不及古建筑灰浆的使用效果好。古建筑灰浆具有以下四个特点：

1．古建筑灰浆比较细腻，其流动性和和易性适宜古建筑正规墙体的砌筑。

在中国古建筑中的墙体，一些重要部位都是使用"干摆墙"或"丝缝墙"等正规墙体，它们的砌筑缝口都很细小，如干摆墙除干摆砖加工所留的包灰外，砖与砖之间是不允许打灰浆的，整个墙体完全是"磨砖对缝"的干摆，待砌筑完成或完成一段墙体后，再进行灌浆，使浆液挤压到包灰和部分缝隙中去。即使有灰缝的丝缝墙，其灰缝也只有 2~3mm，远比现代灰缝 10mm 小得多。而现代水泥灰浆，由于其吸水性强、干燥快，很难满足施工用的流动性及和易性。因此，在古建筑墙体中，若没有细腻的灰浆作胶凝材料，墙体的砌筑是很难达规定要求的。

2．古建筑灰浆干缩性慢，失水率低，能使墙体的强度得到加强。

由于古建筑灰浆水分蒸发慢，失水率低，能使灰浆内部、灰浆与砖块之间不会留下太多的空隙，故使其相互结合紧密，对整个墙体的强度有所加强。而水泥砂浆失水快，容易干燥，因而空隙多，如果养护不及时，还容易干酥而影响强度。

3．古建筑灰浆内的石灰，由于它的膨胀后劲作用，可使砌体的整体性更加坚固。

古建筑灰浆内的石灰浆汁，都是经过沉淀过滤后的细小颗粒，它们吸水后会发生膨胀，形成强大的内部挤压作用，这样，使本来比较小的灰缝就更加填充密实，使整个砌体的整体性更加坚固。

4．材料方便，价格便宜，节约投资。

古建筑灰浆所使用的原材料，大多是地方性材料，适宜就地取材，减少周转环节，材料价格便宜。一般石灰的价格只有水泥价格的 1/2~1/3，因而，使墙体的费用投资也相应有所减少。

（二）古建筑灰浆的原材料

古建筑灰浆中所使用的原材料，基本上都是地方性材料，一般最主要的有以下几种：

1．泼灰：即将生石灰摊开、泼水、攒堆，如此反复均匀地泼洒三次、攒堆两次，使之成为粉末状，然后经过筛选而成。

2．泼浆灰：将泼灰过细筛后，分层用青浆泼洒，闷至 15 天后使用。

3. 青灰：原是北京西郊山区的一种矿物胶结材料，呈黑色块状，浸泡于水中，经搅拌后形成粘腻的胶液青浆，再行过滤干燥后即为青灰。

4. 煮浆灰：即石灰膏，用生石灰加水泡胀，搅拌成浆后过细筛沉淀而成。

5. 麻刀：用白麻制成的纤维丝，使用时需经切断成丝段，大麻长度3～5cm，小麻长度不超过1.5cm。

6. 糯米汁：又称江米汁，用糯米熬制的浆汁。

7. 生桐油：未经熬制的桐油。

8. 其他：如盐卤、黑烟子、白矾等。

以上是配备各种灰浆的基本用料，具体配备依灰浆种类而定。

(三) 古建筑灰浆的种类

在我国古建筑工作中，常有"九浆十八灰"之说，其意思是说明古建筑工程的灰浆很多，不同的工程项目使用不同的灰浆，它包括砌筑抹灰工程用灰、屋面瓦作工程用灰、基础筑基工程用灰等。而宋《营造法式》只规定了四灰三泥，即红灰、青灰、黄灰和破灰；细泥、粗泥、石灰泥。《营造法式》十三卷述："合红灰，每石灰一十五斤，用土朱五斤（非殿阁者用石灰一十七斤，土朱三斤），赤土一十一斤八两。合青灰，用石灰及软石炭各一半，如无软石炭每石灰一十斤，用粗墨一斤或墨煤一十一两，胶七钱。合黄灰，每石灰三斤，用黄土一斤。合破灰，每石灰一斤，用白蔑土四斤八两，每用石灰十斤，用麦弋九斤，收压两遍令泥面光泽。

细泥一重（作灰衬用），方一丈用麦娟一十五斤。粗泥一重，方一丈用麦娟八斤。凡合石灰泥，每石灰三十斤，用麻捣二斤"。

自清制以后，使用工程上的灰浆种类就更多，现将常用的几种灰浆列表4-1中。

较常用的几种灰浆　　　　　表4-1

浆灰名称		配制方法	用途说明
浆类	白灰浆	将块石灰加水浸泡成浆，搅拌均匀过滤去渣即成生灰浆；若用泼灰加水，搅拌过滤即成熟灰浆	一般砌体灌浆，掺于胶类后用于内墙刷浆
	色灰浆	将白灰浆和青灰浆混合即成月白浆，10:1混合为浅色，10:2.5混合为深色，将白灰浆和黄土混合即成桃花浆，常按3:7或4:6体积比	砌体灌浆和小式墙面刷浆
	青灰浆	用青灰块加水浸泡、搅拌均匀，过滤去渣而成	砖墙面刷浆和屋面瓦作
	色土浆	将红(黄)色土加水成浆，兑于江米汁和白矾，搅拌均匀即成；色土:江米汁:白矾=20:8:1	色灰墙面刷浆
	烟子浆	将黑烟子加胶水调和成糊状后，兑于清水搅拌而成	青瓦屋顶刷浆、墙面镂花
	江米浆	用浆米汁12和白矾1可兑成纯江米浆，用江米汁330和白矾1.1加石灰浆1可兑成石灰江米浆。用江米汁10和白矾0.3加青灰浆1可兑成青灰江米浆	砌体灌浆和灰背
	油浆	用青灰(月白)浆兑于1%生桐油搅拌而成	屋顶瓦作刷浆
	盐卤浆	用盐卤:水:铁面粉=1:5:2搅拌而成	固定石活铁件
	籴籴浆	将灰浆:黏土:生桐油=1:3:0.05拌均匀后，加于50%碎砖拌合而成	基础及地面下防潮垫层

续表

浆灰名称		配 制 方 法	用 途 说 明
灰类	老浆灰	用青灰浆∶白灰浆＝7∶3拌和均匀，经过滤沉淀而成	墙体砌筑、黑活瓦作
	纯白灰	即白灰膏，用白灰浆沉淀而成	砖墙砌筑、内墙抹灰
	月白灰	将月白浆沉淀而成	砖墙砌筑、内墙抹灰
	葡萄灰	用配比，白灰∶霞土∶麻刀＝2∶1∶0.1加水拌和而成	墙面抹灰
	黄 灰	同上，用包金土代替霞土	墙面抹灰
	麻刀灰	用泼灰加水调和灰膏，加于麻刀，灰膏∶麻刀＝20∶1	墙体抹灰，瓦作苫背调脊
	油 灰	用泼灰∶面粉∶桐油＝1∶1∶1调制而成。加青灰或烟子可调深浅颜色	砌石砌体勾缝
	麻刀油灰	将马刀掺入油灰中捣匀，油灰∶马刀＝30∶1	石活勾缝
	纸筋灰	将草纸泡乱掺入白灰内捣匀而成，白灰∶草纸＝20∶1.5	内墙抹灰
	护板灰	将麻刀掺入月白灰捣制而成，月白灰∶麻刀＝50∶1	屋顶苫背
	夹垄灰	将麻刀掺入老浆灰内捣制均匀而成，老浆灰∶麻刀＝30∶1	屋顶瓦作
	裹垄灰	将麻刀掺入老浆灰中捣制均匀而成，老浆灰∶麻刀＝30∶1	屋顶瓦作
	江米灰	月白灰掺入麻刀和江米浆捣制均匀而成，月白灰∶麻刀∶江米浆＝25∶1∶0.3	琉璃构件砌筑和夹垄
	砖面灰	在月白灰或老浆灰内，掺入碎砖粉末搅拌均匀而成，灰膏∶砖面＝2.5∶1	砖砌体补缺
	砂 灰	用白灰膏掺入细砂搅拌均匀而成，灰膏∶砂子＝3∶1	墙面抹灰
	锯末灰	在白灰膏内掺入锯末调匀，待锯末烧软后即可。灰膏∶锯末＝1.5∶1(体积比)	民间墙面抹灰
	掺灰泥	将泼灰、黄土拌和均匀后，加清水调制而成。泼灰∶黄土＝1∶1～1∶2.5	民间砖墙砌体和苫背
	麻刀泥	在掺灰泥中加入麻刀捣制均匀而成，掺灰泥∶麻刀＝20∶1	苫背
	滑秸泥	将滑秸浸泡在石灰水内烧软后，掺入掺灰泥中拌匀即可。掺灰泥∶滑秸＝5∶1	民间屋顶苫背

二、古建筑工程的砖料

(一) 古建筑砖料的类别

用黏土烧制青砖，在我国有很长的历史，早在战国时期就已有用砖料铺地的记载。但由于长时间以来，古建筑房屋一直都是采用横梁木柱承重的木构架结构，因而对墙壁的材料使用，是以围护为主采用土墙垒壁，直到唐末宋初，由于城市不断发展和增多，加固城墙的工作不断扩大，才使得砖料得到大量应用。当时的统治者对成垣、宫殿营造事业极为重视，故选择临清、苏州一带设厂办御窑，大量烧制砖料，这样才使砖墙逐渐代替了土墙。

在中国古代建筑中所使用的砖料，因各地区各窑厂的生产工艺和规格有所不同，存有好些不同的名称，不同的砖所使用的位置也有一定区别。为了便于掌握施工，根据一般工程所使用情况，进行大致统一分类，一般分为：城砖、停泥砖、砂滚子砖、开条砖、方砖和杂砖等六类。

1. 城砖

这是古建筑砖料中规格最大的一种砖,常用于城墙、台基、屋墙下肩等体积较大的部位。由于规格大小和生产工艺等不同,又分以下几种称呼:

(1) 按规格大小命名的有:大城砖、二城砖。这是城砖中最常用的砖,即指大号、二号砖。

(2) 以产地命名的有:临清城砖,特指山东临清所生产的砖,因质地细腻,品质优良而出名。

(3) 以生产工艺命名的有:澄浆城砖:该类砖是将泥料捣制成泥浆,经沉淀后取上面细泥制成。

停泥城砖:又称庭泥,即指细泥,即选用细泥烧制的城砖。

2. 停泥砖

它是用优质细泥(简称停泥)烧制而成,规格较城砖稍小的普通常用砖,各地均可烧制。一般用于墙身、地面、砖檐等常规部位。它依规格大小分为大停泥和小停泥两种。

3. 砂滚子砖

它是指用砂性土烧制而成的砖,质地较粗,是上述砖中品质较次的一种。一般只作不太显眼部位的背里砖和糙墙砖。依规格大小分为大砂滚和小砂滚两种。

4. 开条砖

这是指规格尺寸比较小,而宽度要比长度小1/2,厚度又较宽度小1/2以上的细条形砖,它与我们现代黏土砖相似,一般在制作中,常在中部划有一道细长浅沟,以便施工时开条。多用来补缺、开条、檐口等需要现场砍制等部位使用。它也依规格大小分为大开条和小开条两种。

5. 方砖

这是专指平面尺寸成方形的一种砖。多用来作为博风、墁地砖,依其营造尺规格分为尺二方砖(1.2尺)、尺四(1.4尺)方砖、尺七(1.7尺)方砖,以及二尺方砖、二尺二方砖、二尺四方砖等。

6. 其他杂砖

这是指不能列入上述类别的其他砖,如四丁砖(又称兰手工砖,与现代规格标准砖相同)、斧刃砖(贴砌斧刃陡板之砖)、金砖(原为专供京都所用之京砖,特产于江南苏吴一带,质地很好,强度较高,击声清脆)。

(二) 古建筑砖料的规格

我国古代建筑所用的砖料,从未统一规范过,各地砖窑生产的规格,只能做到基本相近,大致统一。宋《营造法式》在卷十五中列有13种规格尺寸,即(营造尺:长×宽×厚)为:

方砖5种:2×2×0.3尺;1.7×1.7×0.28尺;1.5×1.5×0.27尺;1.3×1.3×0.25尺;1.2×1.2×0.2尺。

条砖2种:1.3×0.65×0.25尺;1.2×0.6×0.2尺。

压阑砖(用于地面)1种:2.1×1.1×0.25尺。

砖碇(用于蹬柱)1种:1.15×1.15×0.43尺。

牛头砖(用于城壁)1种:1.3×0.65×0.25或0.22尺。

走趄砖(用于城壁)1种:1.2×面0.55(底0.6)×0.2尺。

趄条砖(用于城壁)1种:面1.15(底1.2)×0.6×0.2尺。

镇子砖(辅助用料)1种:0.65×0.65×0.2尺。

清《工程做法则例》也只列出几种常用砖的用料尺寸,并没有做出详细规定。我国古建工作者根据多年的实际经验,对常用砖料的尺寸进行了整理统计,提出了一些参考尺寸,供施工和维修时备砖参考,如表4-2所示。

常用砖料规格参考尺寸　　　　表 4-2

砖料名称		清营造尺	参考尺寸(mm)	砖料名称		清营造尺	参考尺寸(mm)
城砖	澄浆城砖	1.47×0.75×0.4	470×240×128		四丁砖	0.75×0.36×0.165	240×115×53
	停泥城砖	1.47×0.75×0.4	470×240×128		金砖		同尺二至尺七方砖
	大城砖	1.5×0.75×0.4	480×240×128		斧刃砖	0.75×0.375×0.165	240×120×40
	二城砖	1.375×0.69×0.34	440×220×110		地趴砖	1.31×0.655×0.265	420×210×85
停泥砖	大停泥	1.28×0.655×0.25	410×210×80	方砖	尺二砖	1.2×1.2×0.18	384×384×58
	小停泥	0.875×0.44×0.22	280×140×70		尺四砖	1.4×1.4×0.2	448×448×64
砂滚子砖	大砂滚	1.28×0.655×0.25	410×210×80		尺七砖	1.7×1.7×0.25	544×544×80
	小砂滚	0.875×0.44×0.22	280×140×70		二尺砖	2.0×2.0×0.3	640×640×96
开条砖	大开条	0.9×0.45×0.2	288×144×64		二尺二砖	2.2×2.2×0.4	704×704×128
	小开条	0.765×0.39×0.125	245×125×40		二尺四砖	2.4×2.4×0.45	768×768×144

三、砖料的砍磨加工

在我国古代建筑工程中，砖瓦部分虽然不是主要受力构件，但它是体现我国民族建筑特色的重要组成部分，对墙身、山面砖檐和地面等部位所用的砖料，都有它特殊加工的要求。砖的加工内容，总的可分外砍砖和雕砖两种。

（一）砍砖的加工内容

在砖墙砌体和砍砖加工中，经常会遇到一些代表一定内容的用词和术语，现择主要常用的介绍如下，在以后的叙述中不再另作解释。

(1) 对砖料三个面的称呼：在古建筑工作中，瓦作工匠师傅们为方便加工语言的交流，对一块砖的三个面，都赋予一定的名词，称为"面、头、肋"。

1) 面及其冠名："面"是指对砖料朝外的那一面，成为主看面的称呼。当在卧砖墙中，平砌砖的侧面朝外成为主看面时，称为"长身面"，如图 4-1(a)所示。长身面的加工，要保证长身面的四棱必须相互垂直，其他各面则应砍削出便于砌筑和灌浆的灰口，称为砍"包灰"，如图 4-1(b)所示。

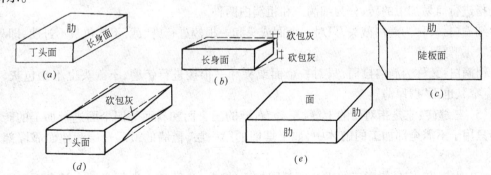

图 4-1　砖料名称及其加工
(a)卧砖长身；(b)长身加工；(c)立砖陡板；(d)丁头面及其加工；(e)平铺砖四肋

当在侧立砌砖地面中，砖的侧面朝上成为主看面时，则称它为"柳叶面"。当在陡砌砖墙中，立砌砖的大面朝外成为主看面时，则称此大面为"陡板面"，也有简称为"陡板"，如图 4-1(c)所示。

2) 头及其冠名:"头"是特指对砖料小面所给予的一种称呼。在一般砖墙中称为"丁头面",当丁头面放于转角部位时,称它为"转头"。丁头面的加工,必须要保证丁头四棱的整齐,除丁头面以外的其他各面,则应砍包灰,如图4-1(d)所示。

3) 肋及其冠名:"肋"是指除看面和丁头面以外的那一面的称呼。如在一般砖墙中,除主看面和丁头面以外,其他一面则称为肋;又如方砖地面中的方砖,除朝上的主看面外,没有丁头面,则其他两面都称为肋,如图4-1(e)所示。在砖墙砌体中,除淌白砖外,一般正规用砖的肋,都要经过砍磨加工,此称为"过肋"或"劈肋"。在肋面留出一段只磨平而不砍包灰的部分,称为"砖头肋",如图4-2所示。

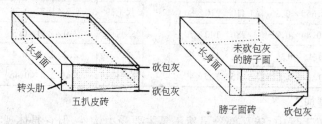

图4-2 五扒皮与膀子面

(2) 五扒皮:这是指对砖的五个面需要进行加工的称呼,这加工的五个面是指两肋、两面、一丁头,按规定的长、宽、厚尺寸进行砍磨,并留出转头勒。五扒皮砖一般用在干摆做法的砖砌体和细墁条砖地面中。

它的加工过程为:磨平加工面——棱边"打直(即划直线)"、"打扁(即凿去多余部分)"——"过肋""砍包灰"(砍去尺寸为:城砖为5~7mm,停泥砖为3~5mm)——磨肋(即将过肋磨平)——"截头(即对砖端头按要求尺寸截断磨平)"。

(3) 膀子面:当砖的一个大肋面只磨平不砍包灰,而该肋面与长身、丁头两个面互成直角棱者,此肋面特称为"膀子面"。膀子面砖一般用在丝缝做法的砌体中。它也是加工五个面,其中一个加工成膀子面,加工作法同五扒皮,如图4-2所示。

(4) 淌白头:淌白之意近似蹭白,蹭即磨,白指无特殊修饰,蹭白是指磨素面的意思。淌白砖是指进行简易加工的砖,分为细淌白和粗淌白两种。

细淌白:又称为淌白截头,只对一个面或头和一根棱进行磨、截,不砍包灰不过肋,即只"落宽窄"、不"劈厚薄"。

粗淌白:又称为淌白拉面,只对一个面或头和一根棱进行铲磨,不截头也不砍包灰,即不"落宽窄"、也不"劈厚薄"。

(5) 三缝砖:它是指对砖的上缝、左缝、右缝的三个面和看面等四个面进行加工的砖。这种砖只用于不需全部加工的砌体中,如干摆墙的第一层、槛墙的最后一层和地面靠墙部位的砖。

(6) 六扒皮:它是指对砖的六个面都需加工的砖。这种砖一般用于一个长身面和两个丁头面同时露明的部位,如山墙墀头用砖。

(7) 盒子面:它是指对地面方砖加工的一种面砖,加工方法同五扒皮,铲磨大面、过四肋,四个肋要互成直角,包灰1~2mm。

(8) 八成面:它也是指对地面方砖加工的一种面砖,加工方法同盒子面,不过加工精度只要求达到八成即可。

(9) 干过肋：它是指对地面方砖进行粗加工的一种面砖，砖的大面不铲磨，只铲磨四肋，不砍包灰。

（二）砍砖的质量检查

1．检测长身面平整

用方尺置于砖摞上，看尺边与砖面是否有缝隙，如图 4-3(a) 所示。

2．检测砖厚、砖长尺寸

大砖摞五皮，小砖摞十皮，用尺量其总高和截头长，与标准尺寸对照看其误差，如图 4-3(b)、(c) 所示。

3．检测砖棱平直和截头方正

用方尺贴于转头肋，观察尺边与砖棱、砖缝之间是否紧密平直，如图 4-3(d) 所示。

4．观察砍磨面的完整

看砍磨面是否有"花羊皮"（即高低麻糙不平），转头肋不得有"肉肋"（即肋棱不得成圆弧）和缺角等。

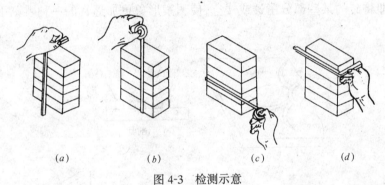

图 4-3　检测示意

（三）砖雕的基本方法

1．砖雕的一般操作程序

砖雕是指砖面进行雕刻的一种工艺，它是通过"画、耩、镂、打、铲"等操作雕凿出各种图案花饰。具体操作如下：

(1) 画：即按使用位置选用已砍磨好的砖料，用笔在砖面上画出所要雕刻的花饰或图案的轮廓线。

(2) 耩：即用小錾子沿画线凿出细浅纹道，如图 4-4(a) 所示。画一次耩一次，随画即耩。

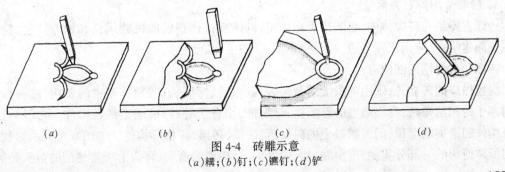

图 4-4　砖雕示意
(a) 耩；(b) 钉；(c) 镂钉；(d) 铲

(3) 镟打：指用小錾子将花体图案内部的立体轮廓给雕凿出来，并用錾子凿去花体或图身以外的部分，让花体图案凸现出来，俗称"镟打"。镟打是体现花饰凸凹起伏、曲直深浅的操作过程，如图4-4(b、c)所示。

(4) 铲磨：指将花饰图案内外粗糙之处铲平磨细，如图4-4(d)所示。

(5) 上药：即用药粉将残缺之处或砂眼找平补齐。药的配方为：白灰：砖粉＝2.5：1或1：1，掺少量青灰加水调匀。

(6) 打点：用砖面水(将砖粉加水调匀)将花饰图案揉擦干净。

2. 砖雕的一般手法

砖雕手法与一般雕刻一样，有平雕、浮雕和透雕。

(1) 平雕：即雕刻图案，处在一个平面上，通过各种线条给人一立体感的一种雕刻手法，如图4-5(a)所示。

(2) 浮雕：它是通过雕凿底面，让花饰突出而产生立体感的一种雕刻手法，如图4-5(b)所示。

(3) 透雕：即将砖的某些部分凿透或镂空，使图案形象更加逼真的一种雕刻手法，如图4-5(c)所示。

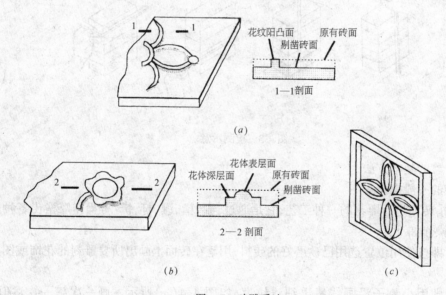

图4-5　砖雕手法
(a)平雕；(b)浮雕；(c)透雕

3. 砖雕常用的有关部位

砖雕主要是在砖砌体中，起装饰美化作用，以体现古代建筑的民族风格和地方特色，特别是在民间建筑中，应用比较普遍。

砖雕经常使用的部位有：

房屋檐口的砖檐砖；硬山墀头上的盘头砖、戗檐砖、博风头；砖须弥座中的各构件砖；槛墙上的芯子砖和岔角砖；廊心墙上的穿插挡、灯笼框、小脊子等；影壁墙上的各构件；小式屋脊上的脊构件和攒尖的宝顶；门窗洞口上的砖挂落、砖圈、砖匾、砖枋等构件。如图4-6所示为我国民间所常使用的一部分实例：门窗洞口上的罩头、什锦窗的窗套、墀头上所常使用的盘头砖等。

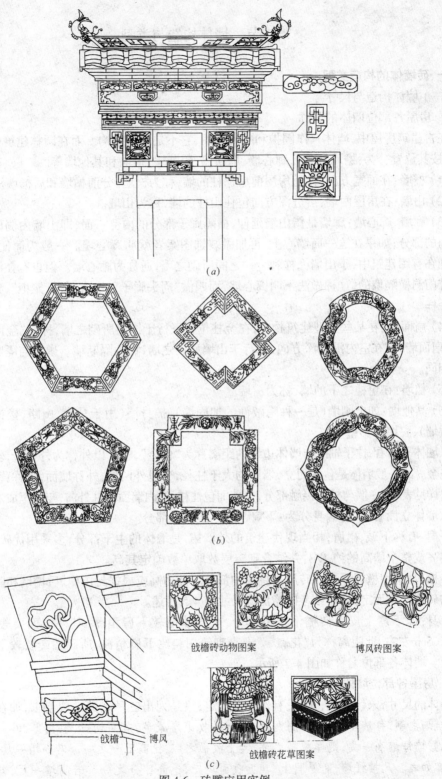

图 4-6 砖雕应用实例
(a)门窗罩头上的砖雕;(b)什锦窗上的窗套;(c)墀头上的砖雕

第二节 墙体构造与类型

一、砖墙体的构造类型

(一) 墙体构造与尺寸

1. 房屋各部位墙体的名称

在古建筑房屋中,墙体只作围护和隔断作用,它不是承重结构。而在园林建筑中最常见的砖墙,按其位置分为:檐墙、山墙、廊心墙、扇面墙、隔断墙、槛墙和其他墙等。

(1) 檐墙:在面宽方向,伴随房屋前后檐柱的墙,称为檐墙,分前檐墙和后檐墙。

(2) 山墙:在房屋两端,沿进深方向包住山柱的墙,称为山墙。

(3) 廊墙、廊心墙:廊墙是指山墙延伸,横隔廊子部分的内侧一面,即山墙内侧面檐柱至金柱之间的部分;如果在这一面墙心上,再加做装饰图案者就叫廊心墙。一般为简便起见,有的就把凡在有廊建筑中,于山墙檐柱和金柱之间所砌之墙,通称为廊心墙。但也有在游廊的通道上做带门洞横隔墙的,这种做法不叫廊心墙,而叫做"闷头廊子",也有叫"灯笼柜",其做法同廊心墙一样。

(4) 扇面墙:在某些大型建筑物中,在金柱位置平行于檐墙所砌之墙,称为"金内扇面墙",简称"扇面墙"。在室内沿进深方向,平行于山墙所砌之墙,称为隔断墙。扇面与隔断墙的做法基本相同。

(5) 槛墙:在窗槛之下的墙,称为槛墙。

(6) 其他墙:如金刚墙(是一种隐蔽性的加固墙)、护身墙(用于马道、山路、楼梯等交通两侧的矮墙)、院墙和影壁等。

从墙体平面看,柱子轴线与墙体边线的距离称为"包金",轴线以外称为外包金,轴线以内称为里包金。故一般墙体是包柱而立,墙厚均大于柱径,分里外两层,外称墙面,里称背里,里外包金尺寸详见表4-3。墙与柱的接触部分,外墙面包住柱身,内墙面留柱外露,与背里成八字衔接。

从墙体立面看,常将墙身分为:下肩、上身、砖檐三部分。

下肩:有称下碱、裙肩,相当现代建筑的外墙裙,是墙体的主干部分,多采用优砖精砌,一般取檐柱高或整个墙高的约1/3,并结合砌砖层数取单数确定其高。

砖檐:是指屋檐板下檐口砖层层挑出的部分。砖檐高应根据封山檐、后檐墙和院墙顶等所采用的砖檐形式而定,具体参考砖檐出檐尺寸表4-5所述。

上身:即下肩上皮至砖檐下皮的部分,上身墙厚较下肩稍薄,其外墙面要较下肩内收0.5~1.5cm左右,此距离称为"花碱"。上身砌筑用料比下肩稍糙,所砌墙砖要较下肩降低一个等级。墙体各部位名称如图4-7所示。

2. 房屋各部位墙体的尺寸

墙体的尺寸,宋《营造法式》没有作详细规定,只是列出三种墙的一般要求,如在第十三卷述到"筑墙之制,每墙厚三尺,则高九尺,其上斜收比厚减半,若高增三尺,则厚加一尺,减亦如之。凡露墙每墙高一丈,则厚减高之半,其上收面之广,比高五分之一。若高增一尺,其厚加三寸,减亦如之。凡抽纤墙,高厚同上,其上收面之广,比高四分之一。若高增一尺,其厚加二寸五分"。这就是说一般的墙,厚与高之比值为1:3,即厚三尺,高则为九尺,墙高每增高一尺,厚增加0.3尺,墙顶按厚的一半做成斜面;若是露墙(即无遮拦的墙),厚/高之比值为1/2,即高

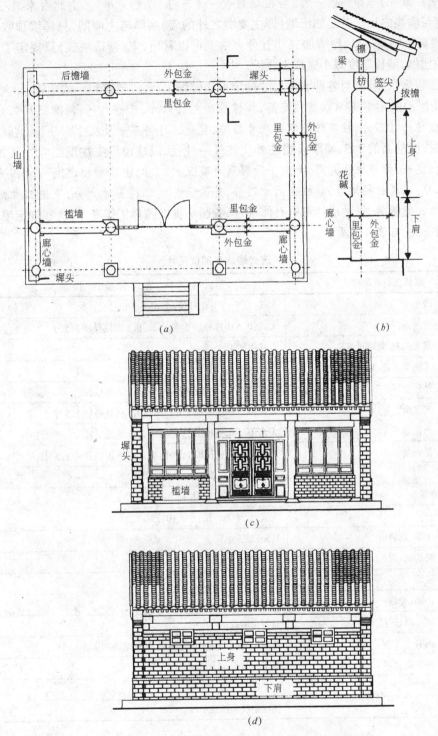

图 4-7 房屋(硬山)墙体构造及名称
(a)墙体平面图;(b)后檐剖面图;(c)前檐立面图;(d)后檐立面图

一丈则厚减高之半,这种高厚比似乎太大,而在第十五卷砖作制度中,也谈到"垒砖墙之制,每高一尺,底广五寸,每面斜收一寸,若粗砌斜收一寸三分,以此为率"。由此看来,1/2之比,是指墙底宽与墙高之比。若是抽纴墙(即主要墙之外的墙)高厚与主墙同,只是墙顶收面宽按高的1/4,墙高每增高一尺,厚增加二寸五分。由上可以看出,宋《营造法式》只规定了墙体高与墙底厚的比例,墙顶厚度减小做成上收面。

  清《工程做法则例》对各种墙体尺寸规定得比较细,分大式建筑和小式建筑,如大式建筑山墙在卷四十三中谈到"群肩以檐柱定高,如檐柱高九尺六寸,三分之一,得高三尺二寸;以柱径定厚,如柱径八寸四分,柱皮往外即出八寸四分,里进二寸得厚一尺八寸八分"。这就是说山墙的下肩高按檐柱高的1/3,墙厚以檐柱外皮往外一柱径,以柱径里皮往里二寸。又如"前后檐墙,以檐柱定高,如檐柱高九尺六寸,下除群肩之高三尺二寸,上除檐枋之高八寸四分,得高五尺五寸六分;以檐柱径定厚,如柱径八寸四分,外除三分之二得五寸六分,里进二寸,共得厚一尺六寸"。如此等等,每种墙体都有具体规定,我国一批老园林工作者,将这些规定集中列成表格以方便查阅,如表4-3所示。

清式墙体各部位尺寸　　　　　　　　　　　　　　　　表4-3

墙体名称或部位		清式营造尺寸
山墙	外包金	大式:1.5~1.8山柱径;小式:1.5山柱径
	里包金	大式:0.5山柱径加2寸;小式:0.5山柱径加1.5寸
	露明山花、象眼里皮	自柱中加1寸
	不露明山花、象眼里皮	平柱中
后檐墙	外包金	大式:1.5~1.7檐柱径;小式:1~1.6檐柱径
	里包金	大式:0.5檐柱径加2寸;小式:0.5檐柱径加1.5寸
前檐槛墙	外包金	大式:0.5檐柱径加1.5寸;小式:1.6檐柱径
	里包金	大式:0.5山柱径加1.5寸;小式:0.5山柱径加1.5寸
廊心墙厚		里外包金同山墙
扇面墙、隔断墙厚		以柱中里外各0.8柱径
院墙厚		大式:大于1.8尺;小式:0.75~1.25尺
花碱宽	干摆、丝缝墙	1.5~2.5寸
	糙砖墙	2.5~3寸
	院墙	3~4.7寸
下肩高	山墙、檐墙	1/3檐柱高,砖砌层数要单层
	廊心墙、囚门子	高与山墙近
	院墙	可与山墙同不与山墙连接者,按院墙高的1/3
签尖	签尖高	等于外包金
	拔檐出檐	等于砖本身厚
五花山的轮廓线		按柱中线和瓜柱中线

(二)砖墙体砌筑类型

  古建筑砖墙体的砌筑,常因房屋的重要程度不同,使用不同的砖料进行砌筑,在园林建筑工程中一般分为:干摆墙、丝缝墙、淌白墙、糙砖墙和碎砖墙等几种砌筑类型。

1. 干摆墙：它是指用经过精加工的五扒皮砖，除第一层和墙身背里外，其他部分都不允许挂铺灰浆，完全通过"磨砖对缝"，一层一层干摆而成，它是砌墙精度很高的一种墙体。在干摆砌法中，采用城砖砌筑的称为"大干摆"，采用停泥砖砌筑的称为"小干摆"。

干摆墙多用于：重要建筑的墙身、一般建筑的下肩、槛墙、砖檐、博风、盘头和影壁等。

2. 丝缝墙：丝缝有叫细缝、撕缝，即灰缝口很小（不超过 4mm）的一种墙体。它多用停泥砖加工的膀子面和老浆灰摆砌而成。丝缝墙常与干摆墙相配合使用，所以，多用作为一般建筑的上身，也可用作砖檐、盘头、廊心和影壁心等。

3. 淌白墙：它是用经简易加工的砖和月白灰进行砌筑的墙体，因加工做法精度不同，又分为：淌白缝子墙、淌白拉面墙和淌白描缝墙等三类。

淌白缝子墙：它是用淌白截头砖，仿照丝缝墙的效果所砌筑而成的墙体。

淌白拉面墙：它是用淌白拉面砖和月白浆砌筑，使灰缝厚度不超过 4~6mm 的墙体。

淌白描缝墙：它是在拉面墙的基础上，将砖缝用烟子浆描黑而成的墙体。

淌白墙主要适用于要求不高和干摆丝缝墙的辅助墙体。

4. 糙砖墙：又称"糙灰条子"，即用未经加工的整砖加灰浆所砌的墙体，都称为糙砖墙，根据灰缝的大小分为带刀缝墙和灰砌糙砖墙。

带刀缝墙：又称带刀灰墙，它多以开条砖为主，用灰刀将月白灰挂刮在砖的四角，用手将砖块挤压到位，使灰缝不超过 5~8mm 为度。它一般用于小式建筑中清水墙身、下肩、墀头、砖檐等。

灰砌糙砖墙：又称粗砌带刀缝墙，它所用的砖料规格不限，多以白灰膏进行铺筑，灰缝可在 8~10mm。它一般用于混水墙身、墙体背里、基础部分和院墙等。

5. 碎砖墙：又叫"碎砖压泥"，它是用碎砖或规格不一的整砖，加掺灰泥进行砌筑。所谓碎并不是打碎的破砖，而是指规格大小不完全一致的杂砖，一般用于不太讲究的墙体和基础等。

（三）墙体砌筑的施工工艺

1. 干摆墙的施工

干摆墙是一种高级做法的墙体，它的外露面多使用五扒皮砖，里面用糙砖作背里。它的施工步骤与现代做法基本相似，但在工艺名称上有很大区别，具体步骤为：弹线样活→拴线衬脚→摆砖打站尺→背里填馅→灌浆抹线→刹趟墁干活→打点墁水活→冲水净面。

（1）弹线样活：弹线是指在基础面上弹出墙体底脚线，样活是指按所采用的砖缝排列形式，用砖进行试摆，以便调节摆砖尺寸的补砍规格。

（2）拴线衬脚：拴线即为现代施工中的挂线，按照弹线的位置挂上横平竖直的样标线，称为"拽线、卧线、罩线"。在砌筑两端拴挂的立直线称为"拽"线，考虑到墙体上下厚薄或收分，需在两拽线之间拴挂上下两道横线，下为"卧线"，即砌砖层的摆砖线；上为"罩线"，即控制墙面平直的控制线。衬脚就是打底灰，即用麻刀灰找平基础面层。

（3）摆砖打站尺：摆砖即砌砖，但不是用砂浆砌，而是干摆，即砖缝紧密，外露面的立缝和横缝都不挂灰，除第一层用三缝砖外，其余均用五扒皮砖，砖的稳定与平直应在其后口用片石垫塞卡紧。摆完一段砖后用平尺板（即直条尺）以卧线和罩线为标准，检查墙面平直度，称为"打站尺"，以便及时调整纠偏。

（4）背里填馅：当外墙干摆到一定距离后，可糙砌里墙，称为"背里"，也有里外都是干摆，在里外之间空隙用糙砖填充，称为"填馅"。无论背里或填馅，都要与干摆留有 1~2cm 宽的

"浆口",以便下一步灌浆。

(5) 灌浆抹线:背里完成后即可灌浆,一般用桃花浆或白灰浆,比较讲究的用江米浆,分三次从浆口灌入,先稀后稠,每灌"半口浆"即1/3,再半口浆,最后填平灌足称为"点落窝"。点完落窝后,用灰刀刮去浮灰,再用麻刀灰抹平称为"抹线",也叫"锁口",以防上层灌浆下串而撑开砖缝。

(6) 刹趟墁干活:灌完浆后,用磨头(即砂轮)将砖上棱高出的部分磨平,即称"刹趟"。将砖缝和墙面高出部分磨平称为"墁干活"。

(7) 打点墁水活:经过刹趟后,对砖面残缺和砂眼之处,用"砖药"(即将砖粉用水调和成稠浆)进行填平补齐称为"打点",待干后用磨头沾水磨平称为"墁水活"。

(8) 冲水净面:当整片墙体完成后,用清水和软毛刷将墙面清扫冲洗干净。

2. 丝缝墙的施工

丝缝墙一般用膀子面砖,也可用五扒皮。其施工过程与干摆墙大同小异,所不同之处有以下几点:

(1) 用老浆灰挂灰砌砖,而不是干摆,灰缝不超过2mm,随砌随压随刮去余灰。

(2) 灌浆抹线后不刹趟,进行打点墁水活。

(3) 干摆墙注重砖的砍磨精确,而丝缝墙则注重墙面灰缝平直。

(4) 最后要进行"耕缝"(即刮出整齐一致的缝槽),然后冲水净面。

3. 淌白墙的施工

(1) 淌白缝子墙:其施工过程大体与丝缝墙相同,只是所用砖料为淌白截头,不墁干活和水活、也不冲洗,耕缝时当遇有窄缝不一致者,应用扁凿开缝一致。

(2) 淌白拉面墙:它所用的砖料可为淌白截头,也可为淌白拉面。砌筑灰浆用月白灰,灰缝厚控制在4~6mm,灌浆用桃花浆,最后可耕缝,也可"打点缝子"(即先刮缝后用小麻刀或锯末灰进行勾缝,灰缝可与砖平,也可稍低),其他与淌白缝子墙相同。

(3) 淌白描缝墙:它与拉面墙大体相同,只是灰浆要用老浆灰或深月白灰,打点缝子后要用小排刷沾黑烟子浆描缝。

4. 糙砖墙的施工

(1) 带刀缝墙:它的做法与淌白墙基本相似,只是灰缝较大,可为5~8mm。所用砖料为开条砖或四丁砖,不需砍磨。砌筑用月白灰或白灰膏,灌浆用桃花浆,砌筑完毕后不用小麻刀灰打点缝子,但要用瓦刀或竹片划出凹缝,缝子应深浅一致。

(2) 灰砌糙砖墙:它所用的砖料不限规格、不挂灰、而是满铺灰浆进行砌筑。多用白灰膏,灰缝8~10mm,除用素灰砌筑外,也可用掺泥灰,甚至用现代硝浆砌筑。

5. 碎砖墙的施工

碎砖墙是用不规则的砖和掺灰泥进行砌筑,俗称"碎砖压烂泥",它在弹线样活、栓线衬脚、背里填陷、灌浆抹线等做法与上相同,只是灰缝要求可大些,但最大不得超过25mm。转角处要求用比较规正的整砖砌筑,其他墙心均可为碎砖,这叫"金镶玉"。在碎砖墙部分,为了加强其稳固性,应每隔一段距离(约1m左右)砌一丁头砖,以增加拉力。最后要打点缝子,清扫墙面。

二、墙砖的排列和艺术形式

(一) 墙砖的排列方式

墙体砌砖按砖缝的排列方式常见的有：三七缝、梅花丁、十字缝等三种，其他如五顺一丁、落落丁(即层层丁)、多层顺一层丁等均不常用。

1. 三七缝：又称为三顺一丁砌法，即每层砖按三个长身面、一个丁头面进行摆砌，再砌上一层砖时，注意丁头面要摆在下层三个长身面的中间，这样，上下缝口错开一个三七距离，故称三七缝砌法。在砌砖前应先经"样活"(即试摆)，以能排出"好活"(即能满足三七缝要求)为准，如赶不上好活者，应适当调整砖的长度。

2. 梅花丁：又称"丁横拐"或一顺一丁砌法，即每层砖按一个长身面、一个丁头面进行摆砌。它的特点是：上一层的丁头面摆在下一层长身面的中间，三层的砖缝形似梅花形，它的拉结性好，但用料较多。

3. 十字缝：这种砌法除转角处外，每层砖全都是长身面摆砌，它的特点是节省砖料，墙面灰缝少，但拉结性较差，应注意采取暗丁拉结措施，如图4-8所示。

三七缝(三个长身一个丁头)　　梅花丁(每皮砖一长身一丁头)　　十字缝(每皮长身)

图4-8　砖缝排列方式

(二) 墙面砖的艺术形式

在砖墙砌体中，为了增加一些墙面的装饰效果，或采取节约用砖措施，又要保持墙面整洁美观，需要对墙面的砌砖进行一些艺术处理，常用的艺术形式如下：

1. 落膛心做法

这是指在砖墙面上做成凹进一方块(即落膛)，形成一个砖圈框的一种装饰做法。一般用作：廊心墙上身、囚门子(即以山柱将山墙分割两块墙面的装饰)做法的墙面、槛墙装饰、院墙装饰、砖匾等。落膛周边的砖圈砌砖统称枋子，宽面的称"大枋子"，窄面的称"线枋子"，圈框以内称"墙心"，即"落膛心"，枋子棱角要做成核桃棱或窝角棱。如果墙面落膛心与柱、梁连接时，大枋子的外侧要砍成八字形，竖向叫"立八字"，横向称"卧八字"。落膛子的两个下角应使用"拐子砖"，如图4-9所示。

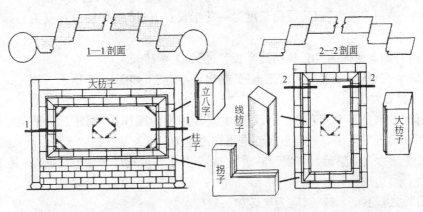

图4-9　落膛心做法

2. 五出五进做法

它是指专用在墙的转角处,以五层砖为一组,做成凸(出)凹(进)交错的一种转角墙面形式,凸出与凹进之差为半砖长。而墙心部分采用低一档次的砖墙砌体,以节约整个墙体的投资。若墙心采用混水抹灰者,称为"软心"做法。

当某部位墙体较矮而需要采用上述做法时,可将五出五进改成三出三进。对凡是采用凸出凹进做法的墙心面部分,都要较转角面部分退进1cm左右的花碱。

五出五进做法的第一组必须是"五出",而五出中的第一层最后一块砖必须是长身面,而不能是丁头砌。

"五出五进"不能与下肩的砖缝形成齐缝,因此,在计划下肩摆砖时要有所考虑,下肩最后一层的第一块必须是丁头。

五出五进做法常用于山墙的上身、后檐墙的上身,也有时用作为虎皮石的院墙、虎皮石的槛墙等的角墙,如图4-10所示。

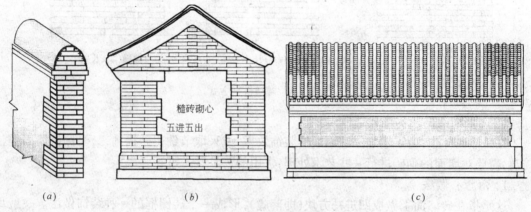

图 4-10 五进五出砖墙
(a)用于院墙;(b)用于山墙;(c)用于后檐墙

五出五进每组层砖的摆砌方法有五种:工匠师傅们称为"个半俩"、"个半个"、"俩半俩"、"俩半三"、"三半三"等,如图4-11所示。

"个半俩"是指:"五出"组每层总长度,从角端算起为两个长身砖长;"五进"组每层总长度为一个长身砖加一个丁头砖长,即一砖半长。也就是说,进为个半,出为两。

"个半个"是指:"五出"组每层总长度为一砖半长;"五进"组每层总长度为一砖长,即出个半,进一个。

"俩半俩":如上所述为"出"长两砖半长,"进"长为两砖长。

同理"俩半三"是出三进两半,"三半三"是出三半进三,如图4-11所示。

3. 圈三套五做法

圈三套五做法是五出五进做法的改进,它是用一个砖圈作边,圈住三层平砌砖(图4-12),但还是套用五出五进做法。它与五出五进不同之点为:

(1)虽圈三为三层整砖,但"出"与"进"的端头立边厚度均应等于五层砖厚,其中最外边一块应砍成"割角"边形式。

(2)凸凹之差不止半砖长,应为半砖加一扁砖厚。

(3)墙心部分一般,不采用软心作法,多采用淌白墙。

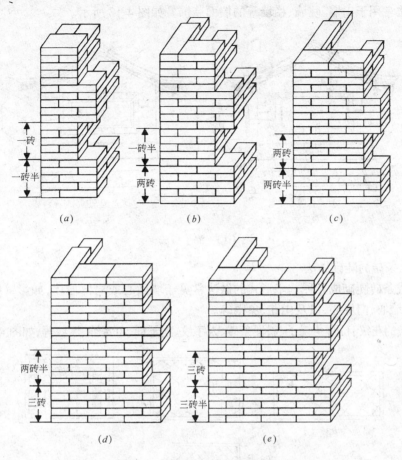

图 4-11 五进五出的几种摆砌方法
(a)个、个半；(b)个半、两；(c)两、两个半；(d)两半、三；(e)三、三半

圈三套五做法多用于装饰平台式铺面房中临街的一面墙上。

4. 砖池子

砖池子是指四周能形成矩形边框（中间略有凹进），再加上砖圈的一种装饰做法。它与落膛心的区别是：落膛心是特定做出有边框的凹进墙心；而砖池子一般是在两侧有砖腿或砖垛形成边框，下端有下肩形成下框，上端有倒花碱（即后檐墙砖檐下）或整砖过河山尖（即相对碎砖墙心上用整砖所做的山尖）形成上框者所形成的池子大框。在池子四周作一道砖圈，砖圈的交角为方角者称"方池子"，交角为两条弧线相交者称"海棠池"。海棠池砖圈的交角有带雕刻和不带雕刻的两种，砖圈凸棱均应做成核桃棱或窝角棱，池子的交角应以割角相交。

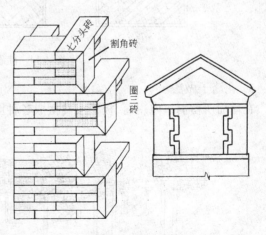

图 4-12 圈三套五

池子做法常用于山墙、院墙、槛墙等的墙面装饰。如图4-13所示。

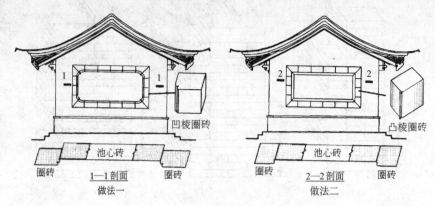

图 4-13　池子做法

5. 方砖、条砖的陡砌做法

用方砖或条砖陡砌成各种艺术形式的做法常见于墙面心或局部墙体,如影壁墙心、廊心、看面墙心、槛墙心、门垛心,以及山花、象眼等。

陡砌形式的花纹有:膏药幌子、斜墁条砖、人字纹、拐子锦、龟背锦、席纹等,如图4-14所示。

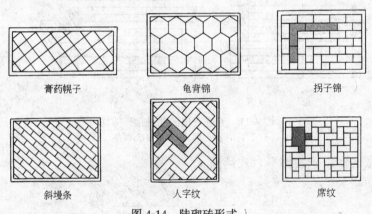

图 4-14　陡砌砖形式

6. 花墙子做法

在墙面所留洞口内用筒、板瓦或砖摆成各种图案,对墙面进行装饰的一种做法。多用于院

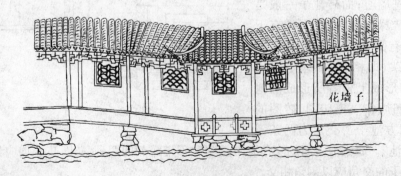

图 4-15　花墙子

墙的上部、园林内墙、平台铺面房的女儿墙等。

所用瓦号大小应根据墙厚、洞口面积决定,一般宜小不宜大。所用砖料一般为条砖或方砖、城砖的透雕等,如图4-15所示。

7. 什样锦做法

什样锦做法是指将墙体的门窗洞口作成不同造形的一种做法。常用于园林建筑中的内墙、后檐墙、游廊墙,以及垂花门两侧的看面墙和花园中的隔墙等。洞口形状很多,常用的有:五方、六方、八方、圆形、寿桃、扇面、宝瓶、双环、菱形、石榴、海棠等。

洞口内一般用"哑巴框"做内框,洞口外用木贴脸或砖贴脸。

(1)"哑巴框"做法:先根据图案做出样板,按样板钉成盒子,砌筑时将盒子放在墙上,四周砌砖,迎面钉木贴脸或砌砖挂落,侧壁钉筒子板或贴面砖。

(2)贴脸做法:有木贴脸和砖贴脸两种,木贴脸可直接钉在"哑巴框"上,砖贴脸称为"砖挂落",可用银锭榫固定在哑巴框上,如图4-16所示。

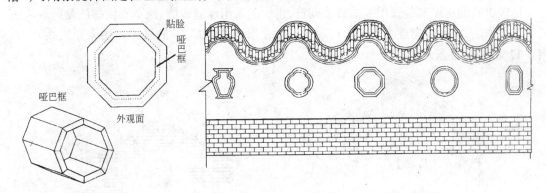

图4-16 什样锦

8. 石砌花墙做法

用各种不同的石料对砖墙体进行装饰,也是园林建筑中常采用的一种手法。石砌墙的种类有:虎皮石墙、方正石墙、碎拼石板、卵石墙等。

(1)虎皮石墙:虎皮石墙是用不规则的花岗石砌筑成墙后,用灰浆勾缝形似虎皮纹理而得名。砌筑第一层时,先挑选比较方正的石块放在拐角处,然后在两端角石之间拴线砌里外石,尽量选用大面朝外,用小石垫稳和填馅,最后用灰浆塞缝捣实。砌第二层时,先铺灰浆,选择外形合缝的面石,与第一层错缝砌筑。若里、外两层者,应注意相互咬紧拉结,不能砌成"两张皮"。勾缝可为凹缝、凸缝、平缝,根据设计需要选用。

(2)方正石墙:它是用花岗岩、青白石、汉白玉等加工成一定规格的方条石所砌的墙体。可采用浆砌也可干砌,浆砌者用灰浆勾平缝或凹缝,干砌者,后口用铁片或石片塞紧,填塞灰浆。石料之间用铁扒锔或铁银锭连接。

(3)碎拼石板:它是以砖墙作为背里,外面选用厚度不超过8cm,形状不规则的青石板或砂石板,但外表面要经细磨光滑。在砌筑时,砌一层背里砖,贴一层石板。砌好后灌浆加固,最后勾平缝。

(4)卵石墙:卵石墙的砌筑方法与虎皮石墙相同,只是比较光滑,更要注意选用大面朝下,塞紧垫实。

第三节 各种墙体的施工工艺

一、山墙的构造与施工

(一)硬山式山墙的构造及其名称

硬山式山墙的墙体构造形式较多,但其基本构造从台基向上是由:下肩、上身、山尖和山檐等四大部分组成。

1. 下肩

山墙下肩又称下碱、裙肩。一般为檐柱高的 3/10,并以砌砖层数为单数定高。其厚参考表 4-3 中的里包金和外包金尺寸,即外皮应与墀头外皮平。而背里砖里皮线,当为普通建筑的山墙,应与山柱里皮在同一直线上;对较重要的建筑应较普通里包金大 1/4 山柱径。背里部分靠柱子的砖要砍成六方八字形,两块八字砖之间的距离叫"柱门",柱门最宽处同柱径。

比较讲究的房屋都是采用干摆砖墙砌筑,稍次的采用丝缝砖墙,最节省的做法是两端采用三出三进作法,中间干砌或浆砌虎皮石墙。对比较重要的建筑,下肩最上一层采用腰线石,如图 4-17(a)外立面所示。

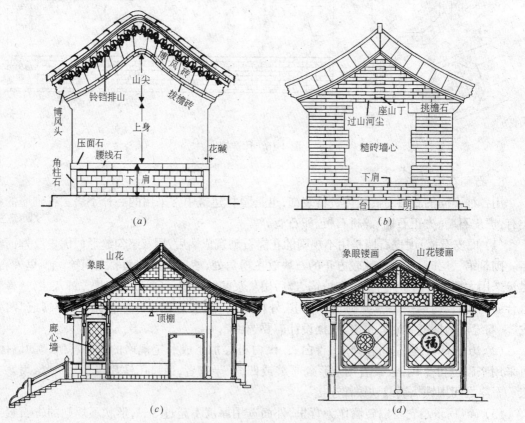

图 4-17 山墙的常用构造
(a)山墙各部分名称;(b)清水砖墙露明做法;(c)有廊山墙带顶棚内立面;(d)山墙内立面做法

2. 上身

山墙上身是指山墙的中间部分,墙厚较下肩的里、外皮退进一个距离,称"花碱",花碱的尺寸一般为1/10~1/6砖厚,具体参看表4-3所述。

上身所用砖料一般要较下肩低一个档次,较重要建筑也可以与下肩砌法相同。当上身采用干摆、丝缝、淌白墙三七缝(三顺一丁)砌法时,在正对正脊的地方,应每隔一层砌一丁头砖叫"座山丁",如图4-17(b)所示。

在小式建筑中,上身多采用"五出五进"、"圈三套五"及"池子"做法(图4-17b),墙心多用较粗糙材料砌法,"五出五进"软心的外皮要较四角退进1~1.5cm。

上身里皮用料一般都较外皮粗糙。如果下肩里皮采用抹灰做法时,上身里皮不退花碱。当有排山柱时,山柱与金柱之间,被分隔的山墙里皮称为"囚门子",囚门子做法可同廊心墙,也可与普通山墙做法相同。若采用落膛心做法时,又称它为"棋盘心"或"圈套子",如图4-17(c)、(d)背里面所示。

3. 山尖

它是指墙身最上的三角形部分。大式建筑的山尖墙身一般与上身作法相同,小式建筑中当上身墙心是碎砖墙心,而山尖采用整砖砌筑时,这种山尖叫"整砖过河山尖",简称"过河山尖"(图4-17b)。过河山尖一般从挑檐砖或挑檐石以上或盘头中荷叶墩同层开始。过河山尖的摆砌形式须同下肩一致,如采用三七缝法者山尖正中须隔一层砌一"座山丁"。

山尖墙的里皮面,瓜柱之间被横梁分割成矩形块的空档叫"山花",瓜柱与椽子之间形成三角形的部分叫"象眼",对山花、象眼的砌筑称为"点山花"、"点象眼",如图4-17(c)、(d)所示。

(1) 确定山花与象眼墙的里皮线位置和做法:当室内无顶棚时,山花、象眼露明,则里皮线位置按柱中线加出1寸计算;当室内有顶棚时,山花、象眼不露明,则里皮线按柱中线定位。山花、象眼不露明时,其外表可不讲究做法,若山花、象眼露明时,其做法有:丝缝墙面十字缝砌法、抹灰镂出假缝四周作成砖圈、抹灰刷烟子浆镂出图案花纹等三种做法,如图4-17山墙内立面所示。

(2) 砌筑山尖的操作过程:当山尖的上述内容确定后,就可以开始砌筑了。先拴好立线和椽子线:立线是标注山尖的正中位置和确定座山丁的标志,它可从脊檩或扶脊木上设一悬挑木条,木条悬端挂一根立线,挑出长度应使立线与上身平或靠近。椽子线是确定三角形两个斜边的标志,它可依木构架上脑椽的脊支点,往上算出望板、灰背、脊瓦(或底瓦)的总厚度,即可得出屋面瓦底标高,由此标高往下减去博风砖和拔檐砖的厚度,就是椽子线上端的交点,同样办法可找出椽子线的下端点,连接上下点即为所求椽子线,如图4-18(a)所示。

拴好线后即可"退山尖":因为山尖呈三角形,每层砌砖的两端都应比下面一层退进若干,退进的尺寸可直接依椽子线算出,计算出每层砌砖最边端的一块砖长叫退山尖。

退山尖确定好后,就进行"敲山尖":先按退山尖的尺寸进行"砖找"(即对每层两端的边砖,砍成一面为符合山尖角度的斜边形,即"◁"形),然后就开始"敲山尖"(即开始按山尖要求和坡度进行砌筑),有的又叫"敲椽子"。敲山尖应从中间砌座山丁开始向两端赶。而山尖的形式(即山样)有尖山式和圆山式等如图4-18(b)、(c)所示,根据设计需要采用。一般尖山式用于:①有正吻的大式建筑;②清水脊、皮条脊做法的小式建筑;圆山式用于垂脊为罗锅卷棚做法的小式建筑。

4. 山檐

硬山的山檐是指与屋面瓦接壤的滴子瓦以下至敲山尖上皮的部分,它包括:拔檐砖、博风砖等。

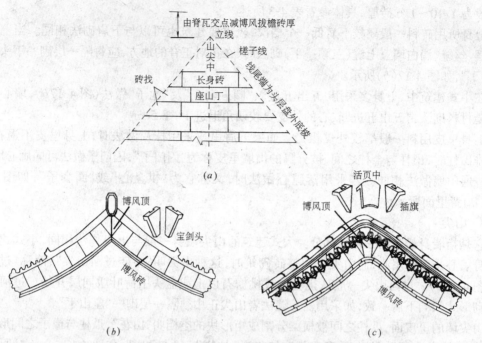

图 4-18 山尖形式与敲山尖
(a)山尖槎子线的拴法；(b)尖山式博风；(c)圆山式山尖

拔檐砖是在敲山尖后的基础上，用灰抹平，再砌两层拔檐砖，所用砖料与砌法同山墙下肩。拔檐砖的出檐尺寸应与墀头中的头层、二层盘头交圈。当前、后檐都有墀头时，前、后拔檐砖按墀头中的头层、二层盘头砖位置进行砌筑；当后檐为封后檐无墀头时，拔檐砖一般很难达到与后檐的头、二层檐交圈，这时可将拔檐两端的端头安置一个靴头砖即可。砌好后要用麻刀灰将砖檐后口抹严。靴头砖做法详见檐墙中图 4-32 所述。

拔檐完成后，即"串金刚墙"：即在拔檐砖之上，博风砖位置之后，砌几层混水砖墙。金刚墙砌好后，用麻刀灰封顶，顶面上皮应与待砌的博风砖顶平。

最后"熨博风(有称熨博缝)"：即配贴博风砖。熨博风的关键是做好博风两端的博风头和脊中博风顶。脊中博风顶所用砖料应根据所确定的山样形式进行砍制，即尖山用"宝剑头"，圆山用"活顶中"，顶中两边为"插钎"俗称"插旗"，插钎应待熨完博风砖后按实际所余尺寸进行砍制，见图 4-18 所示。

博风头一般用方砖或三才砖进行砍制，砍制方法如图 4-19 所示。博风高度约为 1～2 檩径，视建筑等级酌定，也可按稍小于墀头宽。博风头位置的高低，若博风是砖博风，博风头上皮

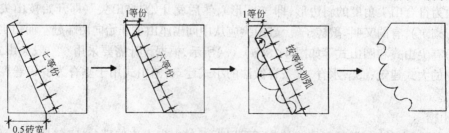

图 4-19 博风头的放样

应与木瓦口的"椀口"同高,若是木博风应与大连檐上皮同高。三才砖的规格:大三才按尺四砖高一半,小三才按尺二砖高一半。

博风砖的用料和砌筑,一般与山墙下肩相同,砌筑时先将博风头和博风顶安装好,博风头上棱应与前后檐瓦口平,然后依此拴线熨博风砖,博风砖之间应严丝合缝,不合缝者应按实际砍剔。对博风砖砍制磨合后,稳在拔檐砖上的金刚墙旁,用钉子铅丝牢固在木椽子上然后灌浆并用麻刀灰抹平上口,打点整齐即可。

5. 硬山建筑的封火墙

这是我国南方地区常采用的一种山墙形式,多用于南方民间小式建筑和园林建筑。它的山墙墙体超出屋面屋脊,作成两边对称的阶梯形,与邻近房屋起着封隔作用,墙顶作成挑檐式屋脊,以加强装饰效果,如图4-20所示。

封火墙的每一阶级称为"一档",一般屋面每一坡面分成2~3档,依房屋进深大小而定,计算方法如图4-20(d)所示:

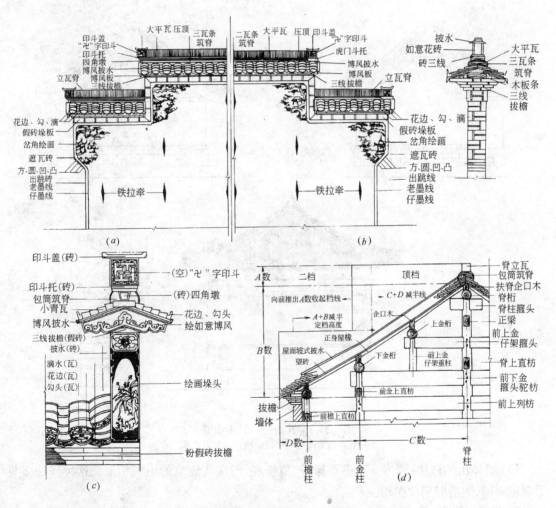

图4-20 硬山建筑封火墙
(a)封火墙山面;(b)剖面;(c)端头面;(d)二档的档高与档长

每档高 $= (A+B) \div$ 分档数；

顶档长 $= (C+D) \div$ 分档数 $+ A$；下档长 $= (C+D -$ 顶档长$) \div ($分档数 $- 1)$

(二) 悬山、歇山和庑殿式山墙的构造及其名称

悬山、歇山和庑殿式山墙有许多相同之处,故列在一起介绍。

1. 悬山式山墙

悬山式山墙大式建筑的下肩多带石活(腰线石);小式建筑多为整砖露明。悬山山墙的下肩和上身构造基本与硬山相同,而山尖部分有三种做法：

(1) 五花山墙做法：墙体山尖两边沿柱、梁、瓜柱砌成阶梯形状,称为"五花山墙",简称"五花山"。五花山的外轮廓垂线应以柱子和瓜柱的中线为准,如图 4-21(a)所示。

(2) 挡风板山墙做法：墙身砌至梁底,而梁以上的山花、象眼处的空档用木板封挡,此称为"挡风板山墙",如图 4-21(b)。

上述两种做法的墙身上皮都作成外斜抹边形式,叫"签尖",带拔檐砖的叫"签尖拔檐",如图 4-21(a)剖面所示。

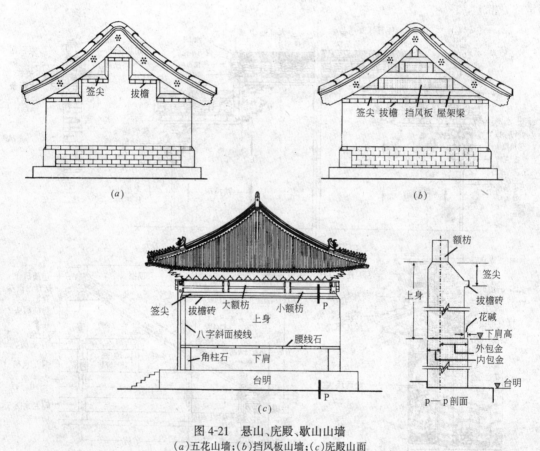

图 4-21 悬山、庑殿、歇山山墙
(a)五花山墙；(b)挡风板山墙；(c)庑殿山面

(3) 整体山墙做法：墙体一直砌至椽子、望板底,与现代建筑的山墙相似。这种作法多见于唐宋时期,明清时期较少用。

2. 庑殿、歇山山墙

庑殿、歇山的山墙没有山尖,山墙的下肩也多带石活(如腰线石、角柱石等);上身为混水墙

多采用抹灰刷红浆做法,但也可以采用整砖露明做法,无论采用哪种做法,墙顶同悬山一样做成签尖形式,签尖的做法与后檐墙签尖相同,如图 4-21(c)所示。山墙两端与前后角柱,可做成八字连接,也可包柱面砌,具体应与前后檐做法配套。

悬山、庑殿、歇山山墙的上身,一般都有正升,抹灰做法的正升为墙高的 5/1000~7/1000,整砖露明作法的正升为墙高的 3/1000~5/1000。

(三)墀头的构造及其名称

墀头是硬山式山墙墙体的延续部分,是硬山式山墙所具有的一种独特结构,而悬山、庑殿和歇山等建筑都没有这一结构。

墀头有的称为"腿子",它是硬山山墙两端檐柱以外的延续墙体,如果硬山式建筑的前、后檐都是"露檐出"(又叫老檐出)时,则前、后都有墀头。如果后檐墙不露出椽子为"封后檐"时,则后檐无墀头,只前檐有墀头。

1. 墀头的尺寸

墀头有三个面,即:①外侧面,它与山墙外立面共一个面;②看面,即迎端面,是墀头的主看面;③内侧面,即山墙背里方向的一个面,对有廊硬山来说,该面檐柱以里就是廊心墙,如图 4-22 所示。

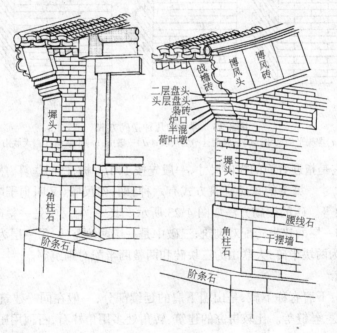

图 4-22 墀头构造

墀头的三个面与山墙一样,都分别由三部分组成,即由下而上为:下肩、上身、盘头。墀头的尺寸包括高、长、宽。

(1)墀头高:它可由木构架所安装的尺寸决定,它是指从台明上皮至檐口望板上皮的垂直距离。

(2)墀头长:它是指侧面部分山墙墙体延续到墀头迎看面的长度,它与山墙连接成为一个整体,故一般没有明显的分界线,只要按"下檐出-小台尺寸"即可。小台尺寸一般为0.4D~0.8D(D为檐柱径)。如图 4-23(a)所示。但小式建筑不小于 2 寸、大式建筑不小于 4 寸(营造尺)。

171

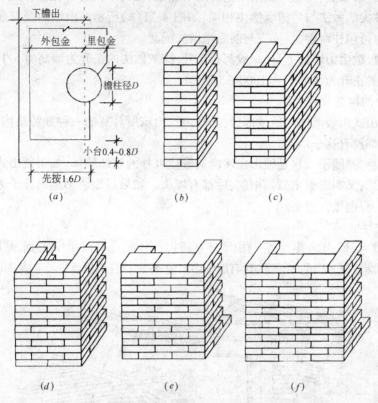

图 4-23 墀头的几种摆砌方式
(a)墀头平面尺寸;(b)马对莲;(c)勾尺咬;(d)三破中;(e)小联山;(f)大联山

(3)墀头宽:它是指迎看面的横向尺寸,一般先按 1.6D(檐柱径)匡算,然后再选定排砖砌筑方式确定具体尺寸。墀头的排砖砌筑方式有六种,即:勾尺咬(又叫狗子咬)、马对莲、三破中、小联山、大联山等。砖的摆砌方法如图 4-23 所示。其中:勾尺咬是一整砖加一丁头砖;马对莲是一层整砖和一层两块半砖配对砌筑;三破中是一层两块整砖,另一层为中整两边为半砖配对砌筑;小联山为两块半砖;大联山为三块砖和两整两半配对砌筑等。

2.墀头的施工

(1)墀头下肩:下肩有称下碱,是山墙下肩的延续部分,一般在同一建筑中用最好的砌筑方法和材料,如干摆、丝缝等。比较讲究的建筑,转角处多用角柱石,石顶用压面石续接山墙腰线石。摆砖砌缝要与山墙砖缝平直一致,所以施工时应与山墙连成整体统筹考虑。下肩的里、正、外三面砌法一样,如果里侧有廊心墙,廊心墙部分的下肩按廊心墙要求另行砌筑。

(2)墀头上身:它是指从下肩上皮至盘头下皮的距离,墀头上身按下肩每边退进一个花碱尺寸(参考表 4-3),在砌筑之前,应先根据已计算出的盘头尺寸(见盘头所述),计算上身的高度来安排摆砖层数。

在里侧与檐柱的连接处,由于柱子不是笔直的,其差距可砌"砖找"。墀头的看面一般不完全垂直,从山墙面看,略向进深方向倾斜,即"仰面升",仰面升一般为上身高的 3/1000 ~ 5/1000。

当盘头为雕凿花活时,上身在紧挨盘头的一块砖,应用方砖凿成花活,称为"垫花",垫花的浮雕部分略高出墙面。

(3) 盘头:有称为"梢子",它是指墀头上身以上挑出至大连檐的部分(见图4-22)。但也有的只将除戗檐外的部分叫做"梢子"。一般盘头分为五层盘头和六层盘头两种,六层盘头的构造由下而上为:荷叶墩、半混、炉口、枭、头层盘头、二层盘头等六层,再上就是戗檐。五层盘头较前者少一层炉口。

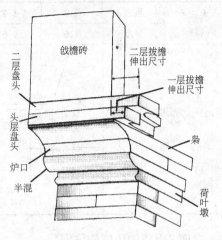

图4-24 盘头构件与组装

这些分件一般用方砖砍制,其形状如图4-24所示。其中,头、二层盘头可用一块方砖斜开成两个三角块,再将三角块两侧按山墙外侧面拔檐砖交圈尺寸和墀头内侧面砌砖位置剔凿出来,以保证砌筑时相互咬口连接。其他荷叶墩、半混、炉口、枭砖等用不同宽度的方砖或条砖砍制,以保证外、内两个侧面的砌筑灰缝相互错开,所以砍制时应按实际量出尺寸进行加工。戗檐砖用方砖砍制,选料尺寸的高可按约等于博风高,宽等于墀头宽或加拔檐挑出尺寸减去博风砖厚,顶棱可不加工,底棱砍成抹边蹬脚。如果一块方砖不够宽,可再加一条砖。

盘头的分件在砌筑时层层挑出,挑出的总尺寸为"天井",其中包括戗檐砖的倾斜距离叫"扑身"。清《工程做法则例》对五层盘头做法分为大、中、小三才砖,其挑出尺寸按表4-4规定,仅供参考,但在实际操作中,由于用做干摆盘头的方砖厚度不一样,因此,挑出尺寸也有一定变化,根据我国古建筑工作者的实践经验,一般可按表4-4中"天井"所述尺寸灵活处理。

对一些比较讲究的建筑,墀头梢子常用挑檐石,不做半混、炉口、枭砖这三层砖,挑檐石的出檐按1.2本身厚。不用挑檐石做法的可仿照砌一圈挑檐砖圈,形成"梢子后续尾",其中砖圈挑出砍成45°角,圈内的砖面与角棱齐平,如图4-22所示。

墀头里侧面中,荷叶墩至枭砖这几层的立缝,允许与墀头里侧下端的立缝错缝。在枭砖以上的部分,称为"腮帮",砌筑腮帮称为"点腮帮",采用十字缝清水墙砌法叫做"清点腮帮",采用抹灰镂划缝叫做"混点腮帮"。清点腮帮的砖缝应与梁头对齐,但紧挨梁头下面的一层砖不能与梁头齐缝,而使梁头端线处在这块砖的中间。由此,腮帮的砌砖层数应先行计算一下,按"单整双破"进行砌筑。单整是指计算层数为单数者,砌腮帮第一层砖应用一块整砖,即按梁头长加1/2砖长砍制,使梁头处在该砖中间;双破是指计算层数为双数者,砌腮帮第一层砖按梁头长砍制,使砖缝与其对齐。靠戗檐的砌砖,可按实际进行"砖找"。

《工程做法则例》墀头三才盘头尺寸(单位:营造寸) 表4-4

分件名称		线砖	混砖	器砖	盘头	戗檐	"天井"	盘头高
		荷叶墩	半混	枭	头二层盘头	戗檐砖	天井一扑身	
小三才墀头	挑出	1.5	2	2.5	1	1	8	
	厚度	1.6	1.6	1.6	3.2	4		12
中三才墀头	挑出	2	2.5	3	1.5	2	11	
	厚度	1.6	1.6	1.6	3.2	11		19

续表

分件名称		线砖	混砖	器砖	盘头	戗檐	"天井"	盘头高
		荷叶墩	半混	枭	头二层盘头	戗檐砖	天井一扑身	
大三才墀头	挑出	2.2	2.7	3.3	1.5	3	12.7	
	厚度	1.6	1.6	1.6	3.2	16		24
附图		小三才墀头		中三才墀头		大三才墀头		

（四）山墙的琉璃构件安装

在比较讲究的建筑中，山墙的博风和墀头常采用琉璃制品构件，以增加装饰效果和使用耐久性。琉璃构件一般都是定型产品，它不能像方砖那样在现场砍制，故安装前应先在地上进行试摆，以求得与墙体的磨合尺寸和拴线位置。

1．琉璃博风

琉璃博风常用在硬山、悬山和歇山建筑上，根据屋顶形式不同分为：圆山式博风和尖山式博风两种。

（1）圆山式博风：它是用于卷棚式屋顶的山墙博风，中间脊顶部分为圆弧形，如图4-25所示。它由：活页中、插旗、博风板、博风头、托山半混、托山半混转头等构件组成，在每个构件里面都有嵌槽（以便于镶砌或嵌砌）和洞眼（以便于用铁钉和铁丝拉结），施工时应嵌接牢固。

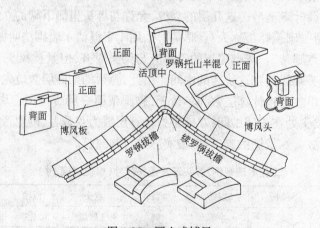

图4-25　圆山式博风

（2）尖山式博风：它多用于硬山和悬山的尖山屋顶，由：尖博风、博风板、博风头、托山半混、托山半混转头等构件组成，如图4-26所示。其中尖博风是由两块对称构件组成，其上留有燕尾槽口，可用木榫或铁件与脊檩连接。

以上各组件的分件图如图 4-26 所示。

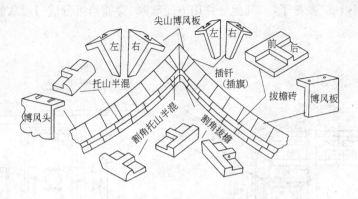

图 4-26 尖山式博风

2. 琉璃墀头

琉璃墀头一般为五层和四层做法，五层做法由下而上为：头层檐砖、半混砖、炉口砖、枭砖、盖板砖等，再上就是戗檐砖。四层做法少一炉口砖。

琉璃墀头砖都是三面露明，中间和背后做有凹槽，以供砌筑时能牢固连接。

凡做琉璃墀头建筑，一般都做琉璃的梢子后续尾叫"琉璃挑檐"，它由：挑檐砖、线砖(又叫圈口砖)、立八字砖、卧八字砖等组成。其组装和分件如图 4-27 所示。

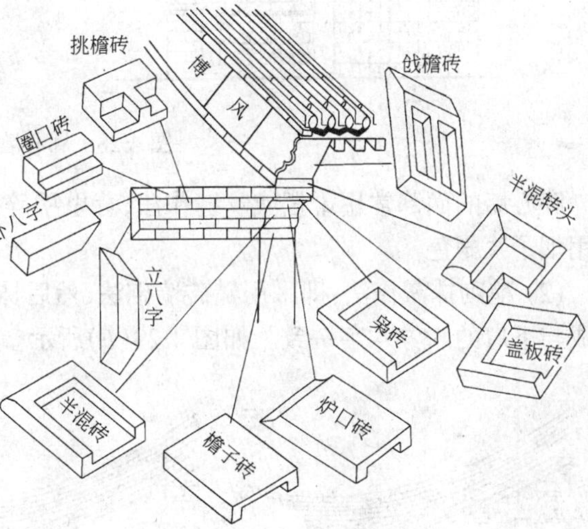

图 4-27 琉璃墀头构件

二、廊心墙的构造与施工

带廊子山墙的里侧面，墀头转角内侧檐柱与金柱之间的山墙面是廊心墙的位置。在古建筑园林建筑中，一般都很重视其面的装饰效果。

廊心墙也由下肩、上身和象眼三部分组成。

1. 廊心墙下肩

廊心墙下肩的外皮与山墙里皮在同一平面上，其高也与山墙下肩高相近，具体要以廊心的方砖心能排出好活为准。

下肩的用料和砌筑方式均与山墙下肩相同，清水砖砌缝形式须为十字缝。在下肩与檐柱连接处的砖，要砍成八字形连接；但与槛墙连接时可不留八字，直接接槎即可。

2. 廊心墙上身

廊心墙上身可用糙砌抹灰作法，也可用细砌落膛作法。

(1) 细砌落膛作法：廊心墙面部的落膛砖，有：廊心方砖、穿插当、小脊子、立八字，线枋子和拐子等分件。各分件的形式与组装如图 4-28 所示。其中线枋子、小脊子和立八字等用质地较好的停泥砖砍制,线枋子和立八字棱边要"起线"。小脊子高约为0.5立八字宽,看面要砍成圆混形,两个边端做成"象鼻子"。其他分件用方砖砍制,穿插当可分成三段砍制和雕刻。

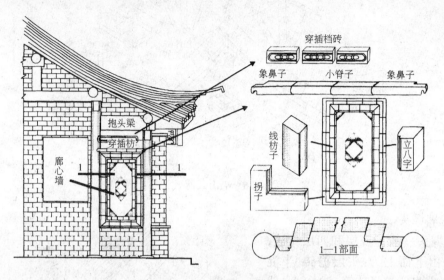

图4-28 廊心墙的构造

廊心墙的面部常用干摆或丝缝作法,背里用碎砖填馅,层层灌浆。砌完后修理打点,小脊子用烟子浆刷色。

(2) 糙砌抹灰作法:即采用糙砖墙砌法,然后抹红灰或黄灰。不做小脊子、立八字,边框可做成与下肩的六方八字一致。如图4-29(b)所示。

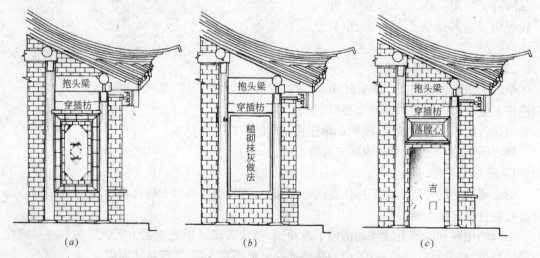

图4-29 廊心墙的常用做法
(a)叉角花做法;(b)抹灰做法;(c)闷头廊子做法

3. 廊心墙象眼

穿插枋至抱头梁之间的空档叫"穿插当",抱头梁以上的空档称为"象眼"。廊心墙象眼可同清点腮帮做法叫"清点象眼";也可抹灰做假缝,四周砌一道砖圈;也可在抹灰面上刷烟子浆镂出图案花纹。

当廊心墙处在游廊的通道上时,就成为带门洞的廊心墙,此叫做"廊门桶子"或"闷头廊子"。一般常用木门框圈成一个矩形门洞,称"吉门",在吉门上方作成小落膛心叫"灯笼框",如图4-29(c)所示。

三、槛墙的构造与施工

槛墙可以说是前檐部分的下肩墙体,因为,在一般古建筑园林建筑中,房屋的前檐墙主要是由槛框内的门窗和窗下墙所组成,门窗为木装修工程,除去门窗外,剩下的就只有槛窗下的墙体,这是前檐部分惟一的一种墙体,该墙体就称为"槛墙"。其高接近山墙的下肩高,如图4-30(a)所示。

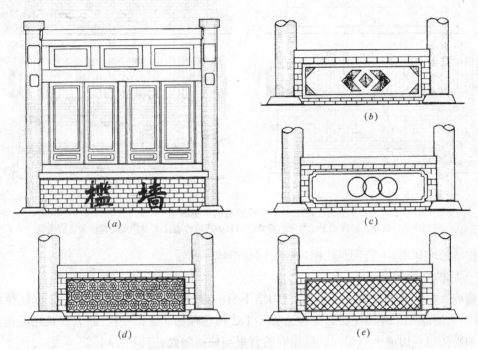

图 4-30 前檐墙的槛墙做法
(a)前檐槛窗下槛墙;(b)叉角花落膛做法;(c)海棠池做法;
(d)琉璃砖做法;(e)方砖心落膛做法

槛墙厚一般等于或稍大于檐柱径,即里、外包金各为1/2檐柱径,若为重要建筑,里、外包金可再加大1/4檐柱径;槛墙高依槛窗高低而定,如果先砌墙后做窗者,槛墙高可按0.3檐柱高;槛墙长为柱子与柱子之间距离。槛墙与柱子接触处,无论里、外皮都要砍成八字"柱门",但与山墙或廊心墙交接处不留"柱门"而直接交槎连接。

槛墙用料和砌法有三种:①与山墙下肩一致,砖缝要为十字缝,如图4-30(a)所示;②落膛心形式做法,如图4-30(b)、(e)所示;③砖池子海棠池做法,如图4-30(c)所示。

对比较讲究的建筑,常采用琉璃槛墙,琉璃构件有:圈口线砖及圈口线砖转头、圈口八字线砖及圈口八字线砖转头、龟背纹贴面砖等,如图4-30(a)所示。

四、后檐墙的构造与施工

一般建筑的后檐墙有两种:一种是檐墙不砌到屋顶,只砌到檐枋下皮,露出椽子的叫"露檐出"或"老檐出",如图4-31(a)、(b)所示,可用于硬悬山、庑殿和歇山建筑。另一种是檐墙砌至屋顶,不露出椽子的叫"封户檐"或"封后檐",如图4-31(c)、(d)所示,多只用于硬山和悬山建筑。在硬山建筑中,这两种不同的后檐墙之主要区别就在于有否墀头:露檐出式的后檐墙有墀头,即后檐墙外皮与墀头里端相交;而封后檐式的后檐墙无墀头,即后檐墙外皮与山墙外皮相交。除墀头和檐口部分外,这两种后檐墙的墙体结构完全相同。

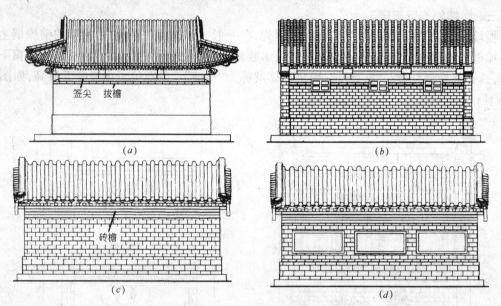

图4-31 几种后檐墙的常见做法
(a)露檐出式后檐墙;(b)露檐出式带窗后檐墙;(c)封护式后檐墙;(d)封护式海棠池做法后檐墙

后檐墙的墙体由:下肩、上身、檐口等三部分组成。

(一) 后檐墙的下肩

后檐墙下肩的高遵循表4-3要求,与山墙下肩一致,墙厚为:里包金等于1/2檐柱径加花碱尺寸(高大建筑加1/4檐柱径),外包金等于1/2檐柱径加2/3檐柱径(高大建筑还可稍大)。其用料和砌法也与山墙下肩相同。后檐墙的背里与柱接触处,应留"柱门"。

(二) 后檐墙的上身

后檐墙上身的里、外皮,应与山墙相同,退花碱。用料和砌法均可与山墙相同,也可稍糙。上身墙除做成整砖露明外,还可做成抹灰软心、海棠池和五出五进等作法,此时砖檐以下,可砌2～5层砖叫"倒花碱"。当设有窗户时,应在窗口两侧和下边砌砖檐圈叫"窗套"。

(三) 后檐墙的檐口

1. 老檐出式后檐墙的檐口

老檐出式后檐墙的上端,应砌成向外倾斜的抹肩形并带一层拔檐叫"签尖",签尖高约等于外包金尺寸。如图4-7(b)所示。

2. 封后檐式后檐墙的檐口

封后檐式后檐墙因直砌到顶,故不做签尖,而做成不同形式砖檐,砖檐的形式有:菱角檐、鸡嗉檐、抽屉檐、冰盘檐等。

封后檐式后檐墙的砖檐与山墙拔檐博风的交圈方式有两种:一种是后砖檐或墀头与拔檐博风等的砖缝正好交圈,可如图4-32(a)所示进行处理。另一种是两者不能交圈,此时山墙拔檐端头砖应做成靴头形式,如图 4-32(b)所示。

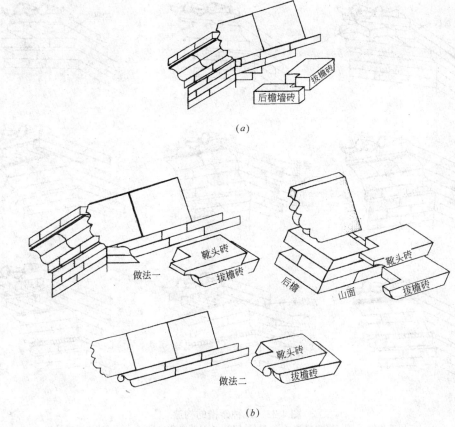

图 4-32 后檐砖与山墙拔檐砖的交圈处理
(a)当后檐砖与山墙拔檐等高的交圈;(b)山墙拔檐与后檐砖不等高的处理

3. 后檐墙砖檐的构造

(1) 菱角檐:一般为三层挑檐,以第二层菱角(即等腰三角形)而得名,由下而上为:头层檐、菱角檐、盖板。如图 4-33(a)所示。

(2) 鸡嗉檐:也为三层挑檐,以第二层半混(形似鸡嗉)而得名,由下而上为:头层檐、半混檐、盖板。如图 4-33(b)所示。

(3) 抽屉檐:也为三层,以第二层挑出方椽砖(形似抽屉)而得名,由下而上为:头层檐、抽屉檐、盖板。如图 4-33(c)所示。

(4) 冰盘檐:这是砖檐中最讲究的一种做法,它由多种形式的檐砖,层层挑出而成,一般可做成四至八层。

四层冰盘檐为:头层檐、半混、枭、盖板。如图 4-33(d)所示。

五层冰盘檐为:头层檐、半混、炉口、枭、盖板。也有不用炉口而改用砖椽子的,如图 4-33(e)、(f)所示。

六层冰盘檐为:头层檐、连珠混、半混、炉口、枭、盖板。也有不用炉口而改用砖椽子的,如图 4-33(g)所示。

七层和八层冰盘檐:在六层冰盘檐基础上,多加一层砖椽子和飞椽,如图 4-33(h)、(i)所示。

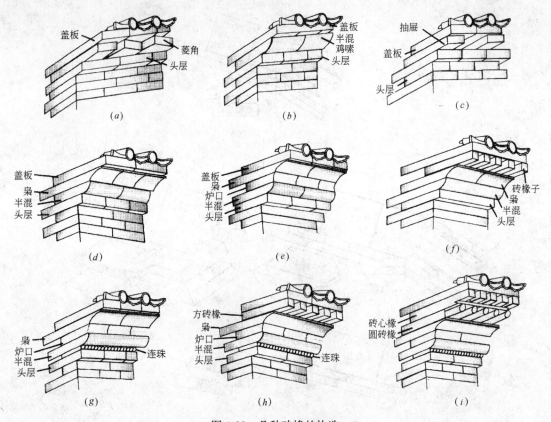

图 4-33 几种砖檐的构造
(a)三层菱角檐；(b)三层鸡嗉檐；(c)三层抽屉檐；(d)四层冰盘檐；(e)五层冰盘檐带炉口；
(f)五层冰盘檐带砖椽子；(g)六层带连珠冰盘檐；(h)七层连珠冰盘檐；(i)八层冰盘檐

砖檐的用料可用方砖、停泥砖、开条砖、城砖等进行砍制，比较讲究的用琉璃砖。

4．砖檐施工注意事项

(1) 砖檐出檐尺寸可参照表 4-5 所示，供参照执行。

砖檐出檐参考尺寸表　　　　表 4-5

砖檐类型	各层名称	挑出距离
三层菱角檐	头层檐	以上身外皮向外出 0.5~0.7 砖厚
	菱角檐	以头层檐向外出等边三角形
	盖板	以角顶向外出 0.35~0.55 砖厚
三层鸡嗉檐	头层檐	以上身向外出 0.5~0.7 砖厚
	半混砖	以头层檐向外出 1 砖厚
	盖板	以半混砖外皮向外出 0.35~0.55 砖厚
三层抽屉檐	头层檐	以上身向外出 0.5~0.7 砖厚
	抽屉	以头层檐向外出 0.9 砖宽
	盖板	以抽屉外皮向外出 0.35~0.55 砖厚

续表

砖檐类型	各层名称	挑出距离
四层冰盘檐	头层檐	以上身向外出 0.5~0.7 砖厚
	半混砖	以头层檐向外出 1 砖厚
	枭砖	以半混砖外皮向外出 1.2~1.5 砖厚
	盖板	以枭砖外皮向外出 0.2~0.25 砖厚
五、六层冰盘檐	头层檐	以上身向外出 0.5~0.7 砖厚
	半混砖(或连珠)	以头层檐向外出 1 砖厚(或露出珠面)
	枭砖(或炉口,连珠之上为半混)	枭以半混外皮出 1.2~1.5 砖厚(炉口外出 0.3 砖厚,连珠应以露出珠面为准)
	砖椽子(半混之上为炉口、炉口之上为枭)	椽子以枭砖外皮向外出 2 椽径(炉口外出 0.3 砖厚,枭外出 1.2~1.5 砖厚)
	盖板	外出 0.2~0.25 砖厚
七、八层冰盘檐	头层檐	以上身向外出 0.5 砖厚
	连珠(或小圆混)	以露出珠面(或半圆)为准
	半混砖	以弧面向外出 1 砖
	炉口砖	以半混向外出 0.3 砖厚
	枭砖	以炉口外皮 1.2~1.5 砖厚
	砖椽子	以枭外皮外出 2 椽径
	砖飞椽	外出 1.5 椽径
	盖板	外出 0.1 砖厚

(2) 砖檐第一层的位置,应事先进行计算确定,计算方法为:先根据采用砖檐形式由表 4-5 得出总出檐尺寸,再找出椽子以上望板、泥背、灰背等总厚度,以此厚度为面线顺木架下斜划延长线,延长线与总出檐尺寸的垂直距离相交得一交点,此点即为最上一层盖板上棱的外口,然后以此向下减去砖檐总厚,即为头层檐位置,如图 4-34 所示。

(3) 檐口砖可用干摆砌法叫"干推",也可用灰浆砌法,灰浆砌法要灰浆饱满密实,灰口要做勾缝。

(4) 最上一层盖板的后口都要用大麻刀灰抹实,叫"灰苦小背",以防止雨水渗漏。

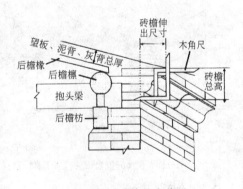

图 4-34 砖檐的定位

五、院墙的构造与施工

古建筑园林建筑中,院墙使用是很普遍的。多用作园林的封闭围护墙,或园中园的分隔墙。院墙规格一般没有统一规定,高厚尺寸可根据实际需要而定,高度以能阻止一般人徒手翻越和低于屋檐为原则,厚度以不小于一块普通砖长(约 24cm)为标准。院墙构造仍可分为四部分,即:下肩、上身、砖檐、墙帽。

院墙下肩:其要求和做法与房屋山墙下肩基本相同,在用料和砌法上也可稍糙于山墙。下肩高也为本身檐口高的1/3左右,以要求砌砖层数是单数为准则。其墙厚的里外包金相等,总厚不得小于24cm。

院墙上身:它为下肩至砖檐的距离,为檐口高的2/3。其厚按下肩外皮各收一退花碱(见表4-3)。做法可整砖露明,也可糙砌抹灰、五进五出、比较讲究的还可采用砖池子做法。但园林中多采用花墙子和什样锦做法,墙高可为直线一字形的通长形式,也可为高低波浪形的云墙形式。

院墙砖檐:院墙砖檐一般多采用一层或二层的直檐形式,一层直檐砖的挑出约为0.8砖厚,二层檐砖挑出稍小于一层,约为0.5砖厚。对比较讲究的大式建筑院墙砖檐,有采用四层冰盘檐的,其做法与出檐尺寸同表4-5所述。

院墙墙帽:院墙墙帽是指院墙砖檐以上墙顶的部分,它是院墙装饰的主要部位,墙帽的形式对院墙的观赏效果,起到很重要的作用。常用的墙帽顶有10种形式,即:蓑衣顶、宝盒顶、真假硬顶、兀脊顶、馒头顶、道僧顶、鹰不落顶、筒布瓦顶、花瓦顶、砖花顶。

1. 蓑衣顶

蓑衣即旧时农夫、渔翁所用的挡雨披风,用龙须草编织而成,层层叠叠,披在身上,显得下大上小,砖砌蓑衣顶因此而得名。由檐口层层往上收进,每层收进尺寸,约1/2～1/3砖宽。整个墙帽少者三层,多者七层如图4-35(a)所示。

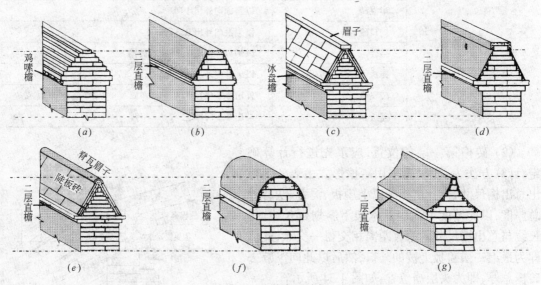

图 4-35 几种常用墙帽
(a)蓑衣顶;(b)宝盒顶;(c)眉子真硬顶;(d)眉子假硬顶;(e)兀脊顶;(f)馒头顶;(g)鹰不落顶

2. 宝盒顶

该顶做法与蓑衣顶相似,只是层层收进尺寸较小,约为1/4砖宽,帽顶宽度较大,约为2～3砖宽,表面用抹灰做成平顶斜坡,使其断面形似古代宝盒的盒盖外形,如图4-35(b)所示。

3. 真假硬顶

真假硬顶又称"眉子顶",真假硬顶是一等腰三角形断面,但顶角处为横向平顶,称为眉子。真硬顶的表面为砖砌铺成,假硬顶的表面为抹灰面做成,如图4-35(c)、(d)所示。

4. 兀脊顶

兀脊顶也是一等腰三角形断面,但顶角处是用扣盖筒瓦而成的弧形脊顶,如图4-35(e)所示。

5. 馒头顶

有的称它为"泥鳅背",即背顶用抹灰而成的光滑半圆形断面,形似馒头轮廓而得名,如图 4-35(f)所示。

6. 鹰不落顶

它是将两斜坡作成凹弧形的披水面,使老鹰无法站立而不愿落下而得名,如图 4-35(g)所示。

7. 筒布瓦顶

它是采用屋脊顶盖形式做法的一种墙帽,分为过垄脊筒瓦顶、正垂脊琉璃瓦顶、鞍子脊或皮条脊合瓦顶,如图 4-36 所示。

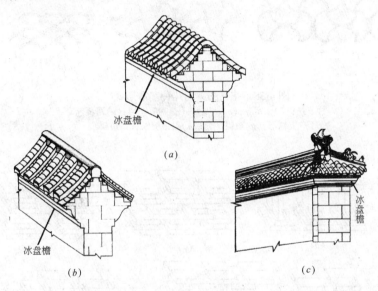

图 4-36 瓦顶墙帽
(a)筒瓦墙帽;(b)合瓦墙帽;(c)正垂脊琉璃墙顶

8. 花瓦顶

它用筒瓦或板瓦,拼成各种不同花形图案的一种墙帽,有单侧花瓦(只一面为花瓦,另一面为砖灰)做法,如图 4-37 所示,和透空花瓦(两面都是花瓦,通透)做法,花形图案很多,比较常用的图案如图 4-38 所示。

9. 砖花顶

它是用砖,摆砌成各种横直图案的一种透空形墙帽,图案简洁,就地取材,多为一般院墙所使用,常用图案如图 4-39 所示。

六、其他墙体的构造和施工

除上述所介绍的墙体外,我们将扇面墙、隔断墙、金刚墙、护身墙和城墙等列在一起进行介绍。

(一) 扇面墙

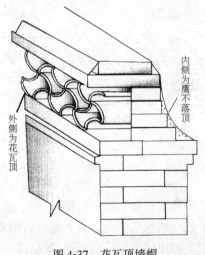

图 4-37 花瓦顶墙帽

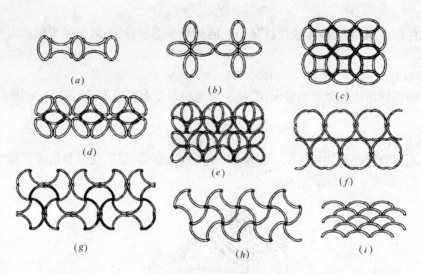

图 4-38 花瓦图案的几种基本形式
(a)竹节纹;(b)十字花;(c)轱辘钱;(d)喇叭花形;(e)西蕃莲套;
(f)宝珠形;(g)短银锭套;(h)斜银锭纹;(i)鱼鳞纹

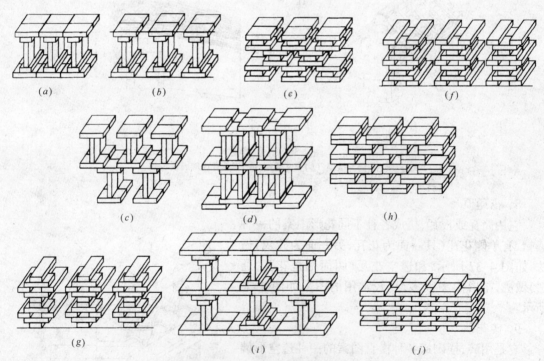

图 4-39 砖花顶的几种基本式样
(a)双座单条连续式;(b)双座单条间断式;(c)单座单条式;(d)单座双条式;(e)空十字形;(f)梅花形;(g)陀螺形;(h)双砖方块形;(i)柱脚柱帽式;(j)单砖方块形

扇面墙是指平行前后檐墙,位于金柱轴线上金柱之间的墙体,故又称为"金内扇面墙"。

扇面墙的基本构造与老檐出后檐墙大致相同,也分为下肩、上身和檐口。扇面墙下肩与山墙或后檐墙的下肩做法相同,下肩厚一般等于或大于 1.5 金柱径,里外包金相等。

扇面墙上身里皮如果需要装饰时多采用落膛心做法,外皮常采用整砖摆砌或抹灰做法。
扇面墙檐口外皮多采用拔檐签尖做法,里皮可与外皮同,也可以直接在枋木下抹成倒肩。

(二) 隔断墙

隔断墙是指进深轴线上的墙体或平行于山墙的墙体。这种墙有两种情况:一种是为梁架下的墙体,砌至架梁下皮;另一种是没有梁架直接砌到桁檩位置,叫"硬山搁檩",砌成山尖形式。

隔断墙的厚度同扇面墙一样,里外包金相等、各0.8金柱径,隔断墙做法与山墙或后檐墙的里皮做法相同。

(三) 金刚墙

在古建筑中凡是隐蔽而作为骨撑的墙体都叫金刚墙,如博风砖后面的背里墙体、单面做花瓦或其他构件装饰的背后砖体、陵寝建筑中的地下墙体等,都叫金刚墙。它的高厚和做法随所使用的对象或按设计要求而定。

(四) 护身墙

护身墙是一种护栏墙,多用于作为马道、山路、楼梯等两侧的矮墙,高不过人体胸部。护身墙多为实砌墙,厚约24cm左右,在园林建筑中也可采用院墙中花瓦顶、砖花顶和兀脊顶等做法。

(五) 城墙

城墙是保护城池不受侵犯的护城墙体,它没有下肩与上身之分,即自土衬石以上就是上身。城墙由前、后两道墙和中间夹一马道而成,以城池为中心,面对城外的墙叫外檐墙,过马道面对城内的墙叫内檐墙。

城墙的高、厚没有统一规定,外檐墙从马道地坪至人体胸部高,开始做"垛(或躲)口",垛口一般为矩形,也可砌成品字形,垛口宽以能并排遮掩两人为宜。外檐墙厚,以垛口处厚(1.5倍砖长)为标准,从下往上,按13%~25%收分要求进行计算,得出土衬石处的墙厚。内檐墙高从马道地坪向上以不超过人体肩部为度,从墙顶往下的作法为:等腰形兀脊顶、一层砖檐、女儿墙、压面石及其上身。上身墙厚从女儿墙向下,按13%收分进行计算,女儿墙高按80cm,厚为1.5倍砖长。

城墙的收分,无论内、外檐墙,都只在外皮线退收,里皮线垂直。收分的退收尺寸应落实到每层砌砖上,即收分面的砖应按退收尺寸砍成梯形坡状,即称为"倒切"。

城墙用料一般为城砖,砌法从带刀灰砌法到干摆砌法均可,按设计要求而定。内檐墙砌筑时应留有排水的沟眼。

七、砖券的构造与施工

砖券又叫"砖碳",它是代替古建筑中的门窗洞口及其空圈上"过木"的一种砖过梁,常用形状有:平券、木梳背、半圆券、圆光券等,如图4-40所示。

砖券的砌筑称为"发券",平券和木梳背的跨度一般不超过1.5m,其他几种形状的跨度不限。发券时,应先用木料制成券胎,也可用砖码成券胎,然后在券胎上进行砌筑。发券用的砖胎应适当增加起拱度:平券按跨度的1%,圆光券按跨度的2%,木梳背按跨度的4%,半圆按跨度的5%等增加。半圆券和木梳背的放样如图4-41所示。

发券注意要点如下:

(1) 券砖应为单数,最中间一块砖叫"合龙砖",应加工成上宽下窄的楔形。

(2) 发券之前应经排活,由中间向两边排,排完后再开始由两端向中间砌筑。

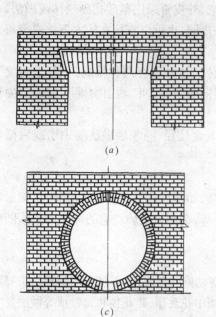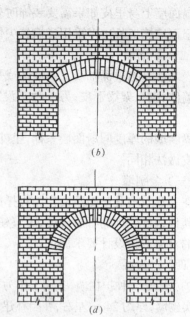

图 4-40　常用的砖券形式
(a)平券；(b)木梳背；(c)半圆券；(d)圆光券

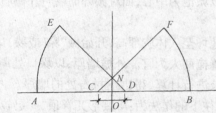

(1) 在垂直十字线上取：AB=跨度，$CO=DO=NO=0.05AB$。
以 $C(D)$ 为圆心，$CB(DA)$ 为半径画弧交 $CN(DN)$ 延长线得 $F(E)$ 点

(2) 再以 N 为圆心，NE 为半径画弧至 F，得半圆券弧 $AEFB$ 底线

(a)

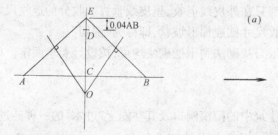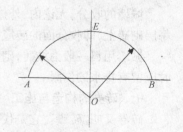

(1) 在垂直十字线上分别取：AB=跨度，CD=矢高，DE=$0.04AB$。并作 $AE(BE)$ 的平分垂直线交垂线于 O 点

(2) 以 O 为圆心，$OA(OB)$ 为半径画弧，即得券底 AEB 弧线

(b)

图 4-41　半圆券木梳背的放样
(a)半圆券起拱放样画法；(b)木梳背起拱放样画法

(3) 砖与灰浆的接触面应达到 100%，砌完后应在上口用片石塞缝，然后灌浆。

八、影壁的构造与施工

影壁是一个独立的横堵墙体，是门楼的一种附属建筑，实意为"隐蔽"，它的作用是让门内

的情况不直接暴露于外,称为"隐",门外的视线受一墙堵截,称为"避",由此对环境气氛起到庄重、森严、神秘的效果。

(一) 影壁的类型和构造

影壁的种类根据其位置和平面布置可分为:一字影壁、八字影壁、撇山影壁和座山影壁。

一字影壁:它是指与大门相对的一种横堵墙体。大多位于大门之外,也有个别特殊情况位于大门之内,而在园林景点中多为一种不附属任何建筑而成独立的影壁。一字影壁的基本形式如图4-42(a)所示。

八字影壁:它是指位于大门之外并与大门相对,在一字形的两边再加八字形联成的一种横堵墙体,如图4-42(b)所示。

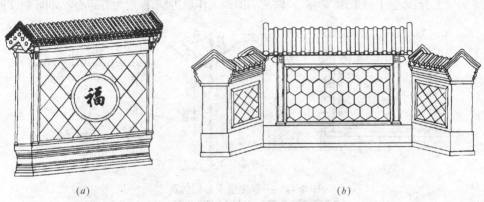

图4-42 一字和八字形影壁
(a)悬山一字形影壁;(b)硬山八字形影壁

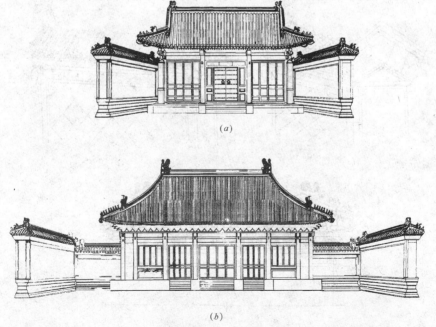

图4-43 撇山影壁
(a)一般撇山影壁;(b)一封书撇山影壁

座山影壁：它是指位于大门内，正好与大门相对的房屋建筑山墙上所做的影壁，实际上是对山墙面的一种装饰。

撒山影壁：它是指位于房屋建筑两旁的一种影壁，按平面形式分为：普通撒山影壁和"一封书"影壁两种。普通撒山影壁是在房屋建筑两边各连接一个斜面八字形的影壁，如图4-43(a)所示；"一封书"影壁又叫"雁翅影壁"，是在房屋建筑两边各先做一个短一字形影壁后，再做八字形影壁，如图4-43(b)所示。

一般影壁由下肩、上身、檐口、瓦顶等四部分组成。

1. 影壁下肩：影壁下肩有两种做法：一种是采用干摆墙作法，具体参看山墙的施工内容；另一种是须弥座作法，具体参看台基须弥座的施工内容。

2. 影壁上身：影壁上身采用"影壁心"做法。即四周作成边框，框内为方砖心。如图4-44所示。

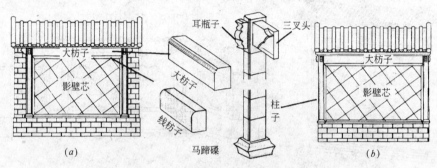

图 4-44　一般影壁上身的构造
(a)有撞头影壁上身；(b)无撞头影壁上身

3. 影壁檐口：影壁檐口也有两种做法：一种是采用冰盘檐做法；另一种是用砖料做成仿木构架檐口做法，如檐枋上置檐檩、檐椽、飞椽等，比较讲究的还可安置斗拱。

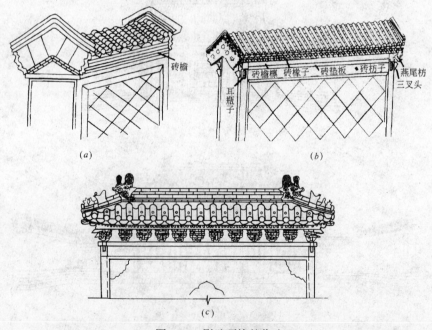

图 4-45　影壁顶檐的作法
(a)硬山檐口做法；(b)悬山檐口做法；(c)庑殿琉璃一字影壁斗栱檐口做法

4．影壁瓦顶：影壁瓦顶一般采用硬山过陇脊筒瓦屋面、悬山过陇脊筒瓦屋面、庑殿正、垂脊琉璃瓦屋面等，如图 4-45 所示。

(二) 影壁施工的注意事项

1．影壁上身的砌法与廊心墙大致相同。影壁心做法分带撞头和不带撞头："撞头"是指影壁心边框之外所砌有的一段延续砖墙，如图 4-44 所示。无撞头者，砖柱可做成圆角棱柱或圆柱形，柱顶安装耳瓶子。有撞头者，砖柱作成"窝角棱"矩形柱。影壁心常为干摆做法，撞头为丝缝做法。

影壁心下端框线为线枋子，没有大枋子。墙心多为方砖硬心做法，称为"膏药幌子"。

2．影壁上身与瓦顶之间的檐口部位，分硬山、悬山和庑殿等三种做法：硬山式的前后檐做法同封后檐一样，两山面做法同硬山山尖一样，如图 4-45(a)。

悬山式的前后檐作成仿木构架结构，即在大枋子上做砖垫板、砖檩、砖椽望、砖飞椽等，大枋子两端悬挑端作成三叉头，砖垫板两端悬挑端做成燕尾枋。两山面做法同悬山山尖一样，如图 4-45(b) 所示。

庑殿式常采用琉璃构件做法，如图 4-45(c) 所示。

第四节 墙体抹灰

在古建筑工程中，大多数糙砖混水墙、背里、软心做法等，都需要在已砌砖墙的表面进行抹灰，常用的抹灰做法有：靠骨灰、泥底灰、滑秸泥、壁画抹灰、纸筋抹灰和抹灰做缝等。

一、靠骨灰

靠骨灰是指直接在砖的墙面上（即靠骨）涂抹二～三层麻刀灰的一种工艺，也是抹灰工艺中使用较多的一种。按其颜色分为：浅灰色的月白灰、灰黑色的青灰、红色的葡萄灰以及白麻刀灰和黄灰等。

宋制抹灰，《营造法式》卷十三述"用石灰等泥涂之制，先用粗泥搭不平处，候稍干，次用中泥趁平，又候稍干，次用细泥为衬，上施石灰泥毕，候水脉定，收压五遍令泥面光泽"。

而清式靠骨灰的做法，同现代抹灰相似，其操作过程为：基层处理→打底灰→抹罩面灰→赶扎刷浆。

1．处理基层

在抹灰前要对砖墙面进行湿润、填补、钉麻等处理。

(1) 湿润墙面：即用清水浇湿墙面，以利于灰浆与墙面的粘结。要求洒匀浇透，使砖的表面充分湿润。

(2) 墙面填补：即对墙面灰缝脱落处，应凿掉旧灰补上麻刀灰；将局部砖面缺损或酥碱的部分去掉，用麻刀灰补平。

(3) 钉麻处理：这是对要求比较高的抹灰所增加的一种处理，即将麻丝缠绕在钉子上打入灰缝内，钉子之间的距离以便于麻丝缠绕为准，错开布置，待抹灰时将麻丝分散铺开织成网状。还有一种方法就是，先钉钉，后缠麻丝按网状拉结。

2．打底灰

即在基层处理基础上抹一层找平灰，此层一般用大麻刀灰，要求平整严实。抹灰厚度为 3～5 分（约 1～1.6cm）。

3. 罩面灰

待底灰干至七层左右,再抹一层大麻刀灰,即罩面灰,要求搓平抹光。有刷浆要求的,可在抹完后马上刷一遍浆,用木抹子搓平,随后用大铁抹子光面叫"赶扎"。

4. 赶扎刷浆

当罩面灰全部抹完后,要用铁抹子进行反复赶扎,一般为"三浆三扎",即刷一次浆赶扎一次,往返三次。赶扎次数越多,灰的密实度就越高。抹红灰和黄灰墙面时,最后 1~2 次刷浆后一般不再赶扎;抹青灰墙面时应刷一次赶扎一次。

二、泥底灰

泥底灰是指用素泥或掺灰泥打底,麻刀灰罩面的一种抹灰。一般多用于小式建筑或民居建筑上,施工工艺参照以上所述进行处理。

三、滑秸泥

滑秸泥是用素泥或掺灰泥拌合麦秆(大麦、小麦、荞麦、莜麦或稻草秆等)而成的抹灰工艺,俗称"抹大泥"。麦秆在使用前,应用斧子砸劈剁短,放入白灰浆内"烧"软,最后掺泥拌匀待用。多用于民居和地方建筑。

四、壁画抹灰

宋制壁画抹灰的做法,《营造法式》卷十三述"造画壁之制,先以粗泥搭络毕,候稍干,再用泥横被竹篾一重,以泥盖平,又候稍干钉麻华,以泥分披令匀,又用泥盖平(以上用粗泥五重,厚一分五厘,若拱眼壁,只用粗细泥各一重,上施沙泥收压三遍),方用中泥、细衬泥,上施沙泥,候水脉定,收压十遍令泥面光泽。

凡和沙泥,每白沙二斤,用胶土一斤,麻捣(即刀)洗择净者七两"。

清式壁画抹灰也分打底灰和罩面灰,底灰作法与前述底层相同,面层的抹灰有用:蒲绒灰、棉绒灰、棉绒泥、麻刀灰等。面层抹灰需赶扎出亮,但一般不再刷浆。

蒲棒灰是在灰膏内掺入蒲绒,经调和均匀而成。灰:蒲绒=33:1(重量比)。

棉花灰是在灰膏内掺入棉花绒,经调和均匀而成。灰:棉花绒=33:1(重量比)。

棉花泥是用过筛的好黏土,掺入适量细砂加水调和均匀后,再加入棉花绒拌匀即可。黏土:棉花绒=33:1(重量比)。

五、纸筋灰

纸筋灰多适用于室内抹白灰的面层,其操作与现代纸筋灰相似,一般厚度约为 2mm,要求抹灰平整。

六、抹灰做缝

1. 抹青灰做缝,简称"做假缝",它是先抹出青灰墙面,待干至六七层时,用竹片或薄金属片,按规定尺寸沿平尺划出灰缝槽。

2. 抹白灰刷烟子浆镂缝,简称"镂活",它是先抹好白麻刀灰,再用排到刷上一层黑烟子浆,待浆干后用金属片等尖硬物镂出白色线条花纹图案。

3. 抹白灰描黑缝,简称"抹白描黑",它是先用白麻刀灰或浅月白麻刀灰抹好墙面,用毛笔沾烟子浆按砖的排缝形式,沿平尺描出假砖缝。

第五章 屋顶瓦作工程

第一节 屋顶的形式与构造

一、屋顶的形式

中国古建筑屋顶的式样是非常丰富而赋有特色的,它积中华民族之智慧,表现了中国古建筑的美妙与多彩,对体现整个建筑的特征与特性起着画龙点睛的作用。

中国古建筑屋顶的基本形式有:尖山正脊硬山和悬山屋顶;卷棚过垄脊硬山和悬山屋顶;尖山正脊歇山和庑殿屋顶;卷棚过垄脊歇山屋顶;攒尖屋顶和重檐屋顶等。如图5-1所示。

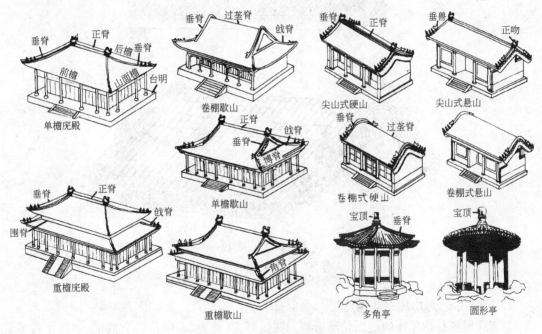

图5-1 中国古建筑屋顶形式

在过去的封建社会里,对屋顶的结构形式有着严格的等级制度,如重檐庑殿为最尊,重檐歇山次之,再下为单檐庑殿、单檐歇山、悬山、硬山等。

二、常见屋顶的构造

在园林建筑中较常见的几种屋顶形式为:硬山式、悬山式、歇山式、庑殿式和攒尖顶等五种基本形式,而后三种屋顶还分有单檐和重檐两种做法。

(一)硬山式和悬山式屋顶的构造

硬山式和悬山式屋顶都是单檐做法屋顶,两者仅只在两端山头部分有挑出与不挑出的区别(悬山屋顶挑出山墙,硬山屋顶不挑出山墙),其他屋面构造完全相同。硬、悬山式屋顶根据屋面式样又可分为:尖山式和卷棚式两种式样;根据所用瓦材又分为:琉璃瓦、大式黑瓦、小式黑瓦等三种瓦面。

1. 尖山式硬、悬山屋顶的构造

尖山式屋顶是指屋顶的剖面轮廓形状为尖顶形。它由前、后两个坡形瓦屋面合成人字相交,形成一个尖顶称为"尖山",在尖顶接口处砌筑一条压顶脊称为"正脊",而在瓦屋面两端的山墙上砌有四条压边脊称为"垂脊",以正脊和垂脊作为屋面衔接部位的封口措施和装饰等级。如图5-2(a)所示。

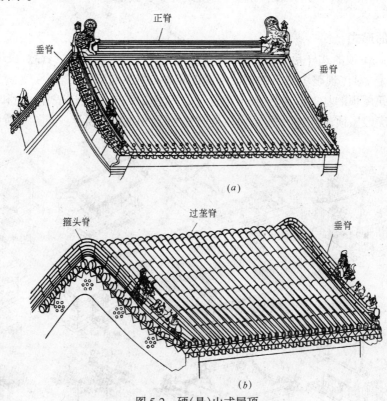

图 5-2　硬(悬)山式屋顶
(a)尖山式正脊硬山屋顶;(b)卷棚式过垄脊硬山屋顶

2. 卷棚式硬、悬山屋顶的构造

卷棚式屋顶是指屋顶的剖面轮廓形状为圆弧形,又称为"罗锅形",它的前、后两个坡形瓦屋面由圆弧形脊顶称为"过垄脊"连接成整体,而在瓦屋面两端的四条"垂脊",也由圆弧形脊称为"箍头脊"连接成整体。如图5-2(b)所示。

总结上述,无论是硬山式和悬山式屋顶,它们的构造由:两个坡瓦屋面、一条压顶脊(正脊或过垄脊)和四条垂脊等所组成。如图5-2所示。

(二) 歇山式屋顶的构造

歇山式是指房屋两端做至山尖后歇止,然后转折形成山坡屋面的一种构造形式,这种屋顶因形成有四个坡面九个屋脊,故又称为"九脊殿"。歇山式屋顶有单檐歇山和重檐歇山两种做法。所用瓦材有琉璃瓦和大式黑瓦两种。为了将歇山的山尖面与山墙尖相区别,一般称歇山尖为"小红山"或"山花板"。

1. 单檐歇山屋顶的构造

单檐歇山是指只有一层屋檐的歇山式屋顶,有尖山顶和卷棚顶两种形式。它由前、后两个坡形瓦屋面及其压顶脊(正脊或过垄脊)和两山垂脊、再加两山的坡瓦屋面及其四角的"戗脊"和小红山底的"博脊"等组成。如图 5-3 所示。

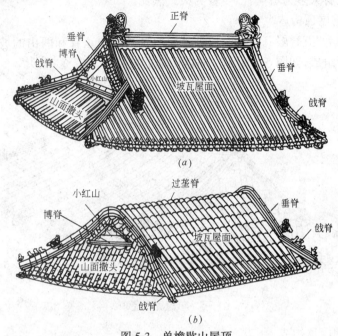

图 5-3 单檐歇山屋顶
(a)尖山式单檐歇山屋顶;(b)卷棚式单檐歇山屋顶

2. 重檐歇山屋顶的构造

重檐歇山是指在单檐歇山的屋檐之下,每间隔一层距离,再增加一层四坡屋檐的一种屋顶构造形式,它也有尖山顶和卷棚顶两种形式。这种形式顶层部分的屋顶构造,完全同单檐歇山屋顶的构造一样,而下面每层屋檐的屋面构造由:四个坡瓦屋面及四坡衔接处的四个"角脊",

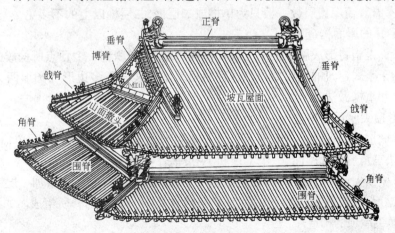

图 5-4 重檐歇山屋顶

和四坡顶端连成一圈的"围脊"等所组成,如图5-4所示。

总结上述,无论是单檐或重檐歇山屋顶,它们的构造由:$4x$(屋檐层数)个坡瓦屋面、一条压顶脊(正脊或过垄脊)、四条垂脊、四条戗脊、$4x$条角脊、二条博脊和x圈围脊所组成。

（三）庑殿式屋顶的构造

庑殿式屋顶是一个四坡形屋顶,故又称为"四阿殿"。它也可以作成单檐庑殿和重檐庑殿两种形式。所用瓦材大多为琉璃瓦,少数为大式黑瓦。

1. 单檐庑殿的屋顶构造

单檐庑殿又称为"五脊殿"。由前、后坡瓦屋面及其压顶正脊和两山的坡瓦屋面及其四角衔接处的垂脊等所组成,如图5-5所示。对两山面的坡瓦屋面有称"撒头"。

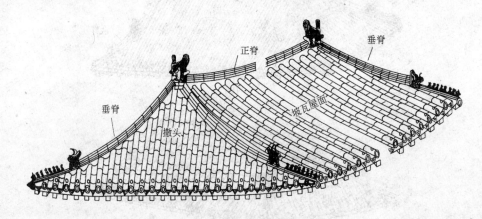

图5-5　单檐庑殿屋顶

2. 重檐庑殿的屋顶构造

重檐庑殿是在单檐庑殿的屋檐下,间隔一层距离,再增加一层四坡屋檐而成。重檐庑殿的顶层屋面构造,完全与单檐庑殿的屋面构造相同。而下面一层的屋檐构造由:四个坡瓦屋面及其衔接处的四条戗脊和四坡屋檐顶端的一圈围脊等所组成。

总结上述,无论是单檐或重檐庑殿式屋顶,它们的构造由:$4x$(屋檐层数)个坡瓦屋面、一条正脊、四条垂脊、$4(x-1)$条戗脊和$(x-1)$条围脊所组成。庑殿式屋顶的压顶脊只准为正脊,不得做过垄脊。而屋檐层数一般只为单檐或二层檐,二层檐以上的不多见。

（四）攒尖顶的屋面构造

攒尖顶屋面是指将形成屋顶的所有坡瓦屋面顶端,都攒积到一个顶点所构成的屋顶,它是园林建筑中用于亭式建筑的主要屋顶。这种屋顶基本形式分为多边形和圆形两大类,每一类又分单檐做法和重檐做法。

1. 多边形攒尖顶的构造

多边形单檐攒尖屋顶以三、四、五、六、八方亭等为最普遍最基本的形式,单檐屋顶的构造由:N(边数)块三角形坡瓦屋面、一个宝顶和N条垂脊等组成。

多边形重檐攒尖屋顶,是在单檐建筑的基础上,间隔一层距离后,再增加一层屋檐而成,它的构造由:单檐屋顶、N块梯形坡瓦屋面和N条戗脊及$(x-1)$圈围脊所组成。如图5-6所示。

2. 圆形攒尖屋顶的构造

圆形单檐攒尖屋顶的构造是由:一个锥形瓦屋面和一个宝顶所组成。

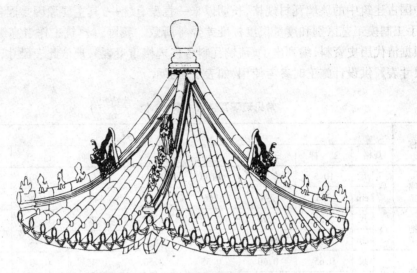

图 5-6　多边形攒尖屋顶

圆形重檐攒尖屋顶是在单檐攒尖屋顶的基础上,间隔一层距离,再增加一个台锥形瓦屋面所组成,如图 5-7 所示。

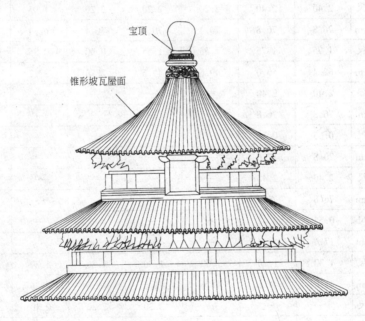

图 5-7　重檐圆形攒尖屋顶

三、屋面瓦材与规格

中国古建筑所用的瓦材有三种,即:琉璃瓦材、削角瓦材和布瓦材。其中削角瓦材是将琉璃瓦材的胚子素烧成型后"焖青"而成,故其尺寸规格与琉璃瓦材相同,因此,所用瓦材的规格实际上就只有两种,即:琉璃瓦材和布瓦材。

（一）琉璃瓦材的规格

1. 琉璃瓦材的规格

中国古建筑中的琉璃瓦材规格,长期以来一直没有统一,其主要原因是因各沿袭地区历史不同,手工制模工艺区别和度量尺度标准差异等所致。我国古建筑工作者高级工程师王璞子先生根据清代历史资料,编列出了《琉璃瓦料各件规格重量表》,现依此表尺寸,制成《常见琉璃瓦件尺寸表》,供设计施工时参考使用,如表 5-1 所示。

常见琉璃瓦件尺寸表（单位：营造尺/cm）　　　表 5-1

名称	规格		二样	三样	四样	五样	六样	七样	八样	九样
						样　数				
正吻	高	尺	10.5	9.20	8.00	6.20	4.60	3.40	2.20	2.00
		cm	336	294	256	198	147	109	70.4	64.0
剑把	高	尺	3.25	2.70	2.40	1.50	1.20	0.95	0.65	0.65
		cm	104	86.4	76.8	48.0	38.4	30.4	20.8	20.8
背兽	宽	尺	0.65	0.60	0.55	0.50	0.45	0.40	0.25	0.25
		cm	20.8	19.2	17.6	16.0	14.4	12.8	8.0	8.0
吻座	宽	尺	1.55	1.45	1.20	1.05	0.95	0.85	0.60	0.60
		cm	49.6	46.4	38.4	33.6	30.4	27.2	19.2	19.2
赤脚通脊	长	尺	2.40	2.40	2.20	2.20	2.20	1.95	1.50	1.50
		cm	76.8	76.8	70.4	70.4	70.4	62.4	48.0	48.0
	高	尺	1.95	1.75	1.55	1.55	0.90	0.85	0.55	0.45
		cm	62.4	56.0	49.6	49.6	28.8	27.2	17.6	14.4
黄道	长	尺	2.40	2.40	—	—	—	—	—	—
		cm	76.8	76.8	—	—	—	—	—	—
	高	尺	0.65	0.55	—	—	—	—	—	—
		cm	20.8	17.6	—	—	—	—	—	—
大群色（相连群色条）	长	尺	2.40	2.40	—	—	—	—	—	—
		cm	76.8	76.8	—	—	—	—	—	—
	高	尺	0.55	0.45	—	—	—	—	—	—
		cm	17.6	14.4	—	—	—	—	—	—
群色条	长	尺	1.30	1.30	1.30	1.30	1.30	1.30	—	—
		cm	41.6	41.6	41.6	41.6	41.6	41.6	—	—
正通脊	长	尺	—	—	—	2.30	2.20	2.10	2.00	1.90
		cm	—	—	—	73.6	70.4	67.2	64.0	60.8
垂兽	高	尺	2.20	1.90	1.80	1.50	1.20	1.00	0.60	0.60
		cm	70.4	60.8	57.6	48.0	38.4	32.0	19.2	19.2
垂兽座	长	尺	2.00	1.80	1.60	1.40	1.20	1.00	0.80	0.70
		cm	64.0	57.6	51.2	44.8	38.4	32.0	25.6	22.4
联座（联办垂兽座）	长	尺	3.70	2.80	2.70	2.20	2.10	1.30	0.90	0.90
		cm	118	89.6	86.4	70.4	67.2	41.6	28.8	28.8

续表

名 称	规格		样 数							
			二样	三样	四样	五样	六样	七样	八样	九样
大连砖（承奉连砖）	长	尺	1.30	1.30	1.30	—	—	—	—	—
		cm	41.6	41.6	41.6	—	—	—	—	—
	宽	尺	1.00	0.90	0.90	—	—	—	—	—
		cm	32.0	28.8	28.8	—	—	—	—	—
三连砖	长	尺	—	—	—	1.30	1.30	1.30	1.30	1.30
		cm	—	—	—	41.6	41.6	41.6	41.6	41.6
小连砖			—	—	—	—	—	—	1.30	1.30
			—	—	—	—	—	—	41.6	41.6
垂通脊	长	尺	2.00	1.80	1.80	1.60	1.50	1.40	—	—
		cm	64.0	57.6	57.6	51.2	48.0	44.8	—	—
	高	尺	1.65	1.50	1.50	0.75	0.65	0.55	—	—
		cm	52.8	48.0	48.0	24.0	20.8	17.6		
戗兽	高	尺	1.85	1.75	1.40	1.20	1.00	0.80	0.60	0.50
		cm	59.2	56.0	44.8	38.4	32.0	25.6	19.2	16.0
戗兽座	长	尺	1.80	1.60	1.40	1.20	1.00	0.80	0.60	0.4
		cm	57.6	51.2	44.8	38.4	32.0	25.6	19.2	12.8
戗通脊	长	尺	2.80	2.60	2.40	2.20	2.00	1.90	1.70	1.50
		cm	89.6	83.2	76.8	70.4	64.0	60.8	54.4	48.0
撺头	长	尺	1.55	1.55	1.55	1.40	1.40	1.40	—	1.20
		cm	49.6	49.6	49.6	44.8	44.8	44.8	—	38.4
	宽	尺	0.85	0.45	0.45	0.25	0.25	0.25	—	0.22
		cm	27.2	14.4	14.4	8.0	8.0	8.0	—	7.04
揣头	长	尺	1.55	1.55	1.55	1.40	1.40	1.40	—	1.20
		cm	49.6	49.6	49.6	44.8	44.8	44.8	—	38.4
	宽	尺	0.85	0.45	0.45	0.25	0.25	0.25	—	0.22
		cm	27.2	14.4	14.4	8.0	8.0	8.0	—	7.04
列角盘子	长	尺	—	—	—	—	1.25	1.15	1.05	0.95
		cm	—	—	—	—	40.0	36.8	33.6	30.4
三仙盘子	长	尺	—	—	—	—	1.25	1.15	1.05	0.95
		cm	—	—	—	—	40.0	36.8	33.6	30.4
仙人	高	尺	1.55	1.35	1.25	1.05	0.70	0.60	0.40	0.40
		cm	49.6	43.2	40.0	33.6	22.4	19.2	12.8	12.8
走兽	高	尺	1.35	1.05	1.05	0.90	0.60	0.55	0.35	0.35
		cm	43.2	33.6	33.6	28.8	19.2	17.6	11.2	11.2
吻下当沟	长	尺	1.50	1.05	1.05	—	—	—	—	—
		cm	48.0	33.6	33.6	—	—	—	—	—

续表

名称	规格		样 数							
			二样	三样	四样	五样	六样	七样	八样	九样
托泥当沟	长	尺	—	—	—	1.10	1.10	0.77	0.70	—
		cm	—	—	—	35.2	35.2	24.6	22.4	—
平口条	长	尺	1.10	1.00	1.00	0.90	0.75	0.70	0.65	0.60
		cm	35.2	32.0	32.0	28.8	24.0	22.4	20.8	19.2
压当条	长	尺	1.10	1.00	1.00	0.90	0.75	0.70	0.65	0.60
		cm	35.2	32.0	32.0	28.8	24.0	22.4	20.8	19.2
正当沟	长	尺	1.10	1.05	0.95	0.85	0.80	0.70	0.65	0.60
		cm	35.2	33.6	30.4	27.2	25.6	22.4	20.8	19.2
斜当沟	长	尺	1.75	1.60	1.50	1.35	1.10	1.00	0.90	0.85
		cm	56.0	51.2	48.0	43.2	35.2	32.0	28.8	27.2
套兽	见方	尺	0.95	0.75	0.70	0.65	0.60	0.55	—	0.40
		cm	30.4	24.0	22.4	20.8	19.2	17.6	—	12.8
博脊连砖	长	尺	—	—	—	—	1.25	1.15	1.05	0.95
		cm	—	—	—	—	40.0	36.8	33.6	30.4
承奉博脊连砖	长	尺	1.65	1.55	1.45	1.35	—	—	—	—
		cm	52.8	49.6	46.4	43.2	—	—	—	—
挂尖	长	尺	—	—	—	1.20	1.20			
		cm	—	—	—	38.4	38.4			
	高	尺	—	—	—	0.60	0.60			
		cm	—	—	—	19.2	19.2			
博脊瓦	长	尺	—	—	—	1.20	1.10	1.08	—	0.80
		cm	—	—	—	38.4	35.2	34.6	—	25.6
博通脊	长	尺	2.20	2.20	2.20	1.60	—	—	—	—
		cm	70.4	70.4	70.4	51.2	—	—	—	—
	高	尺	0.85	0.85	0.75	0.50	—	—	—	—
		cm	27.2	27.2	24.0	16.0	—	—	—	—
满面砖	见方	尺	1.00	1.00	1.00	1.00	—	1.00	—	—
		cm	32.0	32.0	32.0	32.0	—	32.0	—	—
蹬脚瓦	长	尺	1.65	1.55	1.45	1.35	1.25	1.15	1.05	0.95
		cm	52.8	49.6	46.4	43.2	40.0	36.8	33.6	30.4
沟头	长	尺	1.35	1.25	1.25	1.10	1.00	0.95	0.90	0.85
		cm	43.2	40.0	40.0	35.2	32.0	30.4	28.8	27.2
	口宽	尺	0.65	0.60	0.55	0.50	0.45	0.40	0.35	0.30
		cm	20.8	19.2	17.6	16.0	14.4	12.8	11.2	9.6

续表

名称	规格		样数							
			二样	三样	四样	五样	六样	七样	八样	九样
滴子	长	尺	1.35	1.30	1.25	1.20	1.10	1.00	0.95	0.90
		cm	43.2	41.6	40.0	38.4	35.2	32.0	30.4	28.8
	口宽	尺	1.10	1.05	0.95	0.85	0.80	0.70	0.65	0.60
		cm	35.2	33.6	30.4	27.2	25.6	22.4	20.8	19.2
筒瓦	长	尺	1.25	1.15	1.10	1.05	0.95	0.90	0.85	0.80
		cm	40.0	36.8	35.2	33.6	30.4	28.8	27.2	25.6
	口宽	尺	0.65	0.60	0.55	0.50	0.45	0.40	0.35	0.30
		cm	20.8	19.2	17.6	16.0	14.4	12.8	11.2	9.6
板瓦	长	尺	1.35	1.25	1.20	1.15	1.05	1.00	0.95	0.90
		cm	43.2	40.0	38.4	36.8	33.6	32.0	30.4	28.8
	口宽	尺	1.10	1.05	0.95	0.85	0.80	0.70	0.65	0.60
		cm	35.2	33.6	30.4	27.2	25.6	22.4	20.8	19.2
合角吻	高	尺	3.40	2.80	2.80	1.90	—	1.00	—	—
		cm	108.8	89.6	89.6	60.8	—	32.0	—	—
合角剑把	高	尺	0.95	0.95	0.75	0.70	—	0.70	—	—
		cm	30.4	30.4	24.0	22.4	—	22.4	—	—

注：1. 该表依据王璞子《工程做法注释》附录表2-1，并作换算。
  2. 表中营造尺为清制营造尺，一营造尺按32cm计。

2. 琉璃瓦材规格的确定

由表5-1所示可以看出，各种瓦材的规格是按"样"数而定，在整个屋顶中所用的各种瓦件，一般来说，基本上是采用相同"样数"的规格，然后依实际情况作个别适当调整。因此，当首先确定某个主要瓦件的"样数"后，其他各瓦件就可基本选定。根据这个思路，有人主张以"正吻高"为主选瓦件，吻高按檐柱高的2/5，以此相近尺寸来确定其"样数"。但实际上不是所有的屋顶都用正吻；如是又有人建议以"正脊总高"为主选瓦件，正脊总高按1/5檐柱高确定。但若遇过陇脊而不用正脊又如何呢。

故此，我国古建筑工作者通过多年实践，采用以"筒瓦宽"为主选瓦件，当筒瓦宽的尺寸确定后，以此尺寸查表5-1中筒瓦的相近稍大尺寸，来确定"样数"。

筒瓦宽按下述原则确定：

(1) 一般屋顶，筒瓦宽按椽径选用，如椽径为12cm，则可查表5-1，选用七样筒瓦口宽12.8cm。如椽径为14cm，可选用筒瓦口宽14.4cm，定为六样瓦件。

若遇椽口很高的城台上建筑，可按选定值加大一样；

对重檐建筑，要求下檐比上檐减少一样，如上檐瓦件定为6样，则下檐应为7样。

(2) 对非房屋性建筑，如影壁、院墙、牌楼、砖石门楼等上的瓦件，可按其檐高确定：当檐口高在3.2m以下者采用九样；当檐口高在4.2m以下者采用八样；当檐口高在4.2m以上者采用七样。

当按以上所述方法，将"样数"确定后，其他各种瓦件均以此为依据，参照具体情况，进行适当调整,由于琉璃瓦件的规格,我国还没有作统一规定,南北琉璃瓦厂所生产的规格尺寸各有所别,但大体规格和主体尺寸基本相近,表5-1所述尺寸供选样时参考,具体施工时以各琉璃厂规格为准。

(二)布瓦材规格

布瓦材包括筒瓦和板瓦,虽然各地也有差异,但主要尺寸基本相近,按《工程做法则例》卷五十三所述如表5-2所示。

布瓦尺寸表(单位:cm)　　　　　　　　　　　表5-2

名称		按公制尺寸		清代营造尺	
		长(cm)	宽(cm)	长(尺)	宽(尺)
筒瓦	头号筒瓦(特号或大号筒瓦)	35.2	14.4	1.1	0.45
	(1号筒瓦)	(32.0)	(13.1)	(1.0)	(0.41)
	2号筒瓦	30.4	12.2	0.95	0.38
	3号筒瓦	24.0	10.3	0.75	0.32
	10号筒瓦	14.4	8.0	0.45	0.25
板瓦	头号板瓦(特号或大号板瓦)	28.8	25.6	0.90	0.80
	(1号板瓦)	(27.2)	(24.0)	(0.85)	(0.75)
	2号板瓦	25.6	22.4	0.80	0.70
	3号板瓦	22.4	19.2	0.70	0.60
	10号板瓦	13.8	12.2	0.43	0.38

由表5-2可知,布瓦一共有五个规格,可按以下所述进行选定:

(1)一般小式建筑的屋顶,可按椽径尺寸确定筒瓦宽度,选择近似尺寸的规格,宜大不宜小,如椽径为9.6cm时,则应选用3号(筒瓦宽10.3cm);如椽径12cm时,可选用2号瓦(筒瓦宽12.2cm)。

(2)对牌楼、影壁、院墙、砖石小门楼等,按檐口高确定:3.6m以下者,用10号瓦;3.6m以上者,用2号瓦或3号瓦。

(3)采用合瓦、干槎瓦屋顶的,按椽径大小确定:椽径8cm以下者,用3号瓦;椽径8~10cm者,用2号瓦;椽径10cm以上者,用1号瓦。

(三)宋《营造法式》用瓦之规定

1.关于瓦材的规格

宋制瓦材规格比较简单,筒瓦分七种规格,板瓦分七种规格,至于屋脊用的鸱兽另有规定。

筒瓦规格,长×口径×厚的尺寸为:

$1.4 \times 0.6 \times 0.08$(营造尺)

$1.2 \times 0.5 \times 0.05$(营造尺)

1.0×0.4×0.04(营造尺)

0.9×0.35×0.035(营造尺)

0.8×0.35×0.035(营造尺)

0.6×0.3×0.03(营造尺)

0.4×0.25×0.025(营造尺)

板瓦规格,长×大头(小头)宽×大头(小头)厚的尺寸为：

1.6×0.95(0.85)×0.1(0.08)(营造尺)

1.4×0.7(0.6)×0.07(0.06)(营造尺)

1.3×0.65(0.55)×0.06(0.055)(营造尺)

1.2×0.6(0.5)×0.06(0.05)(营造尺)

1.0×0.5(0.4)×0.05(0.04)(营造尺)

0.8×0.45(0.4)×0.04(0.035)(营造尺)

0.6×0.4(0.35)×0.04(0.03)(营造尺)

2. 关于瓦材的使用

《营造法式》对瓦材的使用交代的比较明确,卷十三述,"用瓦之制,殿阁厅堂等五间以上,用筒瓦长一尺四寸,广六寸五分(仰板瓦长一尺六寸,广一尺);三间以下用筒瓦长一尺二寸,广五寸(仰板瓦长一尺四寸,广八寸)。

散屋用筒瓦长九寸,广三寸五分(仰板瓦长一尺二寸,广六寸五分)。"如果将上述瓦的规格按一、二、三……等进行排序的话,凡殿阁厅堂及其他房屋,都用四等以上筒板瓦。而小亭榭之类建筑,则依进深大小(1丈以上、1丈、9尺以下),使用五等规格以下的瓦材,即"小亭榭之类,柱心相去方一丈以上者,用筒瓦长八寸,广三寸五分(仰板瓦长一尺,广六寸),若方一丈者,用筒瓦长六寸,广二寸五分(仰板瓦长八寸五分,广五寸五分),如方九尺以下者,用筒瓦长四寸,广二寸三分(仰板瓦长六寸,广四寸五分)。"

如果屋面采用散板瓦(这里散板瓦是泛指合瓦或仰瓦屋面,即相当于清制的阴阳瓦和干槎瓦屋面)时,《营造法式》述"厅堂等用散板瓦者,五间以上,用板瓦长一尺四寸,广八寸。厅堂三间以下(门楼同)及廊屋六椽以上,用板瓦长一尺三寸,广七寸,或廊屋四椽及散屋,用板瓦长一尺二寸,广六寸五分(以上仰瓦合瓦并同,至檐头并用重唇筒瓦,其散板瓦结瓦者,仍用垂尖华头板瓦)"。该括号内是说,不管是仰瓦或合瓦,其规格都与以上相同,在檐头处都用滴水瓦沟头瓦。如果采用散板瓦屋面者,檐头处仍使用花边滴水瓦。

第二节 屋顶瓦面的施工工艺

屋顶的瓦面是在屋顶木基层之上,通过"苫背"、"宽(wa)瓦"(即指铺瓦)等施工工艺而形成。"苫背"是指在屋顶木基层(屋背)上,铺筑防水、保温垫层等的一项施工过程。"宽瓦"是指在苫好背的背面上进行拴线、排瓦、铺瓦的一项施工过程。

一、屋顶瓦面的施工层次

屋顶瓦面的施工层次是根据房屋的重要程度不同而有所区别,清制各种屋面的主要施工层次如表 5-3 所示。

屋顶瓦面的施工层次表 表 5-3

施工内容	屋面层次	标准做法	宫殿做法	大式做法	小式做法	民间做法
	木基层	木椽上铺望板	木椽上铺望板	木椽上铺望板	木椽上铺望板	木椽上铺席箔或苇箔
	隔离层	护板灰厚10～20mm	护板灰厚10～20mm	护板灰厚10～20mm	护板灰厚10～20mm	—
苫背	防水层	锡背或泥背<300mm	锡背2层或麻刀泥背3层以上	滑秸泥背2～3层	滑秸泥背1～2层	滑秸泥背1～2层
	保护、保温层	抹灰背<120mm	月白灰背或白灰背3～4层	月白灰背3～4层	—	灰背1层厚20～30mm
			青灰背厚30mm	青灰背厚20～30mm	青灰背厚20mm	—
	脊线处理	扎肩、晾背	扎肩、晾背	扎肩、晾背	扎肩、晾背	扎肩、晾背
宽瓦	面层	宽瓦	宽瓦	宽瓦	宽瓦	宽瓦

宋制屋面基层的做法比较简单，一般只有柴栈层、胶泥层和石灰层，《营造法式》卷十三述"凡瓦下补衬，柴栈为上，版栈次之。如用竹笆苇箔。若殿阁七间以上，用竹笆一重，苇箔五重；五间以下，用竹笆一重，苇箔四重。厅堂等五间以上，用竹笆一重，苇箔三重；如三间以下至廊屋，并用竹笆一重，苇箔二重（以上如不用竹笆，更加苇箔两重，若荻箔则两重代苇箔三重）。散屋用苇箔三重或两重。其柴栈之上，先以胶泥徧泥，次以纯石灰施瓦（若版及笆箔上用纯灰结瓦者，不用泥抹，并用石灰随抹施瓦。其只用泥结瓦者，亦用泥先抹版及笆箔，然后结瓦）。所用之瓦，须水浸过，然后用之。"即屋面瓦下的基层，以柴栈为最好，版栈稍次。其中"重"即指层数，柴栈是指用木质板条铺成的屋面基层，版栈是指用薄竹片或芦苇片等的编织物，荻箔即指草蓆之类。

在柴栈上先用胶泥普遍铺一层，然后用石灰浆铺筑瓦面。若版栈上不抹泥，采用石灰浆铺瓦者，都用石灰浆随抹随铺；若只采用抹泥铺瓦者，亦先在版笆上遍抹好泥，然后铺筑瓦面。

二、苫背的施工工艺

苫背的标准施工流程为：在木基层上→抹护板灰→锡背或泥背→抹灰背→扎肩→晾背。现就标准程序分述如下，其他可参考表 5-3 酌情处理。

（一）抹护板灰

护板灰是保护木望板并与上一层泥背分隔的一层抹灰层。它是在木望板上抹一层 1～2cm 厚的深月白麻刀灰，要求表面平整。其中灰内的麻刀可少一些，灰质要稍软一些，主要起保护作用。若木基层不是望板，而是采用席箔或苇箔时，则不需用护板灰。护板灰的配比可参见表 4-1 所述。

（二）锡背或泥背

1. 锡背

锡背是指将铅锡合金的金属板铺苫在护灰板上的一种高级防水层。锡背做法有很好的延展性，不易氧化，防水性能强，使用寿命长（一般可在百年以上），但造价很高，故一般只使用在极重要的建筑上。

锡背一般苫两层,即先在护灰板上苫一层锡背,然后苫一层泥背,抹平稍干后再苫一层锡背。每块锡背之间要用焊接,绝不可用钉连接。因钉孔易渗水,达不到防水目的。

坡屋顶的锡背苫好后,要进行粘麻。即将麻分成若干把,每间隔一定距离,分别用灰将每把麻粘在锡背上,如图5-8所示。待粘灰干透后再开始下一步抹灰背。

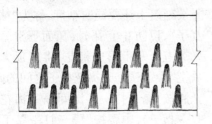 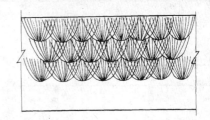

图 5-8　锡背上粘麻

2. 泥背

泥背是用麻刀泥或滑秸泥取代锡背的一种防水层。它是在抹好已干的护灰板上,分层苫上麻刀泥或滑秸泥(泥的配制见表4-1)。一般苫2~3层,每层厚以不超过5cm为度。当遇有屋顶中腰部分或局部位置泥背太厚时,可将一些板瓦反扣在需要泥背的地方,以减少泥背厚的重量。每苫完一层泥背后,待干至七八成,用铁拍子拍实。

在坡面较陡的部分,每层泥背苫完后,还要随时"压麻"。压麻是将麻分成把,按适当间距将麻的一端压在一段才苫的泥背下,待苫下一段泥背之前,将麻尾部分翻到泥背上来,并分散摊开成网状,然后扎进泥背中去,以后每段如此进行,如图5-9所示。

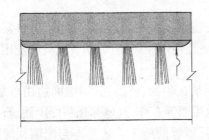 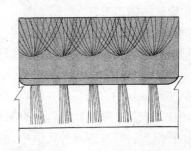

图 5-9　泥背中压麻

(三) 抹灰背

1. 抹月白灰背

灰背是对防水层进行保护并起到保温和垫囊的作用。它是在锡背或泥背上,苫2~4层大麻刀灰或大麻刀月白灰,每层灰背厚不超过3cm,每层之间应铺一层"三麻布"(即网眼很稀的麻袋布),以加强灰背的整体性。每层苫完后要用铁抹子反复赶扎坚实后再苫下一层。

灰背的囊度应随木架举势,它决定着整个屋顶的曲线。檐头和脊部的灰背应稍薄,两山灰背应与博风上口抹平,前、后檐头的灰背应比连檐木略低。

2. 抹青灰背

月白灰背完成后开始抹青灰背。青灰背也用大麻刀月白灰抹一层,厚约2~3cm,但应配

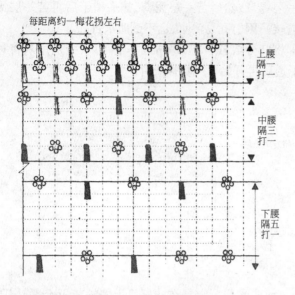

图 5-10 上中下腰粘麻打拐子

合刷青浆和扎背,赶扎次数不少于"三浆三扎",要求扎实赶光。

3. 打拐子

待青灰背干至七八成时,用木棍在青灰背上打一些浅窝称为"打拐子",在重要建筑上还要同时粘麻,称为"粘麻打拐子",以防止苫瓦时,瓦面下滑。拐子常为五个一组形成梅花,将屋顶大致分成上、中、下腰,则梅花拐子之间的间隔,上腰按"隔一打一"(即间隔一梅花距离打一拐子),中腰按"隔三打一",下腰按"隔五打一"。如图 5-10 所示。

(四) 扎肩

抹完灰背以后,在脊上要抹扎肩灰称为"扎肩"。即在两坡相交的脊线上,拴一道拉平准线,脊底以此线为标准,沿线在脊上抹灰,抹灰高与线平直,抹灰宽为 30～50cm(依正脊瓦件样数大小而定),两边垂直落脚在前后坡的灰背上,为做屋脊打下基础。

(五) 晾背

晾背即指等灰背晾干后苫瓦。如果灰背不干就苫瓦,水分不易蒸发掉,会侵蚀木构架使之糟朽。晾背时间要月余以上,以干透为止。

三、苫瓦的施工工艺

在我国封建等级社会里,屋面用瓦也是有等级的,黄色琉璃瓦为最尊,只能用于皇家和庙宇;绿色琉璃瓦次之,用于亲王世子和群僚;一般地方贵族使用布筒瓦;劳动贫民只能使用布板瓦合瓦。

园林建筑屋顶的常用瓦面一般有:琉璃瓦屋面、削割瓦屋面、剪边瓦(即屋面边用尊贵瓦,屋面心用次等或另一颜色瓦)屋面、合瓦屋面和干槎瓦屋面等五种,其他仰瓦灰埂屋面、石板瓦屋面等用得很少。而在这五种瓦面中,削割瓦和剪边瓦屋面的施工工艺基本与琉璃瓦屋面相同,所以,这里着重介绍琉璃瓦、合瓦和干槎瓦等三种常用瓦屋面的施工。

(一) 屋顶瓦面的瓦件及组合

1. 琉璃瓦屋面的瓦件及组合

琉璃瓦屋面所用的瓦件较为复杂,其瓦面组合如图 5-11 所示,整个屋面的面瓦由:筒瓦垄、板瓦垄、勾头瓦、滴水瓦、星星瓦等组成。在攒尖屋顶上还用有竹子瓦和抓泥瓦等。

(1) 琉璃板瓦垄:它是由一块块琉璃板瓦,由下而上层层叠接而成的凹形垄沟,是承接雨水的导水沟槽。板瓦横截面的形状为四分之一半圆形,前端宽后端窄,仰铺在泥灰背上,一般通称为"底瓦"。

(2) 琉璃筒瓦垄:它是由一块块琉璃筒瓦,由下而上首尾相互衔接而成的凸形瓦垄,是散水避雨、封闭板瓦垄之间空隙(称为蚰蜒当子)的垄埂。筒瓦的形状为一半圆筒形,尾端留有用于衔接的企口榫(称熊头),扣盖在蚰蜒当上,一般通称为"盖瓦"。

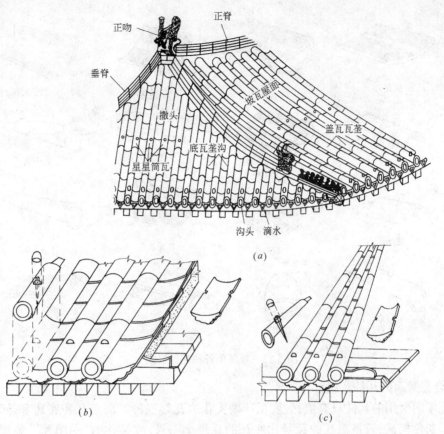

图 5-11 琉璃瓦屋面
(a)琉璃瓦屋面的组合；(b)一般坡瓦屋面细部结构；(c)圆形攒尖坡瓦屋面细部结构

(3) 琉璃勾头瓦与钉帽：它是封闭筒瓦垄檐口端的端头装饰瓦件。它的前端为刻有花纹的圆形，瓦背上有一钉孔，用来钉钉防止下滑，当钉子钉好后，用钉帽盖住，防止雨水渗入。勾头瓦尾端留有熊头以便与筒瓦连接。

(4) 琉璃滴水瓦：它是封闭板瓦垄檐口端的装饰瓦件。它的前端为下垂的弧形花饰面，引导雨水下滴；后端压入板瓦之下，在其两边各有一缺口或钉孔，用以钉钉防止下滑。

(5) 琉璃星星瓦：分琉璃星星筒瓦和琉璃星星板瓦两种，其不同之处是：星星筒瓦在瓦背中间有钉孔，星星板瓦在后端中间有一钉孔，用以钉钉来加固整个瓦垄的防滑作用。星星筒瓦钉孔上用钉帽盖住防水。琉璃星星瓦一般是在每条瓦垄上每隔适当距离安插 1～3 块，起到加强瓦垄牢固的作用。

(6) 琉璃竹子瓦：它是用在圆形攒尖屋顶的瓦件，分琉璃竹子筒瓦和琉璃竹子板瓦两种。因为圆形攒尖屋顶的瓦垄是呈辐射状，上小下大。为此，将筒、板瓦也加工成前大后小的形状，安装起来有似竹节状，故取名为竹子瓦。

(7) 琉璃抓泥瓦：它也是用在坡度较陡的攒尖屋顶上一种瓦件，分为琉璃抓泥筒瓦和琉璃抓泥板瓦两种。抓泥筒瓦是在筒瓦的底面设有一小肋条，抓泥板瓦是在板瓦尾端底面设有一横肋条，铺筑时将肋条嵌入铺浆内而加强牢固作用。

以上瓦件的形状如图 5-12 所示。

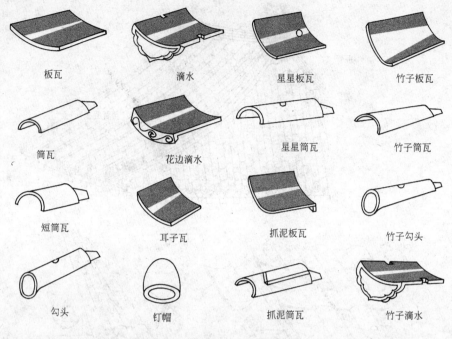

图 5-12 坡屋面各种瓦件形式

2. 合瓦屋面的瓦件及组合

合瓦屋面所用的瓦件只有盖瓦、底瓦和檐头花边瓦等三种。而盖瓦和底瓦都是为不上釉的一种青灰色板瓦,只是盖瓦的瓦号比底瓦的瓦号小一号,故又称为"阴阳瓦",如图 5-13 所示。底瓦垄是导水沟垄,盖瓦垄是反扣在两底瓦垄之间的蚰蜒当子上作为散水垄,各垄的檐口用一块花边瓦(也是青灰色,仅端头作有花边)作为封头。这种瓦面主要用于小式建筑和民间建筑的屋顶上。

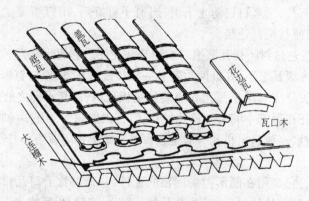

图 5-13 合瓦屋面

3. 干槎瓦屋面的瓦件及组合

干槎瓦屋面是用材更为简单的一种瓦面,它的瓦面都是由青灰色板瓦所作成的仰瓦垄而组成。瓦垄与瓦垄之间层层套搭,相互咬合,一块瓦的两边,无论是大头或小头,都要与相邻瓦的瓦边(俗称瓦翅)压搭严实,这叫做"赶槎"或"干槎",如图 5-14 所示。多用于民间建筑的屋顶上。

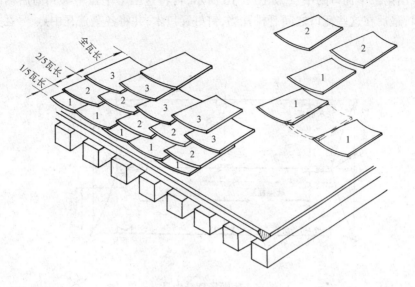

图 5-14 干槎瓦屋面

(二)宽瓦的放样

宽瓦的放样程序为:分中→排瓦当→号垄→拴线。不同的屋顶有不同的特点。

1. 硬、悬山屋顶做法

(1) 分中:首先在前、后檐口找出屋顶长度方向的中点,作为整个屋面底瓦的中点,称为"底瓦坐中",如图 5-15 所示。然后按以下情况确定边垄底瓦位置:

当山墙尖为铃铛排山做法时,从两山博风外皮往里量约两个瓦口的宽度作为屋顶的两个底瓦边垄;

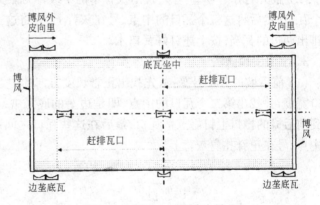

图 5-15 硬悬山屋顶分中号垄

当山墙尖为披水排山做法时,先定出披水砖檐的位置,然后从砖檐里皮向里量两个瓦口宽度作为两个底瓦边垄,如图 5-15 所示。

(2) 排瓦当:以中间和两边的底瓦为标准,分别在左右两个区域内赶排瓦口(即放置瓦口木,使瓦口木两端的波谷正好落在上述所定瓦口的位置),如果排不出"好活",应适当调整蛐蜒当(即瓦口木的波峰宽)的大小,瓦口木可根据排出的瓦当进行现场配制,然后将瓦口木钉在大连檐木上,钉时应按连檐木外皮适当退进一点距离叫留"雀台",一般为 0.16~0.2 椽径。

(3) 号垄:将各垄盖瓦的中点(即瓦口木波峰的中点),平移到屋脊扎肩的灰背上,并做出标记。

2. 庑殿屋顶做法

庑殿屋顶除前后坡外还有两山的撒头,需分别处理。

(1) 前后坡的分中号垄:首先找出正脊长度方向的中点,然后从两端扶脊木尽端往里返两

207

个瓦口宽并找出第二个瓦口的中点,如图5-16所示,再将这三个中点平移到前后檐的檐口上钉好五个瓦口,最后在这些瓦口之间赶排瓦当,钉好瓦口木,并将各垄盖瓦中点,号在正脊扎肩灰背上。

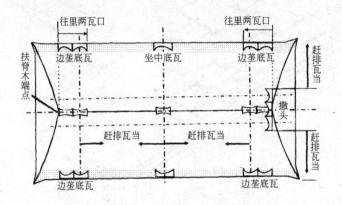

图5-16 庑殿屋顶分中号垄

(2) 撒头的分中号垄:首先找出扶脊木的中线作为撒头中的底瓦中点,并以此安放出左右三个瓦口,然后将这三个瓦口的中点,号在灰背上,并将这三个中点平移到两山檐的连檐木上,赶排出两边的瓦当,按上述钉好瓦口木。

3. 歇山屋顶做法

(1) 前后坡的分中号垄:首先找出正脊长度方向的中点,然后从两端博风外皮往里返两个瓦口宽度,并找出第二个瓦口的中点,即是边垄的底瓦中,如图5-17所示,再将这三个中点平移到前后檐的檐口上钉好五个瓦口,最后在这些瓦口之间赶排瓦当,钉好瓦口木,并将各垄盖瓦中点,号在正脊扎肩灰背上。

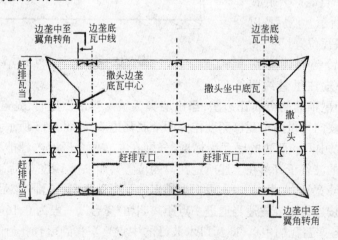

图5-17 歇山屋顶分中号垄

(2) 撒头的分中号垄:首先量出前后坡的边垄中点至翼角转角处的距离,以此距离在撒头中的两边,定出撒头的边垄底瓦中点,按这三个中点钉好三个瓦口,并以这三个瓦口赶排瓦当,最后将各垄盖瓦的中,平移到上端小红山附近。

4. 瓦垄拴线

首先按所定边垄位置进行铺灰宽好两垄底瓦和一垄盖瓦,然后以边垄盖瓦垄上的"熊背"为准,在正脊、中腰、檐口等位置拴三道横线,作为整个屋顶瓦垄的高度标准。脊上的叫"齐头线"或"上齐头线",中腰的叫"楞线"或"腰线",檐口的叫"檐口线"或"下齐头线"。如果屋坡很长不好掌握还可多拴几条楞线。

（三）宽瓦的具体操作

经过瓦垄的放样定位后,就可开始铺瓦了,现分别就琉璃瓦、合瓦、干槎瓦等介绍其宽瓦过程。

1. 宽琉璃瓦

琉璃瓦的操作过程为:审瓦冲垄→宽沟滴瓦→宽底瓦→宽盖瓦→捉节夹垄→翼角宽瓦。

(1) 审瓦、冲垄:"审瓦"是指在宽瓦之前,对所用瓦件进行检查一遍,将带有扭曲变形、破损掉釉、尺寸偏差过大的瓦件挑选出来。"冲垄"是指选择几处适当位置按"三线"铺筑几条标准瓦垄（一般是屋顶中间的两淌底瓦和一淌盖瓦）,以作为屋面高低检查标准,如"宽边垄"就是对屋面两端的冲垄。

(2) 宽勾滴瓦:即指对勾头瓦和滴水瓦的铺筑和安放。安放滴水瓦时,应先在滴水瓦尖位置拴一道与"檐口线"平行的线,滴水瓦的高低和出檐以此线为准,滴水瓦出檐为该瓦的舌头厚度。当位置确定后,即可铺筑瓦泥灰（用掺泥灰或月白灰）安放滴水瓦,并在瓦的尾端缺口内加钉固定。

勾头瓦应以"檐口线"为标准,先在勾头处放一块遮心瓦（可用碎瓦片）以拦住蚰蜒当铺筑的瓦泥灰,然后安放勾头瓦,勾头瓦的出檐为瓦头"烧饼盖"的厚度,使勾头盖里皮紧贴滴水瓦外皮,最后在钉孔内钉钉,钉子上扣钉帽。

(3) 宽底瓦:先按照已排好的瓦当和脊上号垄标记,拴挂一根上下方向的"瓦刀线","瓦刀线"的上端固定在脊上,下端拴一块瓦吊在屋檐下,线的上中下之高低以"三线"为准。一般底瓦的"瓦刀线"拴在瓦垄的左侧（盖瓦拴在右侧）。

拴好线后即可铺筑瓦泥灰安放底瓦,铺灰厚度一般为 3cm 左右,依据线高进行增减。宽瓦工作应在两个坡面上对称同时进行,防止屋架偏向受压。底瓦应窄头朝下,压住滴水瓦,然后从下往上依次叠放。搭接密度有句口诀:"三搭头压六露四;稀瓦檐头密瓦脊"。即指三块瓦中,首尾两块瓦要能搭上,上下瓦要压叠 6/10,外露 4/10;而檐头部分的瓦可适当少搭点,脊根部位的瓦可多搭点。

底瓦的高低和顺直应以"瓦刀线"为准,瓦要摆正,避免"不合蔓"（即指因瓦的弧度不一致所造成合缝不严）,不得偏歪,防止"喝风"（即指因摆得不正而造成合缝不严）。明显不合蔓的瓦应及时选换。

摆好底瓦以后,要进行"背瓦翅",即用灰泥将瓦的两侧边抹实抹直。背完翅后进行"扎缝",即用大麻刀灰抹实蚰蜒当,扎缝灰应以能盖住两边底瓦垄的瓦翅为度。

(4) 宽盖瓦:同上一样,在盖瓦垄的右侧挂好"瓦刀线",铺筑瓦泥灰安放盖瓦,从下往上前后衔接,第一块筒瓦应压住勾头瓦后的熊头,后面的瓦都应如此衔接,一块压一块,熊头上要挂素灰（素灰应依不同琉璃颜色掺加色粉,黄色琉璃掺红土,其他掺青灰）。每块瓦的高低和顺直要"大瓦跟线、小瓦跟中"。即一般瓦要按瓦刀线,个别规格稍小的瓦以瓦垄中线为准,不能出现一侧齐、一侧不齐的现象。

(5) 捉节夹垄：它是指对每垄筒瓦进行勾缝补隙的操作过程，"捉节"是指将每垄筒瓦的衔接缝(似于竹节)，用小麻刀灰勾抹严实，上口与瓦翅外棱要抹平；"夹垄"是指将筒瓦两边与底瓦之间的空隙，用夹垄灰填满抹实，下脚平顺垂直。上述完成后，应清扫干净，釉面擦净擦亮。

(6) 翼角宽瓦：有称"攒角"，先将"套兽"套入仔角梁的套兽桩上，然后在其上立放"遮朽瓦"，使其背后紧挨连檐木，并用灰堵塞严实，用以保护连檐木。再在"遮朽瓦"上铺灰安放两块"割角滴水瓦"，压住"遮朽瓦"，继续在两块滴水瓦之上放一块遮心瓦，然后铺灰安放螳螂勾头，如图5-18所示。

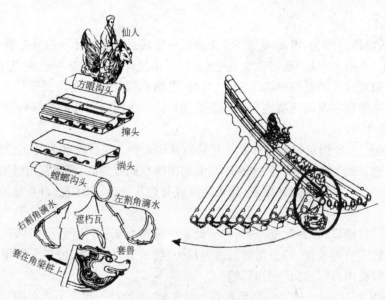

图5-18　翼角端头部分瓦件

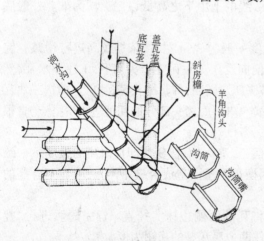

图5-19　窝角部位瓦件

在螳螂勾头的上口正中与前后坡边垄交点的上口之间，拴一道线叫"槎子线"，作为翼角上的"瓦刀线"，当为庑殿歇山屋顶时，此线应按前后坡屋面的灰背面形，作成具有囊度的曲面，该曲线的做法是用若干个铁钎，按曲率大小分成若干小段钉在角线的灰背上，将"瓦刀线"别在铁钎上形成折线，按此线开始铺灰宽瓦，两坡翼角相交处的两块瓦要用割角滴水瓦和割角筒瓦。

窝角部位的底瓦为"沟筒嘴和沟筒"，与其相交处的盖瓦和底瓦改用"羊角勾头"和"斜房檐"，如图5-19所示。

2. 宽合瓦

(1) 审瓦、沾瓦："审瓦"要求与前同，"沾瓦"是用生石灰浆浸沾底筒瓦前端露明部分，"底瓦沾小头，盖瓦沾大头"。

(2) 宽檐口瓦：操作方法同前，不过合瓦屋面的檐口瓦为"花边瓦"，花边瓦之间的蚰蜒当不放遮心瓦。如图5-13所示。

(3) 宽底瓦:操作方法同前,不过底瓦的接头处要用素灰勾抹严实叫"勾瓦脸",并用刷子沾水勒刷平整叫"打点瓦脸"。铺底瓦泥时应饱满,其他的求与琉璃瓦同。

(4) 宽盖瓦:其操作方法也基本与琉璃瓦相同,只是当花边瓦下的"瓦头"是预制时,应先沾好瓦头再放花边瓦;无瓦头者可用2~3块瓦圈叠在一起,放在蚰蜒当上用灰抹平。宽盖瓦时也要做到"三搭头",盖瓦搭接处也应"勾瓦脸"、"打点瓦脸"。

(5) 盖瓦夹腮:即在盖瓦两边先用麻刀灰抹塞一遍,塞严堵实,再用夹垄灰细抹一遍,捋平抹直,然后用刷子沾水勒刷干净叫"打水槎子"。最后反复刷青浆和赶扎,扎实扎光。

3. 宽干槎瓦

(1) 套瓦:干槎瓦只"审瓦"不"沾瓦",但要"套瓦",它是指对每个瓦垄所用的瓦,均应选择一个标准规格,则这个瓦垄的瓦都应符合这种规格(误差不得超过2cm),另一垄瓦也应符合该垄所选择的规格,凡不同规格的瓦料,绝对不能在同一垄中使用。

(2) 苫背:干槎瓦屋顶的苫背见图5-14小式做法或民间做法,但泥背厚度应适当加厚,泥背坡度倾角应大于30°。

(3) 分中、宽"老桩子瓦":干槎瓦屋面的分中只需找出中间一趟瓦垄的中线即可,不必找出边垄的中,也不需号垄、排瓦当,其瓦垄的位置是通过宽"老桩子瓦"决定的。

"老桩子瓦"是指脊线两边顺坡而放的样垄瓦,一般在每边脊坡处叠放2~3块,沿脊赶排,它是铺筑屋面瓦垄的基本依据。其作法是:首先拴拉两条老桩子线,作为统一高低标准。然后从屋面正中往两端宽,先摆放中间一垄的两块瓦(大头朝下),瓦下要放一块反扣瓦(称"枕头瓦")作为代替屋面瓦和瓦泥所需用厚度,供临时使用,待宽瓦摆放到老桩子瓦处时撤去。接着在右(或左)边摆放第二垄的两块瓦(此垄不需再放枕头瓦了),上面一块大头朝下,第二块小头朝下(这是为了使两垄瓦在脊上高低一致),瓦的两边应分别搭叠在第一垄和第三垄的两块瓦翅上。再摆放第三垄(操作同第一垄)、第四垄(操作同第二垄)……如此类推,直至右边。然后照此摆放左边,要求单数列的瓦在同一横线上,双数列的瓦在同一横线上。宽好老桩子瓦后,将各垄的中点平移到檐口的连檐木上。

(4) 宽瓦:先拴"瓦刀线",该线的上端以"老桩子瓦"的瓦翅为标准,下端以檐口瓦的瓦翅为标准。然后由下而上铺瓦泥灰宽瓦。檐口的第一块瓦叫"领头瓦",设每垄的"领头瓦"为$A_1B_1C_1D_1$……,其上的瓦为$A_2B_2C_2D_2$……,要求B_1架在A_1、C_1瓦翅上,B_2架在A_2、C_2瓦翅上,……。瓦垄的搭叠,A_2应压住A_1的8/10,B_2应压住B_1的6/10,以上各瓦的前后搭接都按压住6/10进行搭叠,见图5-14所示。

(5) 檐口瓦"捏嘴"和"堵燕窝":"捏嘴"是指,当各"领头瓦"之间的瓦翅搭叠时,都需挂抹少许麻刀灰以加强粘接,搭叠后要用刷子沾清水勒刷干净,再刷上青浆赶扎出亮,此过程叫"捏嘴"。"堵燕窝"是指将"领头瓦"下面的空隙,用麻刀灰堵严抹平,并刷青浆赶扎出亮。

(6) 正脊、垂脊作法:干槎瓦屋顶的正、垂脊是随宽瓦时一起做好。正脊采用"扁担脊",垂脊采用"披水梢垄"(详见第五节小式黑活屋脊所述)。

第三节 琉璃瓦屋脊的施工工艺

一、卷棚式硬、悬山琉璃屋顶的屋脊

（一）卷棚式正脊

卷棚式硬、悬山琉璃屋顶的正脊一般为"过陇脊"，也有称为"元宝脊"。过陇脊是一种比较简单的圆弧形脊，它是由圆弧形筒瓦（称为"罗锅瓦"）和圆弧形板瓦（称为"折腰瓦"）组成脊顶，在圆弧形筒板瓦与屋面盖底瓦之间，分别用"续罗锅瓦"和"续折腰瓦"进行过渡连接，如图5-20所示。其作法如下：

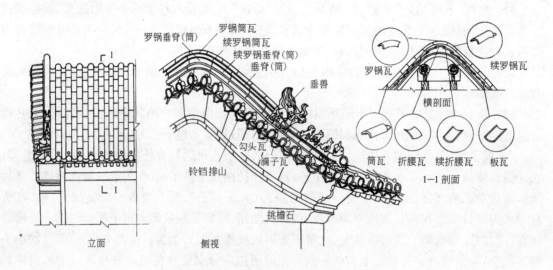

图5-20 卷棚式屋顶过陇脊

1．抱头

先拿开"老桩子瓦"（详见干槎瓦屋面所述）铺筑麻刀灰（有称"抱头灰"），接着将"老桩子瓦"回位放好，用手下力挤压使两块瓦碰头，并使灰浆从上边挤出来（此称"抱头"）。

2．宽瓦

沿脊铺灰，顺"老桩子瓦"上安放续折腰瓦、续罗锅瓦，接着安放折腰瓦和罗锅瓦。如果屋顶坡度不大可不需续折腰瓦、续罗锅瓦；如果坡度很大可用两块续折腰瓦、续罗锅瓦。最后应"勾瓦脸"、"打点瓦脸"、"夹腮"、"打水槎子"。

（二）卷棚式垂脊

硬、悬山琉璃屋顶的垂脊一般为"排山脊"，大式做法为"铃铛排山脊"，专对卷棚式屋顶的垂脊而言又叫"罗锅卷棚脊"或"箍头脊"。

1．宽排山勾滴

（1）先沿博风赶排瓦口：以滴子坐中向两端排，排山滴子瓦要单数，排好瓦口后将瓦口木钉在木博风板上，若采用博风砖者不需瓦口木，直接进行下一步。

（2）拴线铺灰宽滴子瓦：先安排好的瓦口由中间向两端铺灰宽滴子瓦，滴子瓦的出檐，以使勾头瓦上的钉帽露在垂脊之外为原则。并在其后口压一块底瓦（叫"耳子瓦"），在两个端头

使用"割角滴子瓦"。

再拴线铺灰宽圆眼沟头瓦,在铺灰前,先在两滴子瓦之间安放一块"遮心瓦"再铺灰安放勾头瓦,而后钉钉,盖钉帽。在两个端头使用"螳螂勾头",勾头后应放一块"遮心瓦",螳螂勾头与屋面边垄瓦的夹角应为45°。

2．铃铛排山脊

排山脊的排水结构是由勾头瓦和滴子瓦所组成,故称为"排山勾滴",而沿山尖排成一列的滴子瓦有似于悬挂的铃铛,故称"铃铛排山脊"。垂脊是指与正脊垂直的屋脊,大式垂脊以垂兽为界分为:垂兽、兽前和兽后三部分。具体作法如下:

(1) 兽前的砌筑(见图5-22兽前的构件组合)

1) 先在垂脊的排山勾滴一侧拴线,安放"正当沟"瓦件叫"捏当沟","正当沟"卡在两垄盖瓦和一垄底瓦之上,它的两边和底边要抹麻刀灰密缝。

2) 然后在垂脊里侧,依屋面边垄盖瓦拴线,铺筑素灰砌一层与"正当沟"顶平的"平口条","平口条"与"正当沟"之距离为垂脊宽,"平口条"与"正当沟"之间的空隙用灰及碎砖填实抹平。

在螳螂沟头之上用麻刀灰砌放:"咧角搒(读 Zheng)头",咧角搒头比平口条和当沟略高。

3) 在"平口条"与"正当沟"的平面上铺灰砌一层"压当条",两边与下面平口当沟外皮齐平,

图 5-21　走兽与垂兽

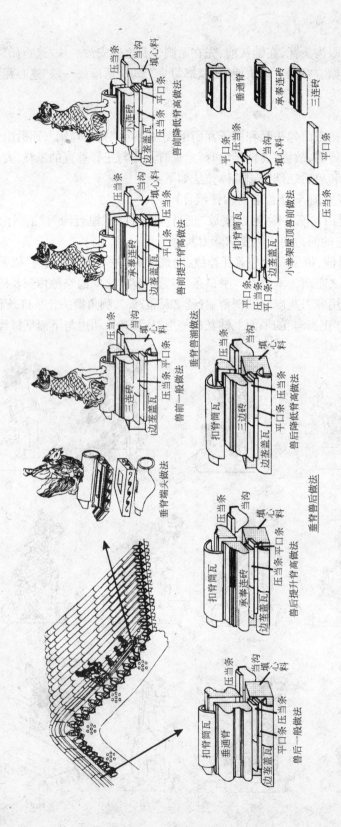

图 5-22 硬、悬山屋顶垂脊做法

上面与咧角搥头找平。"压当条"之间用灰砖填平。并在"咧角搥头"之上铺灰砌放"咧角掸头"。

4）在"咧角掸头"之后，"压当条"之上铺灰砌一层"三连砖"（当垂脊要求高大时，可用"承奉连"替代三连砖；当垂脊较小时，可用"小连砖"替代；当用于小举架屋顶如牌楼、影壁、门楼等时，可用"平口条"替代三连砖）。同时在"咧角掸头"之上铺灰砌放"方眼勾头"，在勾头钉孔内钉铁钎，安放仙人。如图5-22所示。

5）在"三连砖"（或"承奉连"或"小连砖"）之上铺灰砌小跑，小跑有称走兽、小兽，是象征豪华、富贵、吉祥之物。小兽的先后顺序是：龙、凤、狮、天马、海马、狻猊、押鱼、獬豸、斗牛、行什。小兽的数目按檐柱每高二尺放一个，总数应为单数。除北京紫禁城太和殿可以用满十个外，其他建筑最多只能用足九个，具体参看表5-2。

在小兽之后安放一块筒瓦，小兽与小兽之间的距离可按具体情况调整，但小兽与垂兽之间的距离只能安一块筒瓦。各兽之形象如图5-21所示，组合装配如图5-22所示。

(2) 垂兽的砌筑

将"正当沟"至"压当条"结构层的砌筑延长，并在最末一个小兽的一块筒瓦之后，于"压当条"之上铺灰安放兽座，兽座之上安放垂兽。垂兽一般最好置在正心桁（无斗栱为檐檩）位置之上，但也可以依具体情况前后位移。

(3) 兽后的砌筑（见图5-22兽后的构件组合）

在垂兽之后，"压当条"之上拴线铺灰砌"垂通脊"（有称垂脊筒），垂脊筒分搭头和无搭头，当垂兽座为"联办兽座"时，可用无搭头的垂脊筒；当兽座为不是联办时，应用"搭头垂脊筒"（当垂脊要求高大时，可用"承奉连砖"替代垂脊筒；当垂脊较小时，可用"三连砖"替代；当用于小举架屋顶如牌楼、影壁、门楼等时，可用"平口条"替代垂脊筒）。沿挂线向后延砌，每块垂脊筒之间用铅丝拴牢，直至过陇脊脚跟，改用"续罗锅垂脊筒"和"罗锅垂脊筒"。

最后在垂脊筒上铺灰安放"盖脊筒瓦"（有称"扣脊筒瓦"），用掺色小麻刀灰打点勾缝，擦拭干净。

二、尖山式硬、悬山琉璃屋顶的屋脊

(一) 尖山式正脊

尖山式的正脊是一种大脊，其构造要较"过垄脊"复杂得多，从正面看它是由一条通长的脊身与两端吻兽所组成。

1. 正脊脊身的做法

(1) 拴线捏当沟：在正脊横截面两边各拴一根线，两线的间宽按"正通脊"之宽，也就是正脊的厚度。依线安放两边的"正当沟"，当沟顶应与垂脊里侧"平口条"交圈，并抹好灰缝。在两边当沟之间用灰浆碎砖填平。

(2) 砌压当条：在当沟上铺灰安放"压当条"，应与垂脊里侧"压当条"交圈。中间空隙用灰填满。

(3) 砌群色条：把线移上来，在压当条之上铺灰砌两边"群色条"，群色条之间用灰砖填平。在四样以上瓦件时应改为"大群色"，八九样瓦件则不用群色条。

(4) 砌正通脊：在群色条之上铺灰砌"正通脊"（又叫正脊筒），四样以上改为"赤脚通脊"，并在下面加一层"黄道"；对院墙、牌楼等不用群色条和正通脊，而改用"承奉连"或"三连砖"。如图5-23所示。

砌"正通脊"时应先从坐中开始向两端赶排，要为单数。在正通脊的空心内要横放一根铁

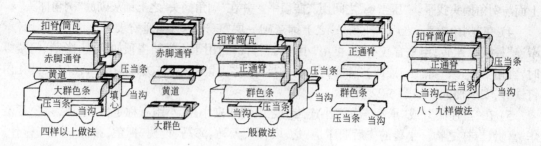

图 5-23　尖山式正脊脊身做法

钎,将它用钢丝与脊桩木拴牢,每块通脊的铁纤也要连接起来,然后用麻刀灰碎瓦片等进行填充,但不得填实应留空隙,以防胀裂。

(5) 扣脊筒瓦、勾缝打点:在"正通脊"上铺灰安放"盖脊筒瓦"(有叫扣脊筒瓦),一般"盖脊筒瓦"要比正脊筒大一样。最后进行勾缝打点干净。

2．安装吻兽

在正脊两端以"正吻"收头。当建筑等级较低时不使用"正吻"而改用"望兽"。

(1) 延续正脊"群色条":将正脊群色条以下的构件延长至两端垂脊里侧。当不用群色条时,只延长压当条以下构件。

(2) 砌吻座:在群色条或压当条之上铺灰安放"吻座",吻座应安放在"坐中当沟"的钉孔内侧,正吻的高低以能使正吻的腿肘露在垂脊之上为度,若高度不够时,可在吻座之下加放"吻垫",还不够时再加筒瓦。

(3) 装正吻:在吻座上安放"正吻","正吻"是套在吻桩上。一般正吻体积都比较大,所以多是现场拼装,拼装好后外侧要用吻锔固定,内空要填灰。背兽套在横插的铁钎上,铁钎与吻桩十字拴牢,如图 5-24 所示。

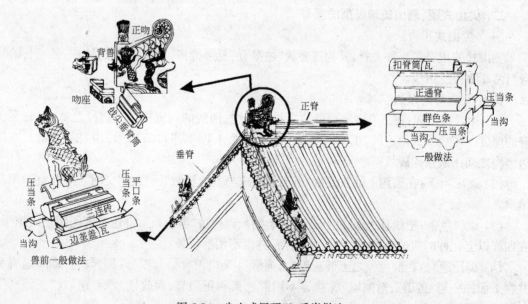

图 5-24　尖山式屋顶正、垂脊做法

(二) 尖山式垂脊

尖山式垂脊与卷棚式垂脊基本相同,所不同的只有以下两点:

(1) 排山脊不是滴子坐中,而应改为沟头坐中,如图5-24所示。

(2) 垂脊与正吻相交处,不是使用"罗锅垂脊筒",而是使用一块"戗尖垂脊筒"(即与正吻相接触的那一面为斜面的垂脊筒)和"戗尖盖脊瓦"。其他均与卷棚式垂脊做法相同。

三、单檐庑殿式琉璃屋顶的屋脊

单檐庑殿式屋顶有五条脊,即:一条正脊和四条垂脊。

(一) 庑殿正脊

因庑殿一般不做卷棚屋顶,所以,它的正脊与尖山式硬山屋顶的正脊基本相同,所不同的是,由于庑殿没有排山脊,所以它的吻座是放在山面撒头的"坐中当沟"之上,称此当沟为"吻下当沟"。在它两边是两垂脊的"斜当沟",如图5-25山面立面图所示。正脊身的构件组合见图5-25中"四样以上做法"所示。

(二) 庑殿垂脊

庑殿垂脊与硬悬山屋顶的垂脊也大致相同,只是有几处稍有变化:

1. 垂脊底层的当沟:硬悬山屋顶是用"正当沟",只在外侧面使用;而庑殿则因是四坡屋顶,应改用"斜当沟",需在内外侧面都用。

2. 垂兽位置:硬悬山屋顶的垂兽是放在正心桁位置;而庑殿的垂兽必须放在角梁的位置上。

3. 垂脊端头:硬悬山屋顶的揣、撺头与仙人等构件是与垂脊成45°,故采用"咧角揣头"、"咧角撺头";而庑殿屋顶的揣、撺头及仙人是与垂脊在同一条线上,故应使用正"揣头"和"撺头"。其他均与硬悬山垂脊相同,如图5-25所示。

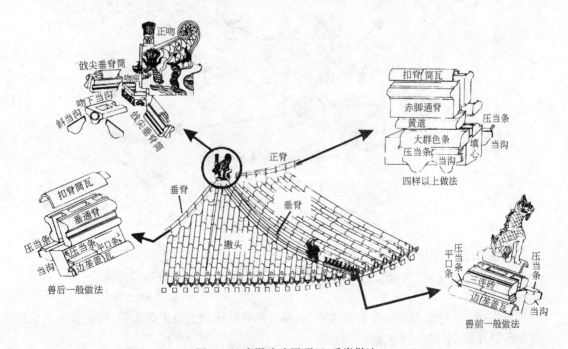

图5-25 庑殿琉璃屋顶正、垂脊做法

四、单檐歇山式琉璃屋顶的屋脊

单檐歇山屋顶的屋脊有：一条正脊、四条垂脊、四条戗脊，另加两条博脊。

（一）歇山屋顶正脊

由于歇山屋顶有尖山顶和卷棚顶之分，故其正脊也有大脊和过垄脊两种。它们的做法完全与硬悬山式屋顶的正脊做法相同，详见图5-20卷棚式屋顶过垄脊和图5-23尖山屋顶正垂脊所示。

（二）歇山屋顶垂脊

歇山屋顶的垂脊也基本上与硬悬山式屋顶的垂脊相同，只是有以下两处有所改变：

1．垂脊长度：硬悬山式屋顶的垂脊直伸到檐口，而歇山屋顶的垂脊不伸到檐口，并且没有兽前段，它的垂兽就是垂脊端头。它的垂脊身与硬悬山垂脊的兽后段相同，见图5-22中"兽后的构件组合"所示。

2．垂脊端头：硬悬山垂脊的端头构件是仙人下面用撺头、捣头、螳螂沟头；而歇山垂脊的端头构件应是垂兽，其下面为垂兽座、压当条（或押带条）、托泥当沟。在托泥当沟之后，垂兽座下共放有两层压条（即平口条和压当条），里、外侧的压当条向后延续到与戗脊的斜当沟交圈，如图5-26垂脊端所示。

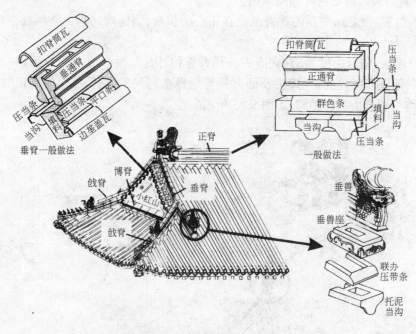

图5-26　歇山琉璃屋顶正、垂脊做法

（三）歇山屋顶戗脊

歇山屋顶戗脊有叫"岔脊"，它是垂脊的分支，因此，其做法与垂脊基本相同，只是有以下几点区别：

1．戗脊身：戗脊本身也分兽前和兽后，但垂脊的兽后尾端是与正脊相交，而戗脊的兽后尾端是与垂脊相交，如图5-26所示。

2．脊底当沟：垂脊底层是用"正当沟"，而戗脊底层为"斜当沟"，戗脊的斜当沟要与垂脊的正当沟在接头处交圈。

3. 兽头兽后构件：垂脊的兽头叫"垂兽"，兽后用"垂通脊"；戗脊的兽头叫"截兽"或"戗兽"，兽后改称为"戗通脊"，两者外形一样，只是规格大小不同，前者较后者大一样。戗脊与垂脊相交处的"戗脊砖"应改为"割角戗脊砖"。

4. 戗脊的构件组合：一般情况下，戗脊端头的构件组合同垂脊一样（即螳螂沟头上为挡头、撺头、方眼沟头和仙人），兽后用戗脊筒，则兽前用三连砖（或承奉连砖）；当为八样瓦屋面时，兽后用承奉连，兽前用三连砖；当为九样瓦屋面时，兽后用三连砖，则兽前用小连砖，这时戗脊端头"螳螂沟头"以上不用撺、挡头，而改用合二为一的"三仙盘子"，有称为"灵霄盘子"，作为戗脊端头的封护构件。如图 5-27 所示。

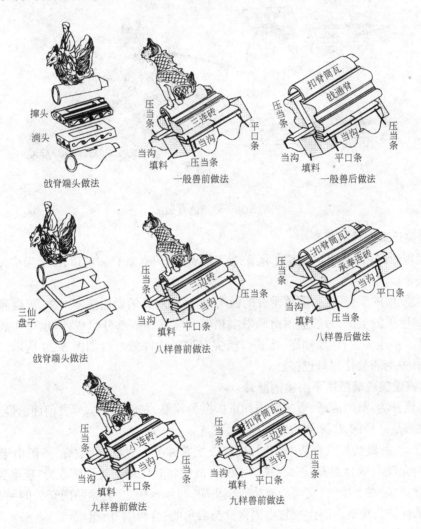

图 5-27 歇山琉璃屋顶戗脊做法

（四）歇山屋顶博脊

博脊是歇山山面承托博风板排山脊的两个底脚，是撒头瓦面与小红山底相交的一个屋脊。博脊两端伸入到博风板排山脊内，故其构件组合分"博脊身"和"博脊尖"两部分。

1．博脊尖：博脊尖又叫"挂尖"。挂尖的位置应以挂尖里棱紧靠"踏脚木"，挂尖的尖头隐入排山沟滴之下。它的外侧为"正当沟"，上铺"压当条"，再铺灰将里外抹平，然后砌"挂尖"，如图5-28所示。

2．博脊身：以挂尖为准拴线，先砌外侧面的"正当沟"，再上铺"压当条"，再铺灰将里外抹平砌"博脊连砖"，上盖"博脊瓦"，因博脊瓦要向外倾斜着覆盖，故又称为"滚水"。在砌"博脊连砖"时，应以坐中向两端赶排。其构件组合如图5-28所示。有的地方用蹬脚瓦和满面砖取代博脊瓦。

五样以上将"博脊连砖"改为"承奉博脊连砖"。

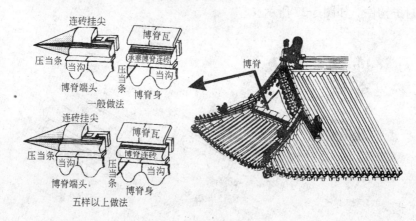

图5-28 琉璃博脊做法

五、攒尖琉璃屋顶的屋脊

攒尖屋顶分多边形和圆形，多边形攒尖屋顶的屋脊只有垂脊和宝顶；圆形攒尖屋顶只有宝顶而没有垂脊。

1．攒尖屋顶的垂脊：攒尖屋顶垂脊的做法，与庑殿垂脊的做法基本一样，可参照执行。

2．攒尖屋顶的宝顶：一般宝顶由圆形宝顶座和宝顶珠两部分组成，但也可作成四、六、八方形。琉璃宝顶座多带有"须弥座"形式。攒尖宝顶各构件的组合如图5-29所示。要求层层铺灰垒砌，并要与雷公柱很好连接。

六、重檐建筑琉璃屋顶下层檐的屋脊

重檐建筑分为：重檐庑殿、重檐歇山和重檐攒尖顶等，它们的上檐屋脊前面已经分别叙述，而下檐屋脊都是一样的，即采用角脊和围脊。

1．角脊：它的做法与戗脊基本相同，故有人把它称为"下层檐的戗脊"。但由于它的尾端与围脊的"合角吻"（或合角兽）相交（见图5-30），故应将其尾端的戗脊筒改为"燕尾戗脊筒"。

2．围脊：它是在上檐枋（又叫大额枋或箍头枋）与承椽枋之间，紧贴围脊板的一条屋脊（参看图3-59承椽枋的构造与制作），它由围脊身与四角的"合角吻"所组成。

合角吻围脊的位置，以箍头枋的霸王拳为依据，使"吻合角"的尾巴（或合角兽的卷尾）不能碰到霸王拳但又不宜距离太远为原则，来设定四角"合角吻"的位置。此位置设定后，再从"合角吻"下口除去压当条和当沟尺寸，即为所初步确定的围脊"正当沟"之下口位置，然后以围脊组合构件的总高从"当沟"下口往上量一下，看围脊顶的"满面砖"是否紧挨"箍头枋"的下皮。若不合适者，再适当调整"当沟"的位置使之得以满足，即可定为围脊的外皮位置。再依此拴线

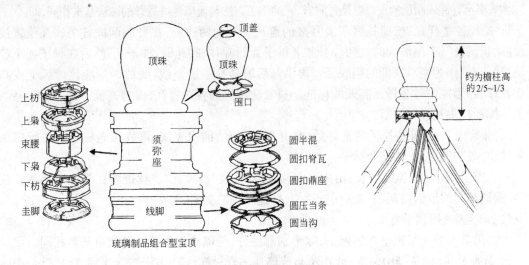

图 5-29 攒尖屋顶琉璃宝顶

铺灰砌筑围脊构件，围脊构件的组合如图 5-30 所示。

"合角吻"是以两个正吻的后尾，连成为相互垂直转角的一种构件，放在四角用它的嘴来连接两个方向的围脊脊身。"合角兽"是以两个望兽的头部连成相互垂直转角的一种构件，由它的尾巴连接围脊脊身。"合角吻"用于等级较高的建筑，如宫殿、庙宇等；"合角兽"用于等级较低的建筑，如门楼、鼓楼等。

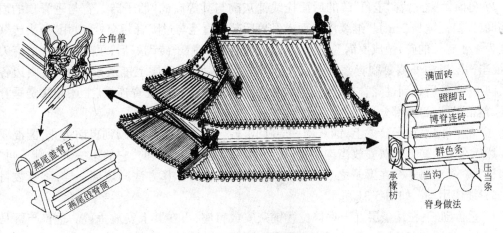

图 5-30 重檐琉璃围脊做法

第四节 大式黑活屋脊的施工工艺

大式黑活屋面是指这种屋面所用的瓦件，完全同琉璃瓦件一样，只是表面不上釉而是将瓦件胚子素烧成型后焖青而成，故它的规格型号同琉璃瓦件基本相同。

一、卷棚式硬、悬山屋顶的屋脊

（一）卷棚式屋顶正脊

大式黑活卷棚式屋顶的正脊也是过陇脊,它的施工方法与琉璃瓦过陇脊的做法基本相同,即:

1. 摆放各垄样瓦:按照扎肩灰上号垄的盖瓦"中"向两边赶,在脊的两坡各垄底瓦位置放一块"续折腰瓦"(若屋坡大时放两块)即"老桩子瓦"和两块底瓦即"梯子瓦"然后在梯子瓦下放一块"枕头瓦"作为调节高低的垫底瓦。再沿前后坡各拴一道横线,线的两端应比博风上皮高一底瓦厚,作为控制各垄样瓦高低的标准。拉紧此线排列各垄样瓦,保持高低一致,如不一致,应上下挪动枕头瓦进行调节。

2. 开始抱头:当各垄样瓦调整好后,拿开老桩子瓦,铺抱头灰,再放回老桩子瓦进行挤压使灰挤出,各垄完成后,将挤灰抹平。

3. 铺筑折腰瓦:先拴线铺灰,由中间向两端赶,安放"折腰瓦"、"续折腰瓦",继而铺灰安放"续罗锅筒瓦"和"罗锅筒瓦"。最后进行"勾、打瓦脸"和"夹腮、打水槎"。

(二) 卷棚式屋顶垂脊

大式黑活卷棚式屋顶垂脊的做法,除个别部件外,与琉璃瓦垂脊的做法也基本相同。

1. 赶排瓦口、铺筑排山勾滴:此作法与琉璃瓦垂脊一样(详见第三节卷棚垂脊),只是在此处的"圆眼勾头"上没有圆眼,改称为"猫头",又因猫头与屋面瓦垄成45°,故又称为"斜猫头",也有称为"斜勾头"。

2. 铺砌垂脊端头:琉璃瓦垂脊在螳螂勾头上是安放唎角搥头、唎角撺头;而此处改为用砖砍制的"圭角"、"盘子",即在"斜猫头"上铺灰安放"圭角",再在其上铺灰放一层瓦条,再在瓦条上铺灰安放"盘子",盘子上安放带有狮子的勾头。如图5-31所示。盘子用方砖砍制,圭角用城砖,圆混瓦条用停泥或开条砍制。

3. 兽前做法:沿着"圭角"砖的后面拴线铺灰砌与其等高的"胎子砖",宽与垂脊顶的眉子宽相同(即筒瓦宽加2cm)。继续沿脊而上经兽后部分直至与过陇脊相交处,改用"条头砖"(即长度为1/4砖长的砖)做成罗锅卷棚状,与过陇脊连接。胎子砖砌好后,里外都抹月白麻刀灰叫"拽当沟",当沟外侧要刷青浆并扎光。再将"圭角"、胎子砖层上铺灰砌瓦条层(两边各一块),同上一样,后延到过陇脊处,改用罗锅卷棚状的短瓦条与过陇脊连接(上述做法是垂脊的基础,包括兽前、兽后部分)。

在"盘子"之后胎子砖之上,铺灰砌一层"圆混砖"与盘子等高,只砌到兽前为止,圆混要出檐。然后在圆混砖上铺灰安放当沟小兽,黑活的小兽是没有仙人的,它的第一个放狮子叫"抱头狮子"或"领头狮子",在狮子之后一律用马,狮马数目的计算方法同琉璃一样,不管数目多少,都只能使用马。如图5-31所示。

4. 垂兽砌筑:在瓦条层上于垂兽位置铺灰安放兽座,再在其上安放垂兽。垂兽与狮马之间以一块"兽后筒瓦"连接。垂兽后立砌圆混,使其与陡板圆混成圈。

5. 兽后做法:在上面所述的延续瓦条层上,铺灰再砌一层瓦条,再在其上铺砌圆混砖,再上铺砌一层"陡板砖",有叫"匣子板"或"通脊板",陡板砖高以脊顶高不超过垂脊龙爪(即"垂不淹爪")为原则进行掌握。两边陡板砖用铅丝连牢,中间灌浆抹平,再砌一层圆混砖,再上铺灰盖筒瓦,最后用麻刀灰将筒瓦裹成圆弧顶叫"托眉子",眉子两边应留有1.5cm的空隙叫"眉子沟"。

6. 打点刷浆:上述完成后应及时打点修理。眉子、当沟及排山勾滴部分都应刷烟子浆,其余部分刷月白浆。

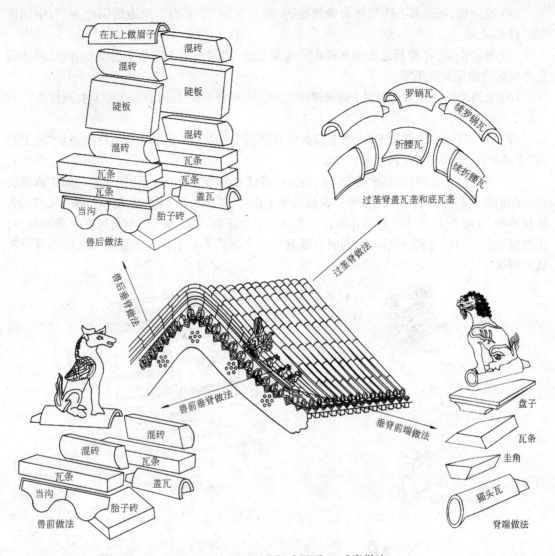

图 5-31　大式黑活卷棚式屋顶正、垂脊做法

二、尖山式硬、悬山屋顶的屋脊

（一）尖山式屋顶正脊

大式黑活尖山式屋顶的正脊也是大脊，除个别瓦件外，具体做法，与琉璃瓦的大脊基本一样。

1. 正脊身

（1）拴线"捏当沟"：在屋面老桩子瓦挤瓦抹灰后，应在两坡底瓦处铺灰扣放瓦圈（即用板瓦横向断开的弧形瓦片），以便取平屋脊底面。然后拴线铺灰、中间砌胎子砖、两边安放"正当沟"，中间的胎子砖叫"当沟墙"，它的宽度等于正脊陡板宽（即按正吻的厚度，两边各退进半个圆混），其高与"当沟"平。当沟墙一直延长到正脊的两端。

（2）砌瓦条：在当沟墙上铺灰两边砌头层瓦条，再铺灰砌二层瓦条，两层瓦条两边外皮之间距离应等于"正吻"厚度，中间用灰浆填平。

（3）砌圆混砖：在二层瓦条上铺灰砌一层圆混砖，圆混的出檐同瓦条外皮。

(4)砌陡板:在圆混上铺灰两边砌陡板砖,此处又叫"通天板",两边用钢丝连牢,中间内"胆"铺灰填实。

(5)砌圆混砖:在陡板之上铺灰再砌一层圆混砖,其外皮应与陡板下的圆混齐平,两边圆混之间的空隙用灰砖填实。

(6)盖筒瓦托眉子:在圆混之上铺灰盖筒瓦,然后按垂脊方法"托眉子"。并进行打点修理。

2．安装正吻

(1)在"当沟墙"的端头安放"坐中勾头",并在其上铺灰砌"圭角",圭角外皮要比"坐中当沟"退进少许,圭角里皮应被垂脊挡住。

(2)在圭角之上铺灰砌"面筋条"(即用砖打凿成截面为方形的砖条,朝外的端面作成锥尖形),面筋条应与脊身的二层瓦条平。在面筋条上砌"天混砖",再上砌"天盘",天盘外皮与勾头外皮齐平,如图 5-32 所示。然后在天盘上再铺灰安放正吻,正吻外皮与圭角应在一条垂线上;正吻里皮的"吞口"立砌一块圆混,与脊身圆混形成交圈。天盘上口与正吻端面之间用麻刀灰抹成斜面"八字"。

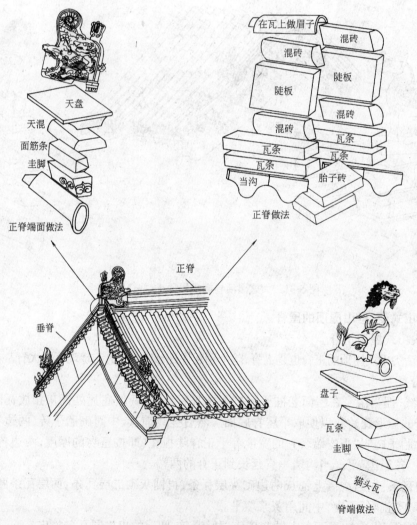

图 5-32 大式黑活尖山正、垂脊

（二）尖山式屋顶垂脊

尖山式垂脊的做法与卷棚式垂脊的做法基本相同，只是脊的上端不需要用罗锅形瓦件，垂脊与正脊相交处的瓦件都应加工成斜面。具体做法详见卷棚式垂脊所述。

三、庑殿式屋顶的屋脊

（一）庑殿屋顶正脊

大式黑活庑殿顶的正脊做法，与本节尖山式硬悬山屋顶的正脊做法基本相同，只是有以下两处稍作修改：

1. 正吻"坐中勾头"下应设"坐中当沟"：因硬悬山屋顶的垂脊为排山脊，正脊端头只能在圭角下安放沟头坐中；而庑殿顶的垂脊不做排山脊，直接与山面瓦垄接触，山面撒头的瓦垄必须是底瓦坐中，故圭角下不仅要求沟头坐中，还需在"坐中勾头"下设"坐中当沟"，与两边"斜当沟"交圈。如图5-33所示。

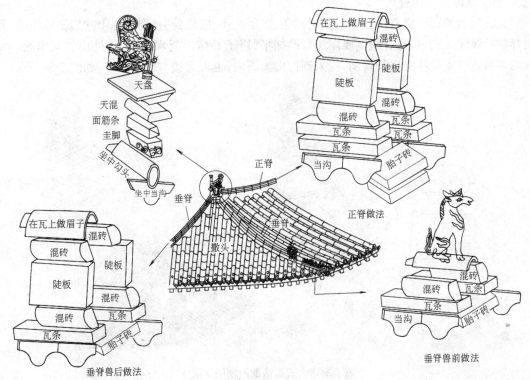

图5-33 大式黑活庑殿正、垂脊做法

2. 圭角应与二层瓦条齐平：因硬悬山屋顶正脊的"面筋条"与二层瓦条平，故圭角是在二层瓦条之下；但由于庑殿正脊端加了一个"坐中当沟"，所以圭角也应随之抬高，故应与二层瓦条齐平。

（二）庑殿屋顶垂脊

庑殿屋顶的垂脊做法与本节尖山式硬悬山屋顶的垂脊做法也基本相似，只是垂脊端头的圭角、瓦条、盘子等瓦件应与垂脊在同一直线上，不需要像硬悬山屋顶的垂脊那样，用咧角瓦件做成45°角。

四、歇山式屋顶的屋脊

（一）歇山屋顶正脊

大式黑活歇山屋顶一般都做成尖山式，很少为卷棚形式，故其正脊应做成大脊，具体做法完全与尖山式硬悬山屋顶的正脊做法相同。

（二）歇山屋顶垂脊

歇山屋顶的垂脊没有兽前部分，所以它的做法应与硬悬山屋顶垂脊的兽后部分做法相同，只是以垂兽为脊端，在垂兽座下需要放一块勾头，并将勾头四周用灰堵严抹平，这块勾头叫"吃水"，吃水应和兽座前端齐平，如图5-34所示。

（三）歇山屋顶戗脊

歇山屋顶戗脊的做法与本节硬悬山屋顶垂脊的做法基本相同，只是圭角、盘子等应与戗脊在同一条直线上，即不需咧角。但戗脊与其上垂脊相交处的瓦件应打凿成斜角。

（四）歇山屋顶博脊

大式黑活的博脊脊身由：当沟、头层瓦条、二层瓦条、圆混砖、盖脊筒瓦上抹眉子等组成，每层都应拴线铺灰砌筑，脊身里侧要用灰堵严抹平，眉子要抹出泛水，并与小红山相交牢固。博脊两端可仿照琉璃挂尖进行砍制，隐入到排山沟滴内；也可直接与戗脊相交，如图5-34所示。

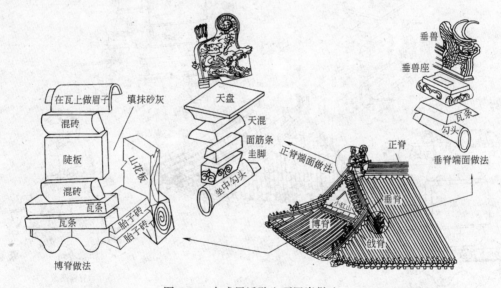

图5-34　大式黑活歇山顶屋脊做法

五、攒尖顶屋面的屋脊

1. 攒尖屋脊宝顶：大式黑活攒尖屋脊的宝顶，同小式黑活攒尖屋脊的宝顶一样，详见小式黑活攒尖宝顶。

2. 攒尖屋顶垂脊：大式黑活攒尖屋脊的垂脊与庑殿垂脊做法完全相同。

六、重檐建筑屋顶的屋脊

1. 重檐屋顶的围脊：大式黑活重檐屋顶的围脊可以与其上层的博脊做法相同，也可以和大式黑活山尖建筑的正脊做法相同，只是要求眉子要抹出泛水并与额枋下皮衔接牢固，如图5-35所示。

2. 重檐屋顶的角脊：角脊与本节歇山戗脊或庑殿垂脊做法相同。其做法见图5-35所示。

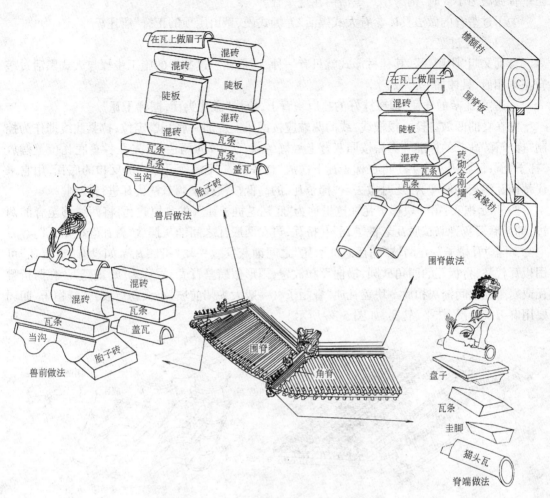

图 5-35 大式黑活重檐围脊与角脊做法

第五节 小式黑活屋脊的施工工艺

小式黑活屋顶包括筒板瓦、合瓦、干槎瓦和仰瓦灰埂等屋面,它们的屋脊所用的瓦件都没有特定的规格和形式,完全依现场材料进行加工,所以其做法也比较灵活多样。

一、小式黑活硬、悬山式屋顶的正脊

小式黑活硬、悬山式屋顶正脊的形式做法有很多种,它包括:筒瓦过垄脊、合瓦过垄脊、鞍子脊、清水脊、皮条脊、扁担脊等。

(一) 筒瓦过垄脊

筒瓦过陇脊是用于筒、板瓦卷棚式屋面的一种"元宝脊",它的施工方法完全与琉璃瓦或大式黑活屋顶的过垄脊一样,这一般称为小式黑活的大式作法。

大式黑活筒瓦过垄脊与小式黑活筒瓦过垄脊,它们在瓦材和施工工艺上都是一样的,它们的区分关键是看与其配套的垂脊如何做法,当垂脊做法为大式时,则为大式黑活筒瓦过垄脊;

当垂脊做法为小式时,则为小式黑活筒瓦过垄脊。

关于过垄脊的做法具体参看大式黑活"卷棚式硬、悬山屋顶的正脊"所述。

(二) 合瓦过垄脊

合瓦又叫"阴阳瓦",其瓦材形式就只有一种,即板瓦。过垄脊的施工步骤与大式黑活过垄脊基本相似,具体如下:

1. 摆放瓦垄的样瓦:即在抹好的扎肩灰背上,拴线"撒枕头瓦,摆梯子瓦"。

先在脊的两坡各拴一根横线,线的两端应按博风上皮加一底瓦厚定位,拉紧此线即作为控制"梯子瓦"高低的标准。然后按照灰背上号好的盖瓦"中"向两边赶,先在各垄底瓦位置摆放"梯子瓦",每坡用三块半。再在梯子瓦下摆放"枕头瓦","枕头瓦"是一块反扣的底瓦,用它来代替铺瓦泥灰的厚度,宽瓦时撤去。"梯子瓦"的高低按横线来调节枕头瓦进行控制。

2. 开始抱头:第一块梯子瓦在这里称为"底瓦老桩子瓦",先拿掉此瓦,将两线移至脊的两边,铺满麻刀灰,回放"底瓦老桩子瓦"并挤瓦,再在两底瓦之间铺灰摆放"盖瓦老桩子瓦"。

3. 盖"脊帽子":在两坡"底瓦老桩子瓦"之间铺灰摆放一块"折腰瓦",如没有"折腰瓦"可用板瓦代替,将板瓦的四角砍圆,横向反扣放置,因形似螃蟹背壳,故称为"螃蟹壳"。在两折腰瓦或螃蟹壳之间铺灰扣放一块盖瓦叫"脊帽子"(一般大头朝前坡,小头朝后坡),"脊帽子"四周要用麻刀灰堵严、抹平、轧实,如图5-36所示。

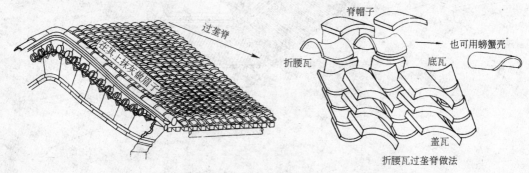

图5-36 合瓦过垄脊做法

4. 最后打点、赶轧、刷浆提色。

(三) 鞍子脊

鞍子脊是合瓦屋面用得比较多的一种较低级正脊,它因形似马鞍子而得名。其施工步骤与合瓦过垄脊基本相同,具体如下:

1. 摆放瓦垄的样瓦:与合瓦过垄脊相同。

2. 开始抱头:先拿掉"底瓦老桩子瓦",将两线移至脊的两边,铺满麻刀灰,再回放"底瓦老桩子瓦"并挤瓦,再在两坡老桩子瓦相交处扣放"瓦圈"(即横向断开的弧形板瓦片),将前后坡底老桩子瓦连成整体。

3. 宽盖瓦垄:在前后坡两底瓦之间,铺灰摆放两块"盖瓦老桩子瓦"。

4. 在底瓦瓦圈上铺灰,砌一块条头砖,卡在两边盖瓦中间,此砖叫"小当沟条头砖"。再在其上铺灰,放一块"仰面瓦"(小头朝前坡)。

5. 在两坡盖瓦垄上铺灰,扣放"脊帽子"瓦,并用麻刀灰将四周堵严抹平轧光。另在条头砖前后用麻刀灰堵严抹平叫"抹小当沟"。

6. 在两坡底瓦的接缝处放一块折腰瓦或扣盖"螃蟹壳",最后进行打点、赶轧、刷色浆,如图 5-37 所示。

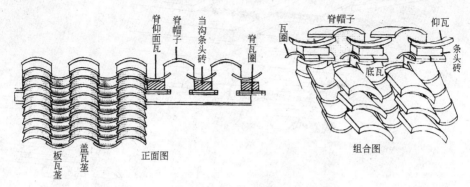

图 5-37 鞍子脊做法

(四) 清水脊

在小式屋顶的正脊中,以筒瓦过垄脊的等级最高,清水脊和皮条脊次之,鞍子脊较低,最简单是合瓦过垄脊和扁担脊。

清水脊主要是由砖瓦或砖的加工件堆砌而成,它的主要特点是将一条正脊分为:高坡垄大脊和低坡垄小脊两部分。其中低坡垄小脊分布于屋顶两端的四垄瓦(即两垄盖瓦和两垄底瓦)范围,其余为高坡垄大脊,见图 5-38。具体做法如下:

1. 低坡垄小脊的做法

(1) 在屋面宽瓦后,将两端檐口处已分好的两垄底瓦和两垄盖瓦的中点,平移到脊上并划出标记。

(2) 在两垄底瓦位置放三块"底瓦老桩子瓦"和一块枕头瓦,然后"抱头"。在抱头灰上安放瓦圈或折腰瓦。

(3) 在两垄盖瓦位置铺灰安放"盖瓦老桩子瓦"(梢垄用筒瓦)。

(4) 在底瓦垄上砌条头砖与盖瓦找平,在盖瓦和条头砖上横着扣盖一层板瓦叫"蒙头瓦",再在其上铺灰横扣一层蒙头瓦,两层蒙头瓦要错缝而砌,外端砌至梢垄外口。砌好后用麻刀灰将蒙头瓦和条头砖堵严抹平,如图 5-38 所示。

2. 高坡垄大脊的做法

(1) 在脊尖上铺抹掺灰泥,并用两块瓦立着从前后坡相背挤压脊灰成人字形,这叫"扎肩瓦"。在扎肩瓦两边再铺灰扣压一块叫"压肩瓦",然后在扎肩瓦和压肩瓦两侧抹一层扎肩灰,这就是高坡垄宽瓦的起点。

(2) 在脊上找出屋面盖瓦的中,并做出标记。

(3) 由两端拴线,沿低垄小脊子中线靠里侧,砌放"鼻子"(或圭角)及盘子,这两者合称为"鼻子盘"或"规矩盘"。鼻子或圭角的外侧须与低坡垄里侧盖瓦中在一条垂直线上,盘子比鼻子再向外出檐半鼻子宽。

(4) 在高坡垄宽瓦起点的尖扎肩灰上安放底瓦老桩子瓦和枕头瓦,并用麻刀灰抱头,再用麻刀灰扣放瓦圈将两坡老桩子瓦卡住。

(5) 在前后坡盖瓦垄上铺灰安放盖瓦老桩子瓦,用麻刀灰抱头。然后在底瓦垄的瓦圈上

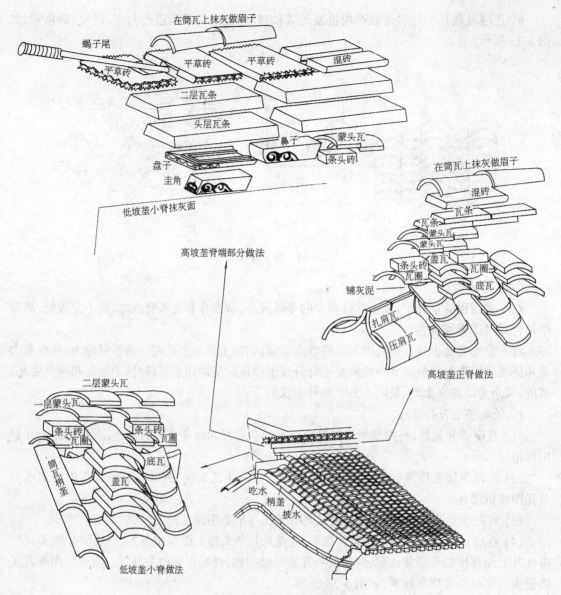

图 5-38 清水脊做法

砌放一块条头砖卡在两垄盖瓦中间,在条头砖和盖瓦老桩子瓦上铺灰砌两层蒙头瓦,与盘子找平。蒙头瓦及条头砖的两侧用麻刀灰堵严抹平。

(6) 上述完成后,紧接着在其上拴线砌两层"瓦条砖",瓦条砖较盘子的出檐尺寸为本身厚的一半。如无瓦条砖可用板瓦代替。

(7) 在高坡垄大脊两端的瓦条砖上,砌放"草砖"。草砖有平草、跨草、落落草三种,可选用其中之一。"平草砖"是指将方砖的看面透雕成花草饰纹的一种脊子砖,它由三块方砖平着拼接而成,第一块在脊子端头,有三个看面;第二、三块只有两侧看面。在一、二块中心剔凿有平行四边形空洞,以供安放蝎子尾。平草砖两侧出檐为脊宽尺寸,端头出檐应至梢垄里侧底瓦中。

"落落草"是指为两组(共 6 块)方砖叠落在一起的透雕花饰砖,其做法与平草砖相同。

"跨草砖"也是为两组重叠(共 6 块)的方砖,但不是平砌在脊上,而是用铁丝将两组砖拴起来跨挂在脊瓦条的前后坡上直立安装,两边夹脊形成上宽下窄的梯形脊断面,再装上蝎子尾。跨草砖应大面为看面进行透雕。梯形上口出檐为脊宽的1/2,下口出檐不少于跨草砖厚尺寸。

(8) 在第三块平草砖之后拴线铺灰砌一层圆混砖,圆混砖与平草砖砌平(如用跨草或落落草,应比平草低一层)。混砖出檐为其半径尺寸。

(9) 最后在平草砖的方孔内插入蝎子尾,蝎子尾外端应与小脊子的吃水外皮处在一条垂直线上(见图5-38),蝎子尾与脊子水平线的角度一般为30°～45°,两端蝎子尾应在一条直线上,然后用砖和灰填塞洞口将蝎子尾压紧。在两端蝎子尾之间拴线,铺灰砌一层筒瓦,并用麻刀灰抹眉子。

(10) 修理低坡垄小脊子和高坡垄当沟,在当沟与盘子相交处,从高坡垄至低坡垄用灰抹成"象鼻子"斜面。最后将眉子、当沟、小脊子刷烟子浆;檐头用烟子绞脖;混砖、盘子、圭角、草砖等刷月白浆。

(五) 皮条脊

皮条脊是既可以用于大式屋脊,也可以用于小式屋脊的一种正规脊。当用3号及其以上筒瓦墙帽时,或者当脊的两端用吻兽时,即为大式屋脊。反之为小式屋脊。其做法如下:

1. 先在脊上瓦垄之间铺灰砌胎子砖,在胎子砖两边立砌当沟。胎子砖与当沟平。

2. 由脊两端栓拉平水线,在胎子砖当沟上铺灰砌一层或两层瓦条,在瓦条上铺灰砌一层混砖。

3. 在混砖上坐灰扣放筒瓦,最后托眉子,如图5-39所示。

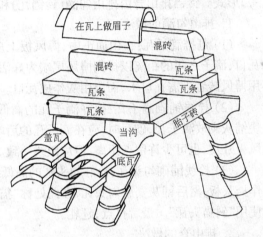

图5-39 皮条脊做法

(六) 扁担脊

扁担脊是一种最简单的正脊,多用于干槎瓦、石板瓦、仰瓦灰埂等屋面。具体做法如下图(图5-40):

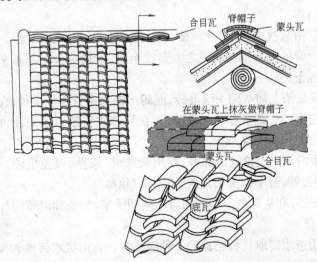

图5-40 扁担脊做法

1. 在脊上找出中线,将底瓦坐中,向两边排垄,并拴线坐灰摆放脊两边的底瓦。

2. 在脊两边底瓦交接处铺灰扣放瓦圈。在瓦圈之间(即底瓦垄之间)铺灰扣放板瓦叫"合目瓦",由于"合目瓦"与底瓦是一反一正相错放置,形同锁链图案,故又称为"锁链瓦"。

3. 在两坡的"合目瓦"的接头处,即脊中拴线,铺灰扣放"蒙头瓦",蒙头瓦之间边与边紧贴。作法讲究的可再在其上铺灰扣一层"蒙头瓦",两层蒙头瓦要错缝而砌。最后,在"蒙头瓦"的上面和两侧抹大麻刀月白灰。"合目瓦"勾瓦脸,并刷青浆轧实轧光。

二、小式黑活硬、悬山式屋顶的垂脊

小式黑活硬、悬山式屋顶的垂脊,有:铃铛排山脊、披水排山脊和披水梢垄等三种。

(一) 铃铛排山脊

凡做排山脊的小式屋顶,它的正脊肯定不做大脊,小式排山脊一定是"箍头脊"(即圆弧接头)形式。铃铛排山脊由排山勾滴(铃铛瓦)和排山脊两部分组成。

1. 排山勾滴的做法

(1) 赶排滴子瓦:在山面正中,博风板上皮放一块滴子瓦叫"滴子坐中",以此向两边赶排瓦口,滴子之间的距离以排到博风尾端为好活为准。赶排好后将瓦口木钉在博风板上皮,如采用博风砖者不需瓦口木,而应用灰作成瓦口。

(2) 拴线铺砌滴子瓦:拴好滴子瓦的高低线和滴水线,按已排好的瓦口由中间向两端,逐块铺灰砌放滴子瓦,砌瓦时,应在滴子瓦的后端压一块"耳子瓦"。滴子瓦舌片的里皮可紧贴博风板外皮,也可少许留点距离,但应跟线一致。当铺砌到两个端头时,应使用"割角滴子瓦"。

(3) 拴线铺砌勾头瓦:拴好勾头瓦的高低线,在两滴子瓦之间的凹当内安放一块"遮心瓦"作挡灰板,然后铺灰安放勾头瓦,在此处称"猫头"瓦(即无眼沟头瓦)。当砌到两个端头时,应使用"斜猫头瓦"。最后打点、赶轧。

2. 排山脊的做法

铃铛排山脊的位置是在梢垄中线与排山勾滴耳子瓦之间。小式铃铛排山脊没有兽前兽后之分,也没有垂兽和狮马。具体作法如下:

(1) 在梢垄线上铺灰,外侧压住猫头瓦的后尾,里侧与盖瓦顶(即梢垄中线)平。并在外侧的"猫头瓦"之间砌当沟。

(2) 在当沟之上用灰找平,砌里外两侧的头层瓦条,瓦条两边之宽应等于眉子宽,中间空隙用灰填满。在两个脊的端头"斜猫头"之上安放圭角,圭角与头层瓦条平。再在圭角和头层瓦条上铺灰砌二层瓦条。

(3) 在脊身二层瓦条上铺灰砌一层混砖,混砖出檐为本身圆混半径;在脊端头二层瓦条上安放盘子。再在脊身混砖上铺灰扣放一块筒瓦,在脊端头安放斜猫头瓦,再在其上托眉子,眉子两边做眉子沟,如图 5-41 所示。

(4) 在头层瓦条内侧比圭角宽出部分,要用灰抹成"象鼻"以免生硬。如果排山脊坡的长度很短,为避免比例失调,可不做头层瓦条,也不抹"象鼻"。

(5) 排出脊做好后,刷浆提色。当沟和眉子刷烟子浆,瓦条和混砖刷月白浆。

(二) 披水排山脊

披水排山脊是用披水砖取代铃铛瓦的一种箍头脊。它由披水砖檐和排山脊所组成。

1. 披水砖檐的做法

(1) 赶排披水砖:在山面正中,博风板上皮放一块坐中"罗锅披水砖",在其两边为"续罗锅

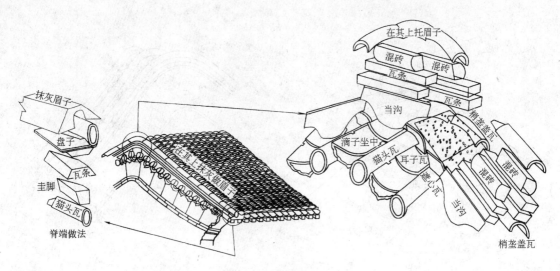

图 5-41 铃铛排山脊做法

披水砖",再往下赶排为披水砖,直至脊端头改用"披水转头"(又叫"披水头")。直至赶排出好活为止(披水砖参看图5-43)。

(2) 拴线砌披水砖:拴好披水砖的高低线和滴水线,在博风板(或博风砖)里皮铺灰砌披水砖,砖的出檐以不小于1/2披水砖宽,也不应大于1/2披水砖长,同时要使屋面瓦的梢垄能压住披水砖为原则。砌好后打点勾缝。

2．排山脊的做法

披水排山脊的位置是在边垄与梢垄之间。也同小式铃铛排山脊一样,没有兽前兽后之分,也没有垂兽和狮马。

(1) 先将边垄与梢垄之间的底瓦垄用砖灰堵实填平,这条垄叫"哑巴垄"。然后铺砌边垄盖瓦和梢垄筒瓦。在"哑巴垄"的端头安放"斜猫头"瓦,由于它斜向挤压在瓦垄中,故常称它为"砌不岔"。

(2) 在"哑巴垄"上铺灰砌胎子砖,砖两侧砌当沟,上口水平。在脊端头"砌不岔"上斜放圭角与之平行,并用灰与斜放的圭角抹齐。

(3) 其后做法同铃铛排山脊,即在当沟之上用灰找平,砌里外两侧的头层瓦条,瓦条两边之宽应等于眉子宽,中间空隙用灰填满。再在圭角和头层瓦条上铺灰砌二层瓦条。

(4) 在脊身二层瓦条上铺灰砌一层混砖,混砖出檐为本身圆混半径;在脊端头二层瓦条上安放盘子。再在脊身混砖上铺灰扣放一块筒瓦,在脊端头安放斜猫头瓦,最后在其上托眉子,眉子两边做眉子沟,如图5-42所示。

(三) 披水梢垄

披水梢垄是只做披水砖檐和梢垄,而不做排山脊的一种垂脊,严格讲它还不能算是一种垂脊,所以一般只称为"披水梢垄"。

披水砖檐的做法同上。在披水砖与边垄底瓦之间拴线铺灰砌盖瓦,这垄筒瓦就是梢垄。最后打点、赶轧、刷浆提色,如图5-43所示。

三、小式黑活歇山式屋顶的屋脊

小式歇山屋顶的屋脊也分:正脊、垂脊、戗脊和博脊。

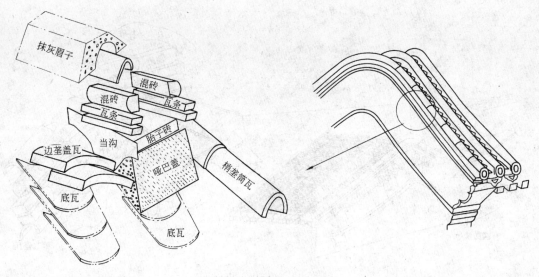

图 5-42 披水排山脊做法

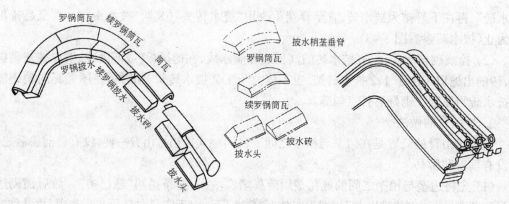

图 5-43 披水梢垄

1. 小式歇山正脊

小式歇山筒瓦屋顶的正脊是筒瓦过陇脊,而合瓦屋顶的正脊应为鞍子脊或合瓦过陇脊。其做法与前面所述相同,即筒瓦过陇脊与大式卷棚屋顶过陇脊作法相同;鞍子脊或合瓦过陇脊与小式合瓦鞍子脊或合瓦过陇脊相同。

2. 小式歇山垂脊

小式歇山垂脊是一种箍头脊,可以做成铃铛排山脊,也可以做成披水排山脊,具体做法与硬悬山垂脊基本相同,只是排山脊的端头部分略有以下区别:

(1) 歇山垂脊的圭角、盘子一般位于檐檩附近。

(2) 圭角、盘子与垂脊应在同一条直线上,而不是咧角状。圭角之下放一块猫头瓦作"吃水",以增添脊端美观。

(3) 歇山垂脊当沟与圭角、盘子相交之处,应两边都要抹"象鼻",而不只是一侧抹"象鼻"。垂脊做法如图 5-44 所示。

3. 小式歇山戗脊

小式歇山戗脊的做法基本与垂脊相同,只是注意圭角、盘子是坐在前(后)坡与撒头转角处

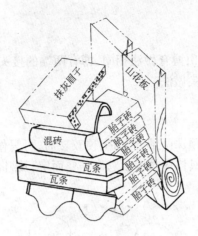
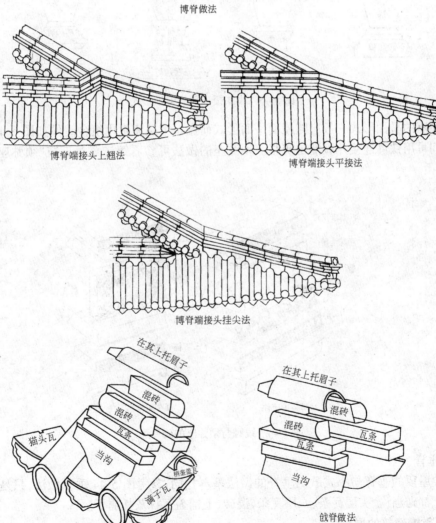

图 5-44 小式歇山屋脊的做法

的斜勾头之上。

4. 小式歇山博脊

小式歇山博脊与大式歇山博脊做法相同,博脊两端的接头可以有三种做法,如图 5-44 所示,上翘做法、平接做法或挂尖做法。

四、小式攒尖顶的屋脊

1. 宝顶

宝顶可分为宝顶座和宝顶珠两部分,当宝顶较矮时,可只做宝顶座而不做宝顶珠;也可只做宝顶珠再下加几层线脚。具体应按宝顶总高需要而定,其组合形式如图 5-45 所示。宝顶尺寸见表 5-2 所述。

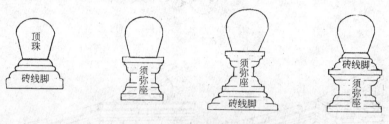

图 5-45 小式攒尖顶的宝顶形式

宝顶座的平面形式一般应随屋面平面形式而做。宝顶座常用组合砖件如图 5-46 所示,各砖件之间可用铁件连接并应灌足灰浆。须弥座的做法可参看第二章第五节"须弥座台基的施工"。

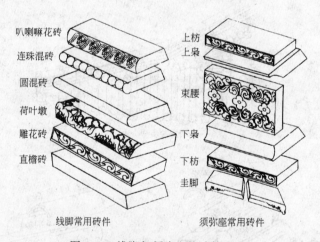

图 5-46 线脚与须弥座的砖件形式

2. 垂脊

攒尖屋顶的垂脊与小式歇山垂脊的做法基本相同,参考图 5-44 垂脊做法,只是在脊两边屋面瓦上都砌当沟、头层瓦条、二层瓦条、混砖,上铺盖瓦抹灰托眉子。

五、重檐建筑的屋脊

重檐建筑屋顶的屋脊与本章前面所述的有关部分完全相同,详见以上各节所述。下檐屋面的角脊与围脊如图 5-47 所示。

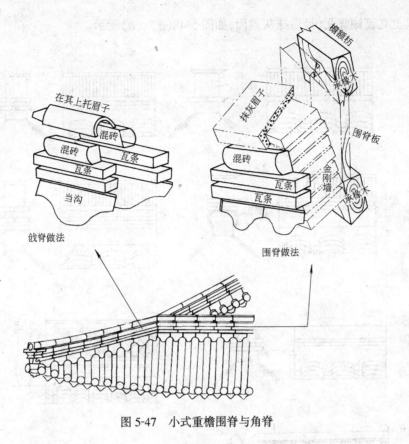

图 5-47 小式重檐围脊与角脊

第六节 宋《营造法式》屋脊之规定

宋《营造法式》对屋脊的具体做法，没有进行详细说明，但对屋脊的规格和鸱兽用制，作了明确规定。

一、屋脊脊身的规格

宋《营造法式》所涉及的屋脊主要是正脊、垂脊和角脊，宋制屋脊的脊身，没有统一的定型窑制品，多用施工现场的瓦材和砖料层层垒砌而成。

（一）脊身的基本构造形式

关于脊身的基本形式，《营造法式》没有详细描述，根据历史遗迹和民间实物所见，较常用的脊身基本形式有：蝴蝶瓦脊、滚筒脊、筒瓦脊、环抱脊和花砖脊等。

1. 蝴蝶瓦脊

该脊是以蝴蝶瓦（即合瓦）为主要材料所垒砌而成，分为釉脊、黄瓜脊、瓦条脊盖头灰等三种。

釉脊：有称为"游脊"，它是用蝴蝶瓦横斜向平铺，上下错缝层层垒砌而成，相当于小式黑活屋脊中的扁担脊，只是瓦向稍斜放而已。

黄瓜脊：即与清制过陇脊相同，因其中的罗锅瓦轮廓形状有似黄瓜形而得名。

瓦条脊盖头灰：该脊底层用条砖铺平二至三层，再用望砖做瓦条挑出起线，可起一至二道线,再在其上立砌蝴蝶瓦,最后抹灰盖面,如图5-48(a)、(b)所示。

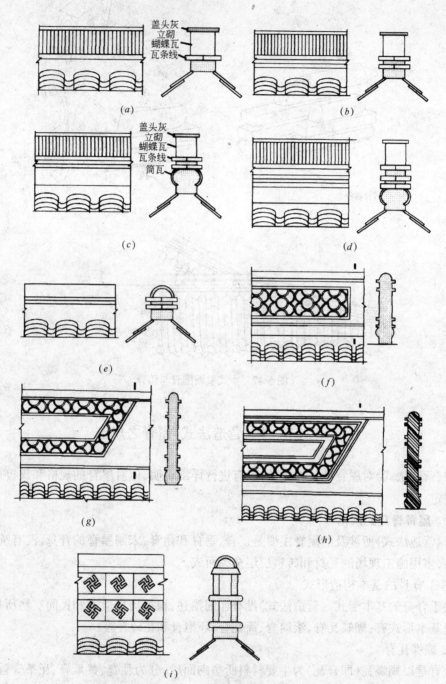

图5-48 宋制常用屋脊
(a)一瓦条盖头灰;(b)二瓦条盖头灰;(c)二瓦条滚筒脊;(d)三瓦条滚筒脊;
(e)环抱脊;(f)四瓦条暗亮花筒;(g)五瓦条暗亮花筒;(h)九瓦条暗亮花筒;(i)花砖脊

2. 滚筒脊

它是在条砖平铺层上,用筒瓦合抱成圆弧形脊身(称为滚筒),再在其上做一至三道瓦条线,再立砌蝴蝶瓦,抹灰盖面而成,如图5-48(c)、(d)所示。

3. 环抱脊

它是在滚筒脊基础上,将盖头灰去掉,改扣筒瓦帽顶,如图5-48e所示。

4. 筒瓦脊

该脊又可称为"暗亮花筒脊",它的脊底和脊帽由筒瓦筑成,脊身长度方向的中部,用筒板瓦拼砌成各种花纹图案,称为"亮花筒",而脊身两端和脊底用砖瓦垒砌成实体,称为"暗",再在此基础上加上瓦条线,可做成四瓦条、五瓦条、七瓦条、九瓦条等暗亮花筒,如图5-48(f)、(g)所示。

5. 花砖脊

它是以砖料为主垒砌而成的屋脊,线脚和花砖均为现场加工,砖的皮数可由一皮垒砌至五皮,线脚可做成二道至三道,脊顶扣盖筒瓦帽,如图5-48h所示。

(二) 脊身的规格大小

《营造法式》对脊高的规定,由卷十三述:"垒屋脊之制,殿阁三间八椽或五间六椽,正脊高三十一层,垂脊低正脊两层(并线道瓦在内)。

堂屋若三间八椽或五间六椽,正脊高二十一层,厅屋若间椽与堂等者,正脊减堂脊两层。

门楼屋一间四椽,正脊高一十一层或一十三层,若三间六椽,正脊高一十七层。

廊屋若四椽,正脊高九层。常行散层若六椽,用大当沟瓦者,正脊高七层,用小当沟瓦者高五层。

凡垒屋脊,每增加两间或两椽,则正脊加两层(殿阁加至三十七层上,厅堂二十五层止,门楼一十九层止,廊层一十一层止,常行屋大当沟者九层止,小当沟者七层止,营屋五层止)。"

而对于脊身的厚度,规定为:"正脊于线道瓦上,厚一尺至八寸,垂脊减正脊二寸(正脊十份中,上收二份,垂脊上收一份)。线道瓦在当沟瓦之上,脊之下,殿阁等露三寸五分,堂屋等三寸,廊屋以下并二寸五分。"这就是说,从第一道线道瓦以上,脊身厚度应根据脊的高低,正脊定为一尺至八寸,并向上收分2寸,垂脊定为八寸至六寸,并向上收分1寸。线道瓦露出檐尺寸,殿阁为3.5寸,堂屋为3寸,廊屋以下的都是2.5寸。

垒脊用什么材料呢,《营造法式》接着述:"其垒脊瓦并用本等(其本等用长一尺六寸至一尺四寸板瓦者,垒脊瓦只用长一尺三寸)。合脊筒瓦亦用本等(其本等用八寸六寸筒瓦者,合脊用长九寸筒瓦)。"

依此所述,垒脊所用材料,应使用屋面本身所用之板瓦材,如果采用滚筒脊或筒瓦脊之类的合脊筒瓦,也应使用屋面本身所用之筒瓦材。由此可以看出,前面所述及的脊高层数是以板瓦为衡量依据,而板瓦规格应较屋面板瓦减小一个等级(即本等用长一尺六寸至一尺四寸板瓦者,垒脊瓦只用长一尺三寸),筒瓦应较屋面筒瓦尺寸稍大(即本等用八寸六寸筒瓦者,合脊用长九寸筒瓦)。

二、屋脊头所用鸱兽的规定

(一) 正脊屋脊头构件

宋制建筑在正脊两端,对殿阁和大的厅堂是采用鸱尾或龙尾(即龙吻),一般性房屋只用回纹、哺鸡、雌毛等脊头、或甘蔗段脊头,如图5-49所示,而鸱龙等多为定型窑制品,有不同的规格尺寸。而一般性脊头可在施工现场制作垒砌而成。

对于鸱尾的规格,《营造法式》卷十三述"用鸱尾之制,殿屋八椽九间以上,其下有副阶者,鸱尾高九尺至一丈(若无副阶高八尺),五间至七间(不计椽数),高七尺至七尺五寸,三间高五

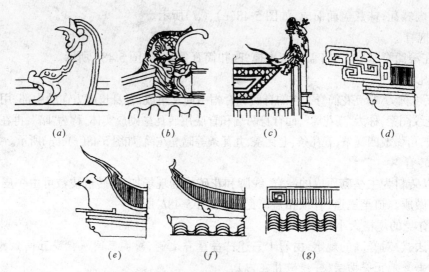

图 5-49 宋制屋脊常用脊头
(a)宋敦煌窟鸱尾；(b)蓟县独乐寺鸱尾；(c)南方地区龙吻；
(d)回纹脊头；(e)哺鸡脊头；(f)雌毛脊头；(g)甘蔗段头

尺至五尺五寸。楼阁三层檐者与殿五间同，两层檐者与殿三间同。殿挟屋高四尺至四尺五寸。廊屋之类并高三尺至三尺五寸。小亭殿等高二尺五寸至三尺。"即是说进深八椽面阔九间以上的殿屋，带有廊步者，鸱尾高 9~10 尺，无廊步者高 8 尺。面阔五~七间的不考虑进深，高 7~7.5 尺。面阔三间的高 5~5.5 尺。对三重檐楼阁与殿五间相同，两重檐与殿三间同。殿旁附属房屋高 4~4.5 尺。属廊屋之类的都是 3~3.5 尺。

对庙宇大殿，除脊头鸱尾外，还可在正脊中间安装火珠《营造法式》述"佛道寺观等殿间正脊当中，用火珠数，殿阁三间火珠径一尺五寸，五间径二尺，七间以上并径二尺五寸。（火珠并两焰其夹脊，两面造磐龙或兽面，每火珠一枚，内用柏木竿一条）"

（二）垂脊所用兽头

垂脊所用之垂兽，有大小规定，《营造法式》述"用兽头等之制，殿阁垂脊兽，并以正脊层数为祖。"即垂兽规格都以正脊层数而定。

"正脊三十七层者兽高四尺，三十五层者兽高三尺五寸，三十三层者兽高三尺，三十一层者兽高二尺五寸。

堂屋等正脊兽，亦以正脊层数为祖。其垂脊并降正脊兽一等用之。正脊二十五层者兽高三尺五寸，二十三层者兽高三尺，二十一层者兽高二尺五寸，一十九层者兽高二尺。

廊屋等正脊及垂脊兽祖并同上。正脊九层者兽高二尺，七层者兽高一尺八寸。

散屋等，正脊七层者兽高一尺六寸，五层者兽高一尺四寸。"

角脊（包括转角垂脊和戗脊）所用之构件，《营造法式》述"殿间至厅堂、厅榭，转角上下用套兽、嫔伽、蹲兽、滴当火珠等。套兽施之于子角梁首，嫔伽（相似宫廷女官之人形，也有为男武士形，而在《营造法原》中改成天王或广汉如图 5-50 所示）施于角上，蹲兽（同清式走兽）在嫔伽之后，其滴当火珠（带火焰之珠）在檐头华头筒瓦（即螳螂沟头瓦）之上"。

其规格，《营造法式》述"四阿殿九间以上，或九脊殿十一间以上者，套兽径一尺二寸，嫔伽高一尺六寸，蹲兽八枚，各高一尺，滴当火蛛高八寸。

四阿殿七间或九脊殿九间,套兽径一尺,嫔伽高一尺四寸,蹲兽六枚,各高九寸,滴当火珠高七寸。

四阿殿五间九脊殿五间至七间,套兽径八寸,嫔伽高一尺二寸,蹲兽四枚个高八寸,滴当火珠高六寸。

九脊殿三间或厅堂五间至三间,斗口挑及四铺作造厦两头(即悬山建筑)者,套兽径六寸,嫔伽高一尺,蹲兽两枚各高六寸,滴当火珠高五寸。

亭榭厦两头者,如用八寸筒瓦,套兽径六寸,嫔伽高八寸,蹲兽四枚各高六寸,滴当火珠高四寸;若用六寸筒瓦,套兽径四寸,嫔伽高六寸,蹲兽四枚各高四寸(若斗口挑或四铺作,蹲兽只用两枚),滴当火珠高三寸。

厅堂之类不厦两头(即硬山建筑)者,每角用嫔伽一枚高一尺,或只用蹲兽一枚高六寸。"

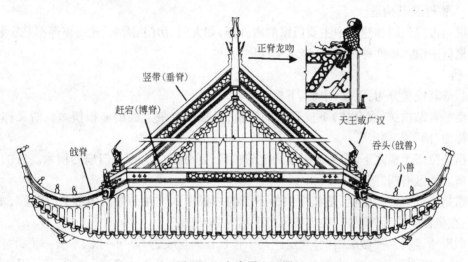

图 5-50 九脊殿山面图

第六章 木装修工程

第一节 木门窗工程

一、木门窗的槛框

(一) 槛框及其构造

槛框是古建筑园林建筑中主要门窗的木外框,如大门、房门、隔扇、光线窗等都是安装在槛框内。槛框中横木构件称为"槛",竖木构件称为"框"。

1. 槛

"槛"依其位置分为:上槛、中槛、下槛。

上槛是紧贴檐枋(或金枋)下皮安装的横槛,是槛框中最上面的一根横木。清又称为"替桩",宋称为"额"或"腰串"。

中槛是位于上槛之下、门扇或隔扇之上的横槛,是分隔门头板与门扇的横木。有的叫"挂空槛",南方地区有叫"照面枋"。

下槛是贴近地面的横槛,是槛框中最下面的一根横木。在一般门中称为"门槛",宋称为"门限";在槛窗下称为"枫槛";在帘架风门下称为"哑巴槛"。

槛的尺寸,清《工程做法则例》规定:"凡下槛以面阔定长,如面阔一丈,即长一丈,内除檐柱径一份,外加两头入榫分位,各按柱径四分之一。以檐柱十分之八定高。如柱径一尺,得高八寸,以本身之高减半定厚,得厚四寸"。上中槛的"长厚同下槛,高按下槛高八扣"。具体尺寸见表6-1所示。

门窗槛框构件尺寸取定表(单位:檐柱径 D)   表6-1

构件名称	高、宽、看面	宽、厚、进深	长	备注
下 槛	高 0.8D	厚 0.4D	面宽减柱径+两榫	
中槛挂空槛	高 0.64D	厚 0.4D	面宽减柱径+两榫	
上 槛	高 0.64D	厚 0.4D	面宽减柱径+两榫	
风 槛	高 0.56D	厚 0.4D	面宽减柱径+两榫	
抱 框	宽 0.56D	厚 0.4D	檐椽下皮高-上下槛高+两榫	
榻 板	宽槛墙厚+2金边		随面宽	
隔扇边梃	0.28D	1.2倍看面		
隔扇抹头	0.28D	1.2倍看面		
仔 边	0.5边梃看面	0.7边梃进深		
棂 条	0.7仔边看面	0.7仔边进深		指菱花棂 指普通棂条

续表

构件名称	高、宽、看面	宽、厚、进深	长	备 注
绦环板	宽2边梃看面	1/3边梃进深		
裙 板	0.8扇宽	1/3边梃宽		
花(隔)心			3/5隔扇高	
帘架心			4/5隔扇高	
大门边抹	0.4D	0.7看面宽		用于实榻门、攒边门

注：摘自《中国古建筑木作营造技术》一书。

2. 框

"框"按其位置分为：抱框、门框、间框。

抱框分长、短抱框，它是紧贴柱子的竖框，位于上下槛或中下槛之间的为长抱框，有的叫"通天框"；位于上中槛之间的为短抱框。

门框除抱框之外，紧靠门扇边的竖框称为"门框"，它是增添大门两侧装饰的竖木。

间框是指窗与窗之间或隔扇组与隔扇组之间的分隔竖木，如图6-1所示。

框的尺寸清《工程做法则例》规定：抱框"按柱高除檐枋和上下槛宽各一份，外加上下榫长定高，宽厚同中槛"。其他各框均按此推算定高，宽厚同抱框，具体见表6-1所示。

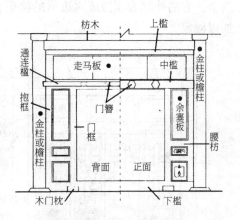

图6-1 大门槛框各部位名称

3. 槛框的构造

常见的槛框根据其用途，可分为：大门槛框、隔扇槛框、槛窗槛框、夹门槛框等。

(1) 大门槛框

它是一般建筑的主门(即大门)的槛框，该框内的门扇一般为板门，它除上中下槛和长短抱框及门框外，还有走马板、余塞板、余塞腰枋、连楹木、门簪、门枕等，如图6-2所示。

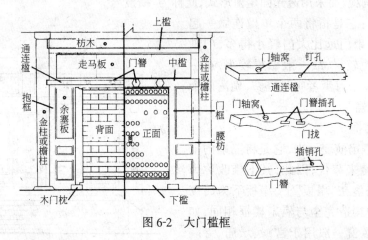

图6-2 大门槛框

1) 走马板：它是指在上槛与中槛空档之间安装的固定横板。为了便于安装和具有一定装

243

饰性,常用短抱框将横长板分割成几格,一般分格数都较其下的门扇数多一,如两扇门则分成三格,但也不完全一定,主要根据用材与装饰效果而定。

2) 余塞腰枋和余塞板:余塞腰枋是指将抱框与门框连接起来的横枋,起固定门框的作用,一般位于门框中腰以下部分;余塞板是填补抱框与门框之间空档的木镶板。

3) 连槛木、门簪:连槛木是安装在中槛里侧,用来做门扇转轴轴窝(一般称为"海窝")以固定门轴上端的横木;也有将它作成弧形看面增加装饰效果的,称它为"门笼"。由于两扇门的轴窝分布在门笼(或连槛)的两端,故有的将他们统称为"通连槛"。

门簪是将连槛木固定在中槛上的连接构件,起木栓作用,一般大门为四个,较小的大门为两个。它的外端看面做成六边形的栓头,里端锯成扁榫穿过中槛和连槛木,尾端留孔插入销钉加以固定。

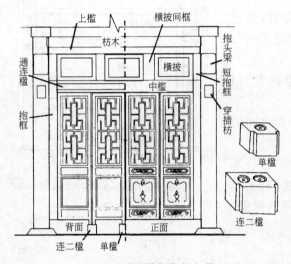

图6-3 隔扇槛框各部名称

4) 门枕:有称"槛木"或"单槛",它是固定门轴下端的海窝构件,由于大门一般都比较高大而厚实,所以门轴下端的海窝构件也都做得比较大,有用石活做的叫"门枕石",用木活做的大者叫"木门枕",小者叫"槛木"或"单槛"。

(2) 隔扇槛框

隔扇,宋称为"格子门",它是安装在大门以内的金柱或檐柱之间,用于分隔室内外的一种装饰性屏障。它除了上中下槛、长短抱框外,还有间框、横披、连槛木、单槛、连二槛等,如图6-3所示。

1) 间框:隔扇一般成双配对,作成四扇、六扇、八扇等,每两扇为一组做成内开形式,在两组之间由一间框分隔。

2) 横披:由于隔扇一般都在大门以内,故上中槛之间的空档既要求封闭,又要求透光,所以不能采用走马板,而采用透光固定窗形式,此称为"横披"。

3) 连二槛:它是指将两个单槛连做一起的构件,因为隔扇门远比大门轻小得多,门轴的下轴窝承重也较轻,故一般做得较小,在一块木垫上剔凿一个海窝者叫"单槛",剔凿两个海窝者叫"连二槛"。

(3) 槛窗槛框

槛窗是由隔扇演变而来,它是将隔扇的下半部分改用砖墙来替代,因此,其下槛改称为"枫槛",枫槛坐落在"塌板"上,塌板下为砖砌的"槛墙",其他构造完全与隔扇槛框相同,如图6-4所示。槛窗一般用于宫殿、坛庙、寺院等建筑的隔扇两边,与隔扇处在同一条线上,

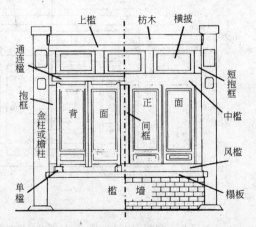

图6-4 槛窗槛框各部名称

主要是为加强隔扇的装饰效果而设立的一种隔扇窗。

1) 枫槛:即槛窗槛框的下槛,其长同上槛,高按柱径的1/2,厚同抱框。

2) 塌板:它是槛框的衬垫板,其长按面阔减柱径一份,外加包金尺寸,宽同槛增厚,厚按枫槛高的7/10。

(4) 夹门槛框

夹门槛框是小式房屋明间中,以两边的支摘窗夹一单扇门的一种结构,所以又称为"夹门窗槛框"。这种槛框的构造比较简单,它除了上槛为通面宽外,中下槛均只为单扇门宽;而门扇的两边是门框,窗边的抱框直接落脚在塌板上,没有枫槛,塌板以下是砖砌槛墙,如图6-5所示。

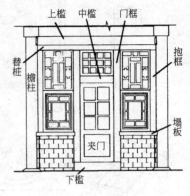

图6-5 夹门窗槛框

(二) 槛框的制作与安装

1. 横槛的制作与安装

首先应对建筑物的各个开间进行一次实量,正确掌握与设计尺寸的误差情况,以便在放样画线时进行适当调整。

(1) 上、中槛的制作安装

1) 先对槛料进行粗加工使高厚符合要求,再按:"柱间净长+2榫长"画截锯线和双榫线,其中:长榫长度应≥2短榫长度,然后进行锯解,如图6-6(a)所示。

2) 在已安装完毕的木构架柱上,量出上、中槛的位置,画出卯口线并剔凿出卯眼,卯眼的深度应与相应的榫长一致,如图6-6(b)所示。

3) 安装时先将横槛长榫端插入相应卯口内,再反向插入短榫,如图6-6(c)、(d)所示,当横槛入位后,将长榫端的空隙用木楔塞紧即可。

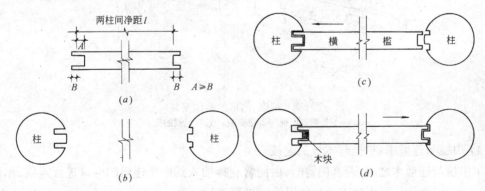

图6-6 上、中槛的制作安装
(a)横槛两端榫做法;(b)按榫头长分别在柱上凿眼;
(c)安装时,先插入长榫一端;(d)向反向拖回,使短榫入卯,长榫间空隙用木块塞严

(2) 下槛的制作安装

1) 按两柱间的净长定出下槛长度,并按柱径外圆弧度让出下槛的抱肩,进行画线下料并锯解。

2) 在下槛的两个端头居中向下位置,剔凿溜销口子(即套销子的卯口),口子大小应与溜

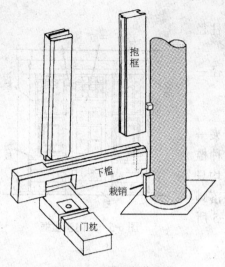

图 6-7 下槛的制作安装

销榫相适应。

3)在柱子根部对应下槛中心线位置,钉上或栽上溜销榫。

4)将加工好的槛料,剔凿出门板的企口槽,在安装门枕石的位置刻凿出门枕石口子,并将下槛两端与柱顶石鼓径相抵触的部分去掉。

5)将下槛两端溜销口子对准柱根溜销榫,门枕石口子对准门枕石进行安装,如图 6-7 所示。

如果下槛之下没有门枕石者,可按上中槛做法进行安装。

(3) 抱框、门框的制作安装

1)抱框与柱子之间的连接,用栽销木的办法进行结合,一般每根抱框用 2~3 个,其位置依其长短由现场而定,如图 6-8(a)所示。

2)长抱框、门框与中、下槛之间的连接,一般采用半榫卯口结合;短抱框与上、中槛的连接,可用栽溜销办法进行结合,如图 6-8(b)所示。

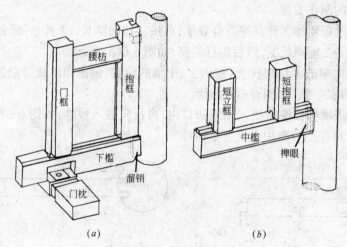

(a)　　　　　　　　(b)

图 6-8　抱框、门框的制作安装
(a)长抱框门框与下槛安装;(b)短抱框的安装

(4) 中槛与连楹木、槛框与木板的连接

1)中槛与连楹木之间,若有门簪时,由门簪扁榫插入到中槛连楹的卯口进行连接,如图 6-9 所示。若无门簪时,可用栽暗销并辅以铁钉进行连接。

2)槛框与板料(走马板、余塞板等)可以采用刻槽插板方法,也可采用钉夹板条的方法进行连接,如图 6-9 所示。

二、板门扇的制作

在一般园林建筑中所常使用的板门扇有:实榻门、棋盘门、撒带门、屏门等四种。

(一)实榻门

1. 实榻门的应用

实榻门是用若干块厚木板拼装而成的平整实心面板大门,是各种板门中,型制最高、最坚固的一种门扇,一般专用于宫殿、坛庙、府邸和城垣等建筑上的大门。

根据实际调查,门板厚者可达 9~20cm;门口宽度一般都在 1.5m 以上,如故宫太和门,明间的门口宽为 5.2m,高 5.28m;每扇宽 2.66m,高 5.4m,板厚 20cm,一扇门就用材 2.87m³,重达 1.5t。

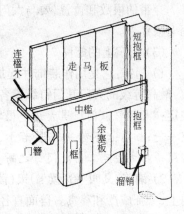

2. 实榻门的制作

(1) 门扇的尺寸

实榻门的尺寸依门口的高宽尺寸而定,清《工程做法则例》规定:门扇的大边"按门诀之吉庆尺寸定长,如吉门口高

图 6-9 中槛走马板等的连接

六尺三寸六分,即长六尺三寸六分,内一根外加两头掩缝并入槛尺寸……外一根以净门口之高外加上下掩缝照本身宽各一份"。即是说门扇的两个边料,应按"门诀尺寸"(即用封建迷信词意所规定的各种尺度,见门诀所述)的规定定长,靠内边的一根边料长按门口高外加上下掩缝(传统做法是:上碰七,下碰八,即七分或八分,现在一般都按 2.5cm 计算),靠外边的一根边斜长除按门口高外加上下掩缝外,再按照本身宽加 2 份(这是指增加上下门轴的长)。

门扇宽为门口宽的 1/2,加外侧掩缝,再加门边厚一份(即门轴宽)。门边厚一般 2~3 寸。门心板厚与大边厚相同。

(2) 门扇的拼接

根据上述尺寸进行配料,板与板之间用龙凤榫或企口缝拼接,用"穿带"(即将木板连成整体的木条)加固连成整体。穿带连接的方法有两种,一种是暗穿带法,一种是明穿带法。

暗穿带法:它是对每块门板按画定的距离,从侧面剔凿透眼,眼大小与穿带相适应,然后将穿带从门扇板的两边打入透眼内。

明穿带法:它是将门板的背面,按画定的尺寸剔凿成燕尾形槽口,穿带木也做成梯形断面,然后从门板一边将穿带打入槽内,不过一般将靠外一根大边做成透眼穿入,如图 6-10 所示。

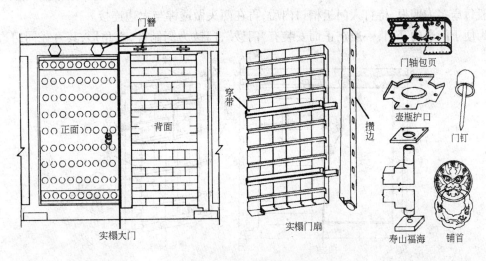

图 6-10 实塌大门及其配件

穿带的根数和位置,要与大门正面的门钉相对应,如九路门钉就用九根穿带,七路门钉就用七根穿带。

(3) 门扇上的配件

1) 门钉:它是用作装饰并起加固门板与穿带的作用。门钉的路数是按建筑物的等级来确定,最高等级的大门其门钉纵横各为九路,次之纵横各为七路,最少为五路。其尺寸清《则例》规定:"凡门钉以门扇里大边一根之宽定圆径高大,如用九路者,每钉径若干,空档照每钉之径空一份;如用七路者,每钉径若干,空档照每钉之径空一分二厘。如用五路者,每钉径若干,空档照每钉之径空二份。门钉之高与径同"。九路门钉的定位方法如图6-10所示。

2) 铺首:又叫"铈(读 sì)钑(读 sà)兽面",为铜质贴金造,形如雄狮兽面,一般用于宫廷大门上,象征威严和尊贵。兽面直径为门钉直径的2倍。

3) 大门包叶:有称"龙叶",铜制件,表面贴金,铈钑蟠龙流云等花纹,用来包裹门扇四角,用小泡头铜钉钉固。包叶宽约为门钉直径4倍,如图6-10所示。

4) 寿山福海:它是指对门扇转轴所需的套筒、护口、踩钉、海窝等的总称,均为铁制件。位于门扇的上转轴者称为"寿山",位于门扇的下转轴者称为"福海",如图6-10所示。

(二) 棋盘门

1. 棋盘门的应用

它是先将门扇的四边做成边框,然后在框内装门心板,板的背面用3~4根穿带将板与大边连接固定起来,因穿带将门板分成格状,形如棋盘,故称为"棋盘门",又因该门四边是用厚板攒成边框,故又称为"攒边门"。

棋盘门一般多用于府邸、民舍等的大门,也常用于园林建筑上。

2. 棋盘门的制作

棋盘门的尺寸按实榻门的方法计算确定。

棋盘门由外框、门心板、穿带等三部分组成。外框分为里、外大边及上、下抹头。对有门轴的一边用合角肩榫连接,对没有门轴的一边可用透榫或割角榫连接。在各框料正面的内侧要剔凿压门心板的槽口,门心板装上后与外框面平。

门心板相互之间用企口缝拼接,在门板背面按穿带分位,采用明穿带法剔出穿带槽口。穿带一般每扇多为四根,待打入门板槽口内后,再在两头做透榫与大边连接。

为便于门扇的开闭,一般在正面安装有"门钹",门钹为铜制件,六角形,其直径同门边宽,

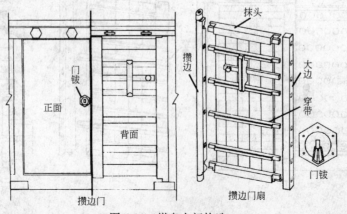

图6-11 棋盘大门构造

上带纽头圈子。门轴上也装"寿山福海",如图6-11所示。

(三) 撒带门

1. 撒带门的应用

撒带门常用于街铺、木场、作坊、店舍等的大门,在北方农舍中也常作居室屋门。

撒带门的门板多用1~1.5寸的木板,用穿带锁合起来,穿带的一端做透榫与外大边连接;而另一端(靠门缝的一端)撒着头,由一根"压带木"压钉在门板上,故称为"撒带门",如图6-12所示。

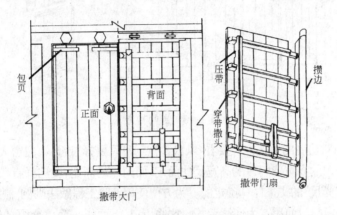

图6-12 撒带大门构造

2. 撒带门的制作

撒带门没有外框,只有一个门轴大边,其他三面都不做攒边。因此它由门轴大边、门心板、穿带等组成。门心板、穿带和大边的做法完全与棋盘门一样,只是没有攒边,多一根压带条而已。

撒带门的门轴可配上寿山福海,也可以不配。开闭可用门钹,也可以用简单的铁吊环。

(四) 屏门

1. 屏门的应用

屏门是一种较薄的木板门,多用于垂花门后檐柱间的板门和院子内墙的随墙门,如园林中常见的月洞门、瓶子门、八角门以及室外的屏风门等。

屏门一般多为四扇一组,由于门扇体量较小,多没有门边、门轴,它是通过"鹅项"、"碰铁"等铁件作开合构件。

2. 屏门的制作

屏门尺寸,门扇宽按门口宽均分四等份,门扇高按门口净高。

屏门通常是用1寸厚的木板作企口缝拼攒起来,背面用明带法加以穿带,穿带好后要将穿带高出门板的部分刨平。

门板除做拼缝和穿带槽口外,还须在两端作透榫与两端抹头连接称为"拍抹头",借以增加门板固结强度,每扇最边的两块门板还要锯成斜角与抹头拼接。

屏门的配件包括:鹅项、碰铁、屈戎海窝等,如图6-13所示。

"鹅项"是安装在屏门门轴一侧的门轴件,上下各一个。

"碰铁"是安装门的另一边,作为关闭时与门槛的碰头,上下各一个。

"屈戎海窝"是固定鹅项的构件,安装在连二槛或单槛上。

(五) 门光尺与门诀

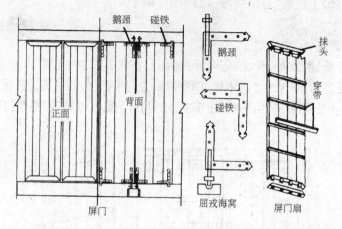

图 6-13 屏门构造

在封建社会里,对房屋的地理方位要看"风水",施工时间要择"吉日",门窗大小也要选择"吉庆尺寸"。上面提到门扇的高宽依门口的高宽尺寸而定,而门口的高宽,要选择吉庆尺寸定高度,而这吉庆尺寸是通过"门光尺"的丈量计算确定的。为方便使用,清《工程做法则例》制定了 124 个吉庆尺寸,作为"门诀"供确定门口使用。为使读者了解这些历史,下面作一简单介绍,仅供参考,因封建社会中的部分内容可能存在一定的迷信色彩,请读者自己审慎吸收,此部分内容仅作为历史介绍。

1. 门光尺

(1) 门光尺简介

门光尺是过去时期。用来确定门窗高宽尺寸的主要工具,由于中国社会历史朝代和地域的复杂性,对门光尺的叫法很多,如:门公尺、门尺、门字尺、八字尺、鲁班尺、鲁般尺等,还有的将木工师傅用的曲尺(又叫拐尺)也叫做门光尺(这是不对的)。实际上在中国古代房屋建筑上所使用的量尺有两种:一是用来丈量门窗、床房器物等用的"门光尺";另一种是用来丈量房屋建筑长宽、房屋构架大小的"营造尺",上面所讲的"曲尺"应属于营造尺的范围。关于营造尺已在第一章第三节中作了介绍。下面对"门光尺"作一介绍。

在元、明时期流传的《鲁般营造正式》和《鲁班经》等书中有如下记载:鲁般尺乃有曲尺一尺四寸四分;其尺间有八寸,一寸准曲尺一寸八分;内有财、病、离、义、官、劫、害、吉也。凡人造门,用依尺法也。假如单扇门,小者开二尺一寸,压一白,般尺在"义"上;单扇门开二尺八寸,在八白,般尺合"吉";双扇门者用四尺三寸一分,合"三绿一白",则为"本门"在"吉"上;如财门者,用四尺三寸八分,合"财门"吉;大双扇门,用广五尺六寸六分,合"两白",又在"吉"上。今时匠人则开门四尺二寸,乃为"二黑",般尺又在"吉"上,五尺六寸者,则"吉"上二分加六分,正在"吉"中为佳也。皆用依法,百无一失,则为良匠也。

上述一段话述说了三个内容:1)鲁般尺的尺度与营造尺(曲尺)的关系:即 1 鲁般尺 = 1.44 营造尺;1 鲁般寸 = 1.8 营造寸;2)鲁般尺的构成:鲁般尺一尺分为八寸,每寸分别命名为八个含义,即:财、病、离、义、官、劫、害、吉;3)鲁般尺的计量方法;凡所量取的尺寸,均应符合财、义、官、吉的要求(具体计量方法后面另述)。

我国著名学者梁思成先生在《营造算例》中也讲到:"门口高宽按门光尺定高宽,财病离义官劫害福每个字一寸八分"。

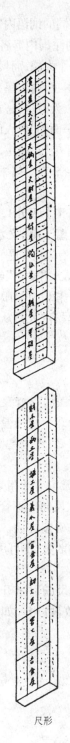

图 6-14 门光尺

门光尺的尺形,如图6-14所示,它是一根扁矩形断面的木尺,四个面都刻有不同的词语内容,由于过去历史朝代的变迁影响,和以往多是通过工匠师徒的私下传授,门光尺上的注词内容各有不同,但基本内容是一致的,即尺的一面含有:财、病、离、义、官、劫、害、吉等内容的八个大格,而尺的另一面含有八卦星属的有关内容。如《阳宅大全》一书中所介绍的门尺,一面为"财木星、病土星、离土星、义水星、官金星、劫火星、害火星、吉金星";另一面为:"贵人星、天灾星、天祸星、天财星、官禄星、孤独星、天贼星、宰相星";我国古建工作者孙永林、马炳坚先生所介绍的门光尺,一面为"贵人门、疾病门、离别门、义顺门、官禄门、劫盗门、伤害门、福本门";另一面为:"贪狼星、禄存星、文曲星、巨门星、武曲星、廉贞星、破军星、辅弼星"。尺的每个大格为一寸,在每寸中又分为五小格,在小格中又注有不同的吉凶词语。在两个侧面也标注一些吉凶提示或吉利日期等内容。

北京故宫博物院内珍藏有一把门尺,长有46cm(约合清代营造尺一尺四寸四分),宽为5.5cm,厚1.35cm。尺的两个大面均划分为八格,一面写有"财木星、病土星、离土星、义水星、官金星、劫火星、害火星、吉金星"等字,两旁注有或吉或凶的语句;另一面写有"贵人星、天灾星、天祸星、天财星、官禄星、孤独星、天贼星、宰相星";在小格中分别写有"贵人"、"发财"或"邪妖"、"灾害"等词;尺的一侧写有"春不作东门,夏不作南门,秋不作西门,冬不作北门。阳宅门主灶院、天井高底宽长,俱要合吉星此为上吉之宅";另一侧画有一些符合,并写有"大月从下数上,小月从上数下,白圈者吉,人字损人,刀字损畜"。

(2) 门光尺的应用

在南宋《事林广记》中记有一段"鲁般尺法"如下:

《淮南子》曰:鲁般即公输般,楚人也,乃天下之巧士,能作云梯之械。其尺也,以官尺一尺二寸为准,均分为八寸,其文曰财、曰病、曰离、曰义、曰官、曰劫、曰害、曰吉;乃北斗中七星与辅星主之。用尺之法,从财字量起虽一丈十丈皆不论,但于丈尺之内量取吉寸用之;遇吉星则吉,遇凶星则凶。亘古及今,公私造作,大小方直,皆本乎是。作门尤宜仔细。

上述一段话中,"用尺之法,从财字量起虽一丈十丈皆不论,但于丈尺之内量取吉寸用之;遇吉星则吉,遇凶星则凶",是述及门光尺的用法,即是说,用门光尺进行丈量时,从尺向上不管是量得一丈也好,还是量得十丈也好,均不作为衡量依据,而应以尺以内的"寸"数来确定吉凶。若尺寸数落在吉星上,则该丈量数为吉数,可用;若尺寸数落在凶星上,则该丈量数为凶数,不可用。

这里有两个问题:即丈量法和换算法。

1) 丈量法:上面提到是从"财"字量起,即将丈量得出来的尺寸数,从门光尺的财字开始套用(见图6-15),只要尺寸数值落在"财、义、官、吉"中的任何一格上,都是吉数,可用。如果落在"病、离、劫、害"中的任何一格上,都是不吉利数,就不能用。

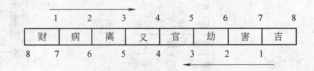

图6-15 门光尺起量法

但在清《工程做法则例》中的吉数都是从吉字量起的,因为,从图6-15中可以看出,财和吉对称,义和官对称。因此,我们说,不管从财字还是从吉字量起都可以。

例如:设现有丈量的尾数为3.3门光寸,依图6-15若从财字量起,则三寸三分落在"义"字上,这是吉数,可用。又设丈量的尾寸为7.4门光寸,若从财字量起,则落在本门"吉"字上,可用。但若丈量的尾寸为5.5门光寸,若从财字量起,落在"劫"字上,若从吉字量起,则落在"离"字上,都不是吉庆数,故不可取。又如6.6门光寸分别落在"害"字或"病"字上,也不可取。

2) 换算法:在一般古建筑工程中,具体丈量工程长短都是用"营造尺"进行丈量(1营造尺=10营造寸);量出来的尺寸数再换算成门光尺进行度量(1门光尺=8门光寸),以换算后的门光寸尾数来度量,若结果是吉则吉,是凶则凶。

从上面所述可知,1营造寸=1.8门光寸,因此,将营造尺换算成门光寸就应为:

营造尺寸数÷1.8=总门光寸数-整门光尺的寸数=门光寸尾数

例如:设有一门口尺寸(营造尺),高为七尺八寸,宽为五尺八寸,那么换算的门光尺寸为:高=78÷1.8=43.3门光寸,因1门光尺=8门光寸,故43.3减去5个整尺(即5×8=40)得尾数3.3寸,依图6-15若从财字量起落在"义"字上;若从吉字量起落在"官"字上。而宽=58÷1.8=32.2门光寸,32.2-8×4=0.2门光寸,都在本门"财"或"吉"字上,均为吉庆数,故可用。

若量的门口尺寸(营造尺)高为五尺五寸,宽为二尺四寸四分,则换算为:55÷1.8=30.6门光寸,30.6-8×3=6.6门光寸,依图6-15则落在"害"或"病"字上。而24.4÷1.8=13.6门光寸,13.6-8×1=5.6门光寸,则落在"劫"或"离"字上,都不吉利,不能用。

(3) 关于"假如单扇门,小者开二尺一寸,压一白,般尺在"义"上;单扇门开二尺八寸,在八白,般尺合"吉";双扇门者用四尺三寸一分,合"三绿一白",则为"本门"在"吉"上;如财门者,用四尺三寸八分,合"财门"吉;大双扇门,用广五尺六寸六分,合"两白",又在"吉"上中的"一白"、"八白""三绿一白""两白"等的解释

在中国古代有一派堪舆家,他们将河图洛书中的九宫,依次配上九个颜色,即"一白二黑三碧四绿五黄六白七赤八白九紫",其中一白、六白、八白、九紫为吉利数,其余为凶数。而我国古代工匠师傅又将它们与营造尺相搭配起来,将一白配一寸、二黑配二寸、三碧配三寸……九紫配九寸,称这为"压白尺法"或叫"紫白尺法"。

所以上述中的"小者开二尺一寸中的一寸为压一白",为吉数,而21寸÷1.8=3.7寸,按图6-15从财字量起,为般尺在"义"上;同样"单扇门开二尺八寸中的八寸为在八白",为吉数,而28÷1.8=15.6,15.6-8=7.6,为般尺合"吉"上;而"双扇门者用四尺三寸一分,合"三绿一白",其中三寸为三碧,一分为一白,故称三绿一白,43.1÷1.8=23.9,23.9-8×2=7.9,从财量起则为"本门"在"吉"上。而"大双扇门,用广五尺六寸六分,合两白",是指六寸六分都压白,故称两白,56.6÷1.8=31.4,31.4-8×3=7.4,又在"吉"上。

2. 门诀

清工部《工程做法则例》为了比较方便的确定门口尺寸,选编了不同规格的124种吉庆尺寸,称为"门诀"供实际工作时使用。这些尺寸都是按营造尺标注,并按从吉字量起,落于"财"字(财门)的有31个,落于"义"字(义顺门)的31个,落于"官"字(官禄门)的33个,落于"吉"字(福德门)的29个。我们不妨选择几个数据验算一下:

(1) 财门中"四尺二寸六分":验算42.6寸÷1.8=23.7寸,23.7寸-8×2寸=7.7寸,依图6-15从吉量起正好落在"财"上。

(2) 义顺门中"六尺五寸一分":验算65.1寸÷1.8=36.2寸,36.2寸-8×4寸=4.2寸,依图6-15从吉量起正好落在"义"上。

(3) 官禄门中"三尺四寸八分":验算34.8寸÷1.8=19.3寸,19.3寸-8×2寸=3.3寸,

依图 6-15 从吉量起正好落在"官"上。

（4）福德门中"八尺六寸八分"：验算 86.8 寸÷1.8＝48.2 寸,48.2 寸－8×6 寸＝0.2 寸,依图 6-15 从吉量起正好落在"吉"上。

根据我国有关古建工作者的验算,其中有 8 个数据有错,这 8 个数据我们用"＊"号加以标注,实际上其中还有部分数据将吉门列错,之所以会出现这些情况,很可能系排印传抄之误。现将《工程做法》卷四十一"门诀"转抄如下：

财门：		官禄门：	
二尺七寸二分	二尺七寸五分	二尺一分	二尺四分
二尺七寸九分	二尺八寸二分	二尺八分	二尺一寸一分
二尺八寸二分	四尺一寸六分	二尺一寸四分	＊二尺四寸四分
四尺一寸九分	四尺二寸二分	三尺四寸五分	三尺五寸六分
四尺二寸六分	四尺二寸九分	三尺四寸八分	三尺五寸二分
五尺一寸六分	五尺一寸九分	三尺五寸九分	四尺八寸九分
＊五尺五寸	五尺六寸一分	四尺九寸二分	四尺九寸五分
五尺六寸三分	五尺六寸七分	四尺九寸八分	五尺一分
五尺七寸	五尺七寸一分	六尺三寸三分	六尺三寸六分
＊七尺四寸	＊七尺七寸	＊六尺四分	七尺七寸六分
七尺一寸一分	七尺一寸六分	七尺七寸九分	七尺八寸三分
八尺四寸七分	八尺五寸三分	＊九尺八寸六分	九尺一寸九分
八尺五寸一分	八尺六寸	九尺二寸二分	九尺二寸六分
九尺九寸一分	九尺九寸五分	一丈六寸四分	九尺三寸三分
九尺九寸八分	一丈二分	九尺二寸九分	一丈六寸七分
一丈五分		一丈七寸	一丈七寸三分
		一丈七寸六分	

义顺门：		福德门：	
二尺一寸八分	二尺二寸二分	二尺九寸	二尺九寸四分
二尺二寸五分	二尺三寸	二尺一分	二尺九寸七分
二尺三寸三分	三尺六寸二分	三尺四分	三尺四寸四分
三尺七寸三分	三尺七寸六分	四尺三寸四分	四尺四寸五分
＊五尺五寸	五尺九寸	四尺四寸一分	五尺七寸七分
五尺一寸二分	六尺五寸	五尺八寸四分	五尺八寸八分
六尺五寸三分	六尺五寸七分	五尺九寸一分	七尺二寸一分
六尺五寸一分	六尺六寸一分	七尺二寸八分	七尺二寸四分
六尺六寸四分	七尺九寸三分	七尺三寸四分	七尺三寸一分
七尺九寸六分	八尺一分	八尺六寸八分	八尺六寸五分
八尺四分	八尺七分	八尺七寸五分	八尺七寸一分
九尺三寸七分	九尺四寸七分	一丈八分	八尺七寸八分
九尺五寸	九尺四寸	一丈一寸二分	一丈七分
九尺四寸四分	一丈八寸二分	一丈一寸九分	＊一丈一尺一寸
一丈八寸四分	一丈八寸七分	一丈二寸三分	
一丈九寸五分			

三、隔扇(含槛窗扇)的制作安装

(一)隔扇(含槛窗扇)的构造

隔扇(又称格子门),它是安装在槛框内的活动性屏障门,行人出入时既可开关,特殊情况又可灵活装拆。它的高宽尺寸,清《工程做法则例》规定:"隔扇高按柱径一尺得门高八尺五寸六分",隔扇宽根据开间(减去槛框)的尺寸定宽。一般每扇的高宽比多在1:3~1:4,用于室内壁纱厨的隔扇可达1:5~1:6,每间按偶数安装,常为4~8扇。

隔扇由外框、心屉、绦环板、裙板、转轴及饰面配件等组成。如图6-16所示。

隔扇上段(心屉部分)与下段(裙板部分)的高一般按四六开,即所谓的"四六分隔扇",可以有两种计算法:

①由上抹头上皮至中上抹头上皮为六,再由其下至下抹头下皮为四;②按隔扇全高减去上中下抹头及绦环板的高,所得余数按上六下四。但不论按那种计算,以中抹头中偏上的一根抹头为准,其高不能低于槛墙高为原则。

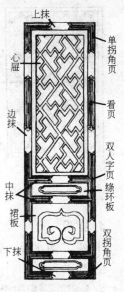

图6-16 隔扇构造

1. 隔扇外框

隔扇两边的立框叫"边框"或"边梃",横框叫"抹头",分上中下抹头,抹头的根数依建筑大小常分为六抹、五抹、四抹、三抹等,如图6-17所示。

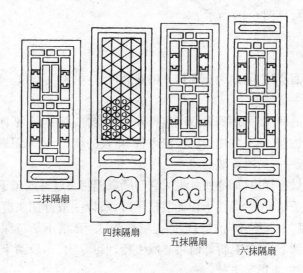

图6-17 隔扇的构造形式

2. 心屉

心屉又叫"隔扇心"或"棂条心",即用棂条做成的各种拼花部分,常见的花心有:菱花锦、步步锦、龟背锦、冰裂纹等多种,棂条的宽厚一般为六八分,如图6-18所示。

3. 绦环板

宋称为"腰华板",它是指除心屉之外,抹头之间的小薄隔板,分上、中、下绦环板,板厚一般为边梃宽的1/3。比较讲究的一般都在其看面雕刻有装饰性花纹。

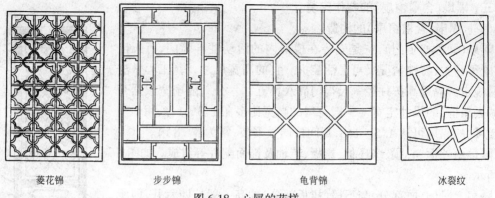

菱花锦　　　　　步步锦　　　　　龟背锦　　　　　冰裂纹

图 6-18　心屉的花样

4．裙板

宋称为"障水板"，它是指中、下抹头之间的较大薄隔板，多雕刻有装饰性花纹。

5．转轴

它是钉在隔扇边梃上供开关转动用的木轴，上下各一根，上轴插入中槛的连楹木内，下轴插入二连楹内，同门扇一样可套用寿山福海，见图6-3所示。

6．饰面配件

它一般是用于较大隔扇上的铜制配件，统称为"面叶"，有的在上面冲压有云龙花纹叫"铊鈒面叶"，起装饰和加固外框的双重作用，根据装钉位置不同分为：单拐角叶、双拐角叶、双人字叶、看叶和纽头圈子等，见图6-16所示。

（二）隔扇的制作安装

1．隔扇外框的制安

隔扇的高宽见上面所述，隔扇边框和抹头的断面尺寸：其看面宽按一扇隔扇宽的1/10，厚按看面宽的1.1倍或1.2倍。

隔扇边框与抹头的两端，采用剔凿双半透榫卯进行结合，其中，上下抹头用大割角相交，中抹头用合角肩相交。边框、抹头的内边缘与绦环板、裙板的结合，是采用剔凿槽口线，拼装时将板插入槽口内，与外框一并同时安装。

隔扇心屉应另外做有仔边（即心屉外框），它与隔扇框用头缝榫或销子榫进行连接，一般菱花锦心屉因为花心棂条比较密，用销子榫插装较困难，所以一般都用头缝榫，即是在心屉位置的上下抹头内侧，凿打"上起下落"的槽口，即上槽口深度＝2倍下槽口深，安装时将心屉榫先插入上槽口后再落下到下槽口内，拆卸时将心屉上抬即可拿出，即所谓上起下落；其他花形心屉均可用销子榫连接，以求拆装方便。

2．心屉的制作安装

心屉仔边的断面尺寸：其看面宽按边框看面宽的3/5，厚按边框厚的7/10。

心屉棂条：菱花棂条按四六分方，即看面宽为四分，厚为六分。其他花形棂条为六八分。棂条的拼接应按所设计的花形进行放样划线，采用上下扣槽相互套接，如图6-19所示，各种心屉的花纹样式后面另述。

3．绦环板和裙板的制安

绦环板的宽按隔扇心宽加槽口深定之，高按抹头看面宽的2倍加槽口深，厚按边梃宽的

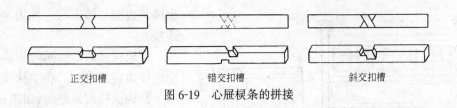

正交扣槽　　　　　错交扣槽　　　　　斜交扣槽

图 6-19　心屉棂条的拼接

1/3。

裙板宽、厚都同绦环板；高按隔扇框四六分后，扣减其下的抹头绦环所余尺寸定之。

4．面叶的装钉

面叶是用小铜泡钉，钉在边抹上加以固定的，其中，单拐角叶是钉在上下单抹头的两角；双拐角叶是钉在上绦环板或下绦环板的上（下）抹头两角；双人字叶是钉在中绦环板的边抹交接处；看叶主要用来装饰，钉在边梃上段的中部，纽头圈子是装钉在用来做开关拉手的边梃上。

（三）帘架

1．帘架的构造

帘架是附在隔扇上悬挂门窗帘子用的木框架子，用于隔扇门上的叫"门帘架"，用于槛窗上的叫"窗帘架"。而门帘架有两种，一种是用于殿堂上的叫"殿堂帘架"；另一种是用于天井周围房间带风门的叫"风门帘架"，如图 6-20 所示。

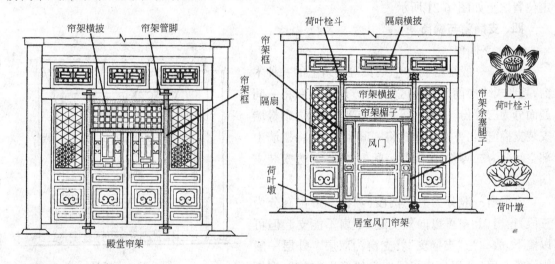

图 6-20　帘架

"殿堂帘架"由立框边梃，上、中抹头、横披等组成；"风门帘架"除上述外，还安有楣子、风门、余塞等；"窗帘架"一般只有边梃与上下抹头。

2．帘架框的施工

帘架高宽尺寸的确定：帘架框的高按隔扇高，帘架框的宽按两扇隔扇加一边梃宽。帘架横披的高度一般为隔扇高的 1/10。在有风门的帘架中，风门门扇的高宽应以门光尺定之，则帘架框扣减横披、风门后的余下高宽尺寸为眉子之高和余塞之宽。

帘架边梃与抹头的断面尺寸：其宽厚与隔扇边梃相同。帘架边梃高按隔扇高加一下槛高定之，上下端作成转轴，用铁制"帘架掐子"安装在横槛上。抹头的下料长度按上述尺寸加两边

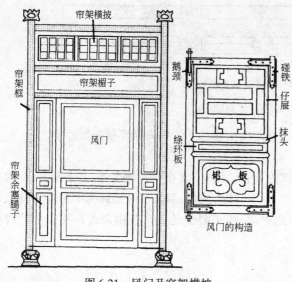

图 6-21 风门及帘架横披

出榫。边梃与抹头的连接用半透榫卯连接。

帘架横披的做法同隔扇心屉一样应作仔边梃条花心。在中抹头上安装两个铜钩供挂帘笼之用,如图 6-21(b)所示。

在有风门的帘架中,边框上轴帘架掐子改用"荷叶栓斗",下轴改用"荷叶墩",并且在风门下端还应安装"哑巴槛",哑巴槛的两端交接在荷叶墩上。

3. 风门的做法

风门一般多用四抹头,其框、抹断面尺寸与隔扇框、抹相同。风门的上下段也按四六开分之,上段为梃条花心部分,下段为裙板部分,中间作绦环板。风门下的哑巴槛应紧贴下槛外皮。风门的开关配件,一般用鹅项、碰铁或合页等安装在固定位置之上如图'6-21 所示。

四、支摘窗与槛窗

(一) 支摘窗

支摘窗一般是用于住宅、居民等建筑上的一种木窗,其形式结构南北有所区别,南方地区一般将一间迎面分为三等份,中间一等份安装夹门,两边砌槛墙安装支摘窗;北方地区却常将一间砌槛墙,将槛墙上部空间分为二等份,中间竖一间框,间框两边安装支摘窗,如图 6-22 所示。

支摘窗一般分为上下两段(苏杭一带也有分为三段)窗扇,上扇可以向外支起,下扇不能支起但可以摘下,故称为"支摘窗"。支窗为双层。外层一般为梃条心屉(常用步步锦或四方格等),在其上糊纸或安玻璃,内层做纱屉,夏天将外层支起凭纱窗通风。摘窗也分内外两层,外层做梃条窗糊纸,或用木板作成"护窗板"以遮挡视线,白天摘下,晚上装上;内层作成大玻璃扇或夹杆条玻璃屉。

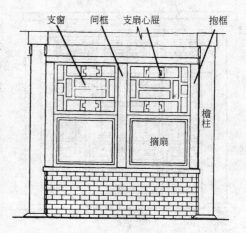

图 6-22 支摘窗

支摘窗由边框和梃条心屉两部分组成。边框断面尺寸:看面宽可按 0.224 柱径,一般约为 1.5~2 寸,厚按 0.133 柱径,或为看面的 4/5。心屉仔边的宽厚均为外框的 2/3,梃条断面为六八分。

支摘窗所用配件为铁制合页、梃钩、插销等。

(二) 槛窗

古时称开在墙上的窗洞为"牖",在园林建筑中有各种各样的窗洞,如扇面、月洞、双环、三环、梅花、玉壶、方胜、寿桃、五角等等,我们统称为"牖窗",也有称它为"什锦窗",如图6-23所示。

图6-23 牖窗常用样式

园林建筑中的牖窗可以分为:镶嵌牖窗、单层牖窗、夹樘牖窗等三种。

镶嵌牖窗是镶嵌在墙壁一面不透空的牖窗,它既不通风也不透光,只起装饰作用。

单层牖窗有称为"漏窗",是园林建筑中用得较多的一种牖窗,它将窗框安在墙的窗洞中间,既通风透景,又有装饰作用。

夹樘牖窗又称为"夹樘灯窗",它是在窗洞的贴墙两面,各安装一个镶嵌玻璃或糊贴诗画纸纱的窗心,中间安置照明灯具,供佳节喜庆之夜灯火齐明之用。

牖窗主要是起点缀景点的作用,故体量一般都不太大,以小巧玲珑取胜,它的高矮宽窄约在二至三尺(即60～90cm)左右。牖窗由桶座、边框、仔屉、贴脸等几个部分组成。

桶座:又称为"筒子口",是牖窗最外层一圈的口框,用木板或砖料按窗形作成窗套,单层漏窗和夹樘灯窗的桶座宽与墙同厚。镶嵌牖窗的桶座宽为半墙厚。

边框:它是窗心的外框,同普通窗框一样,安装在桶座内并与之固定。

仔屉:是窗心安装玻璃或棂条的仔边,用销子与边框结合,可以灵活拆卸。

贴脸:它是窗洞外口,紧贴墙面的装饰面板,用它来遮盖墙砖与桶座板之间的缝口,木桶座用木贴脸,砖桶座用砖贴脸,如图6-24所示。

五、常用心屉花纹样式

在隔扇、支摘窗、横披等中所使用的心屉,其花格样式比较多,较常用的有:步步锦、灯笼锦、龟背锦、盘肠纹、拐子锦、冰裂纹、万字纹、菱花锦等。

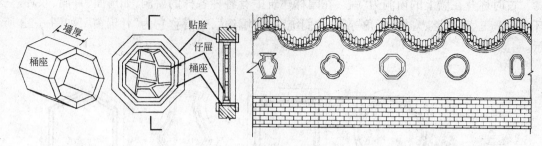

图 6-24 牖窗的结构与安装

（一）步步锦、灯笼锦、冰裂纹的样式

1．步步锦的样式

步步锦有的称为"步步紧"，它是由横直棂条拼成上下、左右对称的长方形空挡花格子，外围空挡较大，中心空挡较小，由外及里层层缩紧，如图 6-25 所示。其中空挡的平均宽度按"一棂三空"定之，即按一根棂条看面宽的三倍确定空挡的宽度，而空挡长度以能使空挡成单数对称即可。空挡内部可适当加用花卡子予以加固。

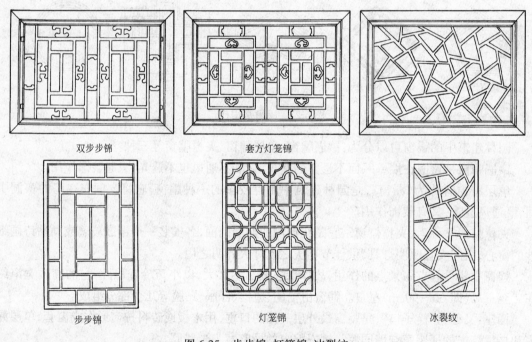

图 6-25 步步锦、灯笼锦、冰裂纹

2．灯笼锦的样式

灯笼锦是用棂条拼做成长筒形灯笼状，灯框可方可圆，并在上下左右辅以花卡子或棂条以加强固定，如图 6-25 所示。

3．冰裂纹的样式

冰裂纹是一种随意形花纹，只需将棂条以不同角度直接相交即可，有似于水面冰冻裂纹而得名，如图 6-25 所示。

(二) 龟背锦、拐子锦、万字纹、盘肠纹的样式

这些图案是我国园林建筑中的一种传统花样,它是以六边形的三根对角线(即三个方向的交线,我们简称它为三向线)为基础而绘制图案,故又称为"六幂图案"。

1. 龟背锦的样式

龟背锦是用棂条拼做成象乌龟背壳上六角花纹图样,可做成大花和小花式样,如图 6-26 所示。它的画法是在三向线上,分别点出一定距离的格宽,然后按:"通一断二"进行连线(即分别在三线上每隔断二格画一格实线),即可得出若干个六边形。如图 6-26(d)所示。改进型龟背见图 6-26(g)。

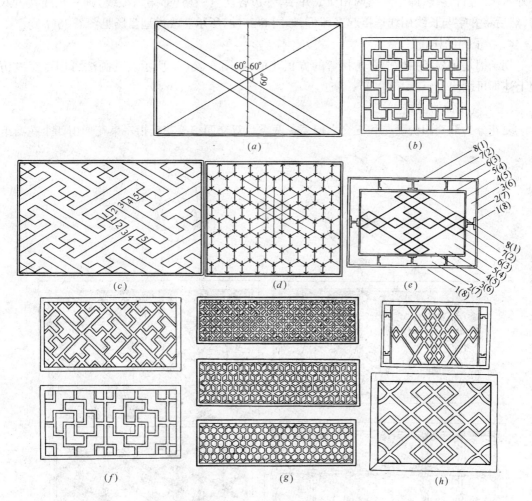

图 6-26 万字纹、龟背锦、盘肠纹、拐子锦
(a)六幂基线—三向线;(b)拐子锦;(c)万字纹画法;
(d)龟背锦画法;(e)盘肠纹画法;(f)改进型万字;
(g)改进型龟背;(h)改进型盘肠

2. 万字纹的样式

万字纹是以花形十字为核心所做成的图案,有正万字和斜万字之分,如图 6-26 所示。它

的画法是"十字五断二,长线通七格",即在二向斜线的交点中,每隔五格选择一个交点,也就是说十字交点的距离为五格,则十字与十字之间空三格,这样就形成若干个等距离十字;另在每个十字顶上空一格画一根长线,长线两端各过十字头一格,即长线通长七格。再将十字头按反时针方向画一格短线,则每个由十字变成万字,最后用短线将长线与万字封头即可,如图6-26(c)所示。改进型万字见图6-26(f)。

3. 盘肠纹的样式

盘肠纹是用棂条拼做成连续平行斜交的拐子线条,在四角或端边可配以加固棂条或卡花等以加强稳固。它的画法也是利用两个斜向线,选择其中八根互交线,这八根交线按"中间井字外六八"进行连线,即中间两两相交成井字,外边各向内一格(即第六根线)画一长线共占八格,然后将井字与长线用线连接起来即可,如图6-26(e)所示。改进型盘肠见图6-26(h)。

4. 拐子锦的样式

拐子锦是用棂条拼做成直角拐弯的方正花形,如图6-26(b)所示。其画法可用正交线仿照上述即可画出。

(三) 菱花锦的样式

菱花分为双交四椀菱花和三交六椀菱花两类。双交四椀菱花是指一束花形由四个花瓣组

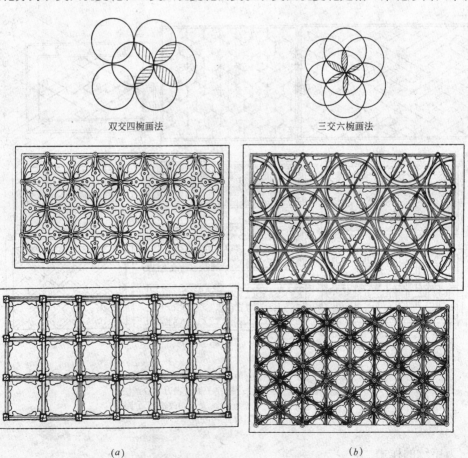

图6-27 菱花锦
(a)双交四椀菱花;(b)三交六椀菱花

成,而这每个花瓣均由两个圆相交,每四个圆两两相交而成为一组。随着实际的不断改进,以后改成以等边四边形(每两个共边)为骨架的菱花,都统称为双交四椀菱花,如图6-27(a)所示。

三交六椀菱花是一束花由六个花瓣组成。先由一个圆坐中,再将该圆周上六等分得六个点,再通过圆心点和每个圆周点画一个圆,得一个花瓣,如此画六个圆即可相交得出六个花瓣。以后改进为以等边三角形为基础(每两个共边)所组成六边形为骨架的菱花,均统称为三交六椀菱花,如图6-27(b)所示。

第二节 室内装修工程

室内装修是指包括室内的壁纱橱、花罩、博古架、天花藻井等的装修。它是体现我国古代建筑中,室内装饰和民族艺术风格的重要特点之一。

一、壁纱橱和花罩

壁纱橱和花罩都是用来分隔室内空间,并对室内进行装饰的一种隔断结构。壁纱橱是一种分割分隔性的隔扇;而花罩是一种透空性或半透空性的隔断。

(一) 壁纱橱的结构

壁纱橱是前面所介绍的槛框隔扇之一,用于进深方向柱间起分隔空间作用。它由槛框、隔扇、横披等组成,每樘壁纱橱有6~12扇隔扇,除中间两扇可开启外,其余均为固定隔扇。在开启的两扇外侧安装帘架以挂门帘,如图6-28所示。

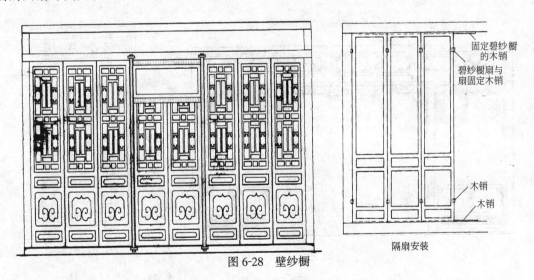

图6-28 壁纱橱

壁纱橱隔窗为了安拆方便,常将固定扇的上、下抹头与中、下槛之间用滑槽和溜销结构,一扇一扇的推入安拆。并将隔扇与隔扇之间的立边上,也做销子榫结合形成整体,以防历时年久走形。

(二) 花罩类型与结构

1. 花罩的类型

罩是指帷帐笼罩之意,它是用来分隔室内区域,但又不必要求绝对分割开来的结构。古时用帷帐进行分隔,后来改进为雕花木作。花罩分为:几腿罩、栏杆罩、落地罩、门洞罩、炕罩等。

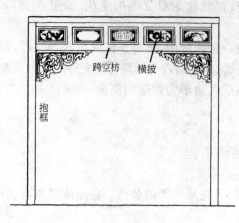

图6-29 几腿罩

（1）几腿罩：旧时客厅间都放有一茶几式的香案，供放祭物或饰物，并作为一种装饰性家具，有的称它为"几案"。几腿罩就是借用这种看面形式而改进的花罩，它一般用于作居室进深方向的分割。

几腿罩由两根抱框（即几腿）、上槛、跨空槛（即中槛）、横披、花牙子等组成。其中，上槛与抱框之间用半透榫卯结合，跨空槛与抱框用倒退榫或溜销榫连接，抱框与柱间用挂销或溜销安装，横披心屉用头缝榫或栽销与边框连接。花牙子一般为木透雕，立边用半透榫与抱框结合，而顶部用栽销与跨空槛连接，如图6-29所示。

（2）栏杆罩：它是在几腿罩的基础上，两边各增加一栏杆而成。整组罩子分为三个开间，中间行人，两边做装饰隔断，多用于分隔进深较大的房间。

栏杆罩由槛框、横披、大小花罩、栏杆等组成。其中，用花罩替代花牙子更显得豪华富丽，如图6-30所示。具体做法与几腿罩同，而栏杆部分是在栏杆立边剔凿槽口，抱框柱上钉溜销，以上起下落方式进行安装。

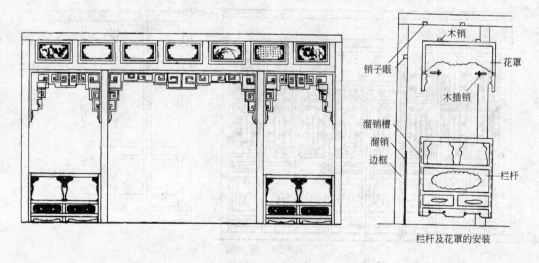

图6-30 栏杆罩

（3）落地罩：它是在几腿罩基础上，紧靠两抱框边，各安装一个隔扇而成。不过隔扇下面不用下槛，而是将隔扇落在须弥座上。另外，还有的将落地罩进行改进，即将两边的隔扇改为花罩形式，称为"落地花罩"，如图6-31所示。

（4）门洞罩：一般按门洞形式不同做成圆光罩、八角罩等，它是在槛框内作成留有洞口的满罩形式，它的分隔作用较其他花罩更加强些，如图6-32所示。

（5）炕罩：有的称床罩，是安置在床榻前的花罩。形式与落地罩基本相同，只是缩小了些，

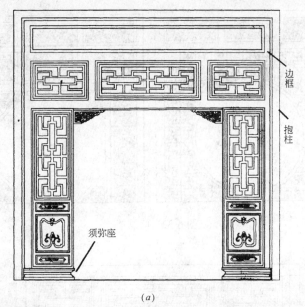

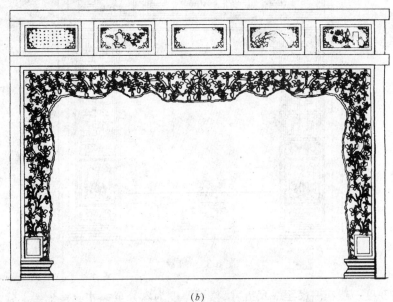

图 6-31 落地罩
(a)落地罩；(b)落地花罩

冬天在罩内挂幔帐,夏天挂蚊帐,如图 6-33 所示。

二、博古架与板壁隔断

(一) 博古架

博古架又称"多宝格",是搁置古董、花瓶等饰物的花格架子。它与壁纱橱、花罩不同之处是：壁纱橱、花罩是一种立面上的装饰隔断,只供垂直投影面视线上的欣赏；而博古架是一种立体上的装饰隔断,不仅有视线上欣赏的效果,而且还能摆放其他欣赏物品,具有很强的空间立体感。

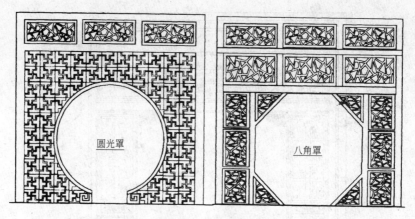

图 6-32 门洞罩

图 6-33 炕罩

博古架的厚度一般在一尺至一尺五寸,格板厚度为六分至一寸。整个架子分为上下两段,上段为博古架,下段为板柜。博古架一般不应太高,以控制在 3m 以内为宜,架顶上常做朝天栏杆一类装饰,若上面还有空间时,可加安壁板绘制彩画。如需通行者,可在中间或一侧留过人洞,如图 6-34 所示。

(二) 板壁隔断

板壁隔断即是分隔室内空间的木板墙,其做法有的与现代龙骨木隔断一样,先做好木龙骨架,再在上面钉铺木板;也有防止因面积太大而变形,将它分隔成壁纱橱形式,下做裙板绦环形式,上面装板绘画刻字。

三、天花与藻井

(一) 天花

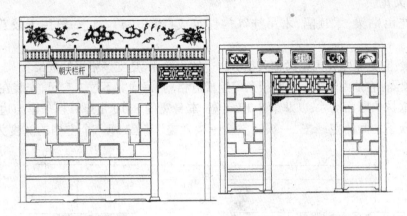

图 6-34 博古架

天花即现代装修的室内顶棚或吊顶,它是在室内房顶上用方木做成木格方框,在框内置木板,木板上做彩画油漆。大方格者,宋称为"平棊",清称为"井口天花";小方格者,宋称为"平暗";清称为"海墁天花"。

1. 井口天花

井口天花由帽儿梁、支条、贴梁、天花板等构件组成,它们搭置在天花梁和天花枋上(见第三章第三节四(九)天花枋所述)。

(1) 帽儿梁:它是井口天花的主龙骨,高 2～2.5 斗口,宽 4 斗口,两端搁置在天花梁上,并用铁吊杆固吊在檩木上。

(2) 支条:它是钉在帽儿梁下面的格栅,纵横相交形成井字方格。支条断面为 1.2～1.5 斗口的方木条,是安置天花板的基本骨架。

(3) 贴梁:即格栅中的边格栅,紧贴在天花梁、枋的侧边。高 2 斗口,宽 1.5 斗口,作为支条四周的边框。

(4) 天花板:它是搁置在支条井格之上的盖板,每格一块,由一寸厚左右的木板拼成,板的背面常作"穿带"二根,正面刨光做油漆彩画。

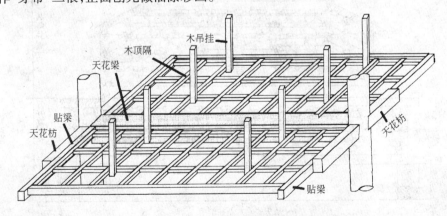

图 6-35 海墁天花(木顶隔)

井口天花的结构请参看图3-62所示。

2．海墁天花

海墁天花由贴梁、木顶隔、木吊挂等构件组成（图6-35）。它一般用于较普通的建筑上。

(1) 贴梁：它是紧贴在天花梁和天花枋侧边的边格栅，是支条格栅的框架。

(2) 木顶隔：它是由边框抹头和楞条等组成方格扇，每扇宽不过二三尺，安装在贴梁之间。木顶隔的边框抹头断面尺寸，以贴梁8/10定宽，本身宽的8/10定厚。楞条厚与边框厚同，宽按厚折半。楞条之间的空档按"一楞三空至一楞六空"掌握，即一个空档的宽度为楞条宽的

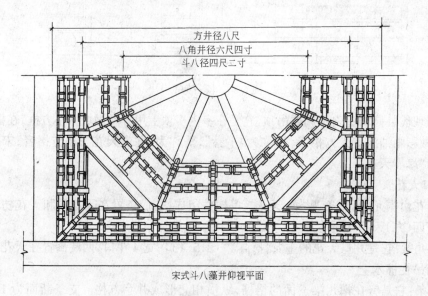

宋式斗八藻井仰视平面

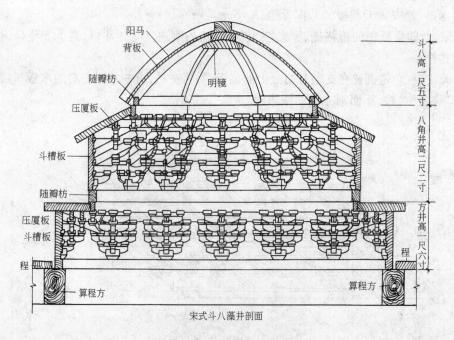

宋式斗八藻井剖面

图6-36 宋式斗八藻井

268

3~6倍。

木顶隔下面糊白纸或麻布绘画,或暗花壁纸。

(3) 木吊挂:即木吊筋,每扇木顶隔用4根木吊挂,吊挂的宽厚与边框相同。

(二) 藻井

藻井是用在最尊贵建筑的天花上,向上凸成穹隆状的"穹然高起,如伞如盖"结构。唐代曾有规定"非王公之居不施重栱藻井",因此,一般多只用于宫殿帝王宝座上方,或庙宇佛堂佛像上方,一般建筑是很少用的。

它的结构一般由下、中、上三层组成。下层为四方形井,先用两根长趴梁搁置在天花梁上,再在长趴梁上搁置短趴梁形成方井;中层为八角形井,它是在方井趴梁上叠置井口趴梁和抹角梁,形成八角形井;最上层为圆形井,由一层层厚木板挖拼叠落成圆穹形。为了加强装饰效果,在每层都镶嵌有斗栱,斗栱都是做成半边,用银锭榫挂在里口方木上。最后在圆井顶部盖上盖板即成。

宋《营造法式》上介绍了斗八藻井的规格:"造斗八藻井之制,共高五尺三寸,其下曰方井,方八尺,高一尺六寸;其中曰八角井,径六尺四寸,高二尺二寸;其上曰斗八,径四尺二寸,高一尺五寸。于顶心之下施垂莲,或雕华支卷,皆内安明镜"。如图6-36所示。

清以后,在形式上又做了一些变化,如北京天坛祈年殿、皇穹宇的藻井,其上中下均为圆形,而北京隆福寺三宝殿的藻井是外圆内方。由此可知,藻井形式并没有固定模式,但无论如何变化,其内部结构都是由趴梁、抹角梁等构成。

第三节 木栏杆和楣子

一、木栏杆

木栏杆广泛用于园林建筑上的楼阁亭台、游廊水榭上,常用的形式有:寻仗栏杆、花栏杆、靠背栏杆等。

(一) 寻仗栏杆

寻仗即取巡仗之意,指圆形的扶手横仗,它是栏杆中最早出现的一种形式,在寻仗以下的装饰,由开始简单的直条结构,逐渐变得复杂多样的棂条花格,如图6-37所示。

寻仗栏杆由:望柱、寻仗扶手、折柱、中枋、下枋、绦环板或棂条花格等基本构件所组成。

(1) 望柱:它是附在檐柱侧边的小方柱,其截面为12~15cm见方,或为檐柱径的3/10,高约为120cm左右。

(2) 寻仗扶手:它是最上面的一根横木,一般安在90~100cm高处,其断面一般为圆形,直径为6~9cm。两端与望柱榫卯连接,其下常做各式各样花雕木块,将上下连接起来。

(3) 折柱:在两根望柱之间,将栏杆分割成几个小段的柱子,其断面为望柱的6/10,高依具体花瓶大小而定。

(4) 中、下枋:它是两根为方形断面的横栏木,处于栏杆中腰和下部,其断面尺寸与折柱同,它与望柱或折柱榫卯连接。

(5) 绦环板或棂条格:它是位于中下枋、望折柱之间的装饰花块,其做法与前同。

(二) 花栏杆

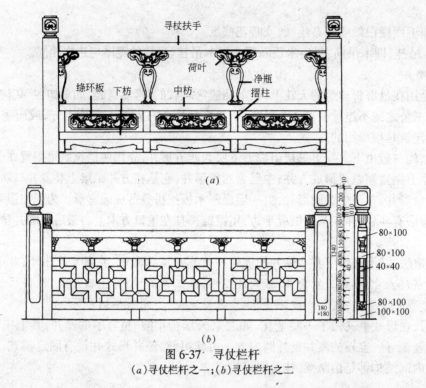

图 6-37 寻仗栏杆
(a)寻仗栏杆之一；(b)寻仗栏杆之二

花栏杆是一种构造比较常用的栏杆，它由望柱、横枋和棂条花格等组成。如图 6-38 所示。其中，棂条花格最简单的是用几根竖木条做成，称此为"直挡栏杆"。其余常见的花格有：盘肠、井字、龟背、万字和拐子纹等。

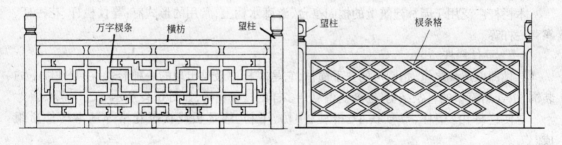

图 6-38 花栏杆

（三）靠背栏杆

靠背栏杆依其靠背的雏形有称鹅颈靠、美人靠、吴王靠等，它是将栏杆与坐凳结合起来，既有围护作用，又可供游人休息的一种栏杆。

靠背栏杆由靠背、坐凳和栏杆仔等组成。具体尺寸和构造如图 6-39 所示。

二、楣子

楣子是安装在檐柱间的一种装饰棂条花框，根据其位置不同分为：倒挂楣子和坐凳楣子两种。

（一）倒挂楣子

倒挂楣子有称为木挂落，它是安装在檐枋之下的柱间，主要起丰富建筑立面的装饰效果作用。

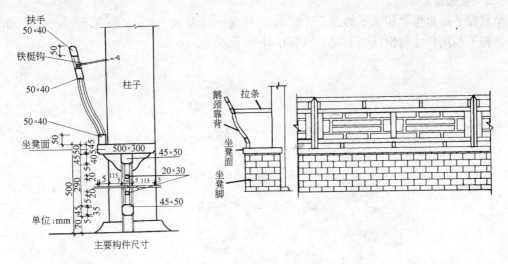

图 6-39 靠背栏杆

倒挂楣子由边框、棂条和花牙子等组成。楣子边框上下高一般为 30～45cm，边框断面尺寸：看面宽 4～4.5cm，厚 5～6cm。棂条断面仍同前述心屉相同，六八分方（即约 1.8cm×2.4cm）。花牙子是安装在楣子的两下角处，一般做成各种花样的透雕。如图 6-40 所示。

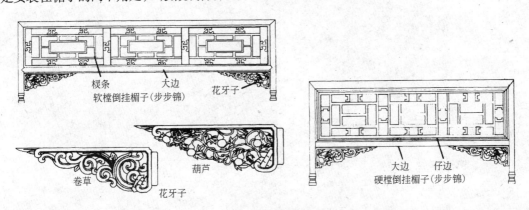

图 6-40 倒挂楣子

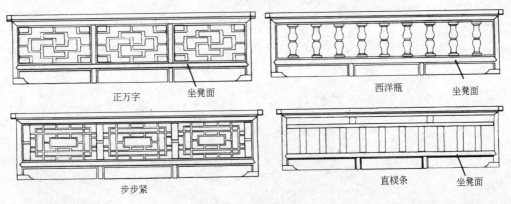

图 6-41 坐凳楣子

271

(二) 坐凳楣子

坐凳楣子是由坐凳和凳下的楣子所组成,坐凳高一般为 50～55cm,厚 4.5～5cm,宽 30cm 左右。楣子断面尺寸与倒挂楣子同。如图 6-41 所示。

第七章 地面及甬路工程

第一节 地面及甬路的类型

一、地面的分类

在古建筑工程中,对地面工程的施工统称为"墁地"。它包括室内地面、室外散水、甬路和海墁等的施工。

(一) 按地面材料分类

根据所使用的地面材料进行分类,可分为:砖墁地面、石墁地面、焦渣地面和夯土地面等四大类。

1. 砖墁地面

砖墁地面是古建筑、园林工程中用得最普遍的一种地面,它用料便宜,铺筑简便,吸潮易干,经久耐用。所用砖料主要为两类,即方砖类与条砖类。

2. 石墁地面

石墁地面是古建筑、园林工程中室外地面用得较多一种地面,它坚固耐久、豪华高贵,是宫殿、庭院、街道、广场等处所使用的主要地面。所使用的地面石有:条石、方石、毛石、碎拼石、卵石等。

3. 焦渣地面

这是北方地区利用废料焦渣与泼灰的混合料所铺筑而成的地面,是一种就地取材的廉价材料。

4. 夯土地面

这是历史上使用最早的一种地面,起初以纯黄土为材料,经夯实找平而成。以后逐渐发展为在土内掺白灰、滑秸等来增加地面强度和耐久性。

(二) 砖墁地面的分类

砖墁地面是室内外用得比较广泛的一种地面,在具体施工中,常根据施工的精确程度或要求的等级高低进行分类,一般分为:细墁地面、淌白地面、金砖墁地面、粗墁地面等。

1. 细墁地面

它是指将墁地的砖料,经过砍磨加工,表面经桐油浸泡,然后精心铺筑而成。这种地面的特点是:地面平整、拼接紧密、洁净美观、坚硬耐磨。

细墁地面多用于大式或小式建筑的室内、宫殿宅院内的甬路、散水等。

室内墁地砖一般建筑多使用尺二和尺四等方砖;宫殿常使用尺七或二尺方砖,最大可用到二尺二方砖。室外除使用方砖外,还常使用城砖。

2. 淌白地面

这种地面所用的砖料,不要求精细加工,只需过肋而不磨面;或者只磨面而不过肋。它是较细墁地面稍简化的一种地面,由于它的外观效果与细墁地面相似,因此,除比较重要的建筑或重要的部位用细墁外,其他一般多用淌白地面。

3. 金砖墁地面

金砖墁地是砖墁地面中最高级的一种墁地,它所使用的砖料为质地较高的金砖,其铺筑精度也要求更严,一般只用于重要宫殿建筑的室内地面。

4. 粗墁地面

粗墁地面是使用较普遍的一种墁地,它所使用的砖料不需经过加工处理,砖缝可稍宽,但要求缝齐面平。所用砖料除方砖、城砖外,还可用四丁砖、条砖。广泛用于一般建筑的室外地面和一般民居中的室内地面。

(三) 石墁地面的分类

石墁地面常按所使用的料石进行分类,分为:条石地面、方石地面、毛石地面、碎拼石板地面、卵石地面等。

1. 条石地面

这是将料石加工成统一规格的条石所铺筑的石砌地面,由于它的造价较高,所以,一般只用于宫殿、寺庙等的重要地面。

2. 方石地面

方石地面又叫"仿方砖地面",它是将料石加工成方砖形,以石代砖的一种地面。因它搬运安装都较条石容易,所以,常用于宫殿、王室的室内地面或檐廊走道,以及露天祭坛等处。

3. 毛石地面

它是用花岗石经粗加工而成,按所需形状进行铺砌的地面,多用于园林建筑中,作为需要点缀的场景部位。

4. 碎拼石板地面

碎拼石板地面有称"冰裂纹地面",它是用石板的边角碎料拼砌而成的地面,由于它价廉物美,是园林建筑中所常使用的一种石墁地面。

5. 卵石地面

它是利用河流中的卵石所铺砌而成的地面,还可以根据需要摆出不同的花式图案,多用于民间庭园和园林建筑中。

二、甬路的分类

甬路本是指作为庭院、墓地等内的主要交通道路,以后逐渐发展,把凡是用材料铺砌而成的道路通称为甬路。它依据所用的材料不同分为:砖墁甬路和石墁甬路两大类。

(一) 砖墁甬路

砖墁甬路是古建筑、园林工程中用得最普遍的一种甬路,它根据所用的砖料分为:方砖甬路和条砖甬路两种。

1. 方砖甬路

方砖甬路是砖墁甬路中较常见的一种,它按摆放的纹路分为正墁方砖和斜墁方砖。

2. 条砖甬路

条砖甬路按摆放纹路分为:横摆条砖、直摆条砖、步步锦条砖等。

(二) 石墁甬路

石墁甬路根据所用的料石分为:条石路、毛石路、碎石路等。

1．条石路

条石路是按统一规格加工的条石铺砌而成，根据使用的地点不同分为街心石和御路两路。其中前者是指用于街道上的条石路，而后者是专指通向皇宫或供皇帝通行的主干道。如北京故宫中通向各宫殿的条石路，以及承德避暑山庄的条石主干道，都称为御路。

2．毛石路

这是用不磨面的花岗石所铺砌而成的块石路，多用于通向商贾、官邸的府宅道路。有些丘埠山岭地带，用自然石块叠砌而成蹬道也属于这一类。

3．碎石路

它是指用碎石、卵石等铺砌而成的道路，多用于市镇街巷道路和园林中次要道路。

第二节　墁地的施工工艺

一、室内砖墁地的操作工艺

（一）细墁地面的施工

施工步骤如下：

（1）确定并抄平地面标高：普通小式建筑的室内地坪应与柱顶石外棱或阶条石外缘同高；大式建筑的室内地坪应稍高于阶条石向外做出泛水；廊心地面也应向外做出泛水。地坪标高确定后，在四面墙上弹出平水墨线。

（2）铺筑垫层：根据地面标高，量出垫层标高。地面垫层根据不同建筑等级有两种做法：一种是普通地面，一般采用素土夯实或灰土夯实垫层；另一种是大式建筑采用的多步灰土垫层，宫殿建筑则采用多层砖墁灌浆垫层，层数由三层至十几层。多层砖墁垫层可采用一层侧砖干铺，一层平砖干铺，层层相间交替铺墁，每铺一层砖就灌一次生石灰浆。

（3）曳线冲趟：曳线即指拉好铺砖的平直线，冲趟是指在靠近两端曳线的地方各墁一趟砖作为定位。在室内地面，应在正中拉两道相互垂直的十字线进行冲趟。一般室内要求砖的趟数应为单数，如有"破活"必须打破砖时，应安排到里面和两端，但门口附近必须是整活。如图7-1所示。

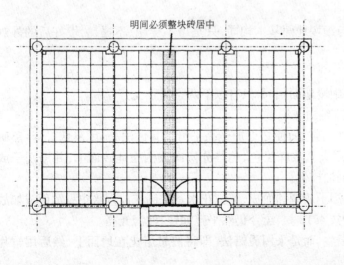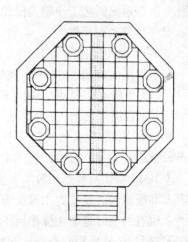

图 7-1　室内砖墁地的分位

(4)铺泥墁砖:具体要经过:样趟、揭趟、上缝、铲齿缝、刹趟等操作过程。

1)样趟:样趟是指按冲趟标准,试摆其他各趟砖之位置的一种操作。先在两道曳线间拴一道卧线,作为铺泥墁砖的高低平直标准,然后将砖进行试摆,以确定铺泥厚度和砖缝的严密。

2)揭趟:经过样趟确定好砖的位置后,将砖揭下来,铺泥赶平,使之达到样趟标准,然后在泥上泼洒白灰浆。

3)上缝:即在砖的侧边抹上油灰,以便砖缝连接,然后将砖按原位墁上,并用礅锤轻轻拍打使之"严、平、直"。

4)铲尺缝:用砍磨工具铲除砖面不平之处,并将多余油灰铲掉,使之灰缝平实。

5)刹趟:对墁好的砖逐一进行检查,遇有砖棱凸起之处用磨头磨平磨直。

铲尺缝和刹趟通称为墁干活。以上操作对每一行砖都如此进行,直至一块地面全部墁好为止,然后进行下一步。

(5)打点攒生:这是对地面墁砖的最后表面处理工作,具体要经过:打点、墁水活、擦净、攒生等操作过程。

1)打点:即对砖面遇有残缺或砂眼,要用砖药(即砖面灰)修补整齐。

2)墁水活:经过修补后,使用水和磨石,将整个地面,用磨头沾水进行打磨,使之滑腻光洁。

3)擦净:将地面全部进行冲洗擦拭干净。

4)攒生:待地面干透以后,用生桐油在地面上进行反复涂抹蹭擦,使砖面喝足或接近喝足为止。对不太重要的地面,也可用麻刷沾油进行涂刷一遍,此称为"刷生";稍讲究的地面可"使灰攒生",即:先刷生1~2遍,接着用麻丝搓擦1~2遍,最后再涂抹1~2遍光油。

其中油灰的配制:可按表4-1进行配制,也可按以下配比进行配制:面粉:细白灰粉:烟子:桐油=1:4:0.5:6搅拌均匀。其中细白灰粉是经过用绢箩过筛后的白灰粉,烟子事先要用熔化了的胶水搅成膏状。

而对光油的熬制:可参考第八章第二节二(一)2熬光油所述,在配比原料中,可不用密陀僧粉和铅粉。

(二)淌白地面的施工

淌白地面的施工步骤及操作与细墁地面基本相同,只是可不样趟、不揭趟,墁好后的外观效果与细墁地面相似。

(三)金砖地面的施工

金砖地面的施工、施工步骤与细墁地面相同,只有以下两点区别:

(1)揭趟不用泥,而是用干砂或纯白灰铺平。

(2)在攒生之前,要用黑矾水涂刷地面使之更加光亮平滑。其做法是:用黑烟灰膏:黑矾=10:1的比例,放入红刨花水中,用火煮成深黑色,趁热分两次泼洒在地砖面上,并用刷子或布帚抹刷均匀,待干透后,再用生桐油攒生。

其中,黑烟灰膏是用胶水和黑烟子灰调和而成,红刨花水是红刨花放入水中煮熬而成如故宫太和殿地面的金砖为二尺见方,共4718块,至今仍然平整如镜,油润光亮。

也有的金砖地面在泼墨后不攒生,而是采用烫蜡法,即将白蜡熔化在地面上,然后用竹片把干蜡刮去,最后用软布将地面擦亮。

(四) 粗墁地面的施工

粗墁地面是在垫层、抄平、冲趟、样趟后直接坐浆墁砖，不揭趟、不上缝抹油灰、不刹趟、不墁水活、也不攒生，只是将砖墁好后，用白灰将砖缝抹严扫净即可。

地面砖的排列形式很多，如图7-2所示，可依实际需要自行选用。

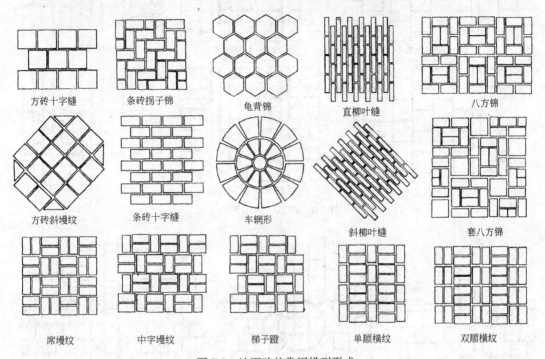

图 7-2 地面砖的常用排列形式

二、室外砖墁地的施工

(一) 砖墁甬路的施工

1. 砖墁甬路

大多数庭院中的主要甬路多用方砖铺墁，其他甬路可用条砖或侧砖铺墁。

施工时先定好中线，再排列砖趟数(一般应为单数)，确定路宽，在处理好垫层、路面抄平的基础上，即可拴线栽甬路两个边的"牙子砖"，然后开始墁中间一趟砖，再向两边逐趟墁铺。路面砖的排列形式如图7-3所示。

任何甬路都应中间高，两边低，以利排水。路牙子砖之外是散水，散水侧与海墁地面同高。

对交叉甬路的处理：当为丁字交叉时，应先墁好主路，再在主路侧铺墁次路。当为十字交叉时，应先定好交叉中心点，由中间向外铺墁，十字交叉的砖缝排列多为筛子底和龟背锦，转角处的砖缝排列形式，方砖多为筛子底和龟背锦，条砖常为人字纹和步步锦，如图7-4所示。

2. 雕花甬路

雕花甬路是指配有花形图案散水墁的甬路，其散水或用雕刻有花饰的方砖墁成，或是镶砌由瓦片组成的图案集锦，或是用什色石砾摆成各种图案等。雕花甬路多用于宫廷园林中主要甬路。

(二) 砖散水和海墁的施工

1. 砖散水

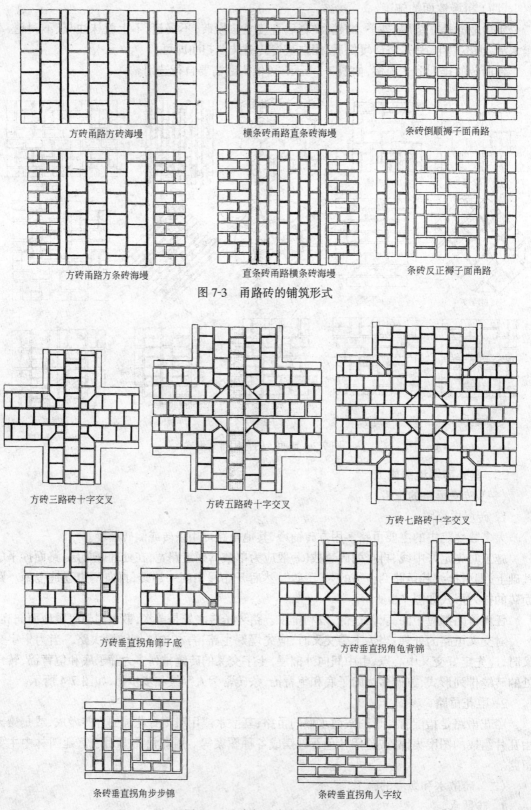

图 7-3 甬路砖的铺筑形式

图 7-4 甬路交叉砖的排列形式

散水是房屋周边和道路两边，免受雨水冲刷的保护层。砖散水的铺墁方法与粗墁地面相同，但散水外侧应先栽一行牙子砖，然后按一定泛水坡墁砖。散水砖缝的形式如图7-5所示。

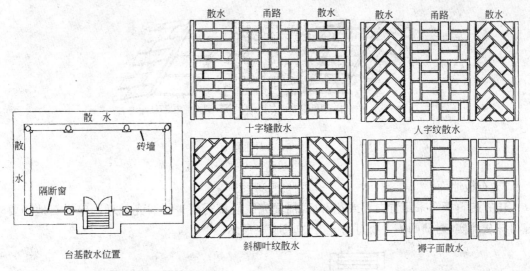

图7-5　散水的位置与形式

2．海墁

海墁是指大面积的场外铺墁，即指除了甬路和散水之外的室外地面铺墁。

海墁的铺筑与前述砖墁相同，但铺筑时应注意以下问题。

（1）最好将甬路边的海墁铺砖与路面砖有所区别，通常采用"竖墁甬路横墁地"，即甬路砖直铺，海墁砖则横铺，其意是最好相互垂直。

（2）海墁的排砖，应将"破活"排到最不显眼的地方。

（3）海墁应考虑排水的排向问题，古代习惯是让水往东南方向流，具体可依地势情况而定，但必须做到"雨过天晴"。

三、石墁地的施工

（一）石墁地面的一般操作

石墁地面的施工，首先也是要做好垫层，并按设计标高进行抄平，按已确定的地面标高拴好操作线，对室外地面应找好排水方向，再逐趟铺墁。

对小块石的铺墁可采用先铺好灰浆，再摆放石料，然后用碛锤将石料碛平、碛实。

对较大的石料，则应先用小石块将料石垫塞平稳，等铺好一段或一片面积后，在适当地方用灰堆围成一个"浆口"，浆口围堆高于或平于石面，从浆口灌生石灰浆或桃花浆，灌满灌足。最后用干灰将石缝堵塞严实，然后进行打扫擦净。

（二）石活地面的排列形式

1．甬路石

甬路石用于街道甬路的中心位置，故又称为街心石，街心石应向两侧做泛水。在街心石两边，栽有牙子石，与散水或海墁连接，如图7-6(a)所示。

2．御路

御路因多位于建筑群的中轴线位置上，故又称"中心石"，实际上是用较大的加工料石铺墁而成,两侧用条石做牙子石。最雄观的御路是故宫中的三大殿御路,其中最大的御路石长16.57m,宽3.07m,厚1.07m,重250t。而承德避暑山庄的御路却较小,是用1m×0.5m的白色长方形石铺砌而成。御路两边可用砖或石墁散水,如图7-6(b)所示。

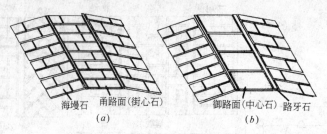

图 7-6 石活路面
(a)甬路石;(b)御路石

3. 石板地面

仿方砖石板多采用青白石或花石板,铺墁完成后都需要进行磨光处理。碎拼石地面要求缝口抹灰严实,对凸凹不平要打磨光滑,如图7-7所示。

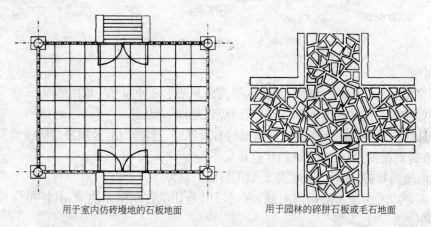

图 7-7 石板地面

第三节 焦渣地面与夯土地面的施工工艺

一、焦渣地面的施工

(一) 焦渣地面的材料

焦渣地面所用的材料是焦渣与石灰浆的混合物,其中:焦渣应过筛,筛后的细渣用于面层,按白灰:焦渣=1:3进行混合;粗渣用于底层,按白灰:焦渣=1:4进行混合。

石灰可用泼灰,也可用生石灰放入水中化解经沉淀后过筛的浆汁。

焦渣与石灰混合搅拌均匀后,要放置2~3天以上使其中生灰完全化解,以避免起拱裂缝。

(二) 焦渣地面的施工操作

1. 处理好垫层:地面垫层可为素土或灰土,经抄平后进行夯实。
2. 铺筑底层:先用水浇湿地面,将"底层料"按10cm厚左右一层进行铺平,随后木拍子反复拍打,直至焦渣坚实,凸凹之处随打随找平。

3. 铺筑面层：在底层面上铺筑"面层材料"，边铺边赶平拍实，待铺筑到一间或一定面积后，用铁抹反复赶轧 3～4 次，对低凹处随抹随补，直至赶光出亮。如果赶轧时浆汁水分太多，可在表面薄洒一些干面层材料或 1:1 水泥细砂料，继续赶轧直至光亮。

4. 洒水养护：赶轧完毕后，用覆盖物（麻袋、草袋、稻草等）罩盖起来，经常洒水养护，3 天之内不能行走。

二、夯土地面的施工

夯土地面分：灰土、素土、滑秸土等地面。

（一）灰土地面的施工

1. 处理好基层：按设计要求找平夯实。

2. 铺筑灰土层：将经过过筛的黄土与白灰拌匀，白灰：黄土 = 3:7 或 2:8，虚铺厚度 20cm。铺平后随即用脚踩紧。

3. 行夯压实：可行 3～4 遍夯，头遍夯行完后，第二遍夯应与第一遍错位相行，每一遍都相互错位。最后将夯窝之间的土埂夯平。

经以上夯实，将 20cm 虚铺层夯至 15cm 为一个灰土层，每一个灰土层如此循环。

4. 浇水沉淀：在夯土面层上灌洒落水，使之沉淀。

5. 筑夯打硪：待表面晾干后，可再行夯一遍，然后打硪也不行夯直接打硪 1～2 遍，使之结构紧密。最后用铁拍子整平。

（二）素土地面的施工

1. 将基层找平夯实。

2. 用过筛后较纯净的黄土，虚铺 20cm 厚为一层，行夯 2～3 遍，各层如此循环。

3. 用锹找平后落水，使之充分湿润。

4. 当土不粘鞋时，再行夯一遍。然后打硪 2～3 遍，最后整平。

（三）滑秸黄土地面的施工

1. 将基层找平夯实。

2. 将黄土：麦秆或稻草 = 3:1 的混合物，虚铺 20cm 厚为一层，随即用脚踩实。

3. 用石碾碾压 3～4 次，使之密实，各层如此循环。

4. 用锹找平后落水，使之充分湿润。

5. 当土不粘鞋时，再碾压 2～3 次，最后整平。

第八章 油漆彩画工程

第一节 油漆彩画类型与构图

一、油漆彩画的分类与构图

中国古建筑的油漆彩画,早已在隋唐时代就已经达到辉煌壮丽的阶段,到宋代已开始形成一定的规制,直到清代日趋完善,形成一定的规则和程式,正式纳入到官文清工部《工程做法则例》中,因此,我们以清式彩画的形制为主介绍其一些基本内容。

（一）清式彩画的分类

清式彩画是在唐宋彩画基础上有所新的发展和改进,并完善成为统一的形制作为官方的具体规则。

如隋唐以后的宋《营造法式》卷十四彩画制度,规定了:衬地、调色、衬色、取石色等作画步骤;还规定了常用的:五彩遍装、碾玉装、青绿叠晕棱间装、解绿装、杂间装、丹粉刷饰等彩画制度。到明代就基本形成了两种图案形制,即金龙彩画和旋子彩画。而到清代对金龙和旋子彩画的内容就更加完善,形成一种为宫殿庙宇专用的殿式彩画,即:和玺彩画和旋子彩画,以及用于园林建筑的苏式彩画。

所以,自清以来,中国古建筑的彩画即形成三大类别,即:和玺彩画、旋子彩画和苏式彩画。除此而外,还有些不能列入其类的一些杂画,但因没有突出的规律可循,不在我们所介绍之列。

1. 和玺彩画

它以突出龙凤图案为主,沥粉贴金,仅用于宫殿、坛庙中的主殿、堂门等高级建筑。

和玺彩画根据作画的内容不同分为:金龙和玺、龙凤和玺、龙草和玺、金琢墨和玺。

2. 旋子彩画

旋子彩画的特点是:在找头内画有带旋涡状的几何图形叫旋子或旋花。多用于官衙、庙宇的主殿、坛庙的配殿和牌楼建筑上。

旋子彩画按用金量的多少分为:金琢墨石碾玉、烟琢墨石碾玉、金钱大点金、墨线大点金、金钱小点金、墨线小点金、雅伍墨、雄黄玉等。

3. 苏式彩画

它是以突出花鸟禽兽、山水人物、多种纹线为题材的,一种更贴近民间生活的画类。常用于园林建筑、民舍住宅等的构件上。

苏式彩画根据构图的基本形式分为:包袱式苏式彩画、方心式苏式彩画、海墁式苏式彩画等。

（二）油漆彩画的构图与设色

中国古建筑的油漆彩画,是以梁枋大木和一些面积较大的构件为主,作为构图的基本出发点,而其他部位的构图,则随大木彩画的创意作相应的配合。

1. 梁枋大木的构图

清式彩画对梁、垫、枋等的构图,是以横向长条形为幅,将其分为三段,各占 1/3 长,这叫"分三停",其分界线叫"三停线"。中间的 1/3 叫"枋心",左右两段叫"找(藻)头";"找头"的两个尽端靠近柱头附近,一般都要作一竖条图案叫"箍头",如果横向长度较长时,可在"找头"两端各做两条平行"箍头",这两条"箍头"之间的距离可依横向长度多少进行调整,这一距离取名为"盒子",那么整个构件的图案和作画就在枋心、找头、盒子和箍头上进行,如图 8-1 所示。

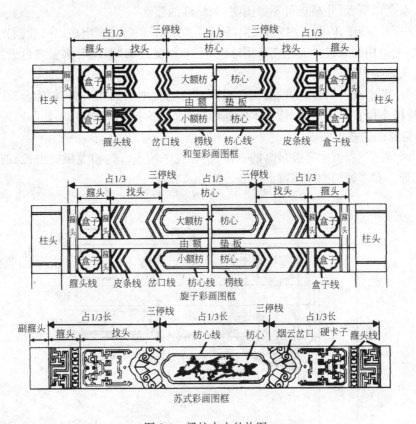

图 8-1 梁枋大木的构图

在这些部位上构图的线条一般都以其名而称呼,如枋心线、箍头线、盒子线;在找头内的叫岔口线、皮条或卡子线等。

2. 梁枋大木的设色

清式各类彩画,不论是否贴金,均以青、绿、红及少量土黄和紫色为主,不同构件不同位置相互调换使用,大致规律如下:

(1) 同一构件相邻部分,青绿两色相间。如为青箍头,则皮条线的外晕为绿色,里晕为青色、绿岔口、青楞线、绿枋心,相互间隔。箍头必须与楞线的颜色相同。

(2) 同一间内的上下相邻构件,应青绿两色相错。如明间额枋是绿箍头、青枋心时,则檐檩和小额枋应是青箍头、绿枋心。

(3) 同一建筑物中相邻的两间,应青绿两色相间。如明间大额枋是绿箍头、青枋心,则次间大额枋应是青箍头、绿枋心。檐檩与小额枋则是绿箍头、青枋心。

(4) 一个建筑物的外檐明间桁(檩)条固定为青箍头。由额垫板的箍头颜色同挑檐桁(小

283

式垫板箍头的颜色亦同檐檩)。柱头箍头为上青下绿。

(5)额垫板与平板枋,如不分段通画一色者,则额垫板为红色,平板枋为青色。

3．其他构件的构图和设色

(1)斗栱：斗栱的设色以柱头科为准,青绿两色相间,升、斗一律用青色；栱、翘、昂一律用绿色。正身栱眼与外曳栱坡棱刷红油漆,斗栱板中部刷红油漆,边框为绿色。斗栱板的构图应与大木构图相适应,如大木为和玺彩画者,斗栱板多画火焰三宝珠、龙、凤、草、佛等；如大木为旋子墨线大点金以下者,斗栱板可不做图案,只刷红油漆。

(2)天花：天花板的构图从内向外,由"圆光"、"方光"和"大边"组成。一般圆光用蓝色、方光用浅绿色、大边用深绿色。天花支条用绿色,十字相交处叫"燕尾",多做各色云纹。圆光内的构图应与大木构图相适应。

(3)椽头：飞檐椽头用绿色做底,面色及图案应与大木彩画相适应,如为金、黄、墨等万字或栀花,檐椽椽头以青绿色相间,依大木彩画可配龙眼、寿字、百花图等。

二、和玺彩画的基本知识

和玺彩画是三类彩画中等级最高的一种,它有三个特点,即:1)龙凤突出；2)沥粉贴金；3)三停线为∑形。和玺画的图案线框如图8-2所示。

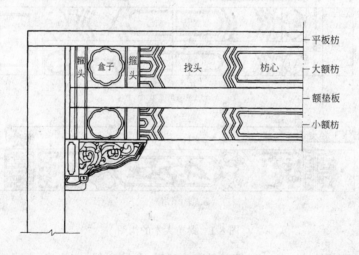

图8-2 和玺彩画的框架

(一)金龙和玺彩画的图案

金龙和玺彩画是和玺彩画中最高等级,它在梁枋大木的枋心内一律以金色二龙戏珠为主(如图8-3(a)),底色按上面所述,上下额枋底色相间,图案相同。

找头内若是青地一般应画升龙,若是绿地应画降龙。但若找头较长,不论青地绿地,都画升降二龙戏珠(如图8-3(b))。

箍头有两种,一种是"死箍头"(即箍头内不画图案),另一种是"活箍头",即在箍头内画"贯套"图案如图8-4(d),一般金龙和玺都做活箍头。找头内是升降二龙戏珠,盒子内为坐龙如图8-4(c),盒子两边为活箍头多条色带贯套,并在两侧饰以连珠带。

上下额枋之间的额垫板为朱红地,每间向中间对称画行龙,并衬以云气火焰,或者龙凤相间,如图8-4(a)所示。

图 8-3 枋心与找头内的龙画法
(a)枋心二龙戏珠；(b)找头内二龙戏珠；(c)升龙画法；(d)降龙画法

斗栱的设色以柱头科为准，青绿两色相间，升、斗一律用青色，栱、翘、昂一律用绿色。斗栱下的平板枋(即坐斗枋)为青地，由两端向中间画行龙。斗栱上的挑檐枋为青地，画"工王云"或流云，如图8-4(b)。

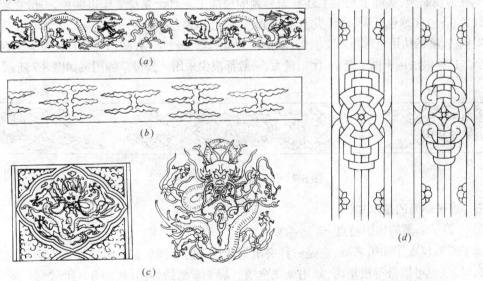

图 8-4 行龙、坐龙、工王云、贯套等图案
(a)额枋行龙画法；(b)挑檐枋工王云画法；(c)活箍头内坐龙画法；(d)活箍头的两种贯套画法

(二) 龙凤和玺彩画的图案

龙凤和玺彩画仅次于金龙和玺彩画，所不同的是：它的枋心、找头、盒子等部位是由龙凤相

间,相互调换进行构图。一般将龙画在青地枋心、找头、盒子上;凤画在绿地枋心、找头、盒子上。但也有其他处理方法:如同一间,枋心及盒子画龙,找头画凤;隔间则龙凤相间。或在同一枋心内画一龙一凤,称"龙凤呈祥";或画双凤称"双凤昭富"。平板枋和额垫板画一龙一凤,如图8-5所示。挑檐枋画工王云。

图8-5　龙凤画法

（三）龙草和玺彩画的图案

龙草和玺彩画又次于龙凤和玺彩画,它的枋心画龙,找头、盒子内由龙和大草调换构图,底色红绿交换,龙画在绿地上,大草画在红地上,简称"轱辘草"。额垫板不画龙,只画轱辘草。挑檐枋和平板枋画工王云。轱辘草画法如图8-6所示。

图8-6　轱辘草画法

（四）金琢墨和玺彩画的图案

金琢墨和玺彩画的构图同上述做法相同,但要求比较精细,对一些轮廓线、花纹线、龙鳞等均是单独沥粉贴金,实际上它是上述和玺彩画的精加工。对于龙身要施以颜色,一般青地龙身施用红色、香色和绿色开染;绿地龙身施用蓝色、紫色和黄色开染。

平板枋、挑檐枋用金琢墨八宝彩带;额垫板为金琢墨公母草(有称三宝珠吉祥草),均沥单粉条贴金。这种做法由于做工复杂,用工量大,一般都很少采用。公母草的图案如图8-7所示。

图8-7　公母草(三宝珠吉祥草)

三、旋子彩画的基本知识

（一）旋子彩画的构图特点

旋子彩画仅次于和玺彩画,它是一种突出旋花找头的彩画。它既可以做得很雅素,如只用墨线和单色;也可以做得很华丽,如用金龙金线。旋子彩画的构图,如图8-8所示。

旋子彩画有三个突出点:1)找头内画旋花;2)三停线为《形;3)箍头为死箍头。

1. 找头内一律画旋子(旋花)

旋子的中心叫"旋眼",旋子靠箍头部分的图案叫"栀花"。旋眼外边通常画2~3层花瓣,最外层的花瓣称"一路瓣",里面为"二路瓣",如二路瓣位置较宽时,可画三路瓣。花瓣之间的

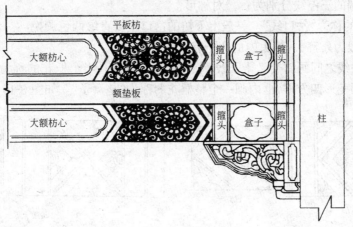

图 8-8 旋子彩画

三角地叫"菱角地";在一朵旋花两端的三角地叫"宝剑头"。

找头内旋花的画法是依找头长短而增减旋花多少,一般将找头的长度按设计花瓣的大小分为三至十等份来确定花型:三等份画"勾丝咬"、四、五等份画"喜相逢"、六等份画"一整两破"、七等份画"一整两破加一路"、七份半画"一整两破加金道冠"、八等份画"一整两破加二路"、九等份画"一整两破加勾丝咬"、十等份画"一整两破加喜相逢",十等份以上如此类推往后加,如图 8-9 所示。

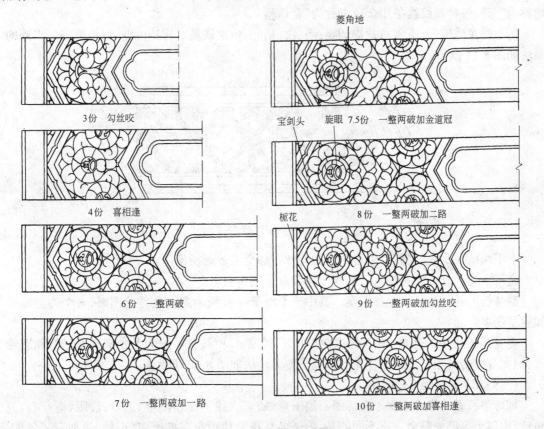

图 8-9 找头内旋花图案

2. 枋心两端的三停线分别为《 》对称形

对《形线有的称为"岔口线"。一般上下枋的岔口线要青绿两色调换。

3. 箍头一般为死箍头,箍头内的盒子有整破之分

在两条箍头线之间画斜交叉十字线,十字线的四周各画半个栀花的称为"破盒子"。在两条箍头线之间画菱形四方框,框内画一个整栀花的称为"整盒子"。如图8-10所示。

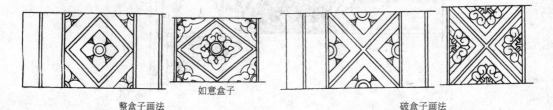

整盒子画法　　　如意盒子　　　　　　　　　破盒子画法

图8-10　死箍头内盒子

(二) 金琢墨石碾玉彩画

金琢墨石碾玉彩画是最高等级的旋子彩画,有两大特点:

(1) 用金量特别大,它的五大线(即箍、枋、皮、岔、盒等线)和各路旋子花瓣均要沥粉贴金、退晕。而旋眼、栀花心、菱角地、宝剑头等只沥粉贴金,不退晕。

(2) 构成彩画的主要纹饰不仅考究,工艺也非常精细。如旋花瓣和五大线都是用沥粉双线完成,并且在金线以里,在原色和白色之间均加晕色叫"攒退晕"。在旋子彩画中凡带有晕色均称为"玉",各种花纹线条用金色者称为"金琢墨"。

枋心画龙或锦,上下额枋龙锦调换;明、次、梢间,依次调换。青地画龙,绿地画锦。宋锦的画法如图8-11所示。

图8-11　宋锦画法

上下额枋找头内的旋花,用喜相逢和勾丝咬加金道冠调换使用。

盒子内画四合云如意整盒子和斜十字破盒子调换使用。

额垫板内画小池子半个瓢图案。其中三个池子中有两个为片金夔龙图案,一个为金琢墨如意草图案。

夔龙是传说中的怪兽,有人称它为"草龙",它是一种具有一般大龙龙头和龙身的动态轮廓,但龙身结构又相似茎草的怪龙。小池子夔龙画法如图8-12所示。

(三) 烟琢墨石碾玉彩画

烟琢墨石碾玉彩画仅次于金琢墨石碾玉彩画,五大线仍沥粉贴金、退晕,旋眼、栀花心、菱角地、宝剑头等沥粉贴金。所不同的是:旋子各路花瓣和栀花在拘黑、吃小晕(两种工艺名称,

小池子半个瓢图案

夔龙

图8-12 小池子夔龙

即用墨线勾边,沿墨线内侧勾白粉线,使图案醒目)的基础上又加一层晕色,旋子瓣内为浅青、浅绿色。凡各种花纹线条做成黑色者称为"烟琢墨"。

枋心内画龙锦互相调换。额垫板可画小池子半个瓢,也可画公母草。平板枋画降幕云栀花墨线退晕。

斗栱仍为青绿两色相间,升、斗一律用青色,栱、翘、昂一律用绿色。斗栱板为红地画火焰三宝珠,如图8-13所示。

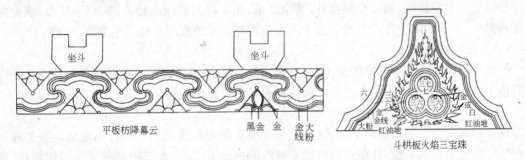

图8-13 降幕云、火焰三宝珠

（四）金线大点金彩画

金线大点金的特点是:凡图案主要部位的线条、花纹都要沥粉贴金、退晕。旋子和栀花为墨线,不退晕。

图案的颜色也执行调换制度,首先确定箍头的颜色,如:明间挑檐桁的箍头用青色的话,则大额枋箍头用绿色,小额枋箍头用青色,而次间则颠倒过来。额垫板为朱红地画公母草(三宝珠吉祥草)。

坐龙　　　　　　　　　　西蕃莲

图8-14 盒子图案

289

找头内的旋花、盒子、枋心等颜色应以箍头颜色依此叉开:如青箍头者青盒子,绿枋心;绿箍头者绿盒子,青枋心。青颜色的盒子画坐龙,绿颜色的盒子画西蕃莲(如图8-14);青颜色的枋心画行龙或二龙戏珠,绿颜色的枋心画宋锦,称为"龙锦枋心"。

斗栱的颜色与前同,斗栱板为红地画火焰三宝珠,沥粉贴金。

平板枋画降幕云,升起的云头要托住每攒斗栱的大斗,如图8-13所示。

(五) 墨线大点金彩画

墨线大点金彩画次于金线大点金彩画,它的特点是:五大线与旋子、栀花均为墨线、不退晕,图案素雅明快。而旋眼、栀花心、菱角地、宝剑头要沥粉贴金。

枋心可按金线大点金样画龙锦沥粉片金,也可中间画一条墨杠叫"一字枋心",还可刷成香色、紫色画夔龙或西蕃莲,做沥粉贴金草。

盒子内多画栀花、异兽,盒子距离过小时一般可空着。平板枋画降幕云,其云纹和栀花均为墨线,栀花心、菱角地与圆珠贴金。额垫板画小池子半个瓢或满刷红油漆。

(六) 金线小点金彩画

金线小点金与金线大点金基本相同,只是:菱角地、宝剑头不沥粉贴金。此画一般很少用。

(七) 墨线小点金彩画

墨线小点金除旋眼、栀花心贴金外,其余线条、花瓣均为黑线。枋心画"一字枋心"或夔龙与花卉组合,但很少画金龙或宋锦。盒子内多画栀花。额垫板画小池子半个瓢。

(八) 雅伍墨彩画

雅伍墨彩画是最简单素雅的旋子彩画,它完全不用金,亦不退晕。旋子用黑白线条画于青绿底色上。枋心、盒子同墨线小点金。额垫板刷红油漆。平板枋画栀花。

(九) 雄黄玉彩画

这种彩画的特点是以黄调子做底色,上衬青绿旋花瓣和线条,均退晕,不贴金。箍头线用三青三绿晕色。这就是说,凡在丹黄色或土黄色的色地上,用三青三绿晕色直接写饰旋花,开白粉的无金彩画,称为"雄黄玉"。

四、苏式彩画的基本知识

苏式彩画是除宫殿、坛庙和官衙的主殿、堂门等权威建筑外,广泛用于所有其他建筑上,在清代晚期,连皇宫后院的殿式建筑也用上苏式彩画。

(一) 苏式彩画构图的基本类型

苏式彩画按基本构图形式可以分为:枋心式、包袱式和海墁式三种。

1. 枋心式苏画

枋心式苏画的构图框架与和玺旋子彩画相同,即在大木横向构件的枋心、找头、盒子内构图。所不同的是,它在枋心与找头之间设有"岔口",并用锦纹、团花、卡子、聚锦、花卉类的图案代替旋子,如图8-15所示。

在枋心式苏画中,对枋心的轮廓线和岔口线的造型比较多,现将常见的作一介绍。

(1) 枋心轮廓线的造型

枋心轮廓线的造型大致分为三种,即:卷草花边式、把子草枋心头式和线式枋心。

1) 卷草花边式:有不规则卷草花边、规则卷草花边、多层卷草花边等三种形式,如图8-16所示。

2) 把子草枋心头式:即它的上下边框用平行直线,枋心框的两端用各种软、硬卷草图案。

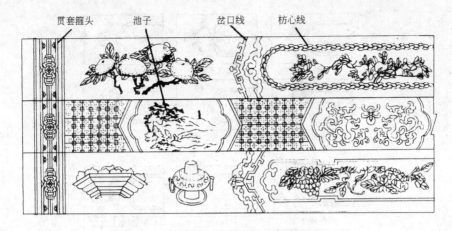

图 8-15 枋心式苏画

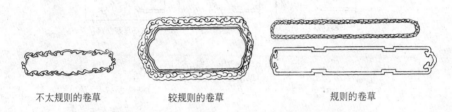

图 8-16 卷草花边式框

枋心框两端的转弯是曲线者为软,是直角形者为硬,如图 8-17 所示。

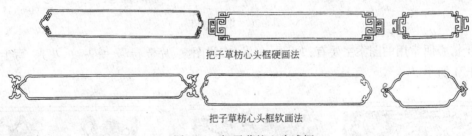

图 8-17 把子草枋心头式框

3) 线式枋心:即上下边框用平行直线,枋心框的两端做内弧线窝角成型,如图 8-18 所示。

(2) 岔口的形式

岔口是分隔枋心与找头在色彩上起变化的一种色块。有死岔口和活岔口之分。

图 8-18 线式枋心框

1) 死岔口:即用单双线条所画的岔口叫死岔口。单线岔口是除枋心线外,只画一根岔口线;双线岔口是画有两根岔口线,它们都有软、硬两种画法,如图 8-19 所示。

2) 活岔口:采用烟云画法(即用多层线条由密而疏的画法)的岔口称为活岔口。它也有软、硬两种画法,如图 8-20 所示。

(3) 枋心和找头所常用的图案

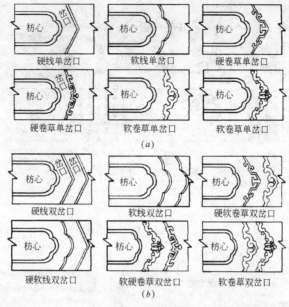

图8-19 单双线岔口
(a)单岔口；(b)双岔口

图8-20 烟云岔口

1) 枋心所常用的图案主要有：龙、凤、夔龙、吉祥图案、片金卷草、博古纹、花卉、写生画等，如图8-21所示。

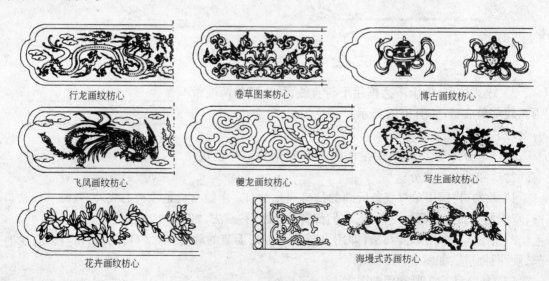

图8-21 各种枋心图案

2) 找头所常用的图案有：伍墨锦、仙鹤宋锦、红花硬色花宋锦、博古、锦纹地聚锦、双卡子折枝花、双卡子团花、双卡子聚锦、单卡子聚锦、单卡子异兽、单卡子灵仙竹寿、单卡子折枝花等，如图8-22所示。

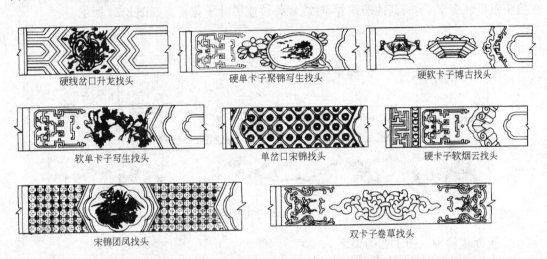

图8-22　各种找头图案

2．包袱式苏画

包袱式苏画的构图特点：是将檩垫枋三者联结起来进行构图，在中间画成一个半圆形的画框，因其形象酷似一个下垂的圆形花巾，故称其为"包袱"。

包袱内多画"寿山福海"、山水人物一类的吉祥图案。包袱线一般做多层退晕，内层称为"烟云"，外层称为"托子"。当烟云和托子由直线构成的叫"硬烟云"；由曲线构成的称为"软烟云"。烟云的退晕以青、紫、黑三色为主；托子以黄、绿、红三色为主。

找头部分的作画与枋心基本一样，如果是青地，多画聚锦、硬卡子；绿地则画折枝黑叶花或异兽。额垫板两端多以红地画软卡子。箍头以活箍头为主，画回纹、万字、连珠、方格锦等，如图8-23所示。

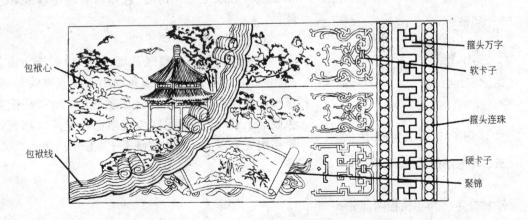

图8-23　包袱式苏画

293

3. 海墁式苏画

海墁式苏画的构图特点完全与枋心式、包袱式大不相同,它除在构件两端设有箍头和副箍头外,没有任何画框,将枋心、包袱、找头、盒子等统统去掉,使其成为一个开阔的画面。除少数在箍头以里画有卡子外,其他遍绘卷草纹、蝠磬纹或黑叶子花卉。如图8-24所示。

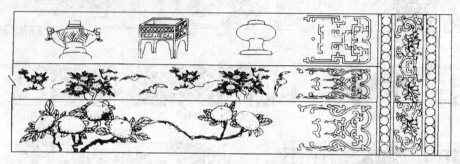

图8-24 海墁式苏画

(二) 苏式彩画绘图工艺的类别

苏式彩画根据绘画工艺的繁简程度和用金量的多少,可分为高、中、低三个等级,它们分别为:金琢墨苏画、金线苏画、黄线苏画等三类。

1. 金琢墨苏画

它是将主要线路和图案做金线,如箍头、卡子等,多在退晕花纹的外轮廓上,又加沥粉贴金的金边线。各间的烟云构图应软硬调换,退晕层次七至九道,最多可达十三道。枋心、包袱、聚锦、池子内的图案也极为精致华丽,多以楼阁山水、金地花鸟为主。甚至有的满用金箔衬地叫"窝金地"。

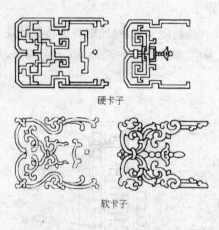

硬卡子

软卡子

图8-25 找头卡子画法

2. 金线苏画

金线苏画的主要线路为金线,如箍头线、包袱线、枋心线、聚锦线等均应沥粉贴金。活箍头与卡子多为片金或烟琢墨,轮廓线不做退晕处理。烟云退晕层次为五或七道。枋心、包袱内的写生画要相应降低。

3. 黄线苏画

黄线苏画是一种墨线苏画,构图基本与金线苏画相同,但不贴金,主要线条均用黄线或墨线勾画。箍头内多用单色退晕回纹、万字等。青地找头配香色硬卡子,绿地找头配红色或紫色软卡子。烟云退晕层次五道以下。找头软硬卡子如图8-25所示。

五、其他部位的彩画

(一) 斗栱

斗栱分斗栱与斗栱板两部分。

1. 斗栱彩画

前面已经提到,斗栱的设色以柱头科为准,青绿两色相间,升、斗一律用青色,栱、翘、昂一律用绿色。正身栱眼与外曳栱坡棱刷红油漆,斗栱板中部刷红油漆,边框为绿色。根据用金量的不同和退晕层次的多少,斗栱彩画亦有不同等级。

(1) 金琢墨斗栱:边线沥粉贴金、起晕、齐白粉线,并在底色中部画墨线,这是最华丽的做法,但很少用。

(2) 金线斗栱:边线一般沥粉,只贴平金、齐白粉线,不退晕。与金线大点金以上等级的彩画配合使用。

(3) 墨线或黄线斗栱:用墨线或黄线勾边,齐白粉,不贴金。与墨线大点金、墨线小点金、雅伍墨配合使用。

2. 斗栱板彩画

较高级彩画的斗栱板多画:火焰三宝珠、坐龙、升降龙、龙凤、法轮草、金刚宝杵等,如图8-26所示。

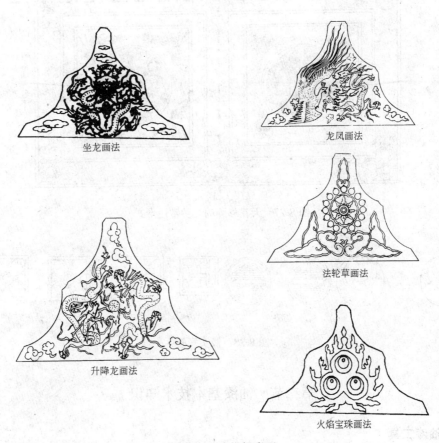

图 8-26 斗栱板彩画

(二) 天花

天花分天花板与支条。天花板中的圆光彩画有龙、凤、鹤、草、五福捧寿等。支条多为轱辘草、吉祥草、西番莲等画成燕尾,如图8-27所示。

(三) 椽头

椽头一般只画龙眼(也有称虎眼或宝珠)、寿字、栀花等,如图8-28所示。除雅伍墨、雄黄玉、黄线彩画为墨线外，其余均为金龙眼或金寿字、金栀花。

图 8-27 天花彩画的几种常用形式

图 8-28 椽头彩画

第二节 油漆基本技术知识

一、油漆工具

油漆工作所使用的工具较多，总的可分为：材料炮制工具、清理底层工具、地仗工具、饰面工具等。

（一）材料炮制工具

1. 熬油工具

（1）大小铁锅：大口径铁锅供熬灰油和光油用；小口径铁锅供炸光油坯子和熬金胶油用。口径及容量大小根据熬油量而定。

(2) 搅油勺：供熬油时搅拌、扬油放烟和油出锅时操作。

(3) 容器：应备有大、中、小铁筒，以盛放、倒运生熟油料。

(4) 衡具：磅秤、盘秤等，供配制衡量材料用量。

(5) 高温温度计：400℃温度计，用以控制熬油时的油温。

2．调灰工具

(1) 搅拌工具：供打满调灰时使用，可用搅拌桶或搅拌机。

(2) 清理工具：一般用木刮板、手皮子、长柄刷等。

(3) 过筛工具：不同目数的筛箩及其贮存用具，供筛分土粉子、砖面粉等。

3．梳麻工具

(1) 砸麻工具：木斧子、砧板、木棒锤等，用于断麻、砸麻。

(2) 梳麻工具：麻梳子（可用木板钉上钉子做成刷子状）、弹麻秆等。

4．调制色油用具

(1) 石拐磨：研磨颜料用。

(2) 绢箩：用于筛滤颜料。

(3) 大小缸盆：泡颜料、入油、出水等用。

(4) 吸水布：出水时用来吸色油中的残留水分。

(5) 大小铁桶：供色油进行日晒脱水，存放待用。

(二) 清理底层工具

1．小斧子：用于斩砍新旧木活。

2．挠子：用来清除木表面的残渣、水锈、较薄的单披灰皮、旧油皮上的返粘油、蛤蟆斑等。

3．铲刀：撕缝及消除斧子、挠子难到之处，铲除旧油皮上的空鼓、翘裂及油靡子。

4．小刮刀、什锦销：剔除调刻花活上的旧地仗灰。

5．虎口夹剪、扒搂子：启摘饰件、包页、斗栱网以及废旧的钩、钉、环、扣等。

6．平口铳子：剪除或盘砸断钉或外露钉子尖。

7．火喷子：清除靠木油使其炭化。

8．清扫用具：水桶、水刷子、鬃刷子、小笤帚等。

(三) 地仗工具

1．树棕糊刷：用于刷浆，现今汁浆多用喷浆机，但个别地方仍需喷后用糊刷扫一下。

2．小铁板：用于捉灰、找灰、刮灰。用 1mm 厚的薄钢板裁制，长短宽窄以个人习惯操作手法而定，一般以六块为一套，各块的参考尺寸为：19cm×11cm、16cm×10cm、13cm×8cm、10cm×6cm、8cm×5cm，条头一头直口，一头斜口。直口 2.2cm，斜口 3.2cm；长 10～11cm，宽 2.2cm。边口要直，并磨成裹棱，各道地仗灰都需用。

3．手皮子：传统用牛皮，现今用橡胶材料代替。皮子分软硬两种：大型硬皮子用于蹉灰、开浆。规格：长 13cm、宽 10cm、厚前口 0.5cm，后手为 1cm 的斧刀形。一般用废汽车外胎裁磨制成。

软皮子用于溜细灰、拈腻子。分大中小不同规格，形状与硬皮子相同，规格尺寸根据构件大小与个人使用习惯而定。

4．粗瓷碗：配合铁板捉灰、检灰，和配合小皮子溜灰、拈腻子用。

5．把桶子：传统为木制，口径及桶深均为 20cm，桶边竖一木柄。而今多用白铁焊制，桶边竖钉木柄。汁浆、开浆、踏灰均需使用。

6．线轧子：做地仗时各种灰线的翻样模具。

7．麻轧子：使麻的专用工具，形似小烙铁。

8．靠尺：宽8cm、厚1.5cm、长1.5～2m的红松木板。用以检查地仗的平整度、贴秧、轧线时的直度。

9．磨头：分粗细磨头，用于磨灰面。

10．布掸子：用擦布和木柄绑扎而成，用于抽掸操作面的灰尘。

11．线坠：配合靠尺用于检查。

（四）饰面工具

1．大小牛尾漆刷：搓油后顺理油面用。

2．鬃捻子：用于拉油线、打金胶、扣油齐边、掏小油地。

3．羊毛板刷：用于刷拼底色及饰面用。

4．油漆刷子：刷油漆用。

5．油灰刀：找油腻子用。

6．金夹子：用竹篾磨制成镊子形的夹子，贴金用。

7．金筒子：用带节的毛竹筒，拉成一节罗圈一节箱底，两节以子口相接，子口中绷一层罗底绢，用以将金箔粉碎成金粉。做泥金或拉金用。

8．粉包：用两层纱布兜土粉子扎成团状粉包，呛活用。

9．牛角刮刀：起蜡疤用。

二、油漆材料的炮制

油漆材料的炮制主要是包括：熬油、打满与调灰、饰面材料的加工、颜料色彩的配兑等。

（一）熬油

1．熬制灰油

"灰油"是将土籽灰和樟丹粉加入到生桐油内进行熬制而成的一种半成品，是调制地仗和打满用的主要原料。

（1）熬制灰油的材料

灰油材料的重量比，为：生桐油：土籽灰：樟丹粉＝25：1.8：1。这是一般在天干气爽情况下的配合比例，适合于气温适中的春天和晚秋季节使用，如果在炎夏、寒冬季节，应"冬加土籽夏加丹"，即在严寒的冬天，应适当增加15％～40％的土籽灰，高温夏天和多雨潮湿秋天应增加25％～70％的樟丹粉。具体如表8-1所示。

熬制灰油参考比例（重量比）表　　　　表8-1

季　节	生桐油	土籽灰	樟　丹
春　秋	25	1.8	1
夏、初秋多雨	20	1.4(或平均1.6)	1
冬	25	2～2.5(或平均2)	1

土籽灰的作用是增加热量，以延缓油温的冷却速度；而樟丹粉则是减缓桐油的聚合性，故

施工中注意温度和湿度的变化,进行适当调剂。

(2) 灰油的熬制方法

1) 对粉料进行脱水处理:先将定量的土籽灰、樟丹粉放入锅内升火焙炒。当这两种粉料即呈沸腾状,此时应撤火,待沸腾停止。

2) 加油熬制:待沸腾停止后再向锅内加入生桐油,并立刻进行搅动,以免热粉着油后糊在锅底上。搅至粉料在油内全部悬浮时,再添火加热,边热边搅动,当油温升至250℃以上时,土籽灰会开始炭化。

3) 微火扬油:当油的浮面上出现爆炸状的明灭亮点时应立即改用微火,搅动不停,油温还会继续升高,这时油内所含的芽胚等植物质也随之炭化而冒烟,油的颜色也逐渐由浅黄色变为褐色。

4) 降温冷却:待油温升至300℃左右,马上撤火,继续搅动,扬油降温,温度会开始下降。当油温降至200℃以下时,即可出锅,放入容器内,用牛皮纸苫盖好,等完全冷却后即可使用。

(3) 熬制过程中的注意事项

灰油在熬制过程中,由于许多因素的影响,会出现溢锅和暴聚现象。溢锅即指灰油在熬制过程中,由于突然升温膨胀而使灰油漫出油锅,进而发生火灾。暴聚是指由于变质或含有杂质的生桐油,当温度升高时,会使灰油发生粘连结块现象,从而使整个灰油报废。因此,在熬制过程中,一定要注意避免这类现象的发生,防范措施如下:

1) 慢加油,勤观察:熬油时绝对不能以原装油桶直接向油锅内倒油,而应先将生桐油倒至小容器内,逐渐分次向锅内加油,随加随观察,开始先倒入定量的20%,加温至250℃以上,若无异常反应时,再加入30%,逐渐加温至250℃以上,若仍无异常反应者,方可把所余的油全部加入锅内进行熬制。

如果第一次入锅的油经加热就起泡沫、膨胀或溢锅者,应马上用铁锅盖将锅盖住,并用湿麻袋片将锅盖蒙住。立即撤火,并将余火用沙土埋死。这说明该生桐油有问题不能再用于熬油,应做上记号留作铝生使用。锅内未熬成的油,倒至容器内另行存放,留作将来兑上汽油与催干剂作操油使用。沉淀的土籽灰、樟丹粉等,调灰时可兑在灰里使用。

2) 勤搅动、多检查:当油温升到200℃以上时,就有可能发生暴聚反应。暴聚发生时的表现,是先在热油内产生黏稠的油丝,当搅动时油丝就会黏连成团,此时如果油温继续上升,会在几十秒钟之内,全锅的油就会凝结成油坨子。这种黏油坨在凉、热油中都不能溶解开,只有报废。所以熬油时,一旦发现油锅内有黏油丝出现,必须马上注入成熟了的凉油,使其快速降温,并立即撤火,余火用沙土埋死。同时用木棒在锅内搅动,使黏油丝全部粘裹在木棒上,直到油内不再有黏油丝为止。锅内未成熟油倒至容器内,做上记号留作椽望、斗栱等较薄的单披灰使用。绝对不能在大木或装修的麻活地仗灰中使用。

3) 备足防火器材、消灭火灾蔓延:要准备必要的灭火器具,如铁锅盖、湿麻袋片、干砂土、干粉灭火器等。升火、撤火用具,如火勾子、灰耙子、铁锹等要放在便于取用的地方。熬油的地点要放在远离建筑物及可燃物体空旷之地,锅台上的防雨棚不能使用可燃材料搭盖。

2. 熬光油

"光油"是指用于饰面涂刷的熟桐油。

(1) 熬光油的材料配比

光油材料的重量配合比,为:生桐油:白苏籽油:干净土籽粒:密陀僧粉:中国铅粉＝40:10:2.5:1:0.75 当冬季熬油时按定量土籽粒增加20%～40%,夏天和初秋多雨季节熬油时,按定量密陀僧粉增加30%～50%。其中铅粉要用经粉碎后过细筛之料。

(2) 光油的熬制方法

1) 净粒筛粉、干燥脱水:先将土籽内混杂着的尘土、草屑等用水漂洗、清除干净,并烘干脱水。再将密陀僧粉与铅粉过细箩筛,焙炒脱水,分别存放待用。

2) 熬苏籽油、炒炸土籽:先将定量的白苏籽油倒入锅内,升火加热,待油温达到160℃以上时,将土籽粒放在大炒勺内,浸入少许热油,进行翻炒,使土籽粒加热。等土籽的温度与热油接近时,再将土籽放入油锅内煎炸,并继续添火加热,进行搅动。

3) 捞出土籽、保持衡温:待油温升到260℃左右,即可将土籽全部捞出,并撤火、扬油、放烟,使油下降,直到降至160℃左右。保持余火不灭。让油温稳定在160℃左右,不再上升或下降。

4) 熬生桐油、加苏籽油:另用一只大锅熬定量的生桐油,等生桐油的油温升到260℃时,撤火、扬油、放烟,让桐油的油温降到160℃左右,再将苏籽油与桐油兑在一起熬,要缓慢地添火加热,让油温逐渐缓慢地上升至260℃以上,但要注意控制油温不得超过280℃。在此过程中扬油放烟,一刻也不能停止,直至扬油时,洒下的油溜颜色为橙黄色时,即可试验油的稠度。

5) 试油拉丝、掌握稀稠:试验方法是:用一根约1尺长的扁铁或铝条,一端醮上热油,另一端浸入凉水桶内,使扁铁上的油温度降至常温以下,用手指将油抹下,在拇指与食指之间揉搓,分开二指时,看油丝拉的长度。拉不出油丝者说明油过于稀,还需再熬一些时间。油丝拉至2寸以上仍不断者说明太稠,要从时间上控制不要熬得太稠。所以试油的程序要早些开始,并多次进行,从拉不出油丝到油丝拉至1寸半左右即断,而断头线回缩,即为稠度合适。

6) 撤火降温、加入粉料:当稠度合适后,马上撤火、扬油、放烟降温,使油温降至160℃左右,加入密陀僧粉和铅粉。加入的方法是:将两种粉状材料先放在箩筛内,向热油浮面筛撒,并进行搅动,使这粉状材料在油内呈悬浮状态,则停止搅动,保留余火不灭,使温度在160℃的情况下延续不少于4小时,让粉状材料全部沉淀于锅底。

7) 停火降温、趁热撇油:待粉料全部沉淀锅底后,再停火出锅。出锅时要趁油温在不低于120℃的情况下,将浮在上面的清油撇出来,一定注意不得将沉淀的粉状材料混入清油内。剩下带沉淀粉料的油底子,可留做细灰时使用,或掺到灰油中使用。

(3) 光油熬制中的注意事项

1) 掌握好扬油放烟的环节:当油温升高时会冒烟,这是生油内所存植物质遇高温而炭化的结果,所以扬油放烟可以使一部分炭化微粒成烟飞出油外。而炭化后的残质微粒如果留在油内,又会使油色变成褐色、混浊,扬油就是使油温降低,让尚未炭化的物质暂缓炭化,使之慢慢沉淀下去而不影响油色。因此,熬油的温度如果达不到预定的高度,油就无法成熟;但油温过高又会产生炭化残质,使油色混浊,这是一对矛盾,一定要按上述操作掌握好。

2) 把握住粉料沉淀的关键:加入密陀僧粉和铅粉的目的,是为了调整桐油的聚合性,增加固化结膜性能,但粉状材料混在油内,又会使油变得混浊不清,密陀僧含有芒硝,硝的燃点很低,油温稍高就要随之炭化,这样更会增加油的混浊,所以,既要使其在熬油时发挥作用,又要在油成熟后将其排除油外,主要方法就是让其在热油内存在较长时间后而沉淀。一般光油在热的时候就澥成液态,凉的时候就聚合成低流动状态,如果要使粉状材料很好沉淀,就必须保持一定的油温,故要求从撒入粉料开始,在经搅动、悬浮、直至完全沉淀的整个过程,油温必须保持在160~120℃之间。高了会促使物质继续炭化,低了又会使油聚合变稠,故一定要把握住沉淀时的油温。

3) 做好熬油的安全工作:在熬油过程中,同熬灰油一样,也要防止溢锅、防止聚暴、防止炸油烫伤等。

3. 加兑金胶油

"金胶油"是以油代胶,起粘结作用的黏涂剂。做贴金、扫金、扫青、扫绿等都需要使用金胶油。在工程中用光油涂刷后,一般在12小时左右,光油就会达到固化,而光油的结膜要慢于固化,一经结膜后,一两个小时就会全部固化,这样就失去了光油粘贴的吸附作用,这对贴金、扫色是很不利的。加兑金胶油就是要改变光油的这种性质,使其从结膜到固化的时间延长,便于光油涂刷后,有充足时间进行彩画中的粘贴工作。

(1) 加兑金胶油的材料

金胶油是用光油加入食用豆油炼制而成。因为食用豆油不结膜固化,以此作为光油的改性剂。它们的重量配合比为:光油:豆油 = 23:1。

但由于光油的固化速度在气候温度变化的影响不是不稳定的,所以加入豆油的数量,也应随气温变化而有所增减,高温时应按定量减少28%~43%;低温时应按定量增加14%~43%。

(2) 加兑金胶油的方法

先将定量的食用豆油放入一容器内加热至120℃左右后,再倒入锅内与定量的光油一起加热搅动,至160℃时撒火,继续搅动扬油降温,待油温降至120℃以下即可停止搅动,使其自行冷却,油温降至与常温接近时,进行打样试验,考察其涂刷后的结膜与固化的延续时间,如时间较短,用小勺温一些热豆油兑入后再重新加热至120℃以上,使其均匀混合,然后再行打样试验,直至兑出的金胶油能达到预想的效果为止。

(3) 加兑时的注意事项

1) 注意加兑温度:两种油质,配兑加热时,其加热的油温不宜过高,最高不能超过160℃,因为加兑的目的是为了使光油的聚合性降低。如油温过高,不但不能降低其聚合性,反而会使其提高,达不到加兑的目的。

2) 对稀释剂的要求:熬制的光油稠度是不一致的,加入豆油的目的悬起稀释作用,但豆油的比例不能过多。稀释稠度时,绝对禁止加汽油或松香水等挥发性的稀释剂,否则会使金胶油的吸附性大大减弱,而且涂刷后的表面光泽也不好。如果需要稀释时,在气温较高而且干燥的情况下,可以加入适量的鱼油(成品清油)进行混合。如果当时没有鱼油,加入适量的脂胶调和漆也可以。

3) 加兑后的存放时间不能过长:金胶油加兑后,在正常情况下,最好在十天之内使用完。如果存放的时间过长,或虽然时间不长,但气温有较大的骤变,使用前则要重新加热后进行打样试验,考察其结膜与固化过程和使用时的气温是否适合。如不适合可用调整光油与豆油的比例来解决。但凡调整比例、进行稀释等,都要经过加热、冷却、打样试验等过程。

(二) 打满与调灰

1. 打满

"打满"又称"油满",是调制地仗灰的一种胶结材料。它由灰油、石灰水、面粉等混合而成。在古代对将调制的材料都配备齐全时称为"满"。古代传统调制地仗灰的方法,早期和晚期在方法上有所变化,因而,打满的方法早晚期也有所区别。

(1) 早期打满方法

早期打满的材料重量配合比为:灰油100斤:水100斤:生石灰块50斤:面粉50斤。这叫做"一个油一个水"的配合比。实际上根据所调地仗灰的不同,有不同的油水配合比。

打满时,先将定量的生石灰块放在大桶内,洒上一部分水,使其发热后充分粉化,然后加足定量的水进行搅动,澥成灰浆。趁着灰粉在水中悬浮,灰渣沉于水底时,将灰浆澄出,去掉灰渣,加入定量的面粉,调成糊状。传统把这糊状材料叫做"膏子灰",又称为"面胶子",再加入定量的灰油,即成为"满"。

(2) 晚期打满方法

晚期打满的材料惯用体积比,为:灰油:水:生石灰块:面粉 = 22.5:20:1:10。这也是"一个油一个水"的配合比。

打满时,先将定量的石灰块浸入定量的水中化解,经搅动沉淀后,撇出清水来调和面粉。再加入定量的灰油即成。

但这样打出来的满,其质量较早期满差,它只等于灰油加水混以少量面粉而已。因为:首先生石灰短暂浸入冷水中,发挥不了水化热,根本得不到粉化。再加上撇清水使用,把灰粉完全排除在外了。用这样的石灰水调和面粉,不可能使其熟化成淀粉胶,调出的面胶子实际上是生面浆,而称不上"膏子灰"。

2. 调制地仗灰

"地仗"是木材面油漆工程中,最基层的硬壳垫层,"地仗灰"就是做这种垫层的塑性材料。地仗灰是一种多层次的抹灰,各层次所用地仗灰的名称为:汁浆、捉缝灰、通灰、黏麻灰、压麻灰、中灰、细灰等。

(1) 早期地仗灰的调制方法:地仗灰只用打满,在一个大木桶内进行,它根据做法层次,用增减满中的灰油,调整油与水的比例,再加入适量的砖灰而成。各层地仗灰的调制比例参数如表8-2所示。

早期各层地仗灰的比例参数表(重量比) 表8-2

项　目	膏子灰	灰　油	备　注
汁　浆	1	0.5	另加8.5清水
捉缝灰	1	0.75	为1个水1.5个油
通　灰	1	0.6	为1个水1.2个油
黏麻灰	1	0.5	为1个水1个油
压麻灰	1	0.25	为2个水1个油
中　灰	1	0.1	为5个水1个油
细　灰	1	光油0.07	为7个水1个油
说　明	\multicolumn{3}{l|}{调细灰改用光油,主要是因为灰油中的土籽灰颗粒,有的大于细灰的颗粒,为了保证细灰的颗粒细度,才改用光油}		

(2) 晚期地仗的调制方法：这是现今仍在使用的一种传统调制法，它是将油满、灰油、血料等三种材料按一定体积比调和而成，然后加入适当砖灰即可。其比例参数如表8-3所示。

晚期各层地仗的比例参数表（体积比）　　　　表8-3

项　　目	油　满	灰　油	血　料	备　　注
汁　浆	0.3	0.7	1	另加8清水
捉缝灰	0.3	0.7	1	即1满1料
通　灰	0.3	0.7	1	即1满1料
黏麻灰	0.3	0.7	1.2	即1满1.2料
压麻灰	0.3	0.7	1.5	即1满1.5料
中　灰	0.3	0.7	2.5	即1满2.5料
细　灰	0.3	光油1	7	撒满加光油
说　明	由于满的减少，所谓的油水比在调灰中已没有实际意义了，囿于传统的习惯，把满油与血料的比仍称为油水比			

砖灰主要用作填充材料（南方地区多用瓦灰、碗灰等），它分：籽灰、中灰、细灰三种，因此在调灰前，先要对砖灰进行级配，一般级配是：捉缝灰要在籽灰中加入15%的中灰和15%的细灰；通灰要在籽灰中加入20%的中灰和20%的细灰；压麻灰要在籽灰中加入30%的中灰和20%的细灰。即便是调中灰，也要在其中加入30%的细灰。

(3) 血料的制作：血料是猪血通过加工而成的一种棕色胶状体。在制作之前，要先检查一下猪血的成分，血内含水量不能过多，不能含有食盐。因为，含水量过多，制作时难成胶体，可用手指头插入血内，拿出来看，若呈深红色，则表示质量好（俗称干料），若是淡红色，则表示含水量过大（俗称水料）。另外需用舌尖舔一下指头，看是否在血内掺有食盐，如含有食盐则不能用来制作血料。

制作时，将新鲜猪血倒入干净的缸里或木桶里，用稻草束或藤瓢放在猪血内，用力不断挤搓，使血块搓成稀血浆，若有泡沫可滴入少许鱼油进行消化，直搓到无血块血丝为止。然后用180目铜筛进行过滤，除去渣滓与残血块，放入缸内用木棍向一个方向慢慢搅动，同时，随搅动随加入5%左右的石灰水和20%左右的清水（夏天加冷水，冬天加30℃左右的温水），在不停的搅动下，颜色将由红色逐渐变为黑褐色，随着也有由液体变为稠性的胶体，再将血料沾点于大拇指壳上，看颜色若红中到绿，说明猪血开始凝结；若长时间没有变化，说明石灰水加量不够，应再加点石灰水继续搅动。若血料颜色绿中带红，说明猪料过大，可再加些清水继续搅动。制好后一般2～3小时后方可使用，夏天温高可提前，冬天温低需推迟。

3. 调制腻子

腻子是指在饰面油漆之前，用来填补基面不光滑、高低不平等缺陷的刮灰材料。一般油漆工程在涂刷过程中都刮腻子，有地仗的是为了弥补地仗表面光滑度之不足，无地仗的是为了弥补木材表面之缺陷。因用途不同，有不同的腻子，如在地仗表面用浆灰腻子与土粉子腻子；在木材表面用色粉、漆片腻子和石膏腻子等。

(1) 浆灰腻子

它是将做地仗用的砖灰放在容器内，加入灰重5倍以上清水，并进行搅动、漂洗，趁灰粉在水中悬浮,较粗的颗粒已经沉淀之际,澄出灰水进行二次沉淀,至灰粉完全沉于水底,将浮面清水澄出,这种沉淀出来的细砖灰称为"澄浆灰",然后加入适量的血料和少许生桐油,即可调成塑状的浆灰腻子。

(2) 土粉子腻子

土粉子腻子又称"血料腻子",它是用土粉子(或用大白粉加20%滑石粉也可),加入适量血料(一般为:血:水:土粉子＝3:1:6)调成可塑状的腻子。

(3) 色粉、漆片腻子

色粉分水色粉和油色粉两种,它们都是以大白粉为主要材料,再根据色调要求,加入适量粉状颜料。水色粉用温水调制成流动性粉浆;油色粉用光油加稀释剂调成流动性粉浆。

漆片腻子是用酒精,将化开的漆片液体加入到大白粉中,调成的可塑状腻子。

(4) 石膏腻子

将生石膏放入容器内,先加适量光油调成可塑状,然后加入少量清水,急速搅拌均匀成糊状,静止两三分钟即凝聚成坨,然后再进行搅拌,使其恢复成可塑状态,用湿布苦盖待用。当用于色油饰面时,可加入少量饰面油漆调和即可。

4．对地仗材料的改革

在传统地仗灰材料中,面粉和血料是现今社会难以继续容忍使用下去的两种材料,因为,面粉是人们饮食中的主要粮食;而血料是由猪血加工而成,易腐发酵、繁殖病菌,危害环境健康。故应设法寻求其他材料来代替面粉和血料。

通过我国古建筑工作者的探求和实践,在分析传统做法配合比的基础上,提出了一种价廉物美的改革方案,即配合比为:生石灰粉 25kg、水 35kg、缩甲基纤维素 0.75kg、食用盐 0.25kg 聚醋酸乙烯乳液 0.37kg。

操作方法:先将15kg水加热至40℃左右,加入0.75kg的缩甲基纤维素,浸泡12小时,过筛去掉杂质后待用。另将25kg生石灰粉放在容器内,加入15kg水使其产生水化热,使灰中颗粒得到充分粉化。然后将其余的20kg水,逐渐加入搅成灰浆,再加入0.25kg食盐,搅拌均匀待其冷化。灰浆冷却后即变成可塑状的灰膏。另在缩甲基纤维溶液内加入0.37kg聚醋酸乙烯乳液,搅拌均匀,再将可塑状的灰膏与其混合进行搅拌均匀,即可得到"膏子灰"。在膏子灰中加入灰油即成为油满。仿照传统调灰的油水比,制定出各层地仗灰的参考比例如表8-4所示。

改良地仗灰的参考比例(重量比)　　　表8-4

项　目	膏子灰	灰　油	油:水	备　注
汁　浆	2	1	1:1	外加10份清水
捉缝灰	2	1.5	1.5:1	按灰的稠度要求加入适量籽灰
通　灰	2	1.2	1.2:1	按灰的稠度要求加入适量籽灰
黏麻浆	2	1	1:1	稍生时按老传统使用生油,改变晚期传统的用水
压麻灰	2	0.6	1:1.67	按灰的稠度要求加入适量籽灰
中　灰	2	0.3	1:3.33	按灰的稠度要求加入适量籽灰
细　灰	(1)	光油0.25	1:4	膏子灰改纤维素加乳液

(三) 饰面材料的加工

古建筑油漆工程中所使用的颜料多为干颜料,在使用前要进行必要的加工处理。

1. 颜料的漂洗

有些廉价的矿物质颜料,出厂前的加工都比较粗糙,包装也简易,颜料中含有一定数量的杂质。故在使用前要进行漂洗,如广红土之类。

漂洗的方法是:将颜料放入容器内加入清水,充分搅动,然后沉淀,将漂浮的杂质随清水澄出,如此两三次即可。然后再加入清水,进行搅动,趁粉状颜料尚在水中悬浮、较粗的颗粒状物质已沉于水底之时,即刻将色浆澄出。另将残沉于水底的颗粒状物质再冲洗两遍,使粉状颜料全部洗到水中,和先澄出的色浆兑在一起,进行再沉淀,澄出清水,将稠浆放入布袋中,吊起来淋出水分,干后即称为纯净的广红颜料。

2. 颜料的脱硝

有些矿物质颜料含有硝的成分,如不脱硝,涂刷后对饰面有破坏作用,如铜绿、樟丹等。脱硝的方法是:用80℃以上的热水进行漂洗,最少要漂洗三遍以上。操作方法与颜料漂洗方法同,但应注意,颜料沉淀后澄出的清水,绝对不得反复利用。

3. 颜料的研磨和过筛

有些矿物质颜料颗粒较粗,必须要经过研磨和过筛,得出细粉,才可做饰面涂刷使用,如中国砂绿、广东银珠、樟丹、石黄等。按早期传统办法是"干研磨、筛色粉"。但这些颜料一般都有毒性,在研磨过筛时,会色粉飞扬,对人体有害,故这种办法应予改进。

对一般需要漂洗和脱硝、而又不溶于水的矿物质颜料,都可用水研磨,磨出的色浆经箩筛过滤,既安全又无飞扬。一般可在漂洗过程中,将湿材料放在石拐磨上研磨,将粉浆过箩,筛出的粗料再行研磨和过筛,重复几遍,使颜料全部磨成细粉浆后,冲水进行沉淀即可。

4. 颜料的串油

"串油"是指在颜料中加入适量光油,使其变成为一种有色油质涂料的操作过程。串油分为干串油和湿串油两种方法。

(1) 湿串油:它是将漂洗、脱硝、水磨的颜料,经沉淀、过滤后放在容器内,先加入湿颜料重量一半的光油,用力搅拌,使得色粉与油充分粘合,而与水分离。搅到颜料坨不粘容器为止,再拿出来进行揉搓,一边揉搓,一边用脱脂棉布沾去水分,直到残留在油坨内的水分除去干净。然后加入适量的光油,进行搅拌,使其澥稀释成适合涂刷的程度。

(2) 干串油:有些颜料比较纯净,粉状颗粒也比较细腻,无需过水加工,如佛青、成品漂广红等。对它们可在颜料中直接加入少量光油,进行搅拌,使其成坨,再经过反复揉搓,然后再加入适量光油,调成适合涂刷的程度即可。

(3) 其他情况:有些颜料虽然纯净,颗粒也比较细腻,但必须要进行水磨的(如中国铅粉),或泅湿后再串油(如上海银珠、黑烟子等)。银珠或烟子,因质轻浮力大,与水不易混合,较稠的光油就更难浸透它。串油时,应轻轻舀取,慢慢放入容器中,用毛边纸苫盖压实,另用酒精加水各半,加热至50~60℃,然后洒在苫盖纸上,使其透过苫纸渗到色粉中去,待完全浸湿后再进行串油。中国铅粉颗粒虽细,因其本身具有一定的黏度,而成品铅粉又是压聚成锭的,不易散开,所以使用前必须重新研磨、过筛。若用于干研磨可以干串,用于水研磨可以湿串。

所有颜料经串油后,无论是干串还是湿串,都必须放在烈日下暴晒2~3天方可使用。因为,干串油的颜料会有一些小的干色粉团,在较稠的光油中,不易化开,通过暴晒的光油,吸收热辐射,油可以稀释而增加浸透力,因此颜料团子可以膨胀松散开,再经搅动就可混合均匀了。湿串油的颜料,虽然经过出水处理,但总会有少量的水分残留在颜料中,通过暴晒,油温会有所提高,可以使残留的水分得到蒸发。

（四）涂料色彩的配兑

1. 颜料色彩在配兑时的变化规律

在自然界中的颜色,通过太阳反射出来的共有:红橙黄绿青蓝紫等七色,但在美术作业中,所有的颜色都是由原色、间色、复色、清色和补色等中的色素含量变化,配兑出与自然界相近似的丰富色彩。

(1) 原色:它是指红、黄、蓝等三色,是构成其他颜色的基本色,它本身不能用其他任何颜色配兑得出来,所以称它为"三原色"。

(2) 间色:用三原色中的任何两种颜色,进行等量的配兑所得出的中间颜色叫"间色"。如等量的红与蓝进行混合得出紫色;等量蓝与黄进行混合得出绿色;等量的黄与红进行混合得到橙色等。

(3) 复色:用两种原色进行不等量的混合,或用两种间色进行混合,所得出颜色叫"复色"。

(4) 清色:它是指黑、白两色,它有与三原色共同之处,而不同的是,无论把它加到原色、间色或复色中去,都只能使其加深或变浅,而不能使其转化成其他种颜色,故称它们为"清色"。

(5) 补色:在每种间色中,如加入一些与其相对的原色,就会使其色彩变得浑暗、沉着,而这种原色称为相对间色的"补色"。如黄是紫色的补色;蓝是橙色的补色;红是绿色的补色等。

以上所述就是配兑各种色彩的基本规律。

2. 古建筑油饰的设色制度

我国古代建筑的设色,自唐以后,从宋到清才形成严格的制度:如皇帝理政、朝贺、庆典的主要殿宇,应饰以朱红;寝宫、配殿、御用坛庙,应饰以较深的二朱色;宫内的其他附属建筑及宫外敕建的佛寺、道观、神社、祀祠等,皆饰以铁红;王公勋爵的府邸,饰以银朱紫;一般衙门及官员的私第,应饰以羊肝色;街市上的铺面及商贾富户的住宅,只许饰以铁黑或墨绿;园林建筑除皇帝游园外,禁用朱红;至于一般民舍,大多不做油饰或只涂刷生桐油,以作防腐。

3. 油漆色彩的配兑

油漆色彩的配兑,不是颜色与颜色的简单掺合,它是用单一品种的颜料,事先调成各种颜色的色油,然后用色油与色油进行配兑而成。

(1) 朱红:它是银朱串油后的本色。但银朱又有产地不同,品种与色泽也不一样。广东佛山的银朱和山东的银朱,其颗粒较粗,颜色较深,只适用画活,不宜做油饰面。上海产的银朱,色泽较浅,颗粒细腻,因光油具有一定的色度,进行串油后其红色比较纯正鲜艳。

(2) 深色二朱:以广红油为主,配以二成银朱,其色为紫色明亮。

(3) 浅二朱:以樟丹油为主,配以二成银朱,其色比较明亮,多用于室内。

(4) 铁红:它是广油的本色,又称为红土子油。

(5) 银朱紫:以银朱油为主,配以约四成的纯青油,并加入少量的石黄油,其色为紫红色。

(6) 羊肝色：以广红油为主，配以少量的银朱油和烟子油。

(7) 荔色：以广红油为主，配入一定量的石黄油和烟子油。

(8) 香色：以黄油为主，配以白色及少量的蓝色油。

(9) 绿色：若用进口澳绿，即可串出原色；若用巴黎绿或国产铜绿，需配以少量的铅粉油方能得到绿的正色。

(10) 瓦灰：以铅粉油为主，配入一定量的烟子油。

(11) 墨绿：以绿油为主，配入少量的烟子油。

(12) 铁黑：以烟子油为主，配入一定量的广红油。

(13) 蓝色：以纯青油为主，配入少量的铅粉油。

(14) 黑色：为烟子油的本色。

(15) 白色：为铅粉油的本色。

4．用油量的估算

在实际工程中，配兑色油时，要根据油饰的面积大小，恰当的配兑油量，既不能多，配多了造成浪费，特别是像银朱、洋绿、石黄等非常昂贵；但配少了不够用，再行配兑时，又不能保证颜色一致，故需要比较准确的估算所需用的油量。

根据我国古建筑油漆工作者的多年经验，一般油饰多为三遍成活：一遍垫光油、一遍色油、一遍罩面光油。一般估算量按：每平方米 0.2kg，实际使用估算量约为：每平方米 0.167kg，那么，每单遍用油量，平均每平方米 0.056kg。只要准确求得油饰面积，即可估算出所需要配兑的用油量了。

三、油漆的基层处理

油漆工程的三个基本工序是：清理底层、做地仗、刷油饰。而前一项是油漆工程的基础，马虎不得，它直接影响到后两项的质量好坏。

从整个基层处理的清理方式看，分为：砍、挠、铲、撕、剔、磨以及嵌缝子、下竹钉等几种。

（一）砍

砍又称"斩砍"，它是指将木构件表面用小斧子砍出斧迹，使木表面增加对地仗的吸附力。它分为砍新活和砍旧活两种。

1．砍新活

砍新活有的叫"剁斧迹"，是在新做木构架上所进行的砍活。

(1) 斩砍方法：因为地仗附着于木表面是靠灰中的油质向木体内渗透而起作用的，而木材对油质的吸收，断茬要比顺茬大得多，构架大木的表面多是顺茬向外，所以在木表面上剁斧迹，就应垂直顺茬斩砍成无数小的断茬，也就是将木材的顺纹横着剁断，使剁出的刃口缝与木纹交叉。斧刃的走向应自上斜方向，向下斜方向砍成 45°～60°夹角。斧刃的入木深度，一般为 3～5mm。刃口缝的间隔为 20～25mm。凡遇到木材表面上有硬疖子者，要将其挖深进木表面 3～5mm，以免木材干燥收缩后，疖子突出而拱破地仗。如图 8-27 所示。

(2) 砍线口：砍新活时要对槛框上的装饰线进行休整，槛框在木工制作时，就已起好了装饰线，但木工所起的线，不能适应油工做地仗时轧灰线，因为木工所起线是槛框边上平落下去的，油工轧灰线是沁口的。

砍线口的规格与要求：线口的宽度，是以建筑物明间立抱框的正面宽度的 1/10 为准，斜向框的侧面成八字形(即将抱框边棱砍成斜角八字),自侧面看线口宽度是正面宽的1/2,其他槛框构件的线口宽度均应与立抱框取得一致。

2. 砍旧活

它是对古建筑维修工程修缮旧活时,去掉木构件表面上的旧有油饰。在砍旧活时,应结合"挠、铲、撕、剔"一起进行,故有"砍净挠白、撕全剔到"之说。

(1) 砍净:它是指对旧油饰及地仗破损较严重的木构架,当原地仗采用单披灰做法的薄型地仗,受尺寸限制不能在旧地仗上复做新地仗时,都应毫不保留地全部砍掉,即所谓"斩砍见木"。但对于明代以前的靠木油饰面,或早清时期的净满地仗,若质地尚坚,破损并不严重者,不一定非要全部砍净。

(2) 挠白:又称"挠活",这里的挠活是砍活的辅助工序,在砍活中,凡经砍掉的旧油饰面,露出的木表面上都还粘着一层灰底疤,用挠子刮去这层灰地疤叫做挠白。

挠灰地疤要顺着木丝挠,挠前可先喷刷一些清水,将灰底疤浸湿,使其容易脱落。挠时不要伤着木骨,如图8-29所示。

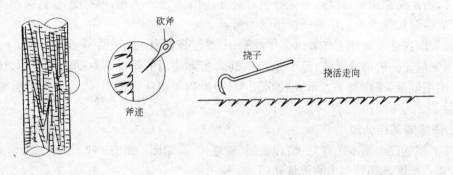

图8-29 砍、挠

(二) 挠

挠活不只是砍活的辅助工序,它主要是针对那些不需要斩砍,或无法斩砍的细小构件或花活部位,进行清理的一项独立工序。它根据不同的要求有不同的挠法。

1. 挠水锈

水锈一般发生在经常受风吹、日晒和雨淋的山花、博风和檐头上。雨水中带有灰尘及易腐物质浸渗在木材上,久之越积越厚,这就是"水锈"。做地仗时,必须把它全部清除掉,否则,它即成为木材表面的隔离层,使地仗无法与木材表面结合牢固。

挠前先喷一些清水使其湿润,一个部位一个部位依次挠刮,要将木材表面刮出新木茬,侧面、小边、犄角、旮旯等均要挠刮干净,不得有任何遗漏之处。

2. 挠单皮灰

对于斗栱、雀替、垂花头、透雕云板、绦环板、麻叶头、三幅云、吊挂楣子、花牙子等细小构件,它们的地仗都很薄,基本上都是彩画部位,没有油饰保护,对这些部位不需要斩砍,直接用挠的方式即可清掉。

挠刮前必须喷刷清水,待水分干后,用锋利的挠子轻轻地满复挠一遍,以便去掉木材表面的毛刺,然后再次复挠,至挠刮干净为止。

3. 挠蛤蟆斑

蛤蟆斑是指油作时,由于用材不当在油饰表面所形成的豆状斑点。如使用的光油,在熬油时添加的材料比例不合适或熬油时欠火候,使熟度不够;又如铅油调稀时,加兑的光油较多,而鱼油或催干剂较少,用其做饰面或垫光等,都会容易产生蛤蟆斑。

对形成蛤蟆斑的部位,一般不必把地仗全部砍净,只需将饰面的蛤蟆斑挠掉即可。对固化很久的蛤蟆斑,可用锋利挠子把油饰面挠到露出地仗表面即可;对蛤蟆斑形成不久的,一般斑下尚有粘油底层,挠完后用汽油或稀料加入催干剂,涂刷一遍,把残留油底洗刷掉。

4．烧挠

对于门窗、装修构件和护墙板等的混色油漆面,如果形成蛤蟆斑或是固化后又普遍软化反粘,这时需用火喷子(即喷灯)对旧油饰面进行烘烤,使其炭化后,再趁热将其挠掉。

烧烤时应注意:对有玻璃的构件应先将玻璃起掉,以免玻璃受热而炸裂;烧烤时用火苗一烘而过,烤不透者可多烘几遍,但绝对不能让火苗在局部位置停留过久;烧烤时要边烘边挠,不要等冷却后再挠。烧烤完毕后用砂纸打磨一遍,去掉挠翻起来的木毛刺。

5．洗挠

对于门窗、装修构件和护墙板等的清漆透纹油饰面,则可以采取先用较浓的火碱水涂刷 2~3 遍,待饰面起化学反应后,再用挠子把油垢挠刮掉。挠刮完毕,用吸水较多的厚布蘸清水把木材面擦洗 2~3 遍,等待晾干后再用砂纸打磨光滑。

(三) 铲

铲俗称"刮铲打扫",对凡是不需要进行砍新活、砍旧活的木材面,在做地仗前都要进行刮铲打扫。

新建工程在施工中,受环境灰尘、刮风下雨等的影响,木构架、木构件表面都会积有灰尘或沾污,油饰前需用铲刀刮铲一遍,再用棕刷清扫干净。

有些油饰面存有一些微小气泡或沙粒,油工称其为"油痱子",遇此也必须要铲除掉。铲后再清扫干净。

(四) 撕

撕是指撕缝,即是将木材表面存有的缝口再扩大一些,以能使地仗灰容易压入缝隙内。撕缝时用专用铲刀,将缝口两边的直角铲成八字楞的坡口,大缝大撕,小缝小撕。铲完缝口后,还应把刀尖插入缝内,随缝隙来回划动几次,以使缝内两侧木面见新茬。最后用毛刷把缝内积尘清扫干净。

(五) 剔

剔即指刻剔,又叫"剔活"。它是针对不能用砍、挠、铲等方法进行清理的细小雕刻花饰构件所作的一种处理。刻剔采用小刻刀,按照原雕饰的走刀方向,在阴角处把油皮拉开,再在小平面上用刻刀把油皮地仗铲下来,对小侧边的残留油皮或灰色疤用薄刀尖刮净。

(六) 磨

磨即指磨活,主要是针对做清色透木纹饰面的一种清底工序。分水磨和干磨两种,对较硬的木材面采用水磨,较软的木材面采用干磨。传统磨具是用锉草(即中药用的木贼子),现代用砂布或水砂纸。磨活的要求是:断斑、不漏磨、手感光滑。

(七) 嵌缝子

撕缝是对木材裂纹缝隙的处理,而嵌缝是对宽大深口的缝口,用木条嵌入缝内的一种处理方法。一般缝口宽度在 5mm 以上时,多要嵌缝,嵌缝的木条应选用同类木材或干燥多年的旧房木料,按缝口大小分段嵌塞,嵌条两边的缝口则按撕缝处理。

(八) 下竹钉

下竹钉是嵌缝子的辅助手段,它只适用于新木材大木构件中的裂缝,由于新木材含水率较高,涨缩性较大,下竹钉的目的就是要抑制这种涨缩。因为竹子的涨缩比木材小,而硬度又比木材大,竹钉的厚度大于缝隙的宽度,当竹钉砸入缝隙内时,就可以把缝隙强行撑大到接近以后可能再扩大的限度,当以后木材自身变化,对缝隙的影响就可大大减小,这样就可减少对油饰地仗的破坏程度。

竹钉规格:厚应大于缝口宽 2 倍,长 60~70mm,竹尖削成 60°角的宝剑头。如果缝口过宽,则下对钉,长 80~100mm,竹尖削成单坡尖形,如图 8-30 所示。

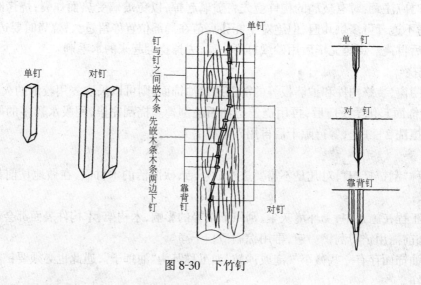

图 8-30 下竹钉

下竹钉分三种,即:单钉、对钉、靠背钉。

单钉用于缝宽稍小的裂缝,竹钉之间距离不大于 400mm,钉与钉之间用木条嵌缝。

对钉用于缝口宽在 10mm 左右的裂缝,用两根竹钉合对起来砸入缝内。

靠背钉用在缝宽大于 10mm 以上的裂缝,先用木条嵌缝,再在木条两边下单竹钉。

以上三种方式是配合进行,依木材的裂缝情况进行掌握。

四、地仗灰的操作工艺

地仗灰的种类较多,一般分为:麻(布)灰地仗和单披灰地仗两类。常用的麻(布)灰地仗有:一麻五灰、一麻四灰、一麻一布六灰、两麻六灰、两麻一布七灰等;常用的单披灰地仗有:两道灰、二道半灰、三道灰、四道灰等。

(一) 麻(布) 灰地仗的操作工艺

麻(布)灰地仗多用于比较讲究的建筑物上,它的操作工艺基本相同,所谓"一麻"是指在施工过程中要粘一次梳麻(即经梳理后的软麻丝),"一布"是指在施工过程中要粘贴一次麻布(即夏布),"五灰"是指:捉缝灰、通灰、黏麻灰、中灰、细灰等,它是一切地仗的基本抹灰,其他四灰、六灰、七灰等都是在此基础上进行增减。

现以"一麻五灰"为例加以说明,它们的工艺程序为:刷汁浆→捉缝灰→通灰→黏麻→黏麻灰→中灰→细灰→磨细钻生。

1. 刷汁浆

木材表面经砍挠打扫以后，很难将灰尘特别是缝内打扫清净，应以汁浆用刷将木构件全部涂刷一遍，每个地方包括缝内都要刷到，以便增加油灰与木件的衔接作用。

2. 捉缝灰

待汁浆干后，再将表面打扫一遍，用铁板将捉缝灰向缝内捉之，使缝内油灰饱满，杜绝蒙头灰（即指缝内无灰，缝外有灰）。如遇铁箍，必须紧箍落实，并将铁锈除净，再分层填灰。对有凹缺之处，应于补平，再刮靠骨灰一道（靠骨灰见第四章第四节）。缺楞少角者都要补齐。待灰干后，用金刚石或缸瓦片打磨，并以铲刀修理整齐，再用布掸子掸去浮灰，打扫干净。

3. 通灰

通灰有叫"扫荡灰"，它是指在捉缝灰之后，通身满刮的一道灰（约3~4mm），先用手皮子刮灰（叫插灰），后面接着用板子刮平（叫过板子），紧跟着用铁板打补找灰（叫检灰）。待干后用金刚石或缸瓦片磨去飞翅及浮籽，再行打扫掸净。

4. 粘麻

先在通灰上用糊刷蘸汁浆涂刷一道（称开头浆），紧接着将梳理好的麻，横着木纹粘于其上，厚薄疏密要均匀一致。随后用麻轧子轧实，先从鞅角着手，再轧两侧。再以1:1的油满和水混合溶液，用糊刷涂刷于干麻上，不要过厚，以不露干麻为限。随后用麻轧子尖将麻翻虚（不要全翻），以防内有干麻，翻起后再行轧实，以轧出余浆为度，防止干后发生空隙起凸现象。最后进行整理，对缺陷处修补好，再通轧一遍。

5. 黏麻灰

当梳麻干后，用金刚石或缸瓦片磨之，使麻茸浮起（称为断斑），但不得将麻丝磨断。磨后打扫干净，掸去浮灰，用手皮子将黏麻灰抹于麻上，来回轧实，使之与麻结合，然后再次复灰，以板子顺麻丝横推裹衬，要做到平、直、圆。如遇边框应以线轧子轧出线脚，要求平、直，粗细均匀。

6. 中灰

等黏麻灰干后，用金刚石或缸瓦片进行精心细磨，磨好后掸去灰尘，用铁板满刮中灰一道，不宜过厚（约2~3mm），要求平、直、圆。

7. 细灰

待中灰干后以金刚石或缸瓦片将板迹、接头等磨平，打扫干净后，先将手皮子刮不到的地方，如边框线、鞅角、围勃等处，用灰修好找齐，待平后再用细灰满刮一道，一般厚在2mm以内，这是最后一道抹灰工序，应使各细部都符合要求。

8. 磨细钻生

细灰干后，应用细金刚石或停泥砖进行精心细磨，要磨去一层皮（叫断斑），再用丝头蘸生桐油，跟着磨细灰的后面，随磨随钻，油必须钻透，要一次钻好，干后成黑褐色，浮油用麻头擦净，以免干后留有油迹。待全部干透后，用砂纸或盆片再行细磨，不可遗漏，磨好后打扫干净即为完成。

(二) 单披灰地仗的操作工艺

单披灰是指只抹灰不沾麻（布）的地仗灰。根据抹灰的层数分为若干道，如二、三、四道灰等。

1. 二道灰

二道灰一般是用于修缮补旧的构件上,它是在油饰面损坏的部分,进行砍挠清理后所做的地仗灰,其工艺程序为:刮中灰→找细灰→磨细钻生。具体操作同麻(布)灰。

现代仿古建筑中,钢筋混凝土构件的油饰,多采用二道灰做法。

2．三道灰

三道灰多用于不受风吹雨淋的部位,如室内梁枋、室外挑檐桁、椽望、斗栱等,其工艺程序为:捉缝灰→刮中灰→满找细灰→磨细钻生。具体操作同麻(布)灰。

3．四道灰

四道灰多用于一般性建筑物中的柱子、连檐、瓦口、博风、挂檐等处,其工艺程序为:捉缝灰→通灰→中灰→细灰→磨细钻生。具体操作同麻(布)灰。

五、饰面油漆的操作工艺

我国旧式油漆,均以光油为主,其中加入樟丹、银朱、广红等,以丝头蘸油,搓于地仗上,再以油刷横蹬竖顺,使油均匀一致,干后光亮饱满,油皮耐久,永不变色。一般油漆常为三道油,即常说的三遍成活。

(一) 三道油饰操作工艺

1．满批浆灰腻子

浆灰腻子是用细砖灰面加血料调和而成的糊状腻子(详见打满与调灰所述),在地仗上以铁板满刮一道,要求均匀,干后用砂纸磨之,磨毕用布掸子掸净浮灰。

2．嵌批细腻子

一般用土粉子腻子在浆灰上嵌批一遍,要来回刮实,随时清理残迹和接头埂。待干后用砂纸细磨,掸净。

3．垫光头道油

用丝头蘸已配好的色油,搓以细腻子表面上,再以油刷横蹬竖顺,使油均匀一致。除银朱油先垫光樟丹油外,其他色油均垫光本色油。干后用青粉炝之,再以砂纸细磨。

4．二道油

二道油用本色油,饰以垫光头道油上,操作方法与头道油同。

5．三道油

饰于二道油上,操作方法同二道油。

6．罩清油

用丝头蘸光油搓于三道油上,并以油刷横蹬竖顺,使油均匀,不流不坠,刷路要直,鞍角要搓到。干后即成。

(二) 油饰操作注意事项

1．油漆前应将架木及地面打扫干净,洒以净水,防止灰尘扬起污染油活。如遇有贴金者,应在二道油干后,即行打金胶油、贴金,再扣三道油、罩清油。但应注意金箔上不可刷油。

罩清油时有抄亮现象,其原因有寒抄、雾抄、热抄。在下午三时后不可罩清油,以防夜不干而寒抄;雾天不可罩清油,以防雾抄;冷热不均天气,则热面抄亮,冷面不抄。

2．有时当刷完第一道油后,再刷第二道油时,会碰到第二道油在第一道油皮上凝聚起来,好像把水抹在蜡纸上一样,这种现象叫做"发笑"。为防止发笑,每刷完一道油后,可用肥皂水或酒精水或大蒜汁水,满擦一遍即可避免。如果出现发笑质量事故者,可用汽油洗掉,然后再重新做油。

3. 搓绿油时,如手有破伤者,不得操作以防中毒。特别是洋绿,有剧毒,应慎之。

第三节　彩画基本技术知识

一、彩画的颜料及其调制

(一) 颜料的种类

建筑彩画所用的颜料总的分为:矿物质(无机)颜料和植物(有机)颜料。

1. 矿物质(无机)颜料

在彩画中常用的矿物质颜料有:洋绿、石绿、沙绿、佛青、银朱、石黄、铬黄、雄黄、铅粉、立德粉、钛白粉、广红、赭石、朱砂、朱膘、石青、普鲁士蓝、黑烟子和金属颜料等。

(1) 洋绿:即指进口绿,以德国的鸡牌绿为上等,其次为澳大利亚绿。洋绿色彩非常美丽,具有覆盖和耐光力,但遇湿易变色,因此宜存放在干燥处,涂刷应避开阴雨天气,它的毒性最大。

(2) 石绿:又叫"孔雀石绿"或"岩绿青",呈块状,是洋绿未进口前用得较普遍的绿颜料。毒性也很大。

(3) 沙绿:国产颜料,比洋绿深暗,一般用在洋绿内加佛青加以代之。也有大毒。

(4) 佛青:又叫群青或沙青、回青、洋蓝等。砂粒状,它具有耐日光、耐高温、遮盖力强、不易与其他颜色起化学反应等特点。

(5) 银朱:它是用汞与石亭脂(即加过工的硫磺)精炼而成。上海牌银朱用得较广,它色泽纯正、鲜艳耐久、有一定的覆盖力。正尚斋银朱是一种非常名贵的入漆银朱。佛山银朱仅次于正尚斋银朱。

(6) 石黄:又名黄金石,是我国特产的一种黄色颜料,色泽较浅、不易褪色、覆盖力强,有毒。

(7) 铬黄:是彩画中使用量较多的一种黄色,色较深,黄中偏红。其耐光性差。有毒。

(8) 雄黄:是石黄内提炼出来的深色颜料,色很鲜艳,覆盖力强,但在阳光下不耐久,做雄黄玉彩画时才使用。

(9) 铅粉:国产白粉,俗称中国铅粉,成块状。它不易与其他颜色起化学作用,它的相对密度(比重)大,覆盖力强,有容易刷厚、遇湿气易变黑变黄的缺陷。有毒。

(10) 立德粉:又称为洋铅粉、锌钡粉。覆盖力强、不易刷厚,在阳光照射下易由白变暗。不能与洋绿配兑使用。无毒。

(11) 钛白粉:色洁白,覆盖力强,耐光耐热,在阳光下不易变色。无毒。

(12) 广红:有称为红土子或广红土,色很稳定,不易与其他颜色起化学作用,价廉,是经常使用的颜料之一。

(13) 赭石:又名土朱,是赤铁矿中的产品,天然块状石,色性稳定经久不褪色,并很透明。

(14) 朱砂:天然块状石,色彩稳定、沉重。多用于白活中。

(15) 朱膘:它是朱砂研细入胶后浮于上部的膘,色鲜艳透明、持久,是绘制白活时必不可少的颜料。

(16) 石青:国产名贵颜料,它覆盖力强,色彩稳定,不易与其他颜色起不良反应。

(17) 普鲁士蓝：有的称它为毛蓝、铁蓝等，颜色稳定持久，一般用于画白活的绘画中。

(18) 黑烟子：是一种比较经济的颜料，它相对密度（比重）轻，不与任何颜料起化学反应。

(19) 金属颜料：它是指金箔、泥金、银箔、铜箔、金粉、银粉等。

金箔分库金和赤金。库金是最好的金箔，颜色偏深、偏红、偏暖，光泽亮丽。每张规格为9.33cm×9.33cm，贴在彩画上不易氧化，永不褪色。赤金颜色偏浅、偏黄白、色泽偏冷，每张规格为8.33cm×8.33cm，亮度和光泽次于库金。

泥金是用金箔和白芨（一种植物的含胶质根茎）手工泥制而成，其亮度和光泽不如贴金，多在做高级彩画时用笔以水稀释勾添用。

银箔比金箔稍厚，直接映现白银的效果，但贴后须罩油，否则会很快氧化。

铜箔色泽近似金箔，很容易氧化，贴后罩上保护涂料可减缓氧化速度。

金粉、银粉是用来调制金漆和银漆用，也容易氧化变色。

2．植物质（有机）颜料

植物质（有机）颜料多用于绘画山水人物花卉等（即白活）部分，常用的有：藤黄（是海藤树内流出的胶质黄液，有剧毒）、胭脂、洋红、曙红、桃红珠、柠檬黄、紫罗兰、玫瑰、花青等。它们的特点是着色力和透明性都很强，但耐光性、耐久性均非常差，也不很稳定。

(二) 颜料的入胶调制

彩画所用颜料一般都需入胶进行调制，而所用的胶液多为水胶，即用广胶或骨胶，以冷水浸泡发胀变软，再用砂锅或铝锅以微火熬制而成。应根据施工需要，用多少熬制多少，放置时间过长容易变质。现将各种颜料的入胶调制法简介如下。

1．胶洋绿：先将洋绿干粉放容器内除硝，即用开水沏之，随沏随搅拌，等水凉后将水澄出，如此反复2～3次，此为除硝。然后取出磨细，加入少量胶液，用木杵搅拌使之与颜料粘合成团，再加足胶液进行搅拌，太稠可加水稀释，搅拌成糊状后，加入3％的清油或光油调合均匀即可。

2．胶佛青：佛青也应先除硝，除硝后将佛青粉放入容器内，慢慢加入胶液搅拌成团，再加足胶液搅成糊状，然后试着用水稀释搅拌均匀，以试刷干后遮地不掉色为度。入胶调制时的用胶量要小于洋绿，因用胶量大了会使色泽偏黑而不鲜艳。

彩画中凡易被雨淋的梁枋，均要在画面上罩一层油，以防原青变黑，称为罩油青。罩油青是用原青加入少量白粉入胶调和而成。

3．胶石黄：其调制方法与佛青相同。

4．胶铅粉：将原装铅粉捣碎过80目以上箩筛，放入容器内，慢慢向铅粉中加入胶液，随加随搅，当铅粉完全湿润后加足胶液，然后将粉揉成硬团，再用手把粉团分成一小块一小块地搓成条状，再反复揉成团搓成条，使胶与粉更好地结为一体。然后码放在容器中，用冷水浸泡一段时间，使白粉进一步湿润，捞出加温，再略加些胶液，用水稀释到可用程度即可。

5．胶黑烟子：烟子很轻，取时要轻舀慢倒放入容器内，慢慢加入胶液，慢加轻搅，待烟子成团后再大力搅拌，使烟子疙瘩全部散开后，然后加胶调成糊状，并加水稀释即可使用。

6．胶银朱：银朱的入胶调制方法与烟子相同。

7．胶樟丹：樟丹在调制前应先脱硝，即将干粉置入容器内，用开水沏，随加随搅，多搅动几次后，静放一定时间，待丹沉淀后，将上部水全部澄出，如此反复2～3次，则可脱硝完毕。再根据丹内含水情况,合适地加入胶液,加水调匀即可。

8. 紫色:紫色有三种:1)葡萄紫,它是用胶银朱和胶佛青配兑而成;2)经济型,它是用胶广红、胶佛青和少量胶银朱配兑而成;3)直接用胶广红作紫色。广红的入胶调制与洋绿相同。

9. 香色:它是用适量的胶石黄、胶银朱、胶佛青、胶烟子等,根据深浅需要,进行配兑而成。

10. 二青:将已调好的佛青,再兑入调好的白粉,搅拌均匀即成,因它比佛青浅一个色阶,故称为二青。如果调制三青,再加入胶白粉。

11. 二绿、三绿:调制方法同二青、三青。

(三) 配兑胶矾水

胶矾水简称矾水,它是苏画中作白活(即绘画)时处理底子用的液体,苏画多绘制在用动物胶做粘合剂的白色涂料底子上,或绘于天花板和支条的绘画白纸上,而在这些底子上涂刷一层矾水后,便能使涂色均匀顺畅,因此,矾水是苏画中必不可少的处理剂。

矾水的配兑是:先将明矾块砸碎,再用开水化开后加胶液,再适量加入开水,搅拌均匀后即成。但要求胶、矾、水三者比例适当,若胶矾过大,水量小时,在处理大木画底子中,只要稍刷不匀,矾水集中的地方干后就易起暴;而用在处理绘画纸时,干后就会脆硬易折,不易裱糊,施色后也易掉片脱落。但若水量过大,胶矾小时,对底色起不到封固作用;特别是矾纸,矾而不透,施色时易漏色。配兑的简单经验是:用舌尖舔尝一下矾水,若涩者是矾大;若味苦而矾水颜色偏深浑浊者,是胶大;以带微甜者为适宜。

二、起打谱子

在大木构件上作彩画时,先是在纸上作好画稿,再设法印到构件上,这一过程叫起打谱子。具体程序如下:

(一) 丈量配纸

丈量是指对彩画构件的部位,用尺子将其长度、宽度、中线,一一量出,做好记录,以便设计画稿时,进行框线布置。

配纸是按量出的尺寸,配备画稿用的牛皮纸。一般长条构件的彩画多以中线为准对称布置,故只按满足1/2长的绘画范围进行配纸即可。

(二) 起谱子

按照上一节彩画构图的方法,先在牛皮纸上分出三停线位置,然后用炭条绘制出所需要的彩画纹样画谱,也就是彩画稿子。待各粗线条起完后,再用墨笔描画一遍。起谱时先依次画出箍头线、岔口线、皮条线、枋心线、盒子线等,再根据需要和规则绘制其他图案。

(三) 扎谱子

它是指在已处理好的作画基层面上,以谱子的中线对准构件上的中线,将纸摊在其上,要摊平摊实,然后用大针按墨线进行扎孔,孔距约2mm左右。扎孔时,大针要扎直、扎透,不要扎斜。

(四) 打谱子

扎好谱子后,用粉袋(一般用深色粉扎成布袋)循着谱子拍打,使构件上透印出花纹粉迹。拍打完后以墨线按粉迹描出线条图案;而对贴金处必须用小刷子蘸红土子,将花纹写出来称为"写红墨",然后再依红墨线进行沥粉。

三、沥粉贴金技术

沥粉贴金是古代彩画所遗留下来的一项传统工艺,各种纹样一经沥粉,便以半浮雕式的立体线条,从彩画平面上鼓了起来,凡沥粉者均要贴金,用沥粉衬托出金的光泽,让金箔在光的作用下,大大增强其反光性能,从而使彩画图案更加丰富夺目。

(一) 沥粉

沥粉是指将类似腻子的沥粉材料,按照图案纹样的轮廓,用一种专用工具像挤牙膏似的,将其沥堆在上面,以形成凸起的特性效果。

1. 沥粉工具

沥粉工具需要自制,由粉尖、老筒、粉袋三部分组成。粉尖和老筒是用较薄的白铁皮加工焊制而成,粉袋可用塑料袋、猪膀胱等做成。

(1) 粉尖:粉尖是沥粉的枪尖,为细长形锥筒体,分单尖和双尖两种。单尖用于沥单线大粉及各路小粉,粉尖的口径依线条粗细进行磨制;粉尖底端内径一般为21mm,外皮加焊一条1mm粗的铁丝箍;尖筒长有135mm和90mm两种,长的专用于沥手难以够到的部位,短的用于沥各路小粉,如图8-31(a)所示。

双尖用于沥双线的大小粉。双尖的粉筒长一般为105mm;尖筒底端内径为21mm,外皮加焊铁丝箍;两个尖嘴口径一致,两尖距离等于一个尖嘴口径。

常用尖嘴的口径大小分为四种:最大的为5mm,用于特殊大型构件上,粉条较宽,一般称为沥大粉;其次为4mm,是各类大式建筑构件所常用的,所沥粉条称为"二路粉";再次为3mm,是各类较矮小的小式建筑构件所常用的;最小口径为2.5mm,专用于较为特殊的小型构件,所沥粉条称为"沥小粉"。如图8-31(b)所示。

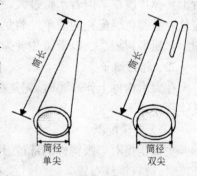

图8-31 粉尖示意图

(2) 老筒:它是粉尖和粉袋的连接件,为截锥筒体形,筒长为50mm,上端内径16mm,下端内径23mm,在下端外皮焊两道铁丝箍,防止炸裂和便于绑扎。使用时,上端与粉尖连接,下端绑扎粉袋。如图8-32(a)、(b)所示。

(3) 坡棱直尺与曲尺:它们都是木制的沥粉压边导尺,直尺用来沥直线,曲尺用于沥弧线,如图8-32(c)、(d)所示。

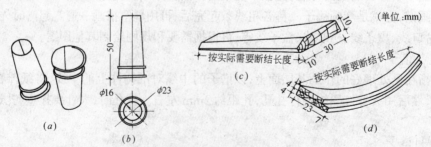

图8-32 老筒与木尺
(a)老筒;(b)筒体尺寸;(c)坡棱直尺;(d)曲尺

(4) 粉袋:以猪膀胱制作最好,也可用塑料袋或布制作,一端开小圆孔与老筒底径相配合,用线绳反绑在老筒底端铁箍槽内,如图8-33(a)所示,然后翻过来再正绑一道,如图8-33(b)所示。绑扎好后,将粉尖与老筒套紧,如图8-33(c)所示,然后向袋内装粉(图8-33d),装到一定数量后将袋尾用线绳扎紧,即可待用。用时以手捏袋囊即可挤出粉料,如图8-33(e,f)所示。

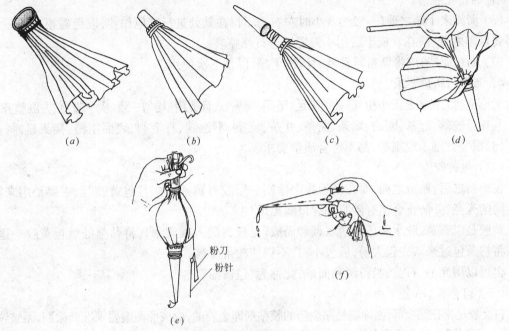

图8-33 粉袋操作
(a)将粉袋反绑在老筒上;(b)将粉袋翻过来再绑;(c)在老筒上裹缠一层纸后套上粉尖;
(d)将口朝上灌装粉料;(e)扎紧粉袋尾;(f)捏挤袋囊沥粉

2. 砸沥粉

调制沥粉材料的过程称为"砸沥粉"。有胶砸沥粉、满砸沥粉,现在还有采用乳胶砸沥粉。

(1) 胶砸沥粉:用20%～30%过筛土粉子,70%～80%大白粉(或滑石粉),混合后加牛皮胶液或骨胶液调制均匀,再加少许(约3%～5%)光油搅拌均匀,再根据稀稠情况加入适量清水,用木棒用力反复砸,使干粉与胶、油、水充分拉开浸透即可。

(2) 满砸沥粉:以油满为胶,按上述配比,加入土粉子、青粉或大白粉或滑石粉,以及少量清水搅拌而成。这种沥粉材料干后非常坚固,但光滑度不如胶砸沥粉。

(3) 乳胶砸沥粉:以聚醋酸乙烯为胶,加土粉子、大白粉或滑石粉,以及适量清水搅拌而成。这种沥粉材料的质量不如上述材料,但它具有低温不冷凝、夏季不变质的特点。

3. 沥粉操作

它是指按谱子纹样挤堆粉料的过程,一般应遵循以下规则:

(1) 沥直线和大粉曲线一律用直、曲尺,贴尺均匀施沥,一条线要一次沥完,中途不得断线。

(2) 根据谱子线条粗细,应事先选择好粉尖,尖口不圆、双尖口径不一致、接口有裂开者都不得使用。

(3) 沥粉时要先沥大粉,后沥小粉,准确跟线,不能走样。

(4) 在高温情况下,粉料容易变稀,此时沥粉极易流坠拼条,鼓起度不够,应适时加些干粉材料,调砸均匀后再用;在低温条件下,粉料会偏浓或呈冷凝状态,如此时硬沥会出现粉条不光滑,搭不好接头,易出现毛刺、鼓起度过高等弊病,这时应将粉容器置于热水容器内进行热溶,在施沥过程中随时更换热水,以保持温度。

(5) 在冬季施工,应使沥粉的环境温度保持在1℃以上,过低会使粉料失去黏性,导致沥粉、颜色的粉化脱落。

(6) 沥粉未干燥之前(一般约3小时左右),不得在其处进行其他作业,以免碰损粉条。如有需要修整之处,应在八成干后用小刀慢慢进行修整。

(7) 沥粉完毕,应将沥粉器具及时清洗干净,以便下次使用。

4．沥粉的质量要求

无论是沥大粉还是沥小粉,都必须满足:坚固、饱满、表面光滑、均匀一致、横平竖直、方圆整齐。凡粉条脱落、起暴、断裂、塌条、断条、并条、流坠、不饱满、有毛刺、表面粗糙、接头显露、粗细不匀、横竖方圆不规则等,都不符合质量要求。

(二) 包黄胶

在沥粉之后,贴金之前,要在沥粉线上涂刷一层胶石黄液,称为"包黄胶"。主要是用来衬托金箔的光亮,并防止金箔有砂眼和绽口露出地仗来。

黄胶是以石黄、胶水和适量清水调和而成(见颜料的入胶调制),将贴金处满包黄胶一道,必须将粉条包过来。先包大粉,后包小粉,不得使粉条外露。

也可以用光油、石黄、铅粉调和而成,此称为"包黄油"。

(三) 打金胶、贴金

打金胶是指在贴金部位,涂刷粘贴金箔的胶粘剂即金胶油,应按照图案要求准确涂刷,无皱纹、无流坠、厚薄均匀;贴金是将金箔完整的粘贴,要求贴严贴实,无"錾口"、"不花"、"完整"光亮一致。

1．打金胶的工具

传统工具是用头发自制的大、中、小等三种型号的"头发栓"(即扁形刷子)和"头发捻子"(即圆形刷子),它们是将头发理顺,加胎壳包紧制成。使用时用完后将旧头切去,用刀再开一口,使用起来始终劲头一致,不仅蘸油量大,且软中兼硬。如图8-34(a)、(b)所示。

2．贴金工具

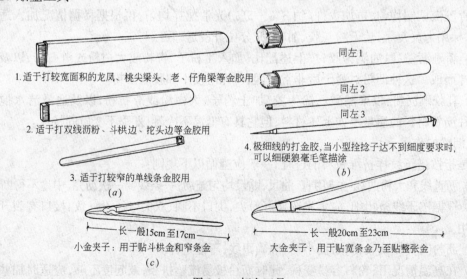

图8-34 打金工具
(a)头发栓;(b)头发捻子;(c)金夹子

贴金是用干透老楠竹所制成"金夹子",和用山羊胡所制成的金帚子(即毛刷子)。

金夹子要求弹性好、不变形、使用可手、夹嘴合拢后无缝隙。一般应准备两种长度不同的大小夹子。如图8-34(c)所示。

金帚子是用于较复杂的木雕刻花活等类似部位的贴金,因这些部位的贴金,手不易跟进,故借助金帚子的小巧跟进。

3. 打金胶

涂刷金胶油通称打金胶,金胶油分为:隔夜金胶(即今日打,次日贴)和暴打暴贴金胶(即当日打,当日贴)两种。隔夜金胶适宜气温较高的夏季,暴打暴贴金胶适宜春秋季节,严寒冬天不易打金胶。

在室外打金胶贴金,应避开恶劣天气,并应用布幔围起来操作。金胶油应纯净无杂质。打金胶前,用细砂纸将沥粉表面轻轻打磨一遍,再用掸子掸去浮灰,然后打金胶。

包色胶者要打两道金胶,头道为垫油地,主要是为解决地子吸油问题,二道金胶后再贴金。抱油胶者只打一道金胶。

打金胶时,应涂描准确、不脏画活、不亏不涨、厚薄适度、直顺齐整。在凸凹面上,应用工具来回多剔几次,以防窝油流坠,造成贴金产生皱纹。

4. 贴金

打金胶后,待金胶油干到七八层时开始贴金,过早过晚都不好。过早"金胶干得太嫩",易将刚结膜的金胶油搓开,形成"合金泥",勉强贴上后,将达不到金箔应有的亮度,会产生乌黄而无光泽。过晚"金胶干老了",若强行硬贴,帚金后会出现金面不饱满,有鏨口,即将金贴花了。

贴金要掌握四先四后、四准、四快。

四先四后即:先贴整后贴破、先贴宽后贴窄、先贴直后贴弯、先贴外后贴内。

四准即:撕金的宽窄度要准、划金的劲头要准、金夹子插金口要准、贴时不偏要准。

四快即:快锁口、快划金、快夹金、快贴金。

5. 帚金

帚金是用金帚子,沿着已贴的金面,用力适度的捻压一遍,以使达到:将金全部贴实,不能让碎金(俗称金瓢子)飞掉。

第四节 裱糊工艺简介

一、裱糊工艺的材料

在古建筑工程中,裱糊工艺所用的材料有纸张、锦绫和糨糊等。

(一)纸张

裱糊所用的纸张因产地不同,有很多品种和规格,清代常用的纸张名称和规格如表8-5所示。

清代常用纸张一览表　　　　表8-5

名称	单位	清代尺寸(尺)		折合米制(m)		名称	单位	清代尺寸(尺)		折合米制(m)	
		长	宽	长	宽			长	宽	长	宽
二号高丽纸	张	3.15	2.35	1.01	0.75	山西毛边纸	张	1.70	1.50	0.54	0.48
三号高丽纸	张	3.10	2.20	0.99	0.70	官清纸	张	2.20	1.85	0.70	0.59
毛边纸	张	4.30	1.80	1.38	0.58	西呈文纸	张	2.90	1.95	0.93	0.62

续表

名 称	单位	清代尺寸(尺)		折合米制(m)		名 称	单位	清代尺寸(尺)		折合米制(m)	
		长	宽	长	宽			长	宽	长	宽
白鹿纸	张	11.40	4.40	3.65	1.41	白棪纸	张	1.00	1.50	0.32	0.48
白棉榜纸	张	4.00	3.65	1.28	1.17	二白棪纸	张	1.00	1.20	0.32	0.38
黄毛边纸(四摺)	张	3.35	2.95	1.07	0.94	竹料连四纸	张	3.80	2.03	1.22	0.65
黄毛边纸(五摺)	张	4.25	3.70	1.36	1.18	裱料纸	张	4.20	1.90	1.34	0.61
清水连四纸	张	4.25	2.00	1.36	0.64	黄色高丽纸	张	3.00	2.30	0.96	0.74
红连四纸	张	3.00	2.30	0.96	0.74	京文纸	张	1.80	1.20	0.57	0.38
白连四纸	张	3.00	2.30	0.96	0.74	香色纸	张	3.90	1.80	1.25	0.58
蓝连四纸	张	3.00	2.30	0.96	0.74	香色笺纸	张	4.00	1.70	1.28	0.54
夹皮连四纸	张	4.20	1.90	1.34	0.61	绵纸	张	0.70	0.80	0.22	0.26
连四抄纸	张	1.00	1.50	0.32	0.48	蜡花纸	张	0.80	1.00	0.26	0.32
连七纸	张	0.90	2.50	0.29	0.80	各色官笺纸	张	3.70	1.70	1.18	0.54
大连七纸	张	1.50	3.00	0.48	0.96	各色蜡花纸	张	0.80	1.00	0.26	0.32

(二) 锦绫

锦绫是丝织物的总称,包括绫、绸、绢、纱、缎等丝织品。

1. 绫

即采用斜纹组织或斜纹的提花组织,用蚕丝交织而成的丝织物。常用品名及规格如表8-6所示。

常用绫织品一览表　　　　表8-6

名 称	单位	清代尺寸(尺)		折合米制(m)		名 称	单位	清代尺寸(尺)		折合米制(m)	
		长	宽	长	宽			长	宽	长	宽
石青绫	匹	31	1.6	9.92	0.51	明黄素绫	匹	31	1.6	9.92	0.51
红绫	匹	31	1.6	9.92	0.51	各色腾绫	匹	31	1.6	9.92	0.51
金红绫	匹	31	1.6	9.92	0.51	五色绫	匹	22	1.2	7.04	0.38
白绫	匹	31	1.6	9.92	0.51	石青花绫	匹	42	2.1	13.44	0.67
金黄绫	匹	31	1.6	9.92	0.51						

2. 绸

它是用天然蚕丝以平纹或平纹做的组织提花而织成。质地较细密,厚度适中,较常用的品名和规格如表8-7所示。

常用绸织品一览表　　　　表8-7

名 称	单位	清代尺寸(尺)		折合米制(m)		名 称	单位	清代尺寸(尺)		折合米制(m)	
		长	宽	长	宽			长	宽	长	宽
香色杭绸	匹	40	2	12.8	0.64	各色绉绸	匹	—	—	—	—
杏色杭绸	匹	40	2	12.8	0.64	各色纺丝	匹	—	—	—	—
红色杭绸	匹	40	1.3	12.8	0.42	大红纺丝	匹	—	—	—	—
各色绸	匹	40	1.4	12.8	0.45	各色彩绸	匹	—	—	—	—
蓝大潞绸	匹	40	1.5	12.8	0.48						

3. 绢

它是用桑蚕丝交织而成的平地半色织花织物。质地较锦缎薄而坚韧,常用品种和规格如表8-8所示。

常用绢织品一览表　　　　　　表8-8

名称	单位	清代尺寸(尺)		折合米制(m)		名称	单位	清代尺寸(尺)		折合米制(m)	
		长	宽	长	宽			长	宽	长	宽
金黄山西绢	匹	40	2.1	12.8	0.67	大红山西熟绢	匹	40	2	12.8	0.64
白山西绢	匹	40	2.1	12.8	0.67	青山西熟绢	匹	40	2	12.8	0.64
香色绢	匹	40	2.1	12.8	0.67	白熟绢	匹	40	2	12.8	0.64
黄色绢	匹	40	2.1	12.8	0.67	白熟细画绢	匹	30	1.6	9.6	0.51
各色山西熟绢	匹	40	2	12.8	0.64	白熟细画绢	匹	40	1.6	12.8	0.51
生绢	匹	40	2	12.8	0.64						

4. 纱

纱是轻而薄的透明丝织品,多染成鲜艳的色泽,常用于窗帘和糊制宫灯。常用品名和规格如表8-9所示。

常用纱织品一览表　　　　　　表8-9

名称	单位	清代尺寸(尺)		折合米制(m)		名称	单位	清代尺寸(尺)		折合米制(m)	
		长	宽	长	宽			长	宽	长	宽
明黄芝麻漏地纱	匹	42	2.2	13.44	0.70	白云纱	匹	42	1.4	13.44	0.45
桃红纱	匹	42	2.2	13.44	0.70	银条纱	匹	30	1.6	9.6	0.51
蓝纱	匹	42	2.2	13.44	0.70	银条纱	匹	40	1.6	12.8	0.51

5. 缎

用桑蚕丝以缎纹或以缎纹做的提花而成的丝织品。质地厚密,表面光滑而富有光泽。常用缎织品如表8-10所示。

常用缎织品一览表　　　　　　表8-10

名称	单位	清代尺寸(尺)		折合米制(m)		名称	单位	清代尺寸(尺)		折合米制(m)	
		长	宽	长	宽			长	宽	长	宽
片金缎	匹	42	2.1	13.44	0.67	各色缎	匹	42	2.1	13.44	0.67
石青片金缎	匹	42	2.1	13.44	0.67						

(三) 糨糊

古代裱糊所用的糨糊与现今不同,它有三种调制方法:

1. 熟面拌合法

先用面粉拌合成掌面大小的面块,用水煮,并放入椒、矾、蜡等末,等面浮起取出,再用清水泡至闻有臭气,此称为"泛"。然后换水,直等臭气"泛"尽,取出晾干,配入白芨汁搅拌作糊。

2. 生面拌合法

将白芨研末和入白面内揉匀,用洁净水泡,澄过,逼出清水,将面水盛一器内盖好,待一天一夜,等面沉入器底,依水多少,加入白蜡、明矾、川椒等末,在炉上小火熬制,不断搅动,熬得麻腐状取出,切成数块浸泡水中,待陆续使用。

3. 浮面调合法

取用面粉约 500g 放入盛水瓦盆内,让其自行沉浮,夏天约 5 天,冬天约 10 天,待以发臭为止,然后用清水煎白芨半两,白矾三分去滓,和入原来面粉内调合均匀,另换水煮熟,倒去水,放入器内冷却,每天换水浸泡,临时以汤调开即可使用。

糨糊材料的配合用量,按清式规定如下:

每十平方营造尺(折为 $1.024m^2$)用面粉量:

裱糊:缎锦为二两(折 75g);绫绢为一两四钱(折 52g);布为一两六钱(折 60g);纱为一两二钱(折 45g);苎布为一两(折 37g);各样纸张为八钱(折 30g)。

每一百斤(折 59.68g)面粉加白矾一斤(折 597g)。

二、裱糊工艺的操作

(一) 清代官式做法的规定

1. 方井天花的裱作,用白绵榜纸托夹堂苎布糊头层底,二号高丽纸糊两层,山西熟绢、白绵榜纸托裱面层。天花燕尾用山西绢,绵榜纸托裱。

2. 海墁天花,用白绵纸托夹堂苎布糊头层底,二号高丽纸横顺糊两层,山西绢托榜纸,再由画作绘出图案后,裱糊面层。

3. 木壁板墙,用山西纸托夹堂苎布糊头层底,二号高丽纸横顺糊两层(另一种做法是山西纸一层,二号高丽纸一层,托夹堂苎布)。面层及出条、四角簇花角云等,所用纸张可酌情选用。

4. 顶隔糊底,用山西纸一层,上白栾纸一层,竹料连四纸一层。

5. 凡裱绫缎之工艺,事先需把绫子背后托好纸,裱时先裱打底纸,然后再把裱有纸的绫子贴上。次要建筑的房屋,顶隔用二白栾纸裹秫秸扎架子,山西纸糊底,面层糊白栾纸,托木装修,墙壁等用二白栾纸糊底,面层糊白纸。

(二) 大式裱作的施工程序

大式做法即是官式做法,一般官式做法的顶棚多用木方格篦子,俗称"白堂篦子",有些墙面、隔断也用白堂篦子,故现以在白堂篦子上糊纸为例,说明其施工程序。

在白堂篦子上糊纸一般按四道工序进行。

第一道工序为"盘布(盘音搬)",为二纸一布做法:即先用两层高丽纸夹一层苎布用糨糊裱在一起,压实成为一体待用。裱糊时按顶棚分格进行糊纸,一般四格(或六格、八格)一糊,将纸糊到白堂篦子上,四边翻卷到格眼以内。每四格糊完后再糊其余的空格,然后在糊完的木格十字处钉小铁钉,钉眼用小块高丽纸糊上,以免钉锈透过裱糊面。

第二道工序为"鱼鳞":即将高丽纸裁成条,每条抹上浆糊,一条一条地糊在盘布上,糊时要破缝,各条纸相互叠压。

第三道工序为"片"一道:即在鱼鳞之上通糊高丽纸一道。有时还要"棚沟",即当有不平之处,再接糊鱼鳞,直至取平为止。

第四道工序为"盖面":即当片完后,进行糊最后一道面纸。

(三) 小式裱作的施工程序

小式做法是指民间做法,仍以室内顶棚为例,其做法分为三道工序。

第一道工序为"扎架"：即用纸包裹秫秸杆，做成垂直吊杆，吊挂在檩枋上，然后在下端拴挂横杆，各交接点用线麻捆扎成为顶棚骨架，横杆之间的距离应小于大白纸的宽度。

第二道工序为"打底"：先在秫秸杆上抹上糨糊，用麻呈文纸贴到骨架上，贴时要将纸拉紧糊平，不得有皱纹。

第三道工序为"罩面"：在打底上满刷糨糊，将大白纸或银花纸，用棕刷扫贴到打底上，反复扫刷，不得有空鼓现象。

第九章 石券桥及其他石活

第一节 一般石料及其加工

一、常用石料的种类及其挑选

石作技术在我国已有悠久历史,根据汉、魏、六朝和隋、唐时期遗留下来的石阙、石室、石窟寺、石塔和石桥等历史文物,说明我国劳动人民对石作技术早已有很深的造就,特别是隋代时期建造的赵州大石桥,在我国民间广为传颂"天下第一桥",在那样的时代,能够建造出跨度为37.37m石拱桥,确实是一件非常伟大的创举。到了宋代,石作技术已成定制,在宋《营造法式》中,辟专章叙述了石作制度,将石作的基本操作次序列为"打剥、粗博、细漉、褊棱、斫作、磨礲"等六道工序。将调镌制度列为"剔地起突、压地隐起、减地平钑、素平"等四种做法。到了明清时代,清工部《工程做法则例》将石作技术规范为"打荒、做粗、錾斧、扁光、剔凿花活、对缝安砌、灌浆、摆滚子叫号"等各项施工程序,使石作技术又有进一步发展。现将常规做法作一简单介绍。

（一）常用石料的种类

在中国古建筑石活中,常用的石料有:花岗石、汉白玉、青白石、青砂石、花斑石等几种。

1. 花岗石

花岗石是一种比较坚硬的火山岩石,它因产地不同,有不同的名称,南方出产的花岗石主要有麻石、金山石和焦山石,北方出产的花岗石多称为豆渣石、虎皮石。它质地坚硬、能耐风雨浸蚀,但由于石纹粗糙又很坚硬,不易雕刻,所以多用于室外不需精雕细凿的台基、阶条、护岸、地面等。

2. 汉白玉

汉白玉是一种名贵的大理石,为水层岩的变质品种。它质地柔软、石纹细腻、颜色洁白如玉,适于雕琢磨光,多用于带雕刻的栏杆、立碑、石兽等石活。

3. 青白石

青白石也是一种比较贵重的水层变质岩,色青带灰白。因色彩和花纹的不同,有不同的名称,南方地区多称为:青石、青白石等;北方地区称为:青石白碴、艾叶青、砖碴石、豆瓣绿等。它质感细腻、质地较硬、表面光滑、不易风化。多用于高级建筑的柱顶石、阶条石、铺地石、栏板和石雕等。

4. 青砂石

青砂石是砂岩中较好的一种砂石,呈豆青色。因质地比较松脆、容易风化等弱点,一般只能用于小式建筑中的柱顶石、阶条石等。

5. 花斑石

花斑石也是水层岩石,呈紫红色或黄褐色,因表面都带有斑纹而得名。它质地较硬、花纹华丽。多用于宫殿建筑中的阶条石和地面石。

(二) 石料的挑选

1. 选择石料时，应尽量避免存有以下缺陷，如：裂缝、隐残、石瑕、石铁、纹理不顺和存有红白线条等。

石料存有裂缝是不能加工的，而隐残是指石料内部有隐藏的裂缝。

石瑕、石铁是指石料存有局部的斑块。石瑕是指石面上存有的瑕疵；石铁是指石面上有局部发黑或发白斑块，它们如同木疖一样，极其坚硬，不易加工砍磨。

石料纹理可分为顺纹（又称顺柳）、斜纹（纹理不顺剪柳）和横纹（纹理不顺横活），其中以顺纹最好，斜纹易折，横纹最易断折。

红白线条是指石料内部，间隔存积有条状的杂质物，容易分割石料的整体性。

2. 在挑选石料时，应用小锤仔细敲打，听其敲打声，如发出声音比较清脆者，则为好料。如发出声音混浊沙哑者，说明有隐残或瑕疵，其石质较差，慎重使用。

3. 冬季不易挑选石料。因严寒结冰不易发现裂纹，若必须在冬季挑选时，应将石料表面结冰去掉，用磨头进行局部磨光，然后再进行仔细观察。

4. 石料的大小，应以设计规格为准，加上荒料尺寸进行选择。一般长宽各加荒3cm，厚加荒2cm，带榫者在加3cm。

二、石料的加工

(一) 石料加工的工具

加工石料常用的工具有：錾子、锤子、剁斧、磨头、尺子、画签、线坠等，见图9-1。

1. 錾子

錾子是指用于凿打荒料的尖凿子，分圆錾子和扁錾子。因加工料石的大小和粗细精度不同，应备有大、中、小等不同规格的錾子。

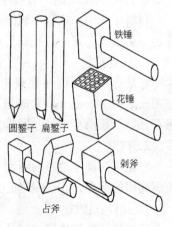

2. 锤子

锤子是击打工具，分铁锤和花锤。铁锤用来击打錾子进行剔凿加工，花锤的锤击面有凸凹齿花，直接击打石料表面作平整加工。

3. 斧子

斧子分剁斧和占斧，都是用于砍凿加工的钝头斧。

图9-1 常用工具

4. 磨头

磨头是用于磨光磨平的用具，一般用坚硬的料石制作，现代多用油石、砂轮。

5. 其他画签、线坠、直尺等作画线、丈量等用。

(二) 石料加工的几种处理手法

1. 打道

它是指用锤子和錾子，将已基本凿平的石料表面，打出深浅均匀、平顺一致的沟道。分为打粗道和打细道，打粗道是为了找平，打细道是为了美观进行进一步找平。粗细道的划分以一寸内的道数而定，在一寸宽内打三道称为"一寸三"，打五道称为"一寸五"，如此类推。"一寸三"、"一寸五"为粗道做法，多用于只需要防滑的甬道、踏跺等石面；"一寸七"、"一寸九"为细道做法，常用于有观赏要求的挑檐石、阶条石、腰线石等的侧面。"十一道"以上者为最高级做法，仅用于高级石面的石活上,如须弥座上的石活等。

2. 砸花锤

它是指将已基本凿平的石料表面,用花锤进一步砸平的处理手法,多用于铺墁地面上的石料。

3. 剁斧

有的叫占斧,它是在砸花锤之后的一种精加工,一根斧迹一根斧迹紧连着占剁,剁出的斧印应密匀直顺,不留錾点、錾影,不留上遍斧印等。

4. 磨光

磨光是指用磨头(一般为砂轮、油石或硬石)沾水将石面分次磨光。一般先是用粗磨头磨平,最后用细磨头磨光,磨光后进行擦酸打蜡处理。根据石料表面要求程度,分为光洁度要求较高的"水光"和光洁度稍次的"旱光"。一般用于某些极讲究的做法,如须弥座等。

5. 做细

它是指将石料加工成表面平整,规格尺寸基本准确,外观细致美观的一种加工方法。其加工内容包括剁斧、砸花锤、打细道、扁光和磨光等。

6. 做粗

它是指对石料加工得较粗糙,规格尺寸也基本准确,但对石料表面加工的要求较做细为低。它包括打粗道、刺点和一般的凿打等。

(三) 石料加工的一般程序

石料加工的一般基本程序是:选定荒料→打荒→扎打线→小面弹线、大面装线抄平→砍口齐边→刺点或打道→打扎线打小面→截头→砸花锤→剁斧→打细道→磨光等。

1. 选定荒料

它是指根据石料在建筑中所处的位置,选定所需石料的质量和荒料尺寸(长宽一般加2~3cm,厚加1~2cm),并确定石料的看面和纹路,水平石纹(称卧碴)一般用于做压面石、阶条石、踏跺石、拱石、栏板等,垂直纹(称立碴)用于做望柱、柱子等,斜石纹不得用来做石构件。

2. 打荒

它是指在确定荒料的看面上,以石面最低处为基点进行抄平弹线,然后用錾子凿去线以上表面高出的部分,为下一步加工打好基础。

3. 扎打齐边线

扎线是指在规格尺寸以外1~2cm处,弹出需要加工的墨线。打线即将扎线以外的多余石料打掉。

先在任意一个小面上,靠近大面之处弹一道水平线,此线不要超过大面的最凹处。然后依此线弹出其他各小面的水平线,即为大面装线抄平。

将小面弹线以上的部分凿去,再用扁子沿着水平线将大面四周扁光出棱,使周边整齐,即"刮边",刮边宽度约2cm(称为金边)。

4. 刺点或打道

刺点或打道的目的是将石料大面找平。除汉白玉等软石料外,一般以刺点为主。如石料表面要求为打糙道者,刺点后应再行打道。刺点或打道的平整度以金边为准。

5. 扎线,打小面

这是在大面找平后,再对小面加工的一道工序,在大面上按形状规格尺寸的要求弹出线来,即称扎线。依此线对小面进行加工,即打小面,使石料初步符合所需要的形状。

6. 截头

截头是指按规定的长宽尺寸,在大面的两头扎线,截去多余的部分。但有些构件为保证安装紧密,如阶条石中最后安装的一块,在长向暂留一头不截,待安装时再按实际尺寸截头。

7. 砸花锤

这是对石料经过以上几道工序后,对其表面要求进一步平整的一道工序,依石料加工要求而定,若构件要求剁斧或打细道者,应在砸花锤之后,继续加工。若表面要求磨光者,可免去砸花锤直接进入剁斧这道工序。

8. 剁斧

剁斧可依按"二遍斧"或"三遍斧"做法(即剁二或三遍,第一遍粗剁,第二遍细剁,第三遍精剁)。

9. 打细道

打细道又称"刷道"。一般石面经剁斧后,表面已经很平整,而刷道的目的纯粹是为了美观。为了保证打道的质量,可先弹出刷道线再开始打道,刷出的道子应直顺、均匀、深浅一致,道深不超过3mm,不得有乱道、断道等现象。

10. 磨光

磨光是不需打细道,直接在剁斧的基础上进行的最后一道工序。凡要求磨光的石料,一般在荒料找平后不宜刺点,不砸花锤。初磨用粗金刚石沾水磨几遍,磨的时候可在石面上洒些"宝砂"(即金刚砂),然后用细石沾水再磨数遍,磨光后用清水冲洗干净,等干燥后进行擦打白蜡。

(四) 宋《营造法式》石作制度的造作次序

《营造法式》卷三述"造石作次序之制有六,一曰打剥(用錾,揭剥高处),二曰粗搏(稀布錾凿,令深浅齐匀),三曰细漉(密布錾凿,渐令就平),四曰褊棱(用褊錾镌棱角,令四边周正),五曰斫砟(用斧刀斫砟,令面平正),六曰磨礲(用砂石水磨,去其斫文)。"

依上所述,打剥相似于打荒,《营造法原》称为"双细",即用錾子凿去荒料较凸出的高起部分。

粗搏相似于粗打道,《营造法原》称为"出潭双细",即用錾子稀道打凿,使表面大致平整,深浅一致。

细漉相似于细打道,《营造法原》称为"市双细",即用錾子密道打凿,使表面基本平整,没有较大的深浅差别。

褊棱是用扁錾子镌刻石边,使石面四边起棱,周边方正。

斫砟相似于砸花锤和剁斧,《营造法原》称为"錾细"和"细督",即用剁斧占剁錾子道纹,使表面更加平整。

磨礲是指用磨石沾水磨其表面。让表面平整光滑,完全消除剁斧痕迹。

三、石雕简介

(一) 石雕的类别

石雕是采用平雕、浮雕或透雕的手法,雕刻出所需的各种花饰图案,需要石雕的构件多为须弥座、石栏杆、券脸石、望柱、门鼓石、抱鼓石、柱顶石、夹杆石等。

清制石雕分为:平活、凿活、透活、圆身等四类。

1. 平活:即指平雕,它包括阴纹雕刻(即雕刻成凹线花纹)和"阳活"雕刻(即雕刻成凸线花纹)。

2．凿活：即指浮雕，根据雕刻的深浅分为：浅活和深活。浅活即指浅浮雕，深活即为深浮雕，它们都是直接显示凸起花纹的雕凿。

3．透活：即指透雕，它是指具有立体感的透空效果雕凿。

4．圆身：即立体雕刻，它是指模仿实物形状，雕刻出完整的立体效果作品。

宋制石雕，《营造法式》卷三述"其彫镌制度有四等，一曰剔地起突，二曰压地隐起华，三曰减地平钑，四曰素平(如素平及减地平钑，并斫砟三遍，然后磨砻，压地隐起两遍，剔地起突一遍，并随所用描华文)"。《营造法原》称为"素平、起阴纹花饰、铲地起阳之浮雕、地面起突之雕刻"。

其中"素平"是指在加工石面上，不作任何雕饰，只按使用位置和要求做一般性辅助处理。

"减地平钑"中的"平钑"是指在平面上雕刻花纹；"减地"是指将花纹以外的部分浅浅减(剔)去一层。因此，减地平钑即相似清制的平雕。

"压地隐起华"中的"压地"即指降低，将图案以外的部分凿去(较浅浅剔去更深一些)，让图案花纹凸起；"隐起华"是将图案花纹中的雕刻纹路隐隐突现出来。压地隐起华相似清制的浅浮雕。

"剔地起突"是指将花纹图案以外的部分剔凿得更深，让其更明显的突现出来，使能在平面上看出立体的感觉。它相似清制的深浮雕。

(二) 石雕的一般程序

1：平活的程序

(1) 放样：将图案描画到石面上，若图案较复杂时，可使用"起打谱子"。

(2) 凿剔：即用錾子和锤子沿着画线凿出浅沟，简称为"穿"。对阴纹雕刻，按"穿"出的纹样进一步把图案雕刻清楚；对阳活雕刻，则应把"穿"出线条以外的部分(叫地)剔凿掉，并用扁子把"地"扁平扁光。

(3) 修整：将石料的边缘修整好。

2．凿活的程序

(1) 放样：与平活的放样相同。

(2) 凿剔：与平活的凿剔相同。

(3) 打糙：根据"穿"出的图案进行进一步剔凿使图形的雏形初步浮现出来。

(4) 见细：这是起到画龙点睛的一道工序，在打糙的基础上，用笔将需要表现的某些细部画出来，继而用錾子或扁子进行雕刻，使图案显得更深动活泼。最后进行修整。

3．透活的程序

透活的操作程序与凿活基本相似，不同的是将"地"落得更深，凹凸起伏更逼真些，许多部位要掏空挖透。

4．圆身的程序

(1) 选择坯料：即根据雕凿的作品，选择尺寸规格相应的石料。

(2) 弹线凿荒：即根据作品各部分的比例关系，弹画出大致轮廓线条，然后将线外多余的部分凿掉。

(3) 打糙外形：在上述基础上，画出作品外部形象的轮廓线，再进行凿打，使石料初步显示出作品的外像。

(4) 掏挖空档：进一步画出需要掏空的细部纹理，并凿打掏空。

(5) 打细整修：对作品更细的花纹线条进行描绘凿剔，使之完全显现出作品的立体全貌。最后修整干净。

四、石活安装

（一）石活的连接

石活的连接方法一般有三种，即：构造连接、铁件连接和灰浆连接。

1．构造连接

它是指将石活加工成公母榫卯、做成高低企口的"缱绊"、剔凿成凸凹仔口等形式，进行相互咬合的一种连接方式，如图9-2所示。

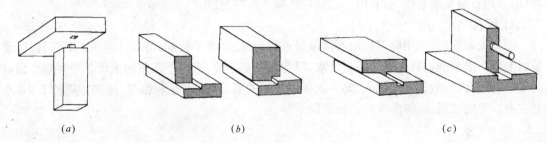

图9-2 石活构造的连接方式
(a)公母榫卯；(b)高低企口；(c)凸凹仔口

2．铁件连接

铁件连接是指用铁制拉接件，将石活连接起来，如铁"拉扯"、铁"银锭"、铁"扒锔"等。

铁"拉扯"是一种长脚丁字铁，将石构件打凿成丁字口和长槽口，埋入其中，再灌入灰浆。铁"银锭"是两头大，中间小的铁件，需将石构件剔出大小槽口，将银锭嵌入。铁"扒锔"是一种两脚扒钉，将石构件凿眼钉入。如图9-3所示。

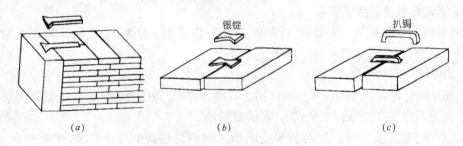

图9-3 石活铁件的连接方式
(a)拉扯销连接；(b)银锭连接；(c)扒锔连接

3．灰浆连接

这是最常用的一种方法，即采用铺垫坐浆灰、灌浆汁或灌稀浆灰等方式，进行砌筑连接。灌浆所用的灰浆多为桃花浆、生石灰浆或江米浆。常用石活的灰浆请参看表4-1所示。

（二）石活的安装程序

石活安装的一般程序如下：

1．拴线

所有的石活都应按线找平找直，根据不同的石活拴好砌筑安装的外皮线、中心线或垂直线等。

2．安排第一块和量出最后一块石活的位置

第一块石活是整个石活的样活,它的高低、平直和摆砌方向,都直接影响到后面工序的施工质量,因此,砌筑安装前应计划安排妥当。而最后一块石活是整个石活即将安装完毕,填补最后空缺的一块石活,它的长短或宽窄应按所缺的空档大小实际尺寸,进行最后截割,因此,应预留一块料石待安装结束时再行"截头",这块空档应安置在较次要的部位。

3．石活就位

在石活就位处,先铺抹坐灰浆,并放好垫物以便撬杠调整石活之用,调整好后该垫物拿掉。然后按线安放,并找正。如有偏斜或不稳者,均要用石块或铁片垫稳,垫塞过程称为"背山"或"打山",用石块垫塞者叫"打石山",用铁片垫塞者叫"打铁山"。

4．灌浆

石活安装好后,先用麻刀灰对石活接缝进行勾缝(如缝子很细,可勾抹油灰或石膏)以防灌浆时漏浆。灌浆前最好先灌注适量清水,以湿润内部空隙,有利于灰浆的流动。灌浆应在预留的"浆口"进行,一般分三次灌入,第一次要用较稀的浆,后两次逐渐加稠,每次相隔约3～4小时左右。灌完浆后,应将弄脏的石面洗刷干净。

第二节 石券桥

石券桥在我国有着悠久的历史,早在隋代就已在河北省赵县建造出拱跨为37.37m大石桥,取名为"安济桥"(见图1-13所示),由28道单券券石拼接而成,其结构构造与施工技术已具有相当高超的水平,这绝不是一蹴而就,短时间所能达到的。

在我国园林建筑工程中,多以明清时期的官式石券桥见常,它的特点是以单孔或多孔的半圆或双圆心为拱,采用石券做法,再在其上铺砌桥面而成。下面就此作一介绍。

一、官式石券桥的组成名称

石券桥分泊岸和桥身两大部分,桥身从立面看,由下而上分为:分水金刚墙(即桥墩)、石券(即桥拱)、撞券石(即桥身侧面墙)和桥面等。

1．泊岸

(1)泊岸:它是指河岸两边所垒砌的挡土石墙,分河身和雁翅两个部位。紧挨河身岸边垒砌的叫"河身泊岸",在"雁翅"上垒砌的叫"雁翅泊岸"。

(2)雁翅:它是指河身泊岸与桥头金刚墙之间别角连接的过渡墩墙,也有称它为"象眼墙"。

2．桥身分水金刚墙

(1)金刚墙:它是指券脚下的垂直承重墙,即现代的桥墩,有叫"平水墙"。梢孔(即边孔)内侧以内的金刚墙一般作成分水尖形,故称为"分水金刚墙"。梢孔外侧的叫"两边金刚墙"。

(2)找头:分水金刚墙的分水尖一般为三角形,其尖角叫"找头",迎水的一面叫"迎水找头",顺水的一面叫"顺水找头"。

(3)装板:河底铺墁的海墁石叫"装板"或"底石"。在装板外端立放拦束的窄石叫"装板牙子"。

3．桥身石券

(1) 石券:桥身石券是指用于通水洞的石砌圆弧形拱券。从石券一边的拱脚,券到另一边拱脚,所形成的券石为一路单券券石,一个石券由若干路单券券石所组成。

(2) 金门:拱圈的券孔称为"金门",是通水的孔道,故又叫"桥孔"、"桥洞"等。中间的叫"中孔",中孔两边的叫"次孔",最边端的叫"梢孔"。

(3) 券脸石:石券最外端的一圈券石叫"券脸石",券洞内的叫"内券石"。石券正中的一块券脸石常称为"龙口石",也有叫"龙门石",龙门石上若雕凿有兽面者叫"兽面石",兽面形象为古代传说中龙生九子之一的蚣(读 bà)蝮(读 xià),俗称"戏水兽"、"吸水兽"或"喷水兽"。

(4) 凤凰台:金刚墙宽出石券脚的小台面叫"凤凰台",如果券桥安装闸门板时,需要在金门两边的凤凰台上留作缺口,这个缺口叫"闸板掏口",是安装闸门的卡口槽。

(5) 锅底券:石券的圆弧形式一般为半圆形券和双圆心券形式。锅底券是一种双圆心券,它是在半圆中心点的两侧,对称取点作圆弧相交于中心线上,所形成的尖顶状圆弧券,有似旧时的铁锅底,故取名"锅底券"。

4. 桥身撞券石

(1) 撞券石:在桥身的两侧面,金刚墙以上、仰天石以下的石活统称为"撞券石"。

(2) 蹬券:位于券洞背上正中部分的撞券石叫"蹬券",中孔上的蹬券称为"过河蹬券"。

(3) 撞券:位于券洞两边的叫"撞券"。做成通长的撞券叫"通撞券"。

5. 桥面

(1) 仰天石:位于桥面两边的边缘石叫"仰天石"。在桥长正中带弧形的仰面石叫"罗锅仰天",在桥长两头的仰面石叫"扒头仰天"。

(2) 桥板石:桥面两边仰天石里皮之间的海墁石叫"桥板石"或"路板石"。桥宽正中心,沿桥长的一路叫"桥心石";在桥心两边的叫"两边桥面石";在桥栏杆八字柱至牙子石里皮,左右斜捌角部分的叫"雁翅桥面"。

(3) 牙子石:位于桥长两头,作为拦束桥板石的窄石叫"锁口牙子石",简称为"牙子石"。

(4) 如意石:桥面两端入口处的面石叫"如意石"。是桥面与路面的分界石。

(5) 栏杆柱:位于雁翅桥面里端拐角处的柱子叫"八字折柱",其余的栏杆柱都叫"正柱"或"望柱",简称栏杆柱。

(6) 栏杆地栿:它是栏杆和栏板最下面一层的承托石,在桥长正中带弧形的叫"罗锅地栿",在桥面两头的叫"扒头地栿"。

(7) 抱鼓石:它是指桥面栏杆尽端,雁翅桥面部分的栏板石。一般将石面雕凿成圆鼓形花纹,故叫抱鼓石。但有的比较讲究做法,雕刻成麒麟、坐龙、狮子或狻猊等,此统称为"靠山兽",或"靠山麒麟"、"靠山狮子"等。

6. 其他

(1) 背后砖:在所有露面石的背后所砌的砖都叫"背后砖"。如"两边金刚墙背后砖"、"泊岸背后砖"、"雁翅背后砖"、"撞券背后砖"等。

(2) 铺底砖:铺在面石下面的砖都叫"铺底砖"。如"桥面铺底砖"、"如意石铺底砖"等。

(3) 木桩与地丁:一般将直径较大且长的叫"桩",将径小而短的叫"地丁"。木桩多用于金刚墙下,地丁多用于装板及河身泊岸下。

(4) 掏当山石:地钉(或桩)应外露5~6寸,在地丁或桩之间应填满卵石或碎石,此叫"掏当山石"在掏当山石中应灌以灰浆,以便将地丁连成整体。

以上各名称如图9-4所示。

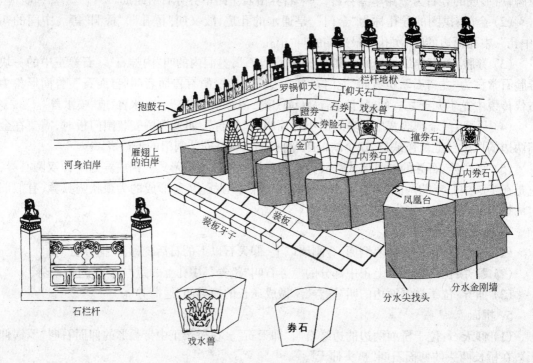

图9-4 石券桥的构造

二、官式石券桥的尺度比例

(一) 石券桥的洞宽比例

石券桥的洞宽即金门的尺寸、金刚墙厚和雁翅厚，应依桥的使用功能（如行船大小、游览需要等）与河床深浅进行设计而定，在没有设计图纸时，可按以下比例尺度进行施工准备工作。

1. 桥孔宽

石券桥的桥孔，靠两岸最边的一孔称为"梢孔"，正中间的一孔称为"中孔"，在梢孔与中孔之间的都称为"次孔"，如果次孔较多，由中向边顺次为"次孔、再次孔、三次孔、四次孔……"。

中孔宽：当券桥为单孔时，约为河宽的1/3；当券桥为三孔时，约为河宽的1/5；
　　　　当券桥为五孔时，约为河宽的1/8；当券桥为七孔时，约为河宽的1/10；
　　　　当券桥为九孔时，约为河宽的1/13；当券桥为十一孔时，为河宽的1/15；

次、梢孔宽，按中孔宽逐次递减2尺。

2. 分水金刚墙厚

分水金刚墙即指桥墩，其厚度一般应≤中孔的1/2。

3. 雁翅厚

雁翅指桥身桥头两边的八字挡土墙，其底部厚度为金刚墙的1～1.5倍。顶部厚度以背水面向上斜收1/2～1/3。

(二) 石券桥的桥身尺寸

1. 桥长

石券桥的桥身尺寸应按行人、通车的流通量进行设计而定。

石券桥两个边金刚墙之间的距离为桥身实长,等于各桥孔宽加各金刚墙厚。桥身实长加引桥长为通桥长,单孔通桥长一般为河宽的2倍;三孔以上为2倍河宽减去雁翅距离。

2. 桥宽

$$桥宽 = 桥身净宽 + 两边地栿宽 + 两金边宽$$

(1) 桥身净宽:桥身净宽依桥的通长而定:当通桥长在4丈以内时,为0.25倍通桥长;当通桥长在4~9丈之间时,按下式计算:

$$桥身净宽 = [通桥长(丈) \div 4]取整数位 + (通桥长 - 4) \times 0.2 丈$$

当通桥长在9丈以上时,按下式计算:

$$桥身净宽 = 2 \times 通桥长(丈) \div 9 的整数位 + (通桥长 - 9) \times 0.05 丈$$

例如:通桥长为6丈时,6÷4得整数位为1,而(6-4)×0.2得0.4,于是桥身净宽=1+0.4=1.4丈。

又如:通桥长为15丈,则15÷9得整数位为1,而(15-9)×0.05=0.3,于是桥身净宽=2×1+0.3=2.3丈。

(2) 地栿宽:地栿是石栏板下面的承托基石,其宽等于2倍栏板厚。

(3) 金边宽:这里的金边是指仰天石宽出地栿外缘的距离,一般为0.4尺,通桥长超过9丈以上时,可适当加宽。

3. 桥高

桥高是指中孔中心的河底装板上皮至仰天石上皮之距离,按下式计算:

$$桥高 = 水深 + 0.6 金刚墙厚 + 3\% \sim 6\% 桥身长 + 0.55 石券跨度$$

其中:桥身长越短所取百分率越大,桥身长越长所取百分率越小。

(三) 石券桥各个构造分部的尺寸

1. 石券桥金刚墙的尺寸

(1) 金刚墙长:分水金刚墙长按下式计算:

分水金刚墙长 = 2(分水尖 + 凤凰台) + 石券长

分水尖长 = 0.5 净墙宽

凤凰台长 = 0.2 金刚墙宽

边金刚墙长按下式计算:

$$边金刚墙长 = 石券长 + 2 凤凰台长$$

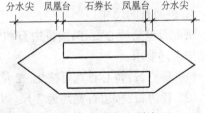

图9-5 分水金刚墙

(2) 金刚墙宽:分水金刚墙宽≤0.5中孔宽,边金刚墙宽=0.5分水金刚墙宽。

(3) 金刚墙高 = 0.6 分水墙宽 + 水深 + 基础深。

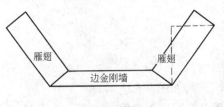

图9-6 雁翅

2. 石券桥雁翅的尺寸

(1) 雁翅长:雁翅长是一等边三角形的斜边长,即雁翅长=1.4141直角边长。直角边长依河坡具体情况的需要而定。

(2) 雁翅宽:依挡土深度设计而定,翅底宽一般约为分水金刚墙宽的1.5倍。

(3) 雁翅高:与边金刚墙高相同。

3. 泊岸尺寸

(1) 河身泊岸尺寸：河身泊岸是指雁翅八字以外的河岸护坡，其尺寸依具体情况需要而定。

(2) 雁翅上泊岸：它是指砌在雁翅上的护岸墙，其厚同河岸护坡厚，长可在雁翅长的基础上，于两外露面留出凤凰台即可。

4. 装板尺寸

(1) 装板：它是河床底面的护面板，有的将金门附近的装板称为"金门装板"，将券内的叫"掏当装板"，将分水尖之间叫"分水间装板"，上游面的叫"迎水装板"，下游面的叫"顺水装板"等。其宽一般为2尺，厚为1~0.7尺，长大于宽即可。

(2) 装板压子：它是指栏护迎水、顺水装板的条石，有的在金门装板和分水装板外缘也作装板牙子，故有称金门外牙子、迎水外牙子、顺水外牙子等。其高为装板厚+2步灰土；厚同装板厚。

5. 券石尺寸

券石高：金门宽6尺以内，高1~1.3尺；

金门宽1丈以内，高1.5~1.8尺；

金门宽1丈以上，每高1尺递增0.9尺。

券石厚：按0.8券石高。

券石宽：依其位置按现场尺寸定。

图9-7 券石

6. 撞券石与仰天石的尺寸

(1) 撞券石：撞券石长按实际位置和料石情况进行确定，但大面部分要求按十字缝相互对齐进行配制；其宽按0.7倍券脸石高；厚按1.33倍本身高。

(2) 仰天石：仰天石的长度不限，但要求配备均匀；厚按0.8倍券脸石高；宽为1.33本身厚。

7. 桥面石的尺寸

桥面石包括桥心石、两边桥边石和雁翅桥面石。所有桥面石长依具体石料统一确定。其宽厚按下述要求：

(1) 桥心石：桥心石宽可按1~2倍地栿宽；厚按0.3~0.4本身宽。

(2) 桥边石：桥边石宽约为2尺，以成双路数而进行调节；厚为0.5本身宽。

(3) 雁翅桥面石：其宽一般约为2尺；厚0.5本身宽。

8. 桥端牙子石和如意石的尺寸

牙子石和如意石都是桥面起讫端的收尾石，牙子石用来拦护桥面石，以便整齐划一。如意石是牙子石外缘的铺地石，是路与桥的交接处。

(1) 牙子石：其宽为1.5~2.5尺；厚为0.5本身宽。

(2) 如意石：宽为2尺；厚为0.5本身宽。

9. 石栏杆构件的尺寸

石券桥上的栏杆构件包括栏杆柱、地栿、栏板、抱鼓石等，如图9-8所示。

(1) 望柱：望柱截面是方形，根据桥面的宽窄可选用0.7尺×0.7尺、0.8尺×0.8尺、0.9尺×0.9尺、1尺×1尺等几种规格；柱高按5.5倍柱宽；柱榫长一般为2~3寸。

(2) 折柱：折柱是桥头变形部位的望柱，它的截面是矩形，宽按1.5~2望柱宽，厚按1.25

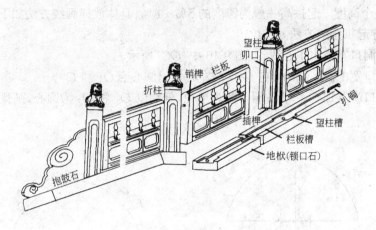

图 9-8　券桥石栏杆(西洋瓶式)

望柱宽;高同望柱高。

(3) 栏板:栏板高以 1 尺×1 尺望柱定高 2.6 尺,大于或小于此截面者,按±5%递增递减;栏板厚按 0.24 本身高。

(4) 地栿:地栿长按石料情况统一确定;宽为 2 倍栏板厚;厚按栏板厚取定。

(5) 抱鼓石:里端高和厚,同栏板高、厚。

望柱柱头多以各种不同形式的石雕花纹加以装饰,现选择几种常用的柱头雕刻花纹,如图 9-9 所示,供工作学习时参考。

图 9-9　几种常用的柱头形式

三、石券的放样

石券的弧线有半圆形锅底券和半圆形圆顶券两种,在实际施工中,对圆弧线放样时,都要求向上起拱一个高度。起拱高一般为跨度的5%～8%，具体放样画线方法如下。

1. 锅底券起拱画线方法

(1) 先按洞口宽找出中心线，如图9-10中"OC"所示。

(2) 以洞口宽的5%～8%，在O点的左右量出圆心点O_1和O_2。

(3) 以洞口半宽加5%～8%洞口宽为半径，分别以O_1和O_2为圆心，画弧交C点即为锅底券线。

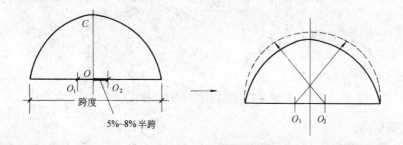

图9-10 锅底券画线

2. 圆顶券起拱画线方法

(1) 先按洞口宽找出中心O。

(2) 以洞口宽的5%～8%，在O点左右和中心线上，量出圆心点O_1、O_2、O_3。

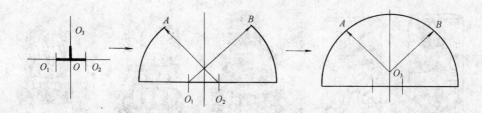

图9-11 圆顶券画线

(3) 以洞口半宽加5%～8%洞口宽为半径，分别以O_1和O_2为圆心画弧交A、B两点。

(4) 在以$O_3A(O_3B)$为半径，以O_3为圆心画弧连接AB即可。

第三节 其他石活

一、门前石

门前石是指台基上，除第二章第二节所述的石活以外的石件，包括：槛垫石、过门石、分心石、门枕石、门鼓石、滚墩石等。

1. 槛垫石

槛垫石是承托大门门槛下面的承垫石，因此，槛垫石主要用于有槛框的部位，而槛墙下面则应根据房屋等级要求，可用可不用。

槛垫石依其构造位置不同分为：通槛垫、掏当槛垫、带下槛槛垫和廊门筒槛垫等。

(1) 通槛垫：它是指在金柱与金柱之间的槛框下，顺门槛长度铺设的槛垫石，如图9-12所示。如果条件许可，用整块通长石料制作最好，若不能，可分成几段进行拼接。其通长为面阔减去两柱顶宽；石宽应≥3倍门槛宽，也可按柱顶石宽；石厚为0.3~0.5倍本身宽。

(2) 掏当槛垫：有些房屋在门槛下使用过门石，这时通槛垫被过门石隔断成两截，在这过门石两侧的槛垫石叫掏当槛垫。其长按通槛垫长减去过门石宽；石宽和厚同通槛垫石。

(3) 带下槛槛垫：带下槛槛垫是将门槛和槛垫石连做在一起的石件，也有将带下槛槛垫石与门枕石"连办"在一起，这叫"带下槛门枕槛垫石"。带下槛槛垫石一般分成三段进行加工，这种做法称为"脱落槛"做法。脱落槛加工成两种断面，上面断面与门槛等同，下面断面厚为通槛垫石厚的一半，如图9-12(c)所示。

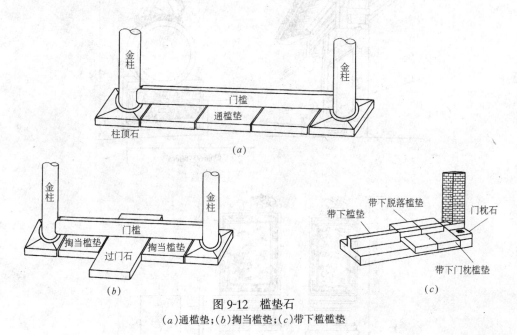

图9-12 槛垫石
(a)通槛垫；(b)掏当槛垫；(c)带下槛槛垫

(4) 廊门筒槛垫：在有廊建筑中，对将廊墙上开有门洞的称为"廊门筒子"，在这廊门筒子下的槛垫石叫廊门筒槛垫石，也有的叫"卡子石"。

2. 过门石

在比较讲究的建筑中，为显示高贵豪华，多在开间正中的门槛下垂直放置过门石，如图9-12(b)所示。门枕石分为明间过门石和次间过门石，梢间一般不设过门石。

过门石宽依建筑等级可大可小，但一般不小于1.1倍柱顶石宽；厚为0.3倍本身宽；长，明间应大于2.5倍本身宽，次间应为明间的0.75倍。

3. 分心石

分心石是台阶以上檐廊地面上，正对开间中心的石件。一般在已设置有过门石的建筑中，就不再安装分心石。

分心石通长从阶条石里皮至槛垫石外皮；宽为0.3~0.4倍本身长；厚为0.3倍本身宽。

4. 门枕石

门枕石是代替门枕木的石件，详见图6-7、图6-8所示。在石上凿有海窝，用以承托门轴的转槽。门枕石的厚一般为0.7倍门槛高；宽为本身高加2寸；长为本身宽的2倍加门槛宽。

5. 门鼓石

门鼓石是放在大门两边,门槛外侧的装饰石件,因其似鼓型,故有称"门鼓子"。大多数门鼓子与门枕石连做一起,以作为门枕石的稳定构件。

门鼓石依其形状分为"圆鼓子"和"方鼓子"。比较讲究的门鼓子多在两侧和前面,做有不同的雕刻花纹,在顶面雕刻成狮兽等形式。方鼓子有的叫做"幞头鼓子",如图9-13所示。

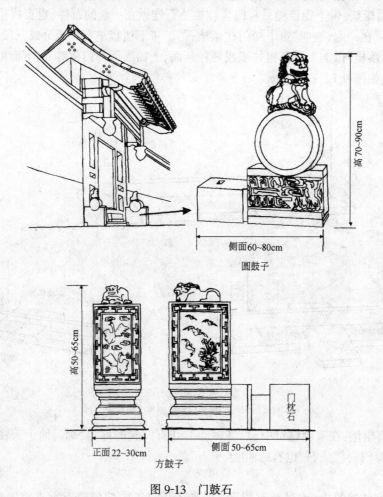

图 9-13　门鼓石

6. 滚墩石

滚墩石是用于独立柱式垂花门上,加强柱子稳定性并兼有装饰的一种双抱鼓石,故常称为"垂花门滚墩石"。在有些影壁上也有使用的,此称为"影壁滚墩石"。

滚墩石是在一块料石上凿成前后两个鼓形,并在两鼓之间凿洞安插门柱。为了加强柱子的稳定和显示装饰效果,在两鼓与柱子之间,安装一块木卡板叫"壶瓶牙子",壶瓶牙子一边卡在圆鼓卡槽内,另一边做榫与柱连接,如图9-14所示。

二、墙身上的石活

在砖墙房屋中的山墙部位经常用到一些石活,如山墙下肩转角处的角柱石、山墙下肩与上身分界处的腰线石、压面石、墀头部位与山尖分界处的挑檐石,在有些比较讲究的签尖墙,将签尖砖也改用签尖石等等。如图9-15所示。

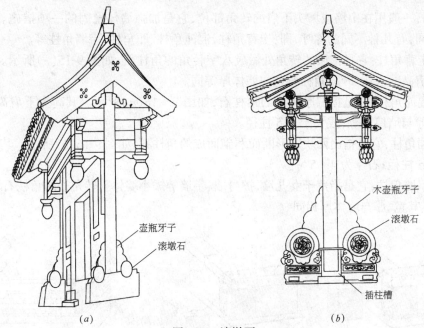

图 9-14 滚墩石
(a)垂花门示意图;(b)垂花门剖面图

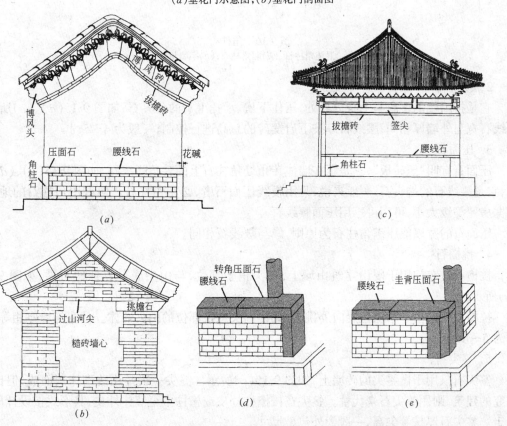

图 9-15 砖墙身中的石活
(a)硬山山墙部位石活;(b)整砖山墙上的挑檐石;(c)庑殿(或歇山)山墙的石活;(d)山墙转角石活;(e)圭背角柱石活

1. 角柱石

角柱石一般用在山墙或墀头下肩的转角部位，它是加强墙体稳固的一项措施。角柱石依其形式不同，有几种不同的称呼，即：圭背角柱、混沌角柱、厢角柱、宇墙角柱等。

(1) 圭背角柱：它是指墙的转角处做成八字转角的角柱石，如图 9-15(e) 所示。该角柱石的高为下肩高减去压面厚；角柱石宽与墙体厚等同。

(2) 混沌角柱：它是指宽厚相等的角柱石，如图 9-16(a) 所示。其高为下肩高减去压面石厚；宽、厚与墙厚相等，或大于 1.5 柱径。

(3) 厢角柱：它是指由两块矩形断面厢砌而成的角柱石，如图 9-16(b) 所示。其高同上；石宽大于 1.5 柱径；石厚为 4～5 寸。

(4) 宇墙角柱：它是指用于女儿墙、护身墙、宇墙等矮小墙体上转角处的角柱石，如图 9-16(c) 所示。其宽、厚与墙体厚相同。

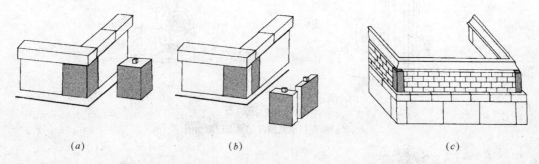

图 9-16　角柱石
(a) 混沌角柱石；(b) 厢角柱石；(c) 宇墙角柱石

2. 腰线石

它是指山墙的下肩与上身分界处，压住下肩、承托上身的分界石，如图 9-15(a)、(c) 所示。腰线石宽与外墙厚相同；腰线石厚按下肩摆砖的总高进行控制，一般为 4～5 寸。

3. 压面石

压面石有叫"压砖板"，它是压在墙体转角处角柱石上的转角腰线石，如图 9-15(a)、(d) 所示，它是腰线石的端头石，一般来说，凡用腰线压面石者，必用角柱石。但有用角柱石的地方，根据房屋等级大小，可用可不用压面腰线石。

压面石的宽以能压满角柱石为原则，厚与腰线石相同。

4. 挑檐石

挑檐石是专门用于硬山建筑山墙上，墀头梢子部位，与山尖底分界处的石件，如图 9-15(b) 所示。

挑檐石一般由下中檩位置向外挑出，托住墀头悬挑部位的山尖墙体。其宽与墙厚相等；其厚为 5～6 寸。

5. 签尖石

签尖石只用于做签尖的砖墙上，如图 9-15(c) 所示。签尖一般是用砖砌抹灰而成，但比较讲究的建筑，则用签尖石来代替。签尖宽按檐柱外皮或檐柱中至墙体外皮，其形式按设计所需而定。签尖石厚按签尖高，一般为外包金尺寸。

第十章 假山掇石工艺

"掇石成山"是中国园林技术的又一个重要特点,在我国古代造园艺术史中早有"无园不山、无园不石"的主导思想。从唐代诗人白居易的《太湖石记》和宋代文人杜绾《云林石谱》等文可以看出,造园叠石工艺在古代早已达到很高的艺术水平,在掇石方面,据传早在北魏就有名家"菇皓张伦",以后明代的"陆叠山",清代世袭假山叠石专家"山子张"等,都虽没有经典著作留传于世,但在造园叠石方面享有很大名声。著名的苏州园林"狮子林"素有"假山王国"之称,就是元代所建的一座园林。承德避暑山庄是有名的皇家园林,其中假山叠石就有六十余处。我国其他许多园林均以假山叠石作为一个重要的观赏景点。下面就假山叠石的一般工艺作一简单介绍。

第一节 假山掇石的基本知识

一、假山掇石的基本类型与图示

假山掇石的分类方法,依不同的标准和要求有各种分法,这里仅就观赏特征和取景造山两方面阐述其分类。

(一) 按观赏特征进行分类

"掇石成山"是指以石为主要材料叠砌而成的假山,所叠砌的山形,按其观赏特征,可以分为:仿真型、写意型、透漏型和实用型等。如图10-1所示。

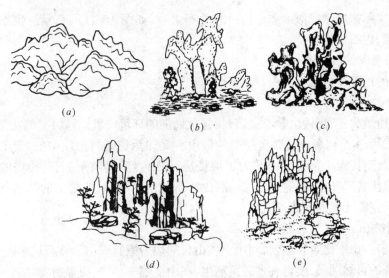

图10-1 按观赏特征的类型
(a)仿真型;(b)仿真型;(c)写意型;(d)透漏型;(e)实用型

1. 仿真型

它是指模仿真实的自然山形,塑造出:峰、岩、岭、谷、洞、壑等各种形象,达到以假乱真的目的,如图10-1(a)、(b)所示。例如苏州的环秀山庄假山,就是摹拟真山真水的模样构筑而成,它分主次二山,池水缭绕于两山之间。山径长约60余米,有危岩、峭壁、峡谷、溪涧、曲蹬、飞梁等等,峰回路转,林木阴翳。特别是山洞的构筑,洞顶穹隆如盖,钟乳飘垂;四壁有石孔五、六处,供采光通风。出洞是一带峡谷溪涧,涧中散点峰石汀步,危壁森森,十分峻险。从谷后可拾级登山,在山顶可纵眺全园景色。

2．写意型

它是以夸张处理的手法对山体的动式、山形的变异和山景的寓意等所塑造出的山形,如图10-1(c)所示。例如苏州留园三峰中的"冠云峰"最为突出,峰高6.5m。其状"如翔如舞,如伏如跧(quan),秀逾灵璧,巧夺平泉",可三面入画,峰顶如雄鹰飞扑,峰底似灵龟仰首;侧看若玉立观音,东西如屏列朵云,相传此石也是宋朝"花石纲"之遗物。(花石纲是宋朝末年之事,据传在太湖洞庭西山附近的湖中,矗立着大小两座奇石,名为"大谢姑"和"小谢姑",北宋末年,宋徽宗赵佶命朱勔采集"花石纲",在苏州设立了"苏杭应奉局",这两座石峰被其选中,"大谢姑"高四丈,围长两丈,玲珑嵌空,窍穴千百,是古今知名最大奇石。采下后由朱勔载以大舟,挽以千夫,凿城断桥,毁堰拆闸,历时数月,送到开封,置于皇家花园"艮岳"之中。后来金兵南下,开封被围,守城将士将此石击碎,作为炮石使用而被毁灭。而"小谢姑"在运输途中,遇风翻船沉于太湖底,直到明代才被人发现打捞出来,现仍有幸留在苏州一处园林中)。

3．透漏型

它是指由许多透眼空洞的奇形怪石,堆砌而成的假山,山体中洞穴孔眼密布,似洞似穴,相互通透,如图10-1(d)所示。例如苏州狮子林就是这种类型的典型代表,进入园内只见峰笋高低错落,石骨峥嵘,如屏如插;而进入洞中,觉着忽高忽底,若即若离,窈窕曲折,百转千回,确使游人兴趣大增。

4．实用型

它是结合实际需要做成似山非山的一种叠石工程,如图10-1(e)所示。例如庭院中的山石门、山石屏风、山石楼梯等。

(二) 按环境取景造山进行分类

按照具体的地理环境掇石成山,可以分为以下几类:

1．以楼面做山

即以楼房建筑为主,用假山叠石做陪衬,强化周围的环境气氛。这种类型在园林建筑中普遍采用,图10-2为南京白鹭洲公园鹭舫前的假山。又如承德避暑山庄中的"云山胜地"楼,就是这种类型的典型代表。"云山胜地"为二层楼房,假山置于楼前东侧,是楼房的一个组成部分,以山之蹬道代替室外楼梯,通达二层。假山曲折错落的身影,使规整的院落空间增添了曲线变化,化解了空旷无物的寂寞气氛。

2．依坡岩叠山

这种类型多与山亭建筑相结合,利用土坡山丘的边岩掇石成山。将石块半嵌于土中,显得厚重有根,土壤的自然潮湿,使得林木芳草丛生,在山上建一小亭,更显得幽雅自然。如图10-3所示为苏州留园的"可亭",就是围着土丘的四周掇石成山,在周围大树、山石的陪衬下,既显得山之幽深,又增添亭之气氛。

3．水中叠岛成山

图 10-2　南京白鹭洲公园鹭舫

图 10-3　苏州留园可亭

即在水中用山石堆叠成岛山,再于山上配以建筑。这种假山工程庞大,但也具有非常的诱惑力。例如承德避暑山庄的金山岛,完全是用山石堆叠而成的大假山,山上建有"上帝阁"、"镜水云岭"等建筑,整个假山占地约 1000m^2,山石纹理参差,自成嶙峋之态,是罕见人工仙景。

4. 点缀型小假山

它是指在庭院中、水池边、房屋旁,用几块山石堆叠的小假山,作为环境布局的点缀。高不过屋檐,径不过 5 尺,规模不大,小巧玲珑。

(三)假山叠石的图示

假山叠石目前还没有标准的图示规则,但为了体现出假山的设计意图和便于施工,仍然要绘制出平、立、剖面图和效果示意图。由于假山的形状是不规则的形状,一般在设计和施工的尺寸上都允许有一定的误差。施工时应注意,在平面图中一般都是标注一些特征点的水平控制尺寸,如平面的凸出点、凹陷点、转折点等的尺寸,以及总宽度、总厚度、局部控制宽度和厚度等的尺寸。在立面图上,以假山地面为±0.000,标注山顶石中心点、大石顶面中心点、平台中心点、山肩最高点、谷底中心点等主要特征控制标高。如图10-4所示。

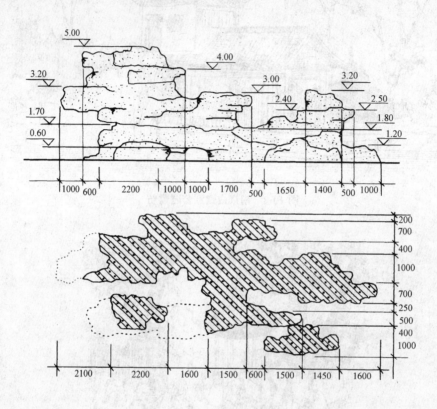

图10-4 假山平立面设计图示例

二、假山掇石的平面布置

(一)假山掇石平面形状的布置原则

假山掇石的平面形状,是以山脚平面投影的轮廓线加以表示的,对山脚轮廓进行布置称为"布脚",在布脚时,应掌握以下原则:

1．山脚线应设计成回转自如的曲线形状,禁忌成为直线或直线拐角。

因为曲线可以体现山形的自然美观,同时可使立面造型更加丰富灵活。而直线显得生硬呆板,并且容易形成山体的不稳定因素。

2．山脚线的凸凹曲率半径,应与立面坡度相结合进行考虑。

在布脚时要考虑假山掇石高低所形成的坡度大小,对坡度平缓处,曲率半径可以大些,在坡度陡峭处,曲率半径应小些。

3．应根据现场情况,合理的控制山脚基底面积。

山脚基底所占面积越大,假山工程造价也会越高,因此,在满足山体造型和稳定的基础上,应尽量减小山脚的占地面积。

4．山脚平面布置的形状,要保证山体的稳定安全。

当山脚布置成长条直线形状时,容易受风力和其他外力的作用,而产生向一边倾覆倒塌的危险,同时又会影响立面造型的不协调,如图 10-5(a)所示。

当山脚平面布置成长条转折形状时,虽然稳定度比长条直线较好,但仍显得不够安全,整个山体造型显得比较单调,如图 10-5(b)所示。

若山脚布置成向前后左右伸出余脉形状,将会获得最好的稳定性,同时也使立面造型更加丰富多彩,如图 10-5(c)所示。

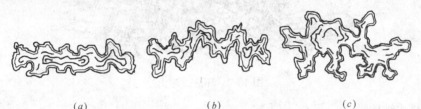

图 10-5　山脚平面布置
(a)不稳定型;(b)较稳定型;(c)最稳定型

(二) 山脚平面布置的几种处理手法

1. 山脚平面的转折处理

整个山脚的平面投影形状,可以采用转折方式的处理,使山势形成回转、凸凹。如图 10-6(a)所示。

2. 山脚凸凹的错落处理

山脚平面采用相互之间凸凹错开布置,如前后错落、左右错落、深浅错落、曲直错落、线段长短错落等处理,可使假山形状具有丰富的变化效果,如图 10-6(b)所示。

3. 山脚的延伸与环抱处理

山脚向外延伸,山沟向内延伸,不但可以增添观赏效果,而且会给人造成深不可测的印象。

两条余脉形成环抱之势,可以造成假山的局部半围空间,在此空间内可以按幽静、点缀等的需要,塑造另一翻天地,如图 10-6(c)所示。

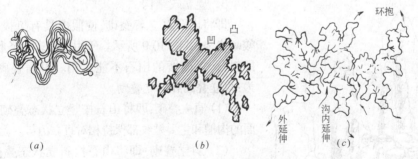

图 10-6　山脚的几种转折处理

三、假山掇石的立体结构造型

(一) 假山立体结构造型的基本方法

假山立体结构的造型方法有四种,即:环透式结构、层叠式结构、竖立式结构和填充式结构。

1. 环透式结构

它是指采用多种不规则孔洞和孔穴的山石,组成具有曲折环行通道或通透形空洞的一种山体结构,如图 10-7 所示。所用山石多为太湖石和石灰岩风化后的怪石。

图 10-7 环透式假山

2. 层叠式结构

即指用一层层山石叠砌成横向伸展形,具有丰富层次感的山体结构,如图 10-8 所示。所用山石多为青石和黄石。根据叠砌的方式分为:水平层叠和斜面层叠。

图 10-8 层叠式假山

(1) 水平层叠:即将山石呈水平状态叠砌,使山体具有横向层次感。
(2) 斜面层叠:将山石倾斜叠砌成一定斜角,使山体具有斜向飞动感。

3. 竖立式结构

即将山石直立着叠砌,使假山具有挺拔向上、雄伟峻峭之势,如图 10-9 所示。所用山石多为条状或长片状的料石,短而矮的山石不能多用。根据叠砌的方式分为:直立叠砌和斜立叠砌。

(1) 直立叠砌:即将山石按竖立状态叠砌,使山体表面的沟槽和主要皱纹都保持相对直立山势。
(2) 斜立叠砌:即将山石按斜立状态叠砌,把假山主体部分与陪衬部分,分别按不同的倾斜要求进行相互交错的斜立,以求得丰富多彩的变化。

4. 填充式结构

它是指将假山内部,用泥土、废石渣或混凝土等填充起来。用土填充,可以栽种植物花草,降低山石造价;填充废渣可减少建筑垃圾的处理费用;填充混凝土可增强山体的牢固强度,按具体情况各取所需。

图 10-9 竖立式假山

(二) 假山内部山洞的结构造型

1. 洞壁的结构形式

(1) 墙式洞壁：它是以山石墙体为承重构件，形成回旋婉转的山洞，如图 10-10(a) 所示。因这种山洞的洞壁由连续的山石所组成，故有整体性好、承重能力大、稳定性强等优点；但因表面要保持一定平顺，故不易做出大幅度的转折凹凸变化，且所用石材较多。

(2) 墙柱组合洞壁：即洞内由承重柱和柱间墙组合成回转曲折的山洞，如图 10-10(b) 所示。这种结构具有洞道布置比较灵活，回转自如，间壁墙可相对减薄，节省石料等优点；但洞顶结构处理不好易产生倒塌事故。

洞内的柱子分独立柱和嵌墙柱两种，独立柱可用长条形山石做成"直立石柱"，也可用块状山石叠砌成"层叠石柱"，如图 10-10(c) 所示。

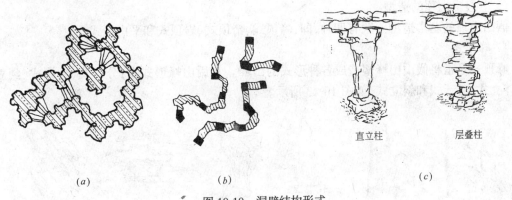

图 10-10　洞壁结构形式
(a) 墙式洞壁；(b) 墙柱组合洞壁；(c) 柱子叠砌方式

2. 洞顶的结构构造

(1) 盖梁式洞顶：即用比较好的山石作梁或石板，将其两端搁置在洞柱或洞墙上，成为洞顶承载盖梁。这种构造结构简单，施工容易，稳定性也比较好，是山洞常采用的一种构造。但由于受石梁长度的限制，山洞不能做得太宽。

根据石长和洞宽可采用单梁式、双梁式、丁字梁式、三角梁式、井字梁式和藻井梁式，其平面布置如图 10-11 所示。

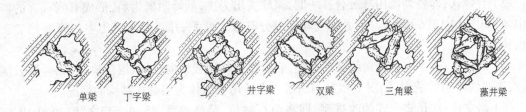

图 10-11　洞顶盖梁平面布置

(2) 挑梁式洞顶：即从洞壁两边向中间逐层悬挑，合拢成顶，如图 10-12(a) 所示。这种结构可根据洞道宽窄灵活运用。

(3) 拱券式洞顶：即选用楔榫形的山石砌成拱券，如图 10-12(b) 所示。这种结构比较牢固，能承受较大压力，也比较自然协调。但施工较为复杂。

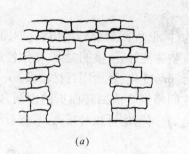
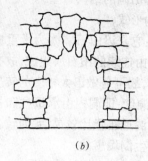

图 10-12　洞顶挑梁与拱券
(a)挑梁式洞顶；(b)拱券式洞顶

（三）假山山顶的造型

假山山顶的基本造型一般有四种，即：峰顶式、峦顶式、岩顶式和平山顶式。

1. 峰顶式

峰顶式是指将假山山峰塑造成各种形式的山峰。常用山峰形式有：分峰式、合峰式、剑立式、斧立式、流云式和斜立式，如图 10-13 所示。

图 10-13　山顶造型
(a)分峰式；(b)合峰式；(c)剑立式；(d)斧立式；(e)流云式；(f)斜立式

(1) 剑立式：即将山峰塑造成挺拔直立的尖顶单峰，如同石笋石林一般，如图 10-13(c)所示。它适用于峰体部分面积较小，而山体为竖立式结构的造型。

(2) 分峰式：即将山顶塑造成多个高低不同的尖峰形式，既群连而又峰离，如图 10-13(a)所示。它适用于峰体部分有较大面积的山头造型。

(3) 合峰式：即将高低山峰融合在一起，高峰突出为主，低峰附属为肩，形成有峰有谷的群峰山体，如图 10-13(b)所示。它适用于峰体部分有较大面积，并且要求突出主山峰雄伟姿态的山体。

(4) 流云式：这是一种横向纹体的造型，它是将山峰做成横向延伸，层层错落，如同层云横飞，流霞盘绕之态的造型，如图 10-13(e)所示。它适用于山体为层叠式结构的情况。

(5) 斜立式：这是流云式的改进型，即将山石斜放，层叠错落，势如奔趋之状，如图 10-13(f)所示。它适用于山体结构为斜立式的假山。

(6) 斧立式：又称冠状式，即将挺拔直立的峰尖顶塑造成峰冠，犹如立斧之状，如图 10-3(d)所示。它多适用于观赏强的单峰石景。

2. 峦顶式

即将山顶做成峰顶连绵、重峦叠嶂的一种造型。根据其做法分为：圆丘式峦顶、梯台式峦顶、玲珑式峦顶和灌丛式峦顶。

(1) 圆丘式峦顶：即将山顶做成不规则的圆丘隆起，如同低山丘陵之状。这种峦顶观赏性较差，只适用于假山中个别小山的山顶。

(2) 梯台式峦顶：即用板状大块石，做成不规则的梯台状。

(3) 玲珑式峦顶：即用含有许多洞眼的玲珑型山石，做成不规则的奇形怪状山头。它多用作环透式结构假山的收顶。

(4) 灌丛式峦顶：即将山顶做成不规则的隆起填充土丘，在土丘上栽种耐旱灌木丛林，形成灌丛式峦顶。

3. 岩顶式

指将山体边缘做成陡峭的山岩形式，作为登高远望的观景点。按岩顶形状分为：平顶式、斜坡式、悬垂式和悬挑式。

(1) 平顶式岩顶：即将岩壁做成直立，岩顶用片状山石压顶，岩边以矮型直立山石围砌，使整个山崖呈平顶状。如图 10-14(a)所示。

(2) 斜坡式岩顶：即将岩顶顺着山势收砌成斜坡状，如图 10-14(b)所示。上顶可以是平整的斜坡，也可以是崎岖不平的斜坡。

(3) 悬垂式岩顶：即将岩顶石向前悬出并有所下垂，使岩壁下部向里凹进，有垂有悬的一种悬岩，如图 10-14(c)所示。

(4) 悬挑式岩顶：即将岩顶以山石层层出挑，构成层叠式的悬岩，如图 10-14(d)所示。

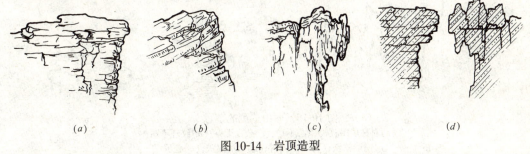

图 10-14　岩顶造型
(a)平顶崖；(b)斜坡崖；(c)悬崖；(d)悬挑方法

4. 平顶山式

将假山顶做成平顶，使其具有可游可憩的特点，根据需要可做成：平台式、亭台式和草坪式等山顶。

(1) 平台式顶：即将山顶用片状山石平铺做成，边缘围砌矮石墙以作拦护，即成为平台山顶。在其上设置石桌石凳，供游人休息观景。

(2) 亭台式顶：即在平顶上设置亭子，与下面山洞相配合，形成另一番景象。

(3) 草坪式顶：将山顶填充一些泥土，种植草坪，借以改善山顶生气。

(四) 假山造型的禁则

假山造型应符合一定的审美欣赏原则，但在实际工程中，往往易出现一些不应有的通病，这些常见通病我们把它列成 8 个禁忌如下。

(1) 忌"混乱无章"：垒砌假山要有一定的纹理脉络，不能顽石一堆，既无曲折又无层次，东倒西歪地杂乱堆砌一通，如图 10-15(c)所示。

(2)忌"纹理混乱":假山石面的皱纹线条,有平行纹理、放射状纹理和弯曲形纹理,各种纹理要相互协调,纹理通顺的组合在一起,如图10-15(d)纹理不顺,就形成不了势态。

(3)忌"对称居中":禁忌将假山主峰布置在群体的正中和山体山峰的对称造型,形如香案蜡烛,和所谓的"笔架山",如图10-15(a)所示。

(4)忌"刀山剑树":禁忌将同形状同宽度的山峰,重复排列或等距离布置,尖如刀立如剑,没有任何层次变化,如图10-15(f)所示。

(5)忌"鼠洞蚁穴":禁忌将山洞做得"矮、窄、直",远看如同鼠洞蚁穴般,如图10-15(g)所示。一般山洞高要求在1.9m以上,洞宽1.5m以上。

(6)忌"铜墙铁壁":禁忌将假山石壁砌成垂立笔直,密不透风,如图10-15(e)所示。

(7)忌"叠砌罗汉":禁忌将山石方方正正地层层垒叠,既无造型变化又无山势走向,如图10-15(h)所示。

(8)忌"重心不稳":禁忌山势造型的视觉重心和结构重心的不稳,因为前者会破坏构图的均衡性,后者会造成山体的倒塌事故,如图10-15(b)所示。

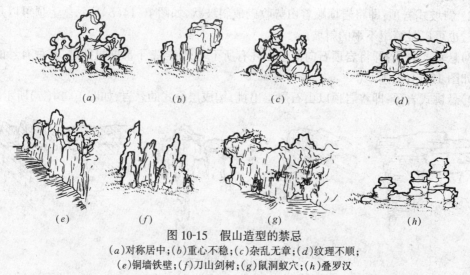

图10-15 假山造型的禁忌
(a)对称居中;(b)重心不稳;(c)杂乱无章;(d)纹理不顺;
(e)铜墙铁壁;(f)刀山剑树;(g)鼠洞蚁穴;(h)叠罗汉

第二节 砌筑假山的材料和工具

一、假山所用的材料

砌筑假山所用的材料主要有山石石材和胶结材料两类。

(一)山石石材

1. 湖石和英石

湖石是产于湖崖中,由长期沉积的粉砂及水的溶蚀作用所形成的石灰岩。颜色浅灰泛白,色调丰润柔和,质地轻脆易损。该石材经湖水的溶蚀形成有大小不同的洞、窝、环、沟;具有圆润柔曲、嵌空婉转、玲珑剔透的外形,叩之有声。以产于苏州太湖之洞庭山的为最优,故此称为"太湖石"。如太湖石、宜兴石、龙潭石、灵璧石、湖口石、巢湖石、房山石等都属于这类,如图10-16所示。

英石是产于石灰岩地区的山坡、河岸之地,是石灰岩经地表水风化溶蚀而成。颜色多为青色或黑灰色,质地坚硬,叩之铿锵。其中以产于广东英德县最为代表,故称此为"英石"。安徽

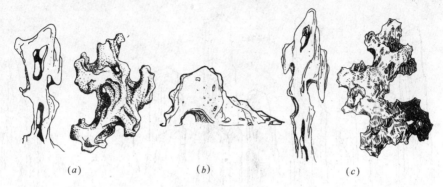

图10-16 几种石材
(a)太湖石；(b)房山石；(c)英石

宁国县的宣石也属于这一类。如图10-16所示。

2. 黄石

它是一种呈茶黄色的细砂岩，以其黄色而得名。质重、坚硬、形态浑厚沉实、拙重顽夯，且具有雄浑挺括之美。其产地大多山区都有，但以江苏常熟虞山质地为最好。

采下的单块黄石多呈方形或长方墩状，如图10-17(a)所示，少有极长或薄片状者。由于黄石节理接近于相互垂直，所形成的峰面具有棱角锋芒毕露，棱之两面具有明暗对比立体感较强的特点，无论掇山、理水都能发挥出其石形的特色。

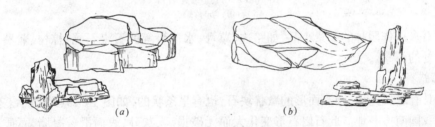

图10-17 黄石和青石
(a)黄石；(b)青石

3. 青石

它是一种呈青灰色的水成细砂岩，石内具有水平层理，使石形成为片状，故有"青云片"之称呼。也有呈倾斜交织纹理的，多成块状，如图10-17(b)所示。其产地以北京西郊红山口最为代表，故在北京园林的假山叠石中最为常见。

4. 石笋石

这种石实际上不是一种山石，它是水成岩沉积在地下沟中而成的各种单块石，因其石形修长呈条柱状，立地似笋而得名。产于浙江与江西交界的常山、玉山一带。其石质类似青石者称为"慧剑"，对含有白色小砾石或小卵石者称为"白果笋"或"子母剑"，对色黑如炭者称为"乌炭笋"，如图10-18所示。

石笋石宜单点作小品或与竹林相配合，创造出"雨后春笋"的观赏效果。如苏州沧浪亭的"竹林七贤"、扬州个园的"竹石春景"等均为此石所作。

5. 石蛋

即大卵石，产于河床之中，经流水的冲击和相互摩擦磨去棱角而成，如图10-19(a)所示。

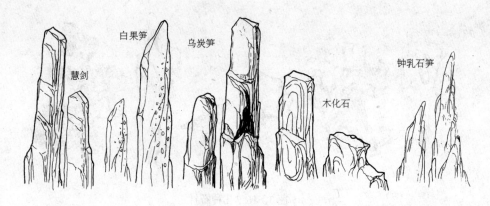

图 10-18　石笋石

大卵石的石质有花岗岩、砂岩、流纹岩等,颜色白、黄、红、绿、蓝等各色都有。

图 10-19　石蛋与黄蜡石
(a)石蛋;(b)黄蜡石

这类石多用作园林的配景小品,如路边、草坪、水池旁等的石桌石凳;棕树、蒲葵、芭蕉、海芋等植物处的石景。

6. 黄蜡石

它是具有蜡质光泽,圆光面形的墩状块石,也有呈条状的,如图 10-19(b)所示。其产地主要分布在我国南方各地。此石以石形变化大而无破损、无灰砂,表面滑若凝脂、石质晶莹润泽者为上品。一般也多用作庭园石景小品,将墩、条配合使用,成为更富于变化的组合景观。

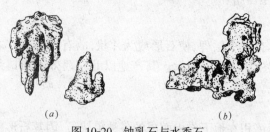

图 10-20　钟乳石与水秀石
(a)钟乳石;(b)水秀石

7. 钟乳石、水秀石

钟乳石是石灰岩经水溶解后在山洞山崖下沉淀而成的一种石灰石,质量坚硬。其形状有石钟乳、石幔、石柱、石笋、石兽、石蘑菇、石葡萄等;其颜色有乳白、乳黄、土黄等色。如图 10-20(a)所示。

水秀石是石灰岩的砂泥碎屑,随着含有碳酸钙的地表水,被冲到低洼地或山崖下沉淀凝结而成。石质不硬,疏松多空,石内含有草根、苔藓、枯枝化石和树叶印痕等,易于雕琢。其石面形状有:纵横交错的树枝状、草秆化石状、杂骨状、粒状、蜂窝状等凹凸形状。其颜色有黄白色、土黄色至红褐色。如图 10-20(b)所示。

(二) 胶结材料

是指将山石粘结起来掇石成山的一些常用粘结性材料,如水泥、石灰、砂和颜料等,市场供应比较普遍。粘结时拌合成砂浆,受潮部分使用水泥砂浆,水泥与砂配合比为 $1:1.5\sim1:2.5$;不受潮部分使用混合砂浆,水泥:石灰:砂 $=1:3:6$。水泥砂浆干燥比较快,不怕水;混合砂浆干燥较慢,怕水,但强度较水泥砂浆高,价格也较廉。

二、砌筑假山所常用的工具

(一) 起吊工具

在假山砌筑工程中,有些比较大的石块,需要使用一些轻型吊装设备,如轻便吊车、人字吊杆、绞盘起重机、手动葫芦等,如图 10-21 所示。

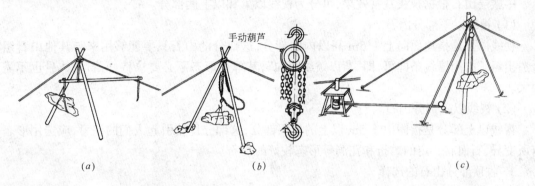

图 10-21 起吊工具
(a)吊秤起重;(b)手动葫芦起重;(c)绞磨起重

(二) 手用工具

假山叠石工程中所使用的手用工具有:琢镐、铁锤、钢钎、錾子、钢丝钳、砖刀、柳叶抹(铁抹子)等,如图 10-22 所示,其他还需准备麻绳、钢丝、支出杆、水桶、竹刷、扫帚、脚手、跳板等。

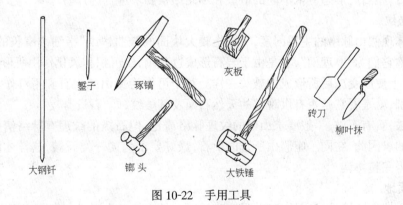

图 10-22 手用工具

第三节 山石材料的选用

山石材料的选择称为"相石",在叠砌假山工程中,要求"相石合宜、构山得体"。相石的主要内容有:相形态、相皱纹、相质地、相色泽。

一、相形态

除石景所用的单峰石外,假山中所用的山石,并不要求每块都有独立完整的形态,选择山石应根据结构方面的要求和山形外貌的不同特征进行选择。一般将假山山体分为底层、中腰和收顶等三部分,山石形态可分别按这三部分的特征和要求进行选择。

1. 底层山石的选择

砌筑底层山石又称为"拉底"。拉底是在基础之上进行的,选择此部位的山石,首先要有足够的强度以保证结构的稳定性;然后对露在地面之外的山石,应选择形态顽夯、高低敦实,并具有粗犷皴纹的山石,即所谓"方堆顽夯而起",即指作为拉底之石主要是具有顽大、夯实的形态。

2. 中腰层山石的选择

中腰层山石根据视线观赏效果,可分为视线以下和以上两部分。

(1) 视线以下部分山石

视线以下是指地面向上1.5m高以内的部分,这部分的山石只要能够用来与其他山石组合造出粗犷的沟槽线条即可,即"渐以皴纹而加",其单个形态不必要求特好,石块体量也不需很大。

(2) 视线以上部分山石

视线以上部分是指假山1.5m以上的山腰部分,这部分比较引起人们的注意,应选用形态有所变异,石面有一定的皴折和孔洞等形态较好的山石。

3. 收顶部分山石的选择

在假山上部和山顶、山洞口上部以及其他较凸出的部位,应选用形态变异较大、石面皴纹较美、石身孔洞较多的山石。

对于形态特别好且体量较大,具有独立观赏形态的奇石,可作为"特置"单峰石用作制造石景。对片状山石可考虑用作悬崖顶、山洞顶、石榻、石桌、石几、蹬道等。

至于人们所说的"言山石之美者,俱在透漏瘦三字",这是指对湖石类之个体美而言,不是泛指所有山石,相石之形态应依不同的造型和不同结构要求进行选择。

二、相皴纹

皴纹是体现假山脉络的主要因素,"皴"指较大块面的皱曲,"纹"指细小窄长的细部凹陷,地质岩石学称它们为"节理面",它是由于岩石形成过程中,经沉积和风化作用所形成的自然纹理,如冬天手上皮肤受冻后所形成的皴纹一样。对于可作为掇山的山石和不可作为掇山的山石之最大区别,就是看它是否有供观赏的天然石面及其皴纹,即"石贵有皮"。

山有山皴,石有石皴,一般要求山皴的纹理脉络清楚,但石皴的纹理有脉络清楚的也有纹理杂乱不清的。因此,在同一座假山所选的山石,最好要求为同一类石皴,这样才能使得假山在整体上显得完整协调。

三、相质地

山石的质地在这里是指它的密度、强度和质感。外观好的山石不一定都宜掇山,风化过度的山石在受力方面就很差,不宜用在假山的主要部位。

对用来作为山洞石梁、石柱和山底垫脚石的山石,必须要选用具有足够强度和密度的石料。而将强度稍差的片状石用作铺砌石级或平地。

山石的质感主要表现在粗糙或细腻、平滑或多皱。不同的山石有不同的质感,即使同一种山石往往也有粗有细、有软有硬、有纯有杂、有良有莠。如钟乳石,有的质地细腻坚硬、洁白晶莹、纯然一色;而有的则质地粗糙松软、颜色混杂。因此,在选用山石时,应将质地相同或差别不大的选用在一处,而将质地差别很大的山石选用到另一处,根据假山的不同结构和部位进行合理配用。

四、相色泽

掇石成山也讲究山石颜色的搭配,在同一座假山中,对下部的山石,应选用较深的颜色,而对上部的山石,则选用较浅的颜色。对凹陷部位的山石用较深颜色,对凸出部位的山石则使用较浅颜色。

山石的颜色还应与假山所应表现的特性结合起来,如北京颐和园昆明湖东北的"夕佳楼",据说是取意于陶渊明的"山气日夕佳"之诗句,为了衬托夕阳西下之寓意,特在夕佳楼前,选用红色房山石做成假山的山谷,以烘托夕阳西下的映红晚霞。又如扬州个园中春夏秋冬四山,就是根据其特性选用相应颜色的山石做成假山,春山选用青灰色石笋石置于竹林之下,点缀"雨后春笋"之春意;夏山选用洁白如云的太湖石做成流云式假山,有如夏云贮于蔚蓝的天空;秋山选用黄石以衬托秋色红叶;冬山则选用安徽宣石,表现假山的皑皑白雪。

最后要说明的一点是,选石不必钓名求誉,舍近求远,非取名石不可。用于掇山之石很多,与太湖相近的山石何止太湖,重要的是首先应深入了解本地附近采运山石的可能性,在满足立意和技术要求的前提下,应当"鉴奢求省、是石堆山、便山可采"。

第四节 假山叠石的施工

一、假山放线与基础施工

(一) 假山定位放线

1. 审阅图纸

首先要将假山工程设计图的意图看懂摸透,掌握山体形式和基础的结构,以便正确放样。

其次,为了便于放样,要在平面图上按一定的比例尺寸,依工程大小或平面布置复杂程度,采用 2m×2m 或 5m×5m 或 10m×10m 的尺寸画出方格网,以其方格与山脚轮廓线的交点作为地面放样的依据。

2. 实地放样

在设计图方格网上,选择一个与地面有参照的可靠固定点,作为放样定位点,然后以此点为基点,按实际尺寸在地面上画出方格网;并对应图纸上的方格和山脚轮廓线的位置,放出地面上的相应白灰轮廓线。

为了便于基础和土方的施工,应在不影响堆土和施工的范围内,选择便于检查基础尺寸的有关部位,如假山平面的纵横中心线、纵横方向的边端线、主要部位的控制线等位置的两端,设置龙门桩或埋地木桩,以供挖土或施工时的放样白线被挖掉后,作为测量尺寸或再次放样的基本依据点。

(二) 基础的施工

基础的施工应根据设计要求进行,假山基础有浅基础、深基础、桩基础等。

1. 浅基础的施工

浅基础的施工程序为:原土夯实→铺筑垫层→砌筑基础。

浅基础一般是在原地面上经夯实后而砌筑的基础。此种基础应事先将地面进行平整,清除高垄,填平凹坑,然后进行夯实,再铺筑垫层和基础。基础结构按设计要求严把质量关。

2. 深基础的施工

深基础的施工程序为:挖土→夯实整平→铺筑垫层→砌筑基础。

深基础是将基础埋入地面以下的基础,应按基础尺寸进行挖土,严格掌握挖土深度和宽度,一般假山基础的挖土深度为50~80cm,基础宽度多为山脚线向外50cm。土方挖完后夯实整平,然后按设计铺筑垫层和砌筑基础。

3. 桩基础

桩基础的施工程序为:打桩→整理桩头→填塞桩间垫层→浇筑桩顶盖板。

桩基础多为短木桩或混凝土桩打入土中而成,在桩打好后,应将打毛的桩头锯掉,再按设计要求,铺筑桩子之间的空隙垫层并夯实,然后浇筑混凝土桩顶盖板或浆砌块石盖板,要求浇实灌足。

二、假山山脚施工

假山山脚是直接落在基础之上的山体底层,它的施工分为:拉底、起脚和做脚。

(一)拉底

拉底是指用山石做出假山底层山脚线的石砌层。

1. 拉底的方式

拉底的方式有满拉底和线拉底两种。

满拉底是将山脚线范围之内用山石满铺一层。这种方式适用于规模较小、山底面积不大的假山,或者有冻胀破坏的北方地区及有震动破坏的地区。

线拉底是按山脚线的周边铺砌山石,而内空部分用乱石、碎砖、泥土等填补筑实。这种方式适用于底面积较大的大型假山。

2. 拉底的技术要求

(1)底脚石应选择石质坚硬、不易风化的山石。
(2)每块山脚石必须垫平垫实,用水泥砂浆将底脚空隙灌实,不得有丝毫摇动感。
(3)各山石之间要紧密咬合,互相连接形成整体,以承托上面山体的荷载分布。
(4)拉底的边缘要错落变化,避免做成平直和浑圆形状的脚线。

(二)起脚

拉底之后,开始砌筑假山山体的首层山石层叫"起脚"。

1. 起脚边线的做法

起脚边线的做法常用的有:点脚法、连脚法和块面法。

(1)点脚法:即在山脚边线上,用山石每隔不同的距离作墩点,用片块状山石盖于其上,做成透空小洞穴。如图10-23(a)所示。这种做法多用于空透型假山的山脚。

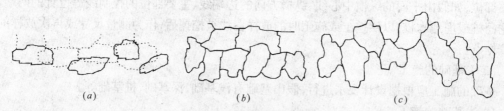

图10-23 起脚边线的做法
(a)点脚法;(b)连脚法;(c)块面法

(2)连脚法:即按山脚边线连续摆砌弯弯曲曲、高低起伏的山脚石,形成整体的连线山脚线,如图10-23(b)所示。这种做法各种山形都可采用。

(3)块面法:即用大块面的山石,连线摆砌成大凸大凹的山脚线,使凸出凹进部分的整体感都很强,如图10-23(c)所示。这种做法多用于造型雄伟的大型山体。

2．起脚的技术要求

(1) 起脚石应选择憨厚实在、质地坚硬的山石。

(2) 砌筑时先砌筑山脚线突出部位的山石,再砌筑凹进部位的山石,最后砌筑连接部位的山石。

(3) 假山的起脚宜小不宜大、宜收不宜放。即起脚线一定要控制在山脚线的范围以内,宁可向内收进一点,而不要向外扩出去。因起脚过大会影响砌筑山体的造型,形成臃肿、呆笨的体态。

(4) 起脚石全部摆砌完成后,应将其空隙用碎砖石填实灌浆,或填筑泥土打实,或浇注混凝土筑平。

(5) 起脚石应选择大小相间、形态不同、高低不等的料石,使其犬牙交错,相互首尾连接。

(三) 做脚

上述拉底是做山脚的轮廓,起脚是做山脚的骨干,而做脚是对山脚的装饰,即用山石装点山脚的造型称为"做脚"。

山脚造型一般是在假山山体的山势大体完成之后所进行的一种装饰,其形式有:凹进脚、凸出脚、断连脚、承上脚、悬底脚和平板脚等。

1．凹进脚

即山脚向山内凹进,可做成深浅宽窄不同的凹进,使脚坡形成直立、陡坡、缓坡等不同的坡形效果,如图 10-24(a)所示。

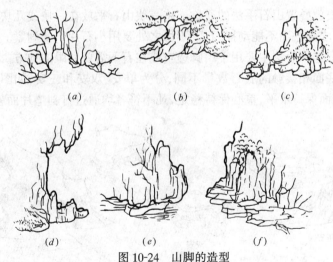

图 10-24 山脚的造型
(a)凹进脚；(b)凸出脚；(c)断连脚；(d)承上脚；(e)悬底脚；(f)平板脚

2．凸出脚

即山脚向外凸出,同样可做成深浅宽窄不同的凸出,使脚坡形成直立、陡坡等形状,如图 10-24(b)所示。

3．断连脚

将山脚向外凸出,但凸出的端部做成与起脚石似断似连的形式,如图 10-24(c)所示。

4. 承上脚

即对山体上方的悬垂部分,将山脚向外凸出,做成上下对应造型,以衬托山势变化、遥相呼应的效果,如图 10-24(d)所示。

5. 悬底脚

即在局部地方的山脚,做成低矮的悬空透孔,使之与实脚体构成虚实对比的效果,如图 10-24(e)所示。

6. 平板脚

即用片状、板状山石,连续铺砌在山脚边缘,做成如同山边小路,以突出假山上下的横竖对比,如图 10-24(f)所示。

三、假山山体施工

假山山体是整个假山全景的主要观赏部位,根据不同的观赏类别,可分为假山石景和假山水景两类。

(一) 假山石景的山体施工

一座假山是由:峰、峦、岭、台、壁、岩、谷、壑、洞、坝等单元结合而成,而这些单元是由各种山石按照起、承、转、合的章法组合而成,这些章法通过历代假山师傅的长期实践和总结,由北京"山子张"后裔,著名假山师傅张慰庭先生,提出了具体施工的祖传十字诀,即"安、连、接、斗、挎、拼、悬、剑、卡、垂",以后又由他和其他同行师傅进一步发展,补充增加了五字诀,即"挑、券、撑、托、榫"。这一共十五字诀概括了构筑假山石体结构的各种做法,它仍是我们现今对假山山体施工所应掌握的具体施工技巧。

1. 安

"安"是对稳妥安放叠置山石手法的通称。将一块山石平放在一块或几块山石之上的叠石方法叫"安","安"要求平稳而不能动摇,石下不稳之处要用小石片垫实刹紧。所安之石一般选用宽形或长形山石。这种手法主要用于山脚透空或在石下需要做眼的地方。

根据所安之石底面相接触的底石数量不同,分为单安、双安和三安,如图 10-25 所示。无论是几安,都要求上面保持水平,重心保持稳定,凡不符者均通过打刹垫片而就之。

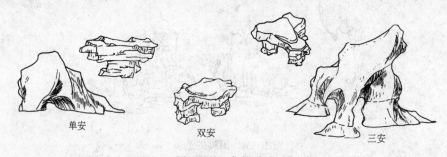

图 10-25 安的手法

2. 连

山石之间水平方向的相互衔接称为"连"。相连的山石,其连接处的茬口形状和石面皴纹要尽量相互吻合,如果能做到严丝合缝最理想,但多数情况下,只要基本吻合即可。对于不吻合的缝口应选用合适的小石刹紧,使之合为一体,如图 10-26(a)所示。有时为了造型的需要,做成纵向裂缝或石缝处理,这时也要求朝里的一边连接好。连接的目的不仅在于求得山石外观的整体性,更主要的是为了使结构上凝为一体,以能均匀地传达和承受压力。连合好的山石,要做到当拍击山石一端时,应使相连的另一端山石有受力之感。

3. 接

它是指山石之间的竖向衔接。山石衔接的茬口可以是平口,也可以是凸凹口,但一定是咬合紧密而不能有滑移的接口。衔接的山石,外观上要依皴纹连接,至少要分出横竖纹路来,如图 10-26(b)所示。

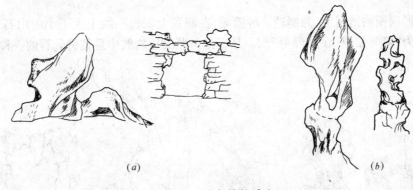

图 10-26 连与接的手法
(a)连;(b)接

4. 斗

以两块分离的山石为底脚,做成头顶相互内靠,如同两者争斗状,并在两头顶之间安置一块连接石;或借用斗栱构件的原理,在两块底脚石上安置一块拱形山石,形成上拱下空的这种手法称为"斗"。如图 10-27(a)所示。

图 10-27 斗与挎的手法
(a)斗;(b)挎

斗的做法是仿照天然山石被溶蚀或风化成空洞的现象而作的一种手法,把它放在山谷上空以作产生险峻之意,它是环透式假山最常用的叠石手法。

5. 挎

即在一块大的山石之旁,挎靠一块小山石,犹如人肩之挎包一样,称为"挎",如图 10-27(b)所示。挎石要充分利用茬口咬压,或借用上面山石之重力加以稳定,必要时应在受力之隐蔽处,用钢丝或铁件加以固定连接。

"挎"一般用在山石外轮廓形状过于平滞而缺乏凹凸变化的情况。

6. 拼

将若干块小山石拼零为整,组成一块具有一定形状大石面的做法称为"拼",如图10-28(a)所示。因为假山不全是用大山石叠置而成,石块过大,对吊装、运输都会带来困难,因此需选用一些大小不同的山石,拼接成所需要的形状,如峰石、飞梁、石矶等都可采用"拼"的方法而成;有些假山在山峰叠砌好后,突然发现峰体太瘦,缺乏雄壮气势,这时就可选用比较合适的小山石拼合到峰体上,使山峰雄厚壮丽起来。

7. 悬

即在环形洞圈的情况下,为制造一种险峻,在圈顶上安插一块上大下小的山石,使其下端悬垂吊挂称为"悬",如图10-28(b)所示。悬石是仿照天然岩洞中悬挂钟乳石的一种做法。

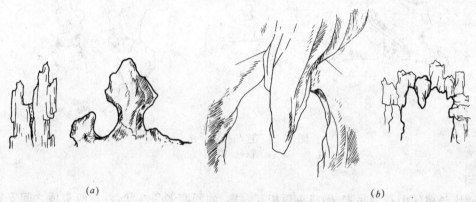

图10-28 拼与悬的手法
(a)拼;(b)悬

设置悬石一定要牢固嵌入洞顶上,若恐悬之不坚,可在视线看不到的地方用铁件加以固结,务必保证不掉落下来。

8. 剑

用长条形山石直立砌筑的尖峰,如同"刀笋朝天",峻拔挺立的自然境界称为"剑",如图10-29(a)所示。剑石的布置要形态多变、大小有别、疏密相间、高低错落,不能形成"刀山剑树,炉烛花瓶"。

图10-29 剑与卡的手法
(a)剑;(b)卡

剑的手法一般采用石笋石,由于石为直立,重心易于变动,栽立时必须将石脚埋入一定深度,以保证其有足够的稳定性。

9. 卡

在两块较大的分离山石之间,卡塞一块较小山石的做法称为"卡",如图10-29(b)所示。它是仿照天然崩石下落卡于其下两石之间,形成"千钧一发"的奇险石景而作。采用卡石的目的,主要是使假山形成各种不同的奇险孔洞,以增添山体之造型。

10. 垂

在一较大立石顶面的侧边悬挂一块山石的做法称为"垂",如图10-30(a)所示。垂与悬都有悬挂之作,但"垂"是在侧边悬挂,而"悬"是在中部悬挂,即"侧垂中悬";垂与挎都是侧挂,但"垂"是在顶部向下倒挂,而"挎"是石肩部位侧挂。

垂的手法多用于立峰上部、悬崖顶部、假山洞口等部位,以增添险峻状态。

11. 挑

挑即"悬挑"、"出挑",用较长的山石横向伸出,悬挑其下石之外的做法。挑石应依其悬挑距离,在其后端置足够压石重量,以保证悬挑的稳定性,如图10-30(b)所示。

图10-30　垂与挑的手法
(a)垂；(b)挑

12. 券

选择具有大小头的山石,砌成石拱券的做法称为"券",如图10-31(a)所示。这种做法多用于砌筑假山的山洞,用此结构所作的券洞是比较稳定的。

13. 撑

有的称为"戗",即斜撑,是对重心不稳的山石,从下面进行支撑的一种做法,如图10-31(b)所示。撑石也多与做透洞相结合,撑石要与上面山石紧密连接成整体,形成自然景观,不得有明显接头缝口。

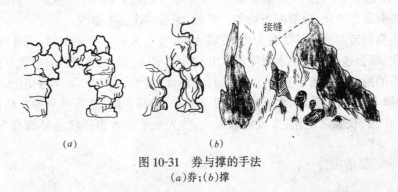

图10-31　券与撑的手法
(a)券；(b)撑

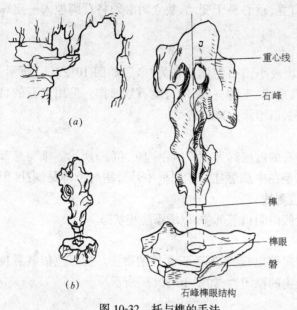

图 10-32 托与榫的手法
(a)托;(b)榫

14. 托

用山石托住另一悬石或垂石的下端，称为"托"，如图 10-32(a)所示。托石一般在石壁上从中挑出，托住附近从上面下垂之石，以丰富山景的造型。

15. 榫

即仿照木榫做法一样，将立石下端做成榫头，插其下底磐石的榫眼内，如图 10-32(b)所示。

榫的做法主要用于竖立石峰，但立石的重量不能依靠榫头来承担，主要还是由本身的稳定重心和与底磐石的接触面来支承，石榫仅只起连接作用。

（二）山石水景的施工

山石水景包括：泉、瀑、潭、溪、屿、矶、岸、汀等，它们都与山石相配才能生景，山水组合、刚柔并济、动静交呈、相得益彰。在这些水景中如何布置山石，是叠置假山应注意的地方。

1. 水池的置石点缀

在水池内布置山石，要避免将山石布置在池的正中，应布置在稍偏或稍后的位置上，要突破池壁的限制，或近池壁内侧，或滚落于池壁以外伏于地上，或挎在池壁上面，以造就出怪石嶙峋的自然景观。

山石的高度要与环境空间和水池的体量相称，一般与水池的长向半径相当；如在环境空旷处，其最高峰的高度约与水池长向直径相当。

水池中的山石应有主、次、配的区分。少用孤峰单石，多用两元体的结合。最忌用山石按几何形状做水池的边壁。

2. 山石驳岸的布置

驳岸是地面与水体的连接点，无论泉、瀑、溪、涧、池、湖，都有驳岸的问题，因此，驳岸也是影响水景的主要因素之一。

驳岸的平面布置最忌成几何对称形状，对一般呈不同宽度的带状溪涧，应布置成回转曲折于两池湖之间，互为对岸的岸线要有争有让，少量峡谷则对峙相争，切忌猪肚鸡肠一类的呆板造型。水面要有聚散变化，分割应不均匀。旷远、深远和迷远要兼顾。

水弯的距离和转弯的半径要有变化，宜堤为堤，宜岛为岛。半岛出岬，全岛环水。总之溪涧的宽窄变化，都会造成丰富的水景效果，如图 10-33 所示，为一般溪涧的岸线布置。

山石驳岸的断面也要善于变化，应使其具有高低、宽窄、虚实和层次的变化，如高崖踞岸、低岸贴水、直岸上下、坡岸陂陀、水岫涵虚、石矶伸水、虚洞含礁、礁石露水等。岫即不通之洞，水岫有大小、广狭、长扁之变化，造成明暗对比，使人见不到水岸相接之处而有不尽和莫穷之意。

3. 汀石和石矶的布置

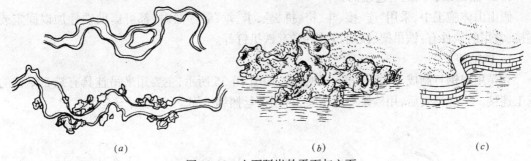

图10-33 山石驳岸的平面与立面
(a)带状溪涧平面；(b)山石驳岸；(c)整形石砌驳岸

汀石即水中步石,在自然界为露出水面的礁石。汀石的布置要以少胜多,若在水体之狭处点步石,至多三至五块,应大小不一,间距不等。如果要在水面宽处作步石,也不要排如长蛇,多如星点,应自两岸出半岛以缩短水面距离,然后一蹴而就。最忌数量多、块步均匀和间距相等之毛病。

石矶为岸边突出的山石如熨斗状平伸入水的景观,大可成岗,小仅一石。石矶布置应与岸线斜交为宜,要选用具有多水平层次的山石,以适应不同水位的景观,数量以少为贵。

4. 瀑与潭的布置

天然瀑布总在谷壑之中,因此,人工瀑布宜选在旁高中底的山谷中,瀑口两旁稍高则有谷间汇水的意味。瀑口的不同形式,可形成匹落(又称布瀑)、片落(又称带瀑)、丝落(又称线瀑)等三种,非山石的人工瀑口如图10-34所示;可依此选用适宜山石加以代之,即可以假乱真。

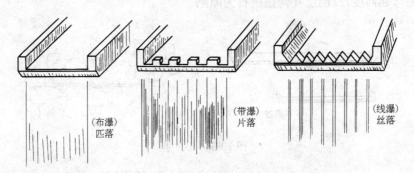

图10-34 非山石人工瀑布

瀑布下泻要有陡有缓,陡处悬空,而缓处顺石坡面下滑。同一瀑布亦可分层跌落而兼容三落。假山瀑布的瀑口和分水石最好选用山石而作,而分水又忌均分,以造成近似天然景观的气氛。不过要做成匹落,瀑口的边沿应光滑平整,这样形成的瀑布像一匹透明的布帘垂落而下。其他片落和丝落可安排不等距离的分水石而成。

潭是指小面积的深水塘,瀑布下落之处即为潭。对于人工瀑布而言,潭是瀑布的消力池。为了丰富水景,可在潭中出石承接下泻的瀑布,以形成飞溅扑面、捣珠碎玉和喷雪飞雾的水景。这种出石称为"溅水石"。也可在潭中作"承水石"于水面以下,使瀑布下落后不以溅水为主而冲入水下营造水音。承水石如钵状,钵之大小、深浅、厚薄和埋深,都可影响水音之大小、亮闷、高低而造成不同的音响效果。

（三）假山山石固定与连接的铁件

假山山体施工中，采用"连、接、斗、挎、拼、悬、卡、垂"等手法时，都可借助铁件加以固定或连接，常用的铁件有：铁吊架、铁扁担、铁银锭、铁扒钉等。

1. 铁吊架

它是用扁钢打制成上钩下托的一种挂钩，如图10-35所示，主要用来吊挂具有悬石结构的施工连接。吊挂稳妥后，用砂浆灌缝密实，再用钢丝捆绑稳固，干后即可安全无虑。

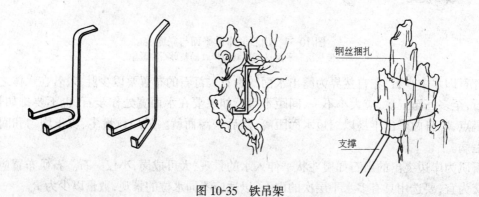

图10-35 铁吊架

2. 铁扁担

它可以用扁钢或角钢，也可以用粗螺纹钢筋来制作，按其需要长度将两端弯成直钩即可，如图10-36所示。主要用来承托山石向外挑出的有关结构，如洞顶、岩边等的悬挑石。铁扁担两端直勾的弯起高度，以能使其钩住挑石为原则。

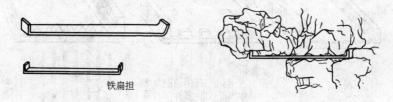

图10-36 铁扁担

3. 铁银锭

它一般多是用铸钢，制作成两端宽、中间窄的元宝状铁件，如图10-37所示。主要用于两块山石对口缝的连接，连接前需将两块山石连接处，按银锭大小画出榫口线，然后用錾子凿出槽口，再将铁银锭嵌入槽口内，然后灌入砂浆即可。

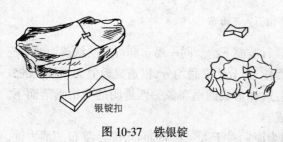

图10-37 铁银锭

4. 铁扒钉

铁扒钉有称"蚂蟥钉"，多用30~50cm长的钢筋，打制成两端为弯起尖脚爪的形状，如图10-38所示。它是假山中，各种山石相互连接的常用铁件，制作容易，施工简单，只需分别在两块山石上，各凿剔一个脚爪眼，将扒钉钉入即可。

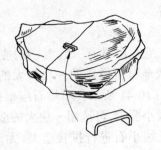  

图 10-38　铁扒钉

四、叠石小品工艺

在园林工程中除所常使用的叠石假山之外,还常使用一些山石进行零散布置成独立的或附属的各种造景,有的称它为"置石"或"石景",这里我们统称为"叠石小品"。

(一) 叠石小品的石形类别

叠石小品以置石用料不多,体量小而分散,结构布置简单等特点,常被作为点缀局部景点的主要手段。叠石小品所采用的石形类别有:子母石、散兵石、单峰石、象形石、石供石等。

1. 子母石

它是以一块大石附带有几块小石块为一组所形成的一种石景,如图 10-39 所示。母石与子石要紧密联系、相互呼应,但切忌布置成对称的几何形状。要有聚有散,紧密结合,"攒三聚五"、"散漫理之"。母石应有一定造型,子母石之间要有明显的互倾性。

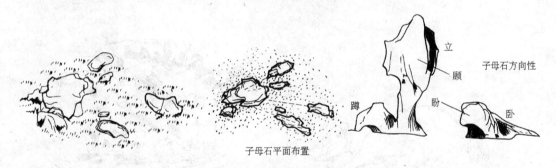

图 10-39　子母石

子母石可布置在草坪上、山坡上、水池中、树林边、墁路边等。

2. 散兵石

它是以几块自然山石为一组进行分散布置而成的一种石景,如图 10-40 所示。它的布置应按不等距离的分散状态,半埋半露的分布在一定范围内,各石可有独立的形式和独立的方向性。

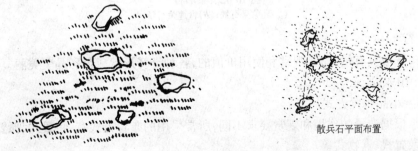

图 10-40　散兵石

散兵石常布置在草丛中、山坡下、水池边、树根旁等。

3. 单峰石

它是由具有"透、漏、皱、瘦"等特点的怪状奇石所做成的一块较大的独立石景,如图10-41所示。单峰石应根据布置的景点大小要求,可选用一块大的造型石,也可用几块小石进行拼接造型,无论大石还是拼石,都应具有"透、漏、皱、瘦"的特点。"透"是指山石具有能透过光线的孔眼,"漏"是指山石具有大小不同的空洞道穴,"皱"是指山石表面具有天然的皱折和皴纹,"瘦"是指山石比较瘦长,精干而有骨力。

图10-41 单峰石

单峰石应固定在基座上,基座可用砖石做成,也可选用墩状山石作底脚。石形以上大下小为好,主看面应放在正面。

4. 象形石

它是选用具有某种天然动物、植物、器物等形象的山石所塑造的石景,如图10-42所示,(a)为四川江油市佛爷洞风景区山坳中的"乳象泉"景石;(b)为北京中山公园中的"青莲朵"。

图10-42 象形石
(a)乳象泉石景;(b)青莲朵石景

5. 石供石

它是专门选取具有供陈列、观赏和使用价值的,各种奇特形状或色彩晶莹美丽"玩石"所作的石景,如图10-43所示。

(二) 叠置小品布置方式

叠置小品根据造景的作用和观赏要求不同,所常采用的布置方式有:特置式、孤置式、对置式、群置式、散置式、器物式等。

观赏石　　　　　　盆景　　　　　　　石桌石凳

图 10-43　石供石

1. 特置式

它是指将古怪奇特、玲珑剔透、世所罕见的单块山石，特意设置一定基座将其装饰起来，放置在可供观赏招揽之处的一种布置方式。如上述中的单峰石、象形石、石供石等都可作为特置式。

这种方式在园林中应用的比较多，如苏州十中内的"瑞云峰"、上海豫园中的"玉玲珑"、杭州花圃的"绉云峰"等是被誉为"江南三大名石"的特置典范。其他还有苏州留园的"冠云峰"、北京颐和园的"青芝岫"、北海公园的"云起"等等，都是因其石形、石态、石质等具有独特观赏效果，而被选用作为特置。

2. 孤置式

它是指利用具有一定观赏效果的单个山石，直接放置或半埋置在起陪衬作用的地方。它与特置的区别是没有特设的基座，观赏价值也没有特置那样高，山石来源也没有特置珍贵，但与一般山石相比较有较强的观赏效果。

孤置式主要是起陪衬作用，是园林建筑中的附属景物，因此，常在楼亭旁、湖水畔、大树下、草坪上等处进行点缀布置。

3. 对置式

它是指将两个石景布置在相互呼应的对称位置上，以对环境起到配景作用。这两个石景的体量、形态等可以是对称的，也可以不对称，根据环境需要而定。一般常用在庭院门前两侧、园林主景两侧、主要路口两侧等处。

4. 散置式

它是指将大小不等的山石，零星布置成有散有聚、有立有卧、主次分明、顾盼呼应，使之成为一组有机整体的一种布置方式。其主要作用是用以点缀地面景观，使地面具有自然山地的野趣韵味。如上述散兵石就是这种方式之一。

散置的石姿没有严格的要求，其布局也无定式，一般布置在土山的山坡上、自然式池畔边和岛屿上、游廊两侧和院墙前边等处。

5. 群置式

它是指将若干块山石以较大的密度，有散有聚、相互呼应，成群布置在一定范围之内的一种布置方式。在群集山石中，可以包含一个或几个子母石，做到"攒三聚五"，疏密有致，以山石群集来仿造山地环境气氛。如北京北海琼华岛南山西路山坡上，就是用房山石所构成群置石景，它既点缀出较好的地面景观，也起到护坡固土保持水土流失的作用。

群置方式可在土山坡上、水边沙滩、宽阔草坪、湖中岛屿等环境中应用。

6. 器物式

它是指使用山石叠置成室内外家具和器具的一种方式,如石桌石凳、石水钵、石屏风、石几案等。既能点缀景观,又具使用功能。

这种方式多应用在林荫空地、树林边缘、行道树下等处。

参 考 文 献

1 马炳坚著. 中国古建筑木作营造技术. 北京:科学出版社,1991
2 刘大可编著. 中国古建筑瓦石营法. 北京:中国建筑工业出版社,1993
3 古建园林技术. 3~9期、50~65期
4 李诫编. 营造法式. 北京:中国书店版
5 王璞子. 工程做法注释. 北京:中国建筑工业出版社,1995
6 梁思成著. 清式营造则例. 北京:中国建筑工业出版社,1980
7 姚承祖原著,张志刚增编,刘敦桢校阅. 营造法原. 北京:中国建筑工业出版社,1985
8 李金庆,刘建业编著. 中国古建筑琉璃技术. 北京:中国建筑工业出版社,1987
9 刘致平著. 中国建筑类型及结构. 北京:中国建筑工业出版社,1987
10 姜振鹏主编. 中国传统建筑木装修技术. 北京:北京市城建技协,1986
11 文化部文物保护科研所主编. 中国古建筑修缮技术. 北京:中国建筑工业出版社,1983
12 王庭照,周淑秀编. 园林建筑设计图选. 南京:江苏科学技术出版社,1988
13 高鉁明,覃力共著. 中国古亭. 北京:中国建筑工业出版社,1994
14 唐春来主编. 园林工程与施工. 北京:中国建筑工业出版社,1999